# 图像处理与机器视觉

## ——基于 TMS320DM642 DSP 处理平台

黄　鹤　郭　璐　周熙炜　杜　凯　编著

人民交通出版社股份有限公司
China Communications Press Co.,Ltd.

# 内 容 提 要

本书内容涵盖了数字图像处理与机器视觉技术的基本概念、典型方法、典型应用和发展趋势，反映了这一领域的最新研究成果。全书共分10章，包括五部分知识；第一部分是数字图像处理与机器视觉的基础理论，包括数字图像处理和机器视觉技术的基础知识、机器视觉硬件技术等；第二部分是图像处理技术的基本方法，包括图像变换、图像增强、图像分割、图像复原等；第三部分是图像分析的基本原理和技术，包括图像分割、图像特征描述和图像分析等；第四部分是图像编码等内容；第五部分是机器视觉应用算法实例。全书以TMS320DM642 DSP图像处理系统为机器视觉处理平台，给出了大量的参考例程，在每一章后还附有适量的习题，供读者学习和掌握相关知识。

本书论述严谨、内容新颖、图文并茂，注重基本原理和基本概念的阐述，强调理论联系实际，突出应用技术和实践，既可以作为高等院校电子信息与自动化相关专业本科生和研究生教材，也可以作为从事信号处理工作的科技人员及工程技术人员的参考用书。

**图书在版编目(CIP)数据**

图像处理与机器视觉 ：基于TMS320DM642 DSP处理平台／黄鹤等编著. — 北京 ：人民交通出版社股份有限公司，2018.1

ISBN 978-7-114-14289-5

Ⅰ. ①图… Ⅱ. ①黄… Ⅲ. ①计算机视觉—图象处理 Ⅳ. ①TP302.7

中国版本图书馆CIP数据核字(2018)第004125号

**书　　名：**图像处理与机器视觉——基于TMS320DM642 DSP处理平台
**著 作 者：**黄　鹤　郭　璐　周熙炜　杜　凯
**责任编辑：**李　瑞
**责任校对：**张　贺
**责任印制：**刘高彤
**出版发行：**人民交通出版社股份有限公司
**地　　址：**(100011)北京市朝阳区安定门外外馆斜街3号
**网　　址：**http://www.ccpress.com.cn
**销售电话：**(010)59757973
**总 经 销：**人民交通出版社股份有限公司发行部
**经　　销：**各地新华书店
**印　　刷：**北京虎彩文化传播有限公司
**开　　本：**787×1092　1/16
**印　　张：**24.25
**字　　数：**565千
**版　　次：**2018年8月　第1版
**印　　次：**2022年8月　第2次印刷
**书　　号：**ISBN 978-7-114-14289-5
**定　　价：**69.00元
(有印刷、装订质量问题的图书，由本公司负责调换)

# 前言

# Foreword

数字图像具有表示直观、易于传输、信息容量大等特点。随着人工智能和计算机技术的进步与发展,数字图像处理与机器视觉技术的研究已经取得了极大的进步,成为结合计算机科学、信息科学、统计学等多学科交叉,获得广泛应用的一门综合性学科。从日常生活到工农业生产、国防建设,数字图像处理与机器视觉技术已经深入各个领域,相应的应用也越来越多。

目前,图像处理与机器视觉发展迅速,新的理论、新的技术不断推出。编者依据多年从事本科生和研究生教学及相关科研工作的实践经验,在广泛征求了电子信息与自动化专业相关教师和高年级学生及工程技术人员意见的基础上,紧跟最新图像处理与机器视觉理论和技术发展,从数字图像处理的基础知识出发,由浅入深,注重理论联系实践和激发学生兴趣,给出大量的参考例程,意在全面提高学生对本门课程的理解。

本书在系统介绍图像处理及机器视觉技术架构的基础上,从工程和实际应用角度出发,以TMS320DM642 DSP图像处理系统为例,全面介绍了该领域最新技术。全书共分为10章。第1章是绪论,对数字图像和机器视觉技术的基础知识做了简要介绍,着重介绍了机器视觉系统的组成及方法分类。第2章是机器视觉硬件技术,从光源、镜头、图像采集,摄像机及标定等对典型的机器视觉应用系统进行介绍。第3章是数字图像处理基础,着重介绍了图像数字化过程、颜色空间、图像存储格式及图像的评价标准。第4章是图像变换,着重介绍了傅立叶变换、余弦变换、沃尔什和哈达玛变换。第5章是图像增强,从空间域和频率域两大类入手,着重介绍了几种图像平滑和锐化算法。第6章是图像分割,着重介绍了基于灰度阈值、边缘检测、基于区域分割三大类方法。第7章是图像复原,着重介绍了图像退化模型,分析了图像复原方法、运动模糊复原方法以及图像几何校正方法。第8章是图像特征描述与形态分析,着重介绍了灰度描述、边界描述、纹理描述和形态分析的几种常见方法。第9章是图像压缩编码,介绍了图像压缩编码的必要性,着重介绍了预测编码、统计编码和位平面编码。第10章是机器视觉应用算法实例,着重介绍了图像去雾、图像融合、运动目标检测和目标跟踪等算法的设计和实现,以上10章均给出了大量的例程并附有习题,便于读者参考和学习。

本书由黄鹤负责统稿。第2、4、5、6、7章由黄鹤编写,第3章由杜凯编写,第8、9章由周熙炜编写,第1、10章由郭璐编写。本书在编写过程中得到了长安大学的支持和其他同事的帮助,研究生宋京对书稿进行了校对整理并设计大量程序,研究生孙健、李业、张勇强、杜晶晶、盛广峰、徐锦、李昕芮参与了部分程序的调试,本科生胡凯益、刘志浩、崔博等参与了部分插图的绘制工作，在此深表谢意。同时对编写本书时所参考书籍和论文的作者也一并表示诚挚的感谢，所参考部分版权仍属于原书作者。

本书获得了教育部首批新工科研究与实践项目[参照产品谱系多学科融合的新工人才培养模式探索与实践(教高厅函[2018]17号)]，长安大学中央高校教育教学改革专项经费资助项目(300103184052，300104283220，300104283219)和中央高校基本科研业务费专项资金项目(300102328204，310832173702，300102328501，310832173701)的资助。

鉴于图像处理与机器视觉技术的迅速发展，加之编者水平和时间有限，书中难免存在疏漏和不妥之处，恳请同行专家和读者批评指正。

**编　者**<br>
**2018年1月**

# 目　录

# Contents

# 第1章　绪　　论

## 1.1　前言

图像是一种常见的信息表示形式,是人们获取信息的主要方式。随着数字图像采集设备的普及,数字图像的使用越来越广泛,相应的数字图像处理和机器视觉技术也应运而生。从一幅图像的采集到对图像中的信息提取和分析,图像处理技术和机器视觉技术密不可分。充分利用机器视觉技术能够提高图像采集和处理系统的鲁棒性,减少对图像采集过程的干扰,提高成像质量,合理的图像处理方法也能够弥补成像过程中的不足,对于获取图像中有价值的信息具有积极影响。本章将从数字图像的基本概念出发,介绍数字图像处理和机器视觉技术的相关理论及其发展现状。

## 1.2　数字图像

### 1.2.1　数字图像基本概念

这里首先介绍一下模拟图像的概念。模拟图像又称为连续图像,是指在二维坐标系中连续变化的图像,即图像的像点是无限稠密的,同时具有灰度值(即图像从暗到亮的变化值)。连续图像的典型代表是由光学透镜系统获取的图像,如人物照片和景物照片等。

数字图像,又称数码图像或数位图像,是二维图像用有限数字数值像素的表示。它由数组或矩阵表示,其光照位置和强度都是离散的。数字图像是由模拟图像数字化得到的、以像素为基本元素的、可以用数字计算机或数字电路存储和处理的图像。

数字图像的本质是将图像划分成若干均匀的小栅格,每个单元内的元素称为像元。这样在数学上,就可以用函数 $f(x,y)$ 来表示一幅图像所包含的像元及其存储点的信息。其中 $(x,y)$ 表示的是像元即像素点的位置,函数值表示点的信号特征。

$$f(x,y)=\begin{bmatrix} f(0,0) & f(0,1) & \cdots & f(0,n-1) \\ f(1,0) & f(1,1) & \cdots & f(1,n-1) \\ \vdots & \vdots & & \vdots \\ f(m-1,0) & f(m-1,1) & \ldots & f(m-1,n-1) \end{bmatrix} \tag{1-1}$$

### 1.2.2　图像分类

每个图像的像素通常对应于二维空间中一个特定位置,可以用函数 $f(x,y)$ 来表示。根据这些采样数目及信号特性的不同数字图像可以划分如下。

(1)灰度图像。灰度图像是数字图像最基本的形式,在工业生产等领域有着广泛的使用。在灰度图像中,像素点的值只表示该点的明暗程度,不含有该点的色彩信息,如图1-1a)所示。灰度图像是最适合处理的图像模式。

(2)二值图像。二值图像是一种特殊情况下的灰度图像,图像中每个像元没有颜色过渡,灰度等级只有0和1两种,因此又称为二值图,如图1-1b)所示,其存储的方式为1位二进制数。二值图一般在目标识别、分离前景和背景中使用较多,在工农业生产中,前述由于占用资源少、易于操作而被广泛使用。

a)灰度图　　b)二值图

图1-1　多种模式的图像

(3)彩色图像。与前两种只含有某点亮度信息的图像不同,彩色图像中还包含了它们的色彩信息,这也是日常生活中使用最多的一类图像。对于彩色图像,可以从三个角度描述其内部包含的信息,即亮度、色调和饱和度。亮度与物体表面对光线的反射情况和人眼成像的色觉有关,可以表示某种色彩的相对明暗。色调表示是否有其他色彩掺杂,以及某一色彩单一程度。饱和度则用来代表颜色的鲜艳程度,即某一纯净的单色中混入白光的多少。

(4)立体图像。立体图像是一物体由不同角度拍摄的一对图像,通常情况下可以用立体像计算出图像的深度信息。

(5)三维图像。三维图像由一组堆栈的二维图像组成。每一幅图像表示该物体的一个横截面。数字图像也用于表示在一个三维空间分布点的数据,例如:计算机断层扫描设备生成的图像,在这种情况下,每个数据都称作一个体素。

这里只简单介绍了数字图像的定义及其分类,后续会给出详细描述。另外,数字图像可以由许多不同的输入设备和技术生成,例如数码相机、扫描仪、坐标测量机等,也可以由任意的非图像数据合成得到,例如:数学函数或三维几何模型等。三维几何模型是计算机图形学的一个主要分支,数字图像处理领域研究的是其变换算法。

## 1.3　数字图像处理技术概述

### 1.3.1　图像数字化过程

数字图像处理又称计算机图像处理,是指将图像信号转换成数字信号,进而通过数字计算机及其他相关的数字技术对数字图像进行某些运算和处理,从而达到某种预期和处理目的。

图像的数字化是数字图像处理的前提,从前一节我们可知,数字图像在本质上以矩阵形式存储在计算机中,因而利用计算机处理数字图像实质上是对矩阵进行处理,故模拟图像并不能直接由计算机处理,必须先将图像数字化。图1-2所示为如何将模拟图像转换成数字图像的过程,最常见的划分方案就是图中所示的方形网络,图像被分割成由相邻像素组成的许多水平线,赋予每个像素位置的数值,反映了模拟图像上对应点的亮度。

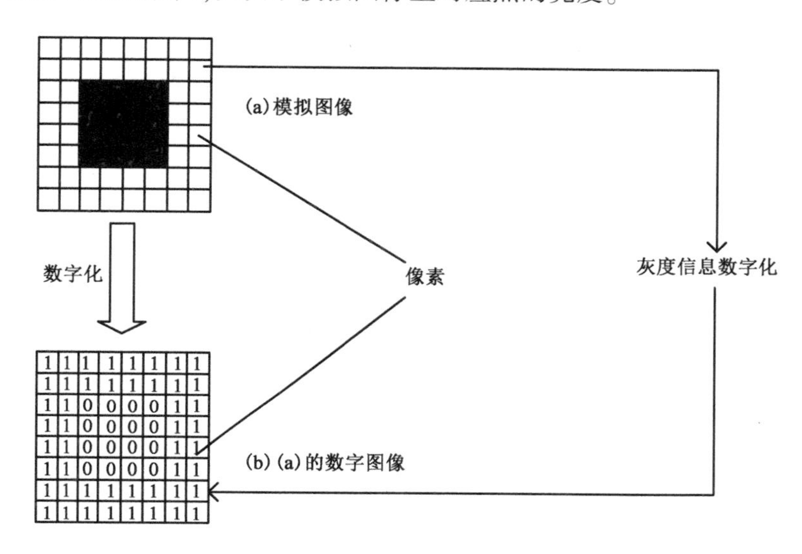


图1-2　模拟图像与数字图像的转化过程

将图像从模拟图像转化为数字图像的过程称为数字化,常见的形式如图1-3所示,其详细转化过程将在第3章介绍。每个像素位置,图像的亮度被采样和量化,从而得到图像上对应点表示其亮暗程度的一个数值。对所有的像素都完成上述转化后,图像就被表示成一个数字矩阵。每个像素具有两个属性:位置和灰度。位置(或称地址)由扫描线内采样点的坐标确定,它们又称为行和列。灰度表示该像素位置上的明暗程度。

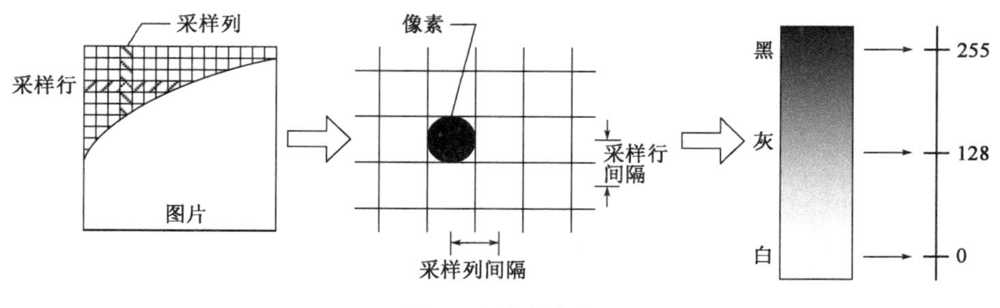


图1-3　图像数字化

### 1.3.2　数字图像处理技术的特点

在数字处理技术出现之前,图像处理大多采用图像的光学处理等模拟方法,例如使用光学透镜滤波处理等方式。相对于模拟方法,数字图像处理具有以下优点:

(1)再现性好

与模拟图像不同,数字图像存储在计算机中,它不会因为图像的存储、传输或复制等一系列变换操作而导致图像质量的退化,只要进行图像数字化时能够遵循采样、量化、编码的基本原则,使数字图像能够准确地表述原始场景中的信息,数字图像处理过程就能保持图像的真实再现。

(2)处理精度高

从理论上讲,只要图像数字化设备的精度足够高、存储设备的容量足够大、图像处理设备的运算速度足够快,数字图像是可以无限接近真实场景的。现代扫描仪可以把每个像素的灰度等级量化为16位甚至更高,这意味着几乎可以将任意一幅模拟图像数字化为能够满足大多数情况下需要的二维数组。此外,模拟处理技术如果要提高一个数量级的处理精度,就必须对图像处理设备进行大幅改动,而在数字图像处理技术中,只要改变程序中的数组参数就可以了。

(3)适用面宽

数字图像处理技术可以处理多种图像信息源。从图像反映的客观实体尺度看,可以小到电子显微镜图像,大到航空照片、遥感图像甚至天文望远镜图像。这些来自不同信息源的图像只要被变换为数字编码形式后,均是由二维数组表示的灰度图像组合而成,因而均可用计算机来处理。

(4)灵活性高

与图像的光学处理相比,数字图像处理不仅可以进行线性运算,还可以进行非线性运算,凡是可以用数学公式和逻辑关系表示运算,均可以通过数字图像处理来实现。

(5)信息压缩的潜力大

图像信息内容丰富,这给图像的处理和存储带来了困难。数字图像中各个像素是不独立的,其相关性大。在图像画面上,经常有很多像素有相同或接近的灰度。就电视画面而言,同一行中相邻两个像素或相邻两行间的像素,其相关系数可达0.9以上,而一般情况下相邻两帧之间的相关性比帧内相关性还要大些。因此,数字图像压缩的潜力很大,这对图像的传输、存储和处理有积极的意义。

## 1.4 数字图像处理的主要应用及发展前景

### 1.4.1 发展过程

数字图像处理作为新兴的研究领域,最早出现于20世纪50年代,当时电子计算机已经发展到一定水平,人们开始利用计算机来处理图形和图像信息。它正式形成一门学科大约是在20世纪60年代初期,当时主要的目的是改善图像的视觉质量。数字图像处理首次获得实际成功应用是在美喷气推进实验室。他们对航天探测器徘徊者7号在1964年发回的几千张月球照片,使用图像处理技术,如几何校正、灰度变换、去除噪声等方法进行处理,成功地绘制出月球表面地图。它取得的另一个巨大成就是在医学上获得的成果:1972年英国EMI公司工程师Housfidd发明了用于头颅诊断的X射线计算机断层摄影装置,即根据人的头部截面的投影,经计算机处理来重建截面图像,简称CT。1975年EMI公司又成功研制出用于全身的CT

装置，该装置可获得人体各个部位鲜明清晰的断层图像。此项无损探伤诊断技术获得了1979年诺贝尔奖，这也证明了它对人类做出了划时代的贡献。

随着计算机技术和图像采集、处理技术的发展，数字图像处理技术在许多应用领域受到广泛重视并取得了许多开拓性成就，成为涉及数学、计算机科学、模式识别、人工智能、信息论、生物医学等多种学科交叉的领域。它被广泛地应用到商业、工业、医学、军事、科研等各个方面。

### 1.4.2　主要应用及发展前景

图像是人类获取和交换信息的主要来源，因此，图像处理的应用领域必然涉及人类生活和工作的方方面面。随着人类活动范围的不断扩大，图像处理的应用领域也将随之不断扩大，其应用领域如表1-1所示。

**图像处理的应用领域**　　表1-1

| 学科与行业 | 应 用 领 域 |
|---|---|
| 航空航天 | 卫星遥感与探测等 |
| 生物医学工程 | 细胞分析、染色体分类、X射线成像、CT等 |
| 通信 | 传真、电视、多媒体通信等 |
| 工业 | 工业探伤、机器人、产品侦察等 |
| 军事 | 导弹导航、军事侦察等 |
| 文化艺术 | 电影动画制作等 |
| 机器人视觉 | 机器人的自动视觉导航，无人驾驶等 |
| 电子商务 | 身份认证、产品防伪等 |
| 物理、化学 | 结晶分析、谱分析等 |
| 环境保护 | 水质及大气污染调查等 |
| 地质 | 资源勘测、地图绘制、GIS等 |
| 农业、林业 | 农产物估产、植被分布调查等 |
| 渔业 | 鱼群分布调查等 |
| 气象 | 卫星云图分析等 |
| 法律 | 指纹识别等 |

(1)航天和航空方面

图像处理技术在航天和航空技术方面的应用，除了JPL对月球、火星照片的处理之外，另一方面的应用是在飞机遥感和卫星遥感技术中。许多国家每天派出很多侦察飞机对地球上其感兴趣的地区进行大量的空中摄影。对这类图像进行处理分析，往往需要耗费大量人力物力，而现在改用配备有高级计算机的图像处理系统来判读分析，既节省人力，又加快了速度，还可以从照片中提取人工所不能发现的大量有用情报。从20世纪60年代末以来，美国及一些国际组织发射了资源遥感卫星（如LANDSAT系列）和天空实验室（如SKYLAB），受成像条件和飞行器位置、姿态、环境条件等影响，图像质量总不是很高。因此，以如此昂贵的代价对获取的卫星图像进行简单直观的判读是不合算的，而必须采用数字图像处理技术。除此之外，在气象预报和对太空其他星球研究方面，数字图像处理技术也发挥了相当大的作用。

(2)生物医学工程方面

数字图像处理在生物医学工程方面的应用十分广泛,并且取得了不错的成效。除CT技术之外,还有一类是对医用显微图像的处理分析,如红细胞、白细胞分类,染色体分析,癌细胞识别等。此外,在X光肺部图像增晰化、超声波图像处理、心电图分析、立体定向放射治疗等医学诊断方面都广泛地应用图像处理技术。

(3)多媒体通信方面

当前通信的主要发展方向是声音、文字、图像和数据结合的多媒体通信。具体地讲,是将电话、电视和计算机以三网合一的方式在数字通信网上传输,其中以图像通信最为复杂和困难。因图像的数据量十分巨大,如传送彩色电视信号的速率达100Mbit/s以上,要将这样高速率的数据实时传送出去,必须采用编码技术来压缩信息的比特量。在一定意义上讲,编码压缩是这些技术成败的关键。除了已应用较广泛的熵编码、DPCM编码、变换编码外,国内外正在大力开发研究新的编码方法,如分行编码、自适应网络编码、小波变换图像压缩编码等。此外,电视制作系统广泛使用的图像处理、变换和合成,多媒体系统中静止图像和动态图像的采集、压缩、处理、存储和传输等都应该应用数字图像处理技术。

(4)工业和工程方面

在工业和工程领域中,图像处理技术有着广泛的应用。如自动装配线中检测零件的质量并对零件进行分类,印刷电路板疵病检查,弹性力学照片的应力分析,流体力学图片的阻力和升力分析,邮政信件的自动分拣,在一些有毒、放射性环境内识别工件及物体的形状和排列状态,先进的设计和制造技术中采用工业视觉等。其中值得一提的是研制具备视觉、听觉和触觉功能的智能机器人,将会给工农业生产带来新的激励,目前这样的机器人已在工业生产中的喷漆、焊接、装配中得到了有效的利用。

(5)军事公安方面

在军事方面,图像处理和识别主要用于导弹的精确末制导,各种侦察照片的判读,具有图像传输、存储和显示的军事自动化指挥系统,飞机、坦克和军舰模拟训练系统等;公安业务图片的判读分析,指纹识别,人脸鉴别,不完整图片的复原,以及交通监控、事故分析等。目前已投入运行的高速公路不停车自动收费系统中的车辆和车牌的自动识别都是图像处理技术成功应用的例子。

(6)文化艺术方面

目前这类应用包括有电视画面的数字编辑、动画的制作、电子图像游戏、纺织工艺品设计、服装设计与制作、发型设计、文物资料照片的复制和修复、运动员动作分析和评分等。现在已逐渐形成一门新的艺术——计算机美术。

(7)机器视觉

机器视觉作为智能机器人的重要感觉器官,主要进行三维景物识别和理解,是目前处于研究之中的开放课题。机器视觉主要用于军事侦察、危险环境的自主机器人,邮政、医院和家庭服务的智能机器人,装配线工件识别、定位,太空机器人的自动操作等。

(8)电子商务

在当前呼声甚高的电子商务中,图像处理技术也大有可为,如身份认证、产品防伪、水印技术等。

总之,图像处理技术应用领域相当广泛,已在国家安全、经济发展、日常生活中扮演越来越重要的角色,对国计民生的作用不可低估。

## 1.5 机器视觉概述

在工业生产过程中,尤其是现代工业自动化大生产中涉及各种各样的基于人类视觉的检查、测量、识别和控制需求,例如,生产流水线上零配件的测量,产品包装印刷的检测,半导体芯片封装检测,电子设备生产中电子元件定位,机器人导航、图像监控、医学影像处理等。这些应用中的一部分以往依靠大量工人来完成,这不仅增加了人工成本和管理成本,同时由于人眼容易疲劳且具有不稳定性,无法保证百分之百的检测准确率。另外还有相当一部分应用,由于人眼的精度、速度上的限制,根本无法由人工来完成,所以在实际应用中迫切需要一种代替人类视觉的机器技术出现。

人类在征服自然、改造自然和推动社会进步的工业生产过程中,面临着自身能力、能量的局限性,发明和创造了许多机器来辅助或代替人类完成任务。智能仪器,包括智能机器人,是这种机器最理想的形式,也是人类科学研究中所面临的最大挑战之一。智能仪器是指这样一种系统,它能模拟人类的功能,能感知外部世界并有效地解决人所能解决的问题。人类感知外部世界主要通过视觉、触觉、听觉和嗅觉等感觉器官,其中80%的信息是由视觉获取的,这既说明视觉获取信息量巨大,也表明人类对视觉信息有较高的利用率。人类视觉过程可看作是一个复杂的从感觉(感受通过对3-D世界的2-D投影图像得到的)到知觉(由2-D图像认知3-D世界内容和含义)的过程,视觉的最终目的从狭义上说是要对场景做出对观察者有意义的解释和描述;从广义上讲,还要基于这些解释和描述并根据周围的环境和观察者制订出行为规划。因此,对于智能仪器来说,赋予机器以人类视觉功能对发展智能仪器是极其重要的,也由此形成了一门新的学科——机器视觉。它是基于计算机技术、机电工程应用技术与数字图像处理技术不断地完善和发展,将计算机的高速度、高精度、高可靠性、结果的可重复性与人类视觉的智能化抽象能力相结合,逐渐形成新的交叉研究领域。

机器视觉的发展不仅将大大推动智能系统的发展,也将拓宽计算机与各种智能仪器的研究范围和应用领域。

## 1.6 机器视觉系统的组成及特点

机器视觉技术涉及数字图像处理技术、模式识别、自动控制、光源和光学成像知识、模拟与数字视频技术、计算机软硬件和人机接口等多学科理论和技术,因此很难给出一个十分精确的定义。美国制造工程师协会(Society of Manufacturing Engineers,SME)机器视觉分会和美国机器人工业协会(Robotic Industries Association,RIA)的自动化视觉分会对于机器视觉给出的定义为:“机器视觉是通过光学的、非接触的传感器自动地获取和解释处理一个真实物体的图像,以获取所需信息或用于控制机器运动或过程。”机器视觉主要研究内容是利用计算机或者嵌入式系统来模拟人的视觉功能,采用一个或多个摄像机采集客观事物的实际图像,经过数字化等一系列处理提取需要的特征信息,然后加以理解并通过逻辑运算最终实现工业生产和科学研究中的检测、测量和控制等功能。

一个典型的工业机器视觉应用系统包括光源、光学系统、图像捕捉系统、图像数字化模块、数字图像处理模块、智能图像处理与决策模块和机械控制执行模块。图 1-4 为机器视觉系统构成示意图,机器视觉系统的原理是通过机器视觉产品(即图像摄取装置,分 CMOS 和 CCD 两种)捕获图像信号,然后将该图像传送至处理单元,通过数字化处理转化成数字信号,然后将其传送给专用的图像处理系统(计算机或者嵌入式系统),根据像素分布和亮度、颜色等信息,来获取被测对象尺寸、形状等信息,利用各种运算来抽取目标的特征,进而根据判别的结果来控制现场的机械设备。

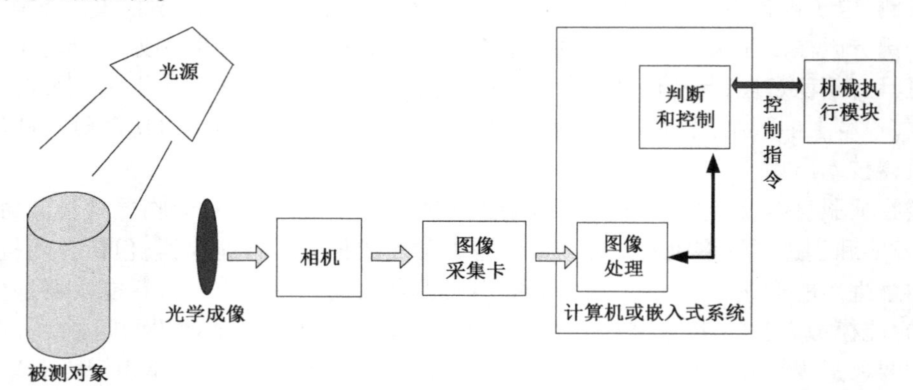


图 1-4　典型工业机器视觉系统的结构

具体工作流程如下:

(1)当被测目标运动到接近拍摄视野中心时,传感器向图像采集控制部分发送信号(触发脉冲)。

(2)图像采集控制部分根据事先编写的控制程序,在指定的时间分别向相机和照明系统发出启动脉冲。

(3)其中一个启动脉冲使相机停止目前的扫描或结束等待状态,打开曝光机构或事先在程序中设定曝光时间,然后重新开始新一轮的扫描并输出;另一个启动脉冲根据相机的曝光时间适时地开启照明光源。

(4)将采集到的图像存储到计算机内存中。

(5)计算机程序及时地对图像进行处理、分析和识别,并输出测量值或检测结果。

(6)根据检测结果控制后续的机械动作,如进行筛选、调整姿态等。

目前,此类系统广泛应用于食品和饮料、化妆品、建材和化工、金属加工、电子制造、包装、汽车制造等行业。

机器视觉系统的优点是提高了生产的柔性和自动化程度,在一些不适合于人工作业的危险工作环境或人工视觉难以满足要求的场合,采用机器视觉来替代人工视觉。同时,在大批量工业生产过程中,用人工视觉检查产品质量效率低且精度不高,用机器视觉检测可以大大提高生产效率和生产的自动化程度。而且机器视觉易于实现信息集成,是实现计算机集成制造的基础技术。

可见,从应用技术划分,机器视觉是一门综合了模拟、数字电子、计算机、图像处理、传感器、机械工程、光源照明、光学成像等跨学科的前沿技术;从应用学科划分,机器视觉是一门涉及人工智能、神经生物学、心理物理学、计算机科学、图像处理、模式识别等多个领域的交叉学科。机器视觉是相对较新的技术，它为制造工业在提高产品质量、提高生产效率和操作安全性上提供了许多处理方案。机器视觉包括图像数字化、图像操作和图像分析，通常使用计算机完成，所以说它是一门涵盖图像处理和计算机视觉的专业。然而，机器视觉与计算机视觉和图像处理的含义并不相同。计算机视觉是计算机科学的一个分支，而机器视觉是系统工程一个特殊领域。机器视觉没有强调必须在计算机平台上实现，需要获取高速处理速度时经常会使用特殊的专用图像处理嵌入式系统，与普通计算机相比有一定的速度优势。在工业应用中，机器视觉的特点如下：

(1)机器视觉是一项综合技术，其中包括数字图像处理技术、机械工程技术、控制技术、电光源照明技术、光学成像技术、传感器技术、模拟与数字视频技术、计算机软硬件技术和人机接口技术等。这些技术在机器视觉中是并列关系，相互协调应用才能构成一个成功的工业机器视觉应用系统。

(2)机器视觉更强调实用性，要求能够适应工业生产中恶劣的环境，要有合理的性价比，具有通用的工业接口，能够由普通工作者来操作，有较高的容错能力和安全性，不会破坏工业产品，必须有较强的通用性和可移植性。

(3)机器视觉更强调实时性，要求高速度和高精度，因而计算机视觉和数字图像处理中的许多技术目前还难以应用于机器视觉，它们的发展速度远远超过其在工业生产中的实际应用速度。

(4)对机器视觉工程师来说，除了要具有研究数学理论和编制计算机软件的能力外，还需要掌握光、机、电一体化的综合能力。

## 1.7　机器视觉技术的主要应用与发展

### 1.7.1　机器视觉的应用领域

机器视觉不会有人眼的疲劳，有着比人眼更高的精度和速度，借助红外线、紫外线、X射线、超声波等高新探测技术，机器视觉在探测不可视物体和高危险场景时，更具有其突出的优点。机器视觉技术现已在如下方面得到广泛的应用(其实包含了很多数字图像处理的应用)。

(1)机器视觉在工业中的应用

机器视觉系统可用于工业领域的很多方面，应用机器视觉技术最多的部门是电子工业部门，其次是汽车工业、木材工业、纺织工业、食品加工工业、包装工业及航空工业等部门。在工业检测领域，机器视觉技术的应用大大提高了产品质量和生产速度。例如饮料行业的饮料填充检测、容器质量检测、饮料瓶封口检测，产品包装检测，印刷质量检测，半导体集成块封装质量检测，木材厂的木料检测，卷钢质量检测和关键机械零件的工业CT(工业用计算机断层成像技术)；在海关，还可利用X射线和机器视觉技术进行货物不开箱通关检测，大大提高了货物的通过速度；在制药领域，机器视觉技术可对药品的包装进行检测，以确定装入正确数量的药品。

在冶金、化工、建材、安全保卫、工件检测等工业生产过程中，对象复杂，过程涉及参数众多，并有显著的非线性、骤变性、离散性、分布性和不确定性。尤其是在周围环境极其恶劣(例如高温环境和不确定对象,其形状参数难以用普通的测量手段进行测量)的情况下,用常规控制技术难以实现实时控制。对于这类复杂对象的自动控制,所遇到的最大困难是检测问题,而大多数场合,可通过机器视觉来实现。

(2)机器视觉在农业中的应用

随着图像处理技术的专业化,计算机硬件成本的下降以及运行速度的提高,在农产品品质自动检测和分级领域应用机器视觉系统已变得越来越具有吸引力。农产品在其生产过程中由于受到人为和自然等复杂因素的影响,产品品质差异很大,如形状、大小、色泽等都是变化的,很难做到整齐划一,故在农产品品质检测与分析时,要有足够的应变能力来适应情况的变化。机器视觉技术在农产品品质检测上的应用正是满足了这些应变的要求,根据产品质量好坏确定价格。农产品的尺寸、形状和颜色是农产品品质的重要特征,比如对水果可根据大小、颜色、形状等特征进行分类,对禽蛋可根据形状、大小、色泽和重量等特征进行分类,而对烟叶则可根据形状、纹理、颜色和面积等进行分类。利用机器视觉进行检测不仅可以排除主观因素干扰,而且还能对这些指标进行定量描述,具有人工检测所无法比拟的优越性。利用机器视觉还可监测作物的生长状况,做出是否浇灌和施肥的决定,以保证作物的健康成长。

(3)机器视觉在医学中应用

在医学领域,机器视觉可用于辅助医生进行医学影像的分析,主要利用数字图像处理技术、信息融合技术对X射线透视图、核磁共振图像、CT图像或其他医学影像数据进行统计和分析,不同医学影像设备得到的是不同特性的生物组织的图像。例如,X射线反映的是骨骼组织,核磁共振影像反映的是有机组织,而医生往往需要考虑骨骼与有机组织的关系,因而需要利用数字图像处理技术将两种图像适当地叠加起来,以便于医学分析。机器视觉技术还可辅助医生进行医学影像分析或影像数据的统计,如利用边缘提取和图像分割技术,自动完成细胞个数统计,大大提高了统计效率和诊断准确率。

(4)机器视觉在机器人导航及视觉伺服系统的应用

赋予机器人视觉是机器人研究的重点之一,其目的是要通过图像定位和图像理解向机器人运动控制系统反馈目标或自身的状态与位置信息。在机器人导航和视觉伺服系统中,通过获取图像并分析信息,向运动控制系统反馈目标信息,提高其在复杂环境下的自适应能力。机器人可以利用动态图像识别和跟踪算法,跟踪目标位置并反馈至控制系统,使目标始终保持在视野的正中位置等。

(5)机器视觉在图像监控、安防、交通管理中的应用

传统的交通监控方法,如电磁感应环线圈式车辆检测器,由于它埋在路基下,车辆通过时对线圈的压力以及路面维修均会破坏线圈,而且存在不能识别车辆行驶方向、不能进行车辆分类等缺点。而雷达波检测器只能检测运动车辆,对车辆缓行和静止的情况则无法检测。基于机器视觉技术开发的交通监控系统,实时工作性强,被广泛应用于车辆识别和调度,向交通指挥和管理系统提供相关信息等,适应譬如高速公路、城市道路等各种交通环境的能力强,使交通监控系统更加智能化,能提供更多的功能。同时,在闭路电视监控系统中,机器视觉技术常被用于提高图像质量、监控复杂场景、捕捉突发事件、鉴别身份和跟踪可疑目标等。在卫星遥感系统中,机器视觉系统可以通过分析遥感图像,进行环境监测和地理测量等作业。

### 1.7.2　机器视觉的发展过程及趋势

1)国外的发展历程

从全球范围来看,到目前为止,机器视觉的发展主要经历了萌芽、初步发展、蓬勃发展、深入发展和广泛应用四个阶段。机器视觉研究出现于20世纪60年代初期,电视摄像技术的成熟与计算机技术的发展使得机器视觉研究成为可能,作为早期人工智能研究的一部分,由于技术条件的限制,进展缓慢。80年代初,在D. Marr提出的计算机视觉理论的指导下,机器视觉研究得到了迅速发展,成为现代科技研究的一个热点。在机器视觉发展的历程中,经历了三个明显的加速点:一是首先在机器人的研究中发展起来的机器视觉最先的应用来自"机器人"的研制;二是CCD图像传感器的出现,CCD摄像机替代硅靶摄像是机器视觉发展历程中的一个重要转折点;三是CPU、DSP等图像处理硬件技术的进步,为机器视觉飞速发展提供了基础条件。而计算机软件技术使现有大规模集成电子电路技术发展的成果达到了极大化的利用,尤其是多媒体和数字图像处理及分析理论方面的技术成熟,使得机器视觉技术不仅在理论,而且在应用上都得到了高速发展。随着计算机技术的快速发展,机器视觉在工业中得以应用,如印刷电路板的检验、高精度导弹的末制导、机器人装配线、汽车流量检测等方面都有机器视觉系统的应用。目前,在国外,机器视觉在50%以上的半导体及电子行业的生产监控中得到普及应用。如今,机器视觉行业已经进入高速发展时期,机器视觉产品在下游行业,尤其是工业控制领域实现了广泛的应用,机器视觉技术已逐步走向成熟。全球机器视觉产业主要分布于北美、欧洲以及日本地区。其中北美占比达到了61%,欧洲占比为14%,日本为9%。

2)国内的发展历程

据中国产业调研网发布的《中国机器视觉行业现状分析与发展趋势研究报告(2015年版)》显示,国内机器视觉起步于20世纪80年代的技术引进,不同于国外,这一时期电子和半导体行业在国内尚未完全成熟,因此在这些领域的应用几乎为空白。而随着各行各业对采用图像和机器视觉技术的工业自动化、智能化需求的广泛出现,我国各大高校、研究所和一些企业近些年在图像和机器视觉技术领域进行了积极的探索,取得了一定的成绩,并逐步应用在工业现场。机器视觉技术在国内的应用于20世纪90年代正式进入发展期。但直到2006年以前,中国机器视觉产品应用主要集中在外资制造企业、出口加工企业及烟草企业,整体规模并不大。加速发展则出现在近几年,虽然起步较晚,但受机器视觉产品成本下降和技术的进步以及新兴行业兴起的良性影响,中国正在成为世界机器视觉发展最活跃的地区之一,其中最主要的原因是中国已经成为全球的加工中心,许许多多先进生产线已经或正在迁移至中国,伴随这些先进生产线的迁移,许多具有国际先进水平的机器视觉系统也进入中国。对这些机器视觉系统的维护和提升而产生的市场需求也将国际机器视觉企业吸引而至,国内的机器视觉企业在与国际机器视觉企业的学习与竞争中不断成长。经历了长期的蛰伏,2010年我国机器视觉市场迎来了爆发式增长。数据显示,2010年我国机器视觉市场规模达到8.3亿元,同比增长48.2%,其中智能相机、软件、光源和板卡的增长幅度都达到了50%,工业相机和镜头也保持了40%以上的增幅,皆为2007年以来的最高水平。2011年,我国机器视觉市场步入后增长调整期。相较2010年的高速增长,虽然增长率有所下降,但仍保持很高的水平。2011年中国机器视觉市场规模为10.8亿元,同比增长30.1%,增速同比2010年下降18.1个百分点,其中智能相机、工业相机、软件和板卡都保持了不低于30%的增速，光源也达到了28.6%的增长幅度，增幅远高于中国整体自动化市场的增长速度。2011年机器视觉产品电子制造行业的市场规模为5亿元人民币，增长35.1%，市场份额达到了46.3%。电子制造、汽车、制药和包装机械占据了近70%的机器视觉市场份额。

在我国，短短的几年间，机器视觉技术的应用就从电子半导体领域覆盖到了大量工业应用领域，如包装、电子、汽车制造、半导体、纺织、烟草、交通、物流等行业。工业领域是我国机器视觉应用比重最大的领域，主要用于产品质量检测、分类、机器人定位、包装等，一方面它替代人工视觉，另一方面用于提高生产的柔性和自动化程度。另外，将机器视觉应用于机器人的引导中，可以实现生产的柔性化，使生产线很容易适应产品的变化，成为近年的发展热点。

总之，机器视觉技术的优越性已在医疗诊断、自动检测与控制、智能机器人、军事、工业、农业等方面得到了充分体现，给人类带来了巨大的经济效益和社会效益。经过多年来的研究，机器视觉在深度和广度方面都取得了很大的进展，积累了丰富的学术研究成果，已经成长为一门内容十分丰富的独立学科。在应用研究方面也取得了不小的进展，如图纸的自动录入、光学字符阅读器、机器人视觉系统在工业生产装配线上的应用等都十分引人注目。近年来，随着计算机技术的高速发展，机器视觉系统的成本大幅度下降，为应用研究奠定了坚实的基础。应用视觉研究蓬勃兴起，前景十分光明。

### 1.7.3 机器视觉技术的发展趋势

回顾机器视觉的发展历程，可以看到两条清晰的道路：理论方法研究和应用研究。前者从纯学术的角度出发，研究模拟人类视觉的各种理论与算法（如特征提取、双目立体视觉、运动与光流、由线条图到实体、由阴影到形体、由纹理到形体等）；后者从实际问题出发，研究识别、检测等问题（如工件的识别、印刷用电路板的检验、字符识别等）。总体来讲，学术研究与应用研究相差很远，原因可能是纯学术研究做了过多偏离实际情况的假设，低估了实际问题的复杂性，造成其成果难以实用化。当然，机器视觉本身是十分复杂的，研究只能逐步深入。可以预计的是，随着机器视觉技术自身的成熟和发展，它将在现代和未来制造企业中得到越来越广泛的应用。

未来机器视觉的发展将呈现下列趋势：

(1)随着产业化脚步的加快，对机器视觉技术的需求将不断增加

就全球而言，机器视觉虽不是一项新技术，但正处在蓬勃发展的时期。正如机器视觉在国外的发展一样，其发展空间较大的部分是半导体和电子行业。近年来，我国加大了对集成电路产业的规划和投入力度，“信息化带动产业化”“走新型工业化道路”的发展战略为机器视觉技术的发展提供了广阔的空间。机器视觉行业专业性公司增多，投资和从业人员增加，竞争加剧是机器视觉行业未来几年的发展趋势，机器视觉行业作为一个新兴的行业将逐步发展成熟，将越来越受到人们的重视。

(2)制定统一开放的标准是机器视觉发展的动力，标准化、一体化的解决方案是机器视觉技术的发展趋势

目前，国内的机器视觉产品厂商不仅在技术上与国外有较大差距，在品牌和知识产权上的差距则更大。国内的机器视觉厂商主要以代理国外品牌为主，自主研发起步较晚，但正在朝着

这个方向努力。因此,未来的机器视觉产品的好坏只有通过制定统一开放的国际化标准,而不是通过单一的因素来衡量和判定,只有这样,才能让更多的厂商在同一平台上开发出更多更有价值的产品。

随着自动化开放程度的不断提高,机器视觉技术也应随之进行二次开发,以满足不同客户的需求,这就要求对机器视觉进行标准化,并在未来的3~4年内逐渐向一体化迈进。随着机器视觉技术的提高和产品的增多,其应用状况也将由低端转向高端,由自动化向智能化转变。

(3)技术方面的趋势是数字化、实时化、智能化

图像采集与传输的数字化是机器视觉在技术方面发展的必然趋势。更多的数字摄像机、更宽的图像数据传输带宽、更高的图像处理速度,以及更先进的图像处理算法将会推出,将会得到更广泛的应用。这样的技术发展趋势将使机器视觉系统向着实时性更好和智能程度更高的方向不断发展。

(4)产品方面

①智能摄像机将会占据市场主要地位

智能摄像机具有体积小、价格低、使用安装方便、用户二次开发周期短等优点,非常适合在生产线上安装使用,越来越受到用户的青睐。智能摄像机所采用的许多部件与技术都来自IT行业,其价格会不断降低,逐渐被最终用户所接受。因此,在众多的机器视觉产品中,预计智能摄像机在未来会占据主要地位。此外,机器视觉传感器会逐渐发展成为光电传感器中的重要产品。目前许多国际著名的光电传感器生产企业,如KEYENCE,OMRON,BANNER等都将机器视觉传感器作为光电传感器中新型的传感器来发展与推广。

②功能逐渐增多

更多功能的实现主要是来自于计算能力的增强、更高分辨率的传感器(10Mpixels以上)、更快的扫描率(500次/s以上)和软件功能的提高。PC机处理器的速度在得到稳步提升的同时,其价格也在下降,这推动了更快的总线的出现,而总线又反过来允许具有更多数据的更大图像以更快的速度进行传输和处理。

③产品小型化和集成化

产品的小型化趋势让这个行业能够在更小的空间内安装更多的器件,这意味着机器视觉产品变得更小,这样它们就能够在厂区所提供的有限空间内应用。例如在工业配件上,LED已经成为主导光源,它的小尺寸使成像参数的测定变得容易,其耐用性和稳定性非常适用于工厂设备。机器视觉技术离不开处理器的发展,对处理器技术的依赖将越来越深,与数据采集等其他控制和测量的集成也将更为紧密。基于嵌入式的产品逐渐取代板卡式产品是一种必然的趋势。

④智能相机的发展预示了集成产品增多的趋势

智能相机是在一个单独的盒内集成了处理器、镜头、光源、输入/输出装置及以太网的综合系统。电话和PDA推动了更快、更便宜的精简指令集计算机(RISC)的发展,这使智能相机和嵌入式处理器的出现成为可能。同样,现场可编程门列阵(FPGA)技术的进步为智能相机增添了计算功能,并为PC机嵌入了处理器和高性能帧采集器智能相机结合处理大多数计算任务的FPGA。DSP和微处理器的小型化,以及尺寸更小,更密集的存储卡及成像器分辨率,正在一起为实现"芯片上的视觉系统"的最终目标而努力。

(5)价格持续下降,市场份额迅速扩大

目前,在我国,机器视觉技术还不太成熟,主要靠进口国外整套系统,系统价格比较昂贵。随着技术的进步,以及市场竞争的激烈,价格下降已成必然趋势,这意味着机器视觉技术将逐渐被接受。市场份额:一方面已经采用机器视觉产品的应用领域,对机器视觉产品的的依赖性将更强;另一方面机器视觉产品将应用到其他更广的领域。因此,机器视觉市场将不断增大。

## 1.8 本章小结

图像作为重要的信息表示形式,在各个领域有着广泛的使用。本章从数字图像的概念出发,介绍了数字图像和数字图像处理技术的基本概念,以及机器视觉技术的相关理论,对数字图像处理与机器视觉技术的研究现状和未来发展前景做了阐述。通过本章的学习,可以使读者对数字图像处理的方法和机器视觉系统的组成、作用有一定的了解。

1. 简述像素(像元)及数字图像的概念,并说出你知道的数字图像有哪些种类。
2. 数字图像处理系统由哪些部件组成?
3. 常见的数字图像处理技术包括哪些?
4. 典型的工业机器视觉系统包括哪些?
5. 列举几个身边的机器视觉技术应用的案例。
6. 结合实际应用谈谈数字图像处理的作用。

# 第2章　机器视觉硬件技术

## 2.1　前言

一个典型的机器视觉应用系统包括光源、光学镜头、摄像机、图像采集卡、图像处理系统（或平台）、机器视觉软件模块、输入输出和控制执行模块等部件。本章分别对光源技术、光学镜头技术、摄像机技术、图像采集技术、摄像机标定技术、TMS320DM642 DSP 图像处理系统等机器视觉技术进行详细阐述。

## 2.2　光源技术

### 2.2.1　光源的特点与发展

照明系统是机器视觉应用系统最关键的部分之一，其主要目标是以合适的方式将光线投射到被测物体上，突出被测特征部分对比度，在系统中有非常重要的作用，直接关系到整个机器视觉系统的成败。光源是照明系统的核心设备，直接作用于机器视觉系统的输入，光源的选择直接决定图像特征的采集以及后续算法的复杂度，而合适的光源以及照明技术有助于采集到特征明显的图像信息，改善整个系统的分辨率，简化软件的运算，进而使机器视觉系统达到最优化。

好的光源设计，在突出图像特征的同时能够抑制干扰特征，在获得清晰的对比信息、提高信噪比的同时减少因光源位置以及物体高速运动带来的不确定性。而不恰当的光源设计会造成非均匀照明，进而造成图像亮度不均匀，使图像特征和背景特征混淆，难以区分，增加干扰。在处理过程中，由于光源不当产生的花点和过度曝光会隐藏很多重要信息，阴影会引起边缘的误检，而信噪比的降低以及不均匀的照明会导致图像处理阈值选择的困难，这些都会增加后期算法设计的难度和复杂度。在设计过程中，对于每种不同的检测对象，必须采用不同的照明方式才能突出被测对象的特征，有时可能需要采取几种方式的结合，而最佳的照明方法和光源的选择往往需要大量的试验才能找到。因此，为了获得优质稳定的图像，必须从照明光源中选择最为适合的光源。而且大多数情况下，要针对具体应用场合设计能获取优质稳定图像的照明光源。

目前机器视觉照明技术的发展已非常成熟。日本的 CCS 公司成立于 1992 年，致力于图像处理的 LED 光源的开发、设计、制造和销售。近年来，各种图像处理设备以其高性能、低价格不断在市场上出现，CCS 公司产品所应用的领域越来越广，例如表面探测、位置的确定以及产品的整合。该公司所研究制造的 LED 光源有直接照明光源（沐浴方式、低角度方式、条形方式、聚光方式)、间接照明光源(低角度方式、扁平环形方式、圆顶方式)、透射照明光源(背光方式、线形方式)、同轴照明光源(同轴方式)、特殊照明光源(平行光光学单元、多种用途的照明)等。

美国 AI(Advanced Illumination)公司成立于 1993 年,致力于机器视觉照明技术的开发和研究,他们有先进的 LED 光源照明技术,所生产的光源有背光源、宽领域线光源、同轴光源、点光源、线光源等。他们利用自己在机器视觉照明方面的优势来改进机器视觉系统的应用。

MORITEX 会社是日本著名的光电设备仪器制造企业,包括半导体、电子、医疗、通信、生物工程、精密机电机器制造的许多高精尖领域。其在我国有很多经销商,如北京凌云光视图像技术公司等。

对比以上产品,日本制造的光源小巧,美国制造的光源产品结实,另外还提供控制软件。日本光源外观精致,因为选用的 LED 小,所以排列紧密;美国同类产品的 LED 体积大,所以排列时通过精确控制 LED 的光轴来确保光线均匀。总的来说,机器视觉照明技术正处在一个迅速发展期,随着市场的发展,未来的图像处理技术必须依赖于照明技术的同步发展。

在机器视觉系统中,有效的光源和照明应当具有以下特征。

(1)尽可能突出目标的特征,在物体需要检测部分与非检测部分之间尽可能具有明显的区别,增加对比度。

(2)能够保证足够的亮度和稳定性。

(3)物体位置的变化不应该影响成像的质量。

### 2.2.2 光源系统模型

光源系统设计不仅需要调整光源本身的参数,还需要考虑到应用场合的环境因素和被测物的光学属性。

(1)光学系统的参数

通常,光源系统设计可控制的参数有以下 5 种,这里给出基本定义。

①方向:主要有直射和散射两种方式,其主要取决于光源类型和放置位置。

②光谱:即光的颜色,其主要取决于光源类型和光源或镜头滤光片的性质。光源的光谱用色温进行度量,色温是指当某一种光源的光谱分布与在某一温度下的完全辐射体(黑体)的光谱分布相同时完全辐射体(黑体)的温度。

③极性:即光波的极性,镜面反射光有极性,而漫反射光没有极性。可在镜头前加一滤光片消除镜面反射光。

④强度:光强不足会降低图像的对比度,而光强过大则会导致功耗大,并且需散热处理。

⑤均匀性:是机器视觉系统的基本要求。但当光源随距离和角度增大时光强衰减。

(2)物理光学属性

主要物理光学属性包括以下 7 个方面,属于物理学范畴,这里做简单介绍。

①反射:主要有镜面反射和漫反射两种类型。

②投射:其取决于物体的材料构成和厚度。

③折射:主要存在于透明材料中。

④颜色:投射或反射光能的光谱分布。

⑤纹理:可用光照来进行增强或衰减。

⑥高度:直射照明可增强高度信息,而散射照明可减弱高度信息。

⑦表面方向:直射照明可增强表面方向信息,而散射照明可减弱表面方向信息。

### 2.2.3　常用典型光源及应用

机器视觉系统中典型光源包括前光源、背光源、环形光源、点光源以及可调光源,下面针对几种光源做简单介绍和说明。

(1)前光源

放置在被检测物体前面的光源就叫前光源,按照明方式又可以被称为前方式照明。根据光源与待检测物体表面的夹角的不同,前光源照明可以分为高角度照明和低角度照明两种。选取高角度还是低角度照明方式,依据待检测物体的表面待测部分的机理的不同而异。例如,当被测物体表面采用刻字式字符时,我们可以考虑效果更好的低角度照明,当采用印刷式字符时,选取高角度照明效果会更好。

前光源适合于检测不平整与反光的表面,比如包装袋或者封盖的印记、PCB 板上的元件、检测芯片上的印刷字符以及一些橡胶类产品等。

(2)背光源

背光源放置在待检测物体的背面,这一点与前光源的放置位置刚好相反。使用背光源照射被测物体,形成不透明物体的阴影使得被检测物体透光与不透光的边缘清晰,有利于后续的边缘提取。因此背光源可以用来检测物体的轮廓、透明物体污点和缺陷、轴承或者小型电子器件尺寸和外形等。

(3)环形光源

环形光源的特点是可为被检测物体提供面积大而且均衡的照明,在实际的机器视觉系统应用中,一般会与 CCD 镜头同轴安放。当与被检测物体之间的距离合适时,环形光源可以使阴影大大减少、增加被测物体的对比度,从而可以实现大面积的荧光照明。其缺点就是距离不合适时,会有环形反光的现象存在。

环形光源非常适合检测高反射材料表面的缺陷,尤其适合检测电路板与 BGA 的缺陷。因此环形光源可以广泛地应用在有纹理表面的物体测量,例如 IC 芯片上的印刷字符、印刷电路板上的零件、各种产品标签等。

(4)点光源

点光源的结构比较紧凑,可以把光线集中在一个一定距离的小视场内,给被检测物体提供均匀而又明亮的光照,从而提高图像的对比度。通常,点光源是从正对面以一定的角度照射待测物体上感兴趣的区域,由于点光源的光线均匀且亮度高,使得采集到的图像对比度高,非常适合于检测被检测物表面上的阴影、缺陷甚至是微小的凹陷。因此,点光源通常被用于凸轮齿轮损伤缺陷、条形码识别以及激光打印字符等行业的检测。

(5)可调光源

可调光源是通过电流调整器、亮度控制器或者是频闪控制器调整光源亮度和频闪速度的光源,它为机器视觉系统中光源设计提供了更多的选择。

### 2.2.4 光源选择指标

机器视觉系统中的光源,要满足以下4项指标。

(1)亮度

亮度对机器视觉的检测最为重要。工作面的亮度至少应稍高于周围环境亮度。当光源不够亮时,可能有如下三种情况出现:

①CCD的信噪比不够。由于光源的亮度不够,图像的对比度必然不够,在图像上出现噪声的可能性也随即增大。

②当光源的亮度不够时,自然光等随机光对系统的影响会很大。

③光源的亮度不够,必然要加大光圈,从而减小景深。

(2)对比度

对比度定义为在特征区域与其周围的区域之间有足够的灰度量区别。对比度与光源的亮度、颜色和待检测面的反射率有关。如两个反射面具有相似的反射率,则它们的对比度将非常低,反之则有较高的对比度。作为光源的设计者,能控制的因素是光源的亮度和光源的颜色。通过调整光源的亮度并选择合适的光源颜色(如用红色LED光源可获得较理想的灰度图像),使需要被观察的特征与需要被忽略的图像特征之间产生最大的对比度,从而易于特征的区分。

(3)均匀性

光源的均匀性主要取决于LED制造、封装工艺。不均匀的光会造成不均匀的反射,在摄像头视野范围内的部分,光源应该是均匀的。图像中暗的区域的产生原因是缺少反射光,而亮点的区域则是此处反射光太强所致。不均匀的光会使视野范围内部分区域的光比其他区域多,从而造成物体表面反射不均匀(假设物体表面对光的反射是相同的)。均匀的光源会补偿物体表面的角度变化,即使物体表面的几何形状不同,光源在各部分的反射也是均匀的。

(4)鲁棒性

光源的鲁棒性是测试光源是否对位置变化敏感的一个指标,它与光源的亮度、对比度、均匀度有紧密的联系。一般要求将光源放置在摄像头视野的不同区域或不同角度时,图像的变化应非常小。另外,光源在实际工作中与其在实验室中应该有相同的效果。

## 2.3 光学镜头技术

图像采集设备是机器视觉系统的重要组成部分,影响到系统应用的稳定性和可靠性。图像的获取实际上就是将被测物体的可视化图像和内在特征转换成能被计算机处理的图像数据。在机器视觉中,镜头的作用主要是将目标的图像聚焦在图像传感器的光敏面上,从而将图像转化为电信号送入处理器进行处理。镜头作为机器视觉系统的输入,能够直接影响机器视觉系统的性能。在种类繁多的镜头中,合理的选择、安装和使用镜头是设计机器视觉系统的重要环节之一。

### 2.3.1　镜头的分类与性能指标

1)镜头分类

镜头按不同的特征有不同的分类。一般可按焦距、调焦方式、光圈分类。按焦距分类可分为广角镜头、标准镜头、长焦镜头等；按调焦方式分类可分为手动调焦、自动调焦等；按光圈分类可分为手动光圈和自动光圈。

2)性能指标

一般的光学镜头的性能指标主要由焦距、分辨率、视场角和光谱特性来体现。在选取镜头时，可以根据不同的用途和需要进行选择。

(1)焦距

焦距是光学镜头的重要参数，通常用$f$来表示。焦距的大小决定着视场角的大小，焦距数值越小，视场角越大，所观察的范围也越大，但距离远的物体分辨不很清楚；焦距数值越大，视场角越小，观察范围越小，只要焦距选择合适，即便距离很远的物体也可以看得清清楚楚。由于焦距和视场角是一一对应的，一个确定的焦距就意味着一个确定的视场角，所以在选择镜头焦距时，应该充分考虑是观测细节重要，还是有一个大的观测范围重要。如果要看细节，就选择长焦距镜头；如果看近距离、大场面，就选择小焦距的广角镜头。

(2)分辨率

分辨率是影响图像效果的重要因素，一般用水平和垂直方向上所能显示的像素数来表示，例如640×480。该值越大，图像文件所占用的磁盘空间越大，从而图像的细节表现得也越充分。

(3)视场角

镜头的视场角决定了图像传感器成像的空间范围，它与光学镜头的焦距有关。当CCD器件尺寸一定时，焦距越长，其视场角越小。

(4)光谱特性

光学镜头的光谱特性主要指镜头对各波段光线的透过率特性。在部分机器视觉应用系统中，要求图像的颜色应与成像目标的颜色具有较高的一致性。因此，希望各波段透过光学镜头时，除总强度有一定损失外，其光谱组成并不发生改变。影响光学镜头光谱特性的主要因素为：膜层的干涉特性和玻璃材料的吸收特性。在机器视觉系统中，为了充分利用镜头的分辨率，镜头的光谱特性应与使用条件相匹配。要求镜头最高分辨率的光线应与照明波长、CCD器件接受波长相匹配，并使光学镜头对该波长的光线透过率尽可能高。

(5)光圈或通光量

镜头的通光量以镜头的焦距和通光孔径的比值来衡量，以$F$为标记，每个镜头上均标有其最大的$F$值，通光量与$F$值的平方成反比关系，$F$值越小，则光圈越大。所以应根据被监控部分的光线变化程度来选择用手动光圈还是用自动光圈镜头。

(6)滤光镜

自然界中存在着各种波长的光线，通过折射，人眼能看到不同颜色的光线，这就是光线的波长不同所导致的。人眼能够识别的光线的波长范围大概在400～700nm之间，而理论上通过摄像机可以看到绝大部分波长的光线。但这在摄像机的使用过程中就出现了一个问题，由于各种光线掺杂，这样通过摄像机看到的物体就会产生彩色失真。为解决彩色失真的问题，一般会在镜头上安装一低通滤光镜，它能够阻碍红外光的进出，故能在白天使彩色不失真。

### 2.3.2 自动调焦

自动调焦技术的主要任务是在无须外界干预的情况下，使观测设备的调焦过程能够自动实现，为观察者提供质量清晰、边缘及细节突出的图像。从目前自动调焦技术的发展来看，自动调焦技术可大致划分为两大类：传统自动调焦技术和基于图像的自动调焦技术。

1）传统自动调焦技术

按照有无探测源，传统调焦技术又可细分为：主动式自动调焦法和被动式自动调焦法。

（1）主动式自动调焦法。最早应用在调焦领域中的就是主动式自动调焦法。主动式调焦法需要通过外界的测量设备获得信息，完成调焦。例如，一些主动式调焦系统就是主动向被摄目标发出红外、激光或者超声波等，由光电原件接收到的反射信号，通过一定的算法计算出与被摄物体的距离，再由高斯成像公式确定像距和焦距的调节量，最后由执行机构完成调焦。常用的主动式自动调焦法有：三角测距法、红外线测距法和超声波测距法。但主动式自动调焦法也有一定的弊端，比如在被测物体能够吸收发射信号时就很难完成对目标的测距。除此之外，主动式自动调焦法也存在成本较高的问题。

（2）被动式自动调焦法。被动式自动调焦法无须借助外界设备，被动式自动调焦系统通过某种方法被动地测量被摄目标的成像光线，根据调焦屏上的成像情况调节像距或（和）焦距完成调焦。

被动式自动调焦法按原理不同又可分为两类：一类是基于点目标或平行光所形成的模拟图像，不需要发射系统，但需要额外的光电检测仪器，主要有对比度检测法、相位检测法和调制传递函数法等；另一类是基于面阵 CCD 或 CMOS 等固态摄像器件采集到的数字图像，采用基于图像处理的方法进行自动调焦，该方法仅依赖于所获取的图像信息，不需要额外的设备支持。采用被动式自动调焦法时，被摄目标的一些因素，比如亮度、对比度和图形轮廓，均会影响调焦的准确性。

总的来说，被动式自动调焦法较主动式自动调焦法更加可靠，对焦效果比较好，更加实用。

2）基于图像处理的自动调焦方法

目前，基于图像处理的自动调焦技术成为调焦领域的热点和重要发展方向。它的原理是利用 PC 或嵌入式系统的图像处理系统对采集到的图像进行分析处理，获得成像系统的离焦状态，以此制订调焦方案，实现自动调焦。基于图像处理的自动调焦方法按操作的不同又分为离焦深度法和对焦深度法。

（1）离焦深度法

离焦深度法（Depth from Defocus）通过离焦图像来获取目标的深度信息。在处理时，需要获得 2 ~ 3 帧不同离焦程度的图像，通过对图像的局部区域进行分析和处理，得到图像的模糊程度和离焦深度信息，进而判断对焦位置，连续驱动镜头运动，完成自动调焦。使用 DFD 法进行调焦，需要知道成像系统的各种参数，预先建立成像系统的数学模型，才能根据少量图像推算出离焦深度，判断对焦位置。但在实际应用中，目前还不能精确确定成像系统的数学模型，并且由于采用了少量图像，信息量少，因此离焦深度法可能导致对焦失败或者误差较大。

(2)对焦深度法

对焦深度法(Depth from Focus)是基于图像清晰度评价函数计算值的方法。对焦深度法根据特有的图像清晰度评价函数,计算在不同焦点时图像的清晰程度,同时使图像在成功对焦时清晰度最高,从而控制对焦设备向清晰度最高的位置运动。对焦深度法适用范围广,调焦控制电路也比较简单,是一种比较实用的对焦方式。但是,采用对焦深度法的前提是图像清晰度评价函数必须有界而且存在峰值,且在峰值两侧函数都是单调的。在实际中,由于受干扰信号的影响,可能无法保证峰值时不受信号干扰,也无法保证在峰值两侧函数单调。

## 2.4　摄像机技术

### 2.4.1　CMOS和CCD图像传感器

摄像机是将光图像转变为电信号,为系统提供视频图像信号的最重要设备。摄像机技术经历了从黑白摄像机到彩色摄像机、从摄像管摄像机到CCD摄像机、从模拟摄像机到全数字摄像机的发展。摄像机技术作为机器视觉系统图像采集中最重要的一环,对整个系统的性能有着重要的影响。

在图像传感器领域,目前应用最广和发展最快的两类固态图像传感器分别是:互补金属氧化物半导体CMOS图像传感器和电荷耦合器件CCD图像传感器。

CCD的发展已经有50多年,其性能得到了大幅提升,加之CCD图像传感器固有的灵敏度高、噪声低、像素单元面积小等优点,因而一直占据着图像传感器市场的主导地位。CMOS和CCD几乎是同时产生的,但受当时工艺水平限制,CMOS图像传感器因图像质量差、分辨率低、噪声降不下来和光照灵敏度不够,因而没有得到重视和发展。自19世纪80年代,以来,由于CMOS技术的迅速发展,CMOS图像传感器也得到了快速发展。CMOS图像传感器自身的高集成度、低功耗、低成本和高抗辐射等优越性也使得它在图像和机器视觉等领域的应用越来越广泛。

下面我们对CCD和CMOS的工作原理和结构、性能进行详细比较说明。

1)CCD技术

CCD是由按照一定规律紧密排列起来的金属—绝缘体—半导体(MIS)电容阵列组成的一种光电转换器件。它以电荷包的形式存储和传送信息,主要由光敏单元、输入结构和输出结构等部分组成,具有光电转换、信息存储和延时等功能。CCD传感器可以用来感应可见光的强度。数码相机中所用的CCD是一个CCD二维阵列,外形和大小与计算机的数字电路芯片相似,CCD阵列安排在芯片表面。CCD在数码相机中设置在传统相机的底片位置,其作用就像传统相机的底片一样,在镜头的焦点位置感应光线的强弱。可以将CCD想象成一颗颗微小的感光粒子,铺满在光学镜头的后方,当光源发出的光入射到CCD的光敏面上时,首先完成光电转换,即产生与入射光辐射量呈线性关系的光电荷,此电荷存储在MOS存储单元中。在外加一定时序的驱动脉冲作用下,CCD中存储的电荷一个接一个地顺序移出,这样,在CCD的Vout输出管脚会有与光电荷量成正比的弱电压信号产生。通常,CCD阵列的像素数目越多,收集到的图像就会越清晰,图像分辨率也越高。从CCD概念的提出到商品化电荷耦合摄像机的出现仅仅经历了四年。近年来,CCD以其线性良好、量子效率高、动态范围大以及模拟兼数字化等优点，在信号处理及图像传感领域发挥了巨大的作用。CCD 以其无可比拟的优点，逐渐成为现代光电技术和现代测试技术领域最有发展前途的技术手段之一。

从结构上划分，CCD 可分为线阵和面阵两大类：线阵型摄取一维的线图像；面阵型摄取二维的面图像。线阵 CCD 将接收到的一维光电信号转换成一定时序的电输出信号，获得一维图像信号，在一维方向上的补偿与校正易于实现，因此常作为一种高精度光电传感器，广泛应用于生产线上的产品外形尺寸非接触测量、分类、表面质量评定和精确定位。二维面阵的 CCD 可以应用于数码相机、光学扫描仪与摄像机的感光元件中，其光效率可达 70%，优于传统底片的 2%。数码相机和扫描仪的核心是一个高分辨率的 CCD 阵列，用于采集静止图像；CCD 在摄像机里也是一个极其重要的部件，它起到将光线转换成电信号的作用，类似于人的眼睛，用于采集视频图像，因此其性能的好坏将直接影响到摄像机的性能。

(1) CCD 的基本结构和工作原理

①电荷的产生与存储

构成 CCD 的基本单元是半导体 MOS 结构(金属—氧化物—半导体)，如图 2-1 所示。在一定的偏压下，MOS 结构成为可存储电荷的分立势阱。当在栅极上加正偏压 $U_G$ 后，导体内的空穴被排空，产生耗尽区(此时 $U_G$ 小于半导体的阈值电压 $U_{th}$)。当 $U_G > U_{th}$ 时，半导体与绝缘体表面上的电势如此之高，以至于将半导体体内的电子吸引到表面，形成一层极薄但电荷浓度很高的反型层，如图 2-1c) 所示。反型层的存在表明了 MOS 结构存储电荷的基本功能。

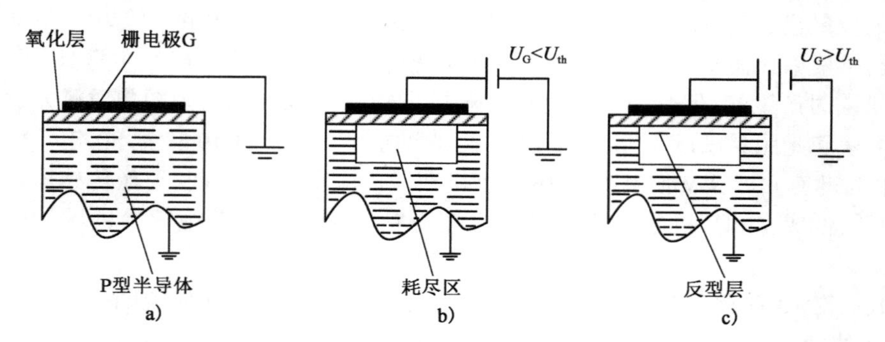


图 2-1 CCD 的基本单元 MOS 结构存储电荷示意图

光照射到 CCD 硅片上时，在栅极附近的半导体体内产生电子空穴对，其多数载流子被栅极电压排开，少数载流子则被收集在势阱中形成信号电荷。信号电荷产生数量的多少，直接与入射光的强度及硅片曝光时间成正比。

②电荷的耦合(即信号转移部分)

MOS 结构势阱中的电荷从一个电极移向另一个电极的过程，称为电荷耦合，如图 2-2 所示。以图中 4 个临近的电极为例，开始时在第②个电极的势阱中存有部分电荷，其他电极上均加有大于阈值的较低的电压[图 2-2a) 中所加电压为 2V]。当第②电极保持 10V 不变，第 3 电极上的电压变为 10V 时，由于两个电极之间的距离很小，使得第②和第③电极下的势阱合并在一起，如图 2-2b) 所示，原来第②电极下的势阱中的电荷变为共有，如图 2-2c) 所示。随后，第②电极上所加电压变为 2V 时，原来共有的电荷向第③电极下的势阱移动，如图 2-2d) 所示。等到原来共有的电荷全部移动到第③电极下的势阱中时[如图 2-2e) 所示]就完成了一次电荷包的移动。这样,按一定规律变化的电压加在 CCD 的电极上,电极下的电荷包就能按一定的规律移动。

通常把 CCD 电极分为几组,每一组为一相,并施加同样的时钟脉冲,如图 2-2f)为三相 CCD 所需施加的时钟脉冲。这样就实现了电荷在势阱中的转移。

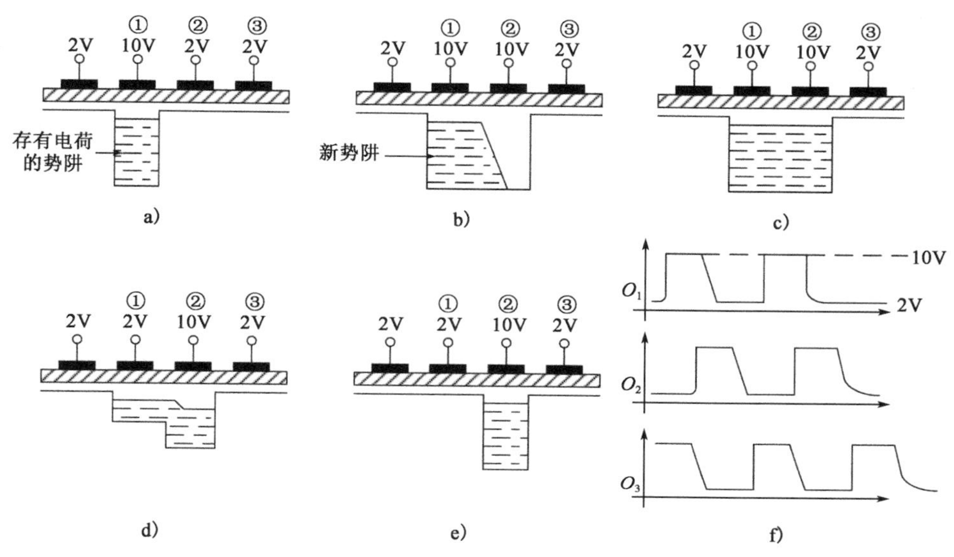


图 2-2　三相 CCD 中电荷的转移过程

③电荷检测

光照射到 CCD 硅片上产生的电荷经势阱传输到 CCD 末端的外存储器中,经过电荷计数后转换成电流或电压信号,再转换成数据,输入计算机后保存。目前 CCD 的输出方式主要有电流输出、浮置扩散放大器输出和浮置栅放大输出。

一个 CCD 芯片由几百甚至上万个光敏微元组成,这些微元组合成线阵或面阵 CCD 探测器,当被测目标的光信号通过光学系统在 CCD 光敏元上成像时,CCD 器件便将光敏元上的光信号转换成与光强成正比例的电荷量。用一定频率的时钟脉冲对 CCD 进行驱动,在 CCD 的输出端便可获得被测目标的视频信号。视频信号中的每一个离散信号的大小对应于其中一个光敏元所接收光强的强弱,而信号输出的时序则对应着 CCD 光敏元位置的顺序。这样,CCD 用自身扫描方式完成了信息从空间域到时间域的转换。

(2)CCD 传感器分类

CCD 图像传感器按照光敏单元的排列方式可以分为两大类:线阵 CCD 和面阵 CCD。线阵 CCD 的感光单元只有一列,一次感光只能采集一行图像数据;面阵 CCD 的感光单元为一个平面,一次感光可以将整个被摄对象的图像保存下来。

①线阵 CCD 图像传感器

典型的线阵 CCD 芯片的结构如图 2-3 所示。它是由一列光敏列阵和与之平行的两个移位寄存

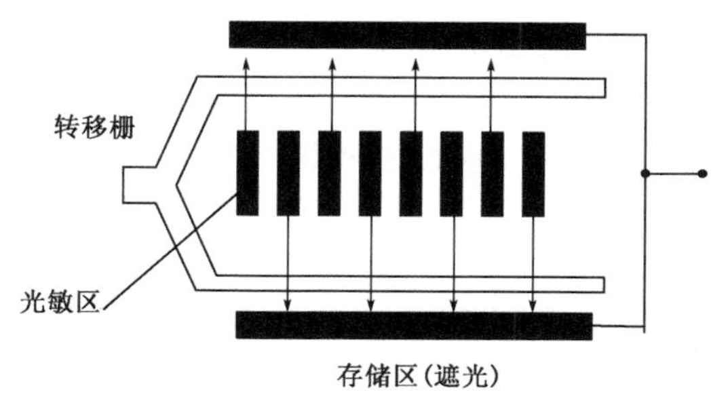


图 2-3　典型线阵 CCD 结构示意图

器组成，属于双通道型。该器件的转移栅将光敏区和存储区分开，通过转移栅的控制可以同时将一帧图像所对应的电荷由光敏区转移到存储区。它是由阵列光敏曝光一定时间后，在相应驱动脉冲作用下，转移栅交替地把信号电荷转移至两侧的移位寄存器，再由移位寄存器一位一位地将其输出，从而得到所需的光电信息。

②面阵 CCD 图像传感器

面阵 CCD 多用于采集二维的平面图像，它有多种类型。常见的结构型有全帧转移型 CCD（FFCCD）、帧转移型 CCD（FTCCD）和行间转移型 CCD（ILTCCD）。

全帧转移型 CCD 其由并行 CCD 转移寄存器、串行 CCD 转移寄存器和感光信号输出放大器组成。具有最简单的结构，很容易制成和操作。图像被投射到平行的阵列所构成的成像平面上。CCD 器件取得图像信息，并把图像划分成由像素的数量所决定的一系列离散的元素，这样可将图像量子化。生成的图像的列信号以并行的方式转移到串行寄存器中，随后再由串行寄存器以串行数据流的形式转移输出。全帧转移型 CCD 设计的简单化使得具有高分辨率和高密度的 CCD 传感器得以实现。

帧转移型 CCD 在结构上与全帧转移型 CCD 很相似，唯一的区别是它增加了一个独立的同样的并行寄存器，称为存储阵列。它的整个思想就是，把从感光部分或者成像阵列获得的图像很快地转移到存储阵列中，之后图像信息从存储阵列读出芯片的过程与全帧转移型 CCD 完全一致，在这个过程中，存储阵列已经在积分下一帧的图像。这种结构的优点在于可以实现连续性的、不需要快门或者是启动信号的操作，因而有更快的帧速率。然而，这种效果是折中性的，因为在图像信息转移到存储阵列的过程中，光积分仍在进行，因而产生了图像的“拖影”。实现这种结构需要两倍的硅区，因此帧转移型 CCD 与全帧转移型 CCD 相比，具有较低的分辨率和较高的成本。

行间转移型 CCD 是为了克服帧转移型 CCD 的缺点而设计的，它通过在非感光或者遮光的平行读出 CCD 列之间形成隔离的感光区的方法把感光和读出作用分开。在积分了一幅图像后，每个像元积聚的信号在同一时刻都转移到遮光的并行读出 CCD 中。之后的转移输出与前两种 CCD 相似。在读出的过程中，和同帧转移型 CCD 一样，下一帧已经开始积分，因而能够实现连续的操作，获得较高的帧速率。与帧转移型 CCD 相比，这种结构可以显著地改善读出过程中产生的图像的“拖影”现象。但它的复杂性又导致了较高的生产成本和较低的灵敏度，灵敏度的降低是因为每个像元的感光区域的减少。

2）CMOS 技术

作为固体图像传感器的一大分支，CMOS 传感器的研究起始于 20 世纪 60 年代末，由于当时受工艺技术的限制，直到 90 年代初才发展起来。CMOS 的中文含义是互补性金属氧化物半导体，CMOS 在微处理器、闪存和特定用途集成电路的半导体技术上占有绝对重要的地位。CMOS 图像传感器是利用 CMOS 工艺制造的图像传感器，主要利用了半导体的光电效应。CMOS 主要是利用硅和锗这两种元素做成的半导体，通过 CMOS 上带负电和带正电的晶体管来实现感受光线变化的功能，这两个互补效应晶体管所产生的电流可以被处理芯片记录和解读成图像数据。CMOS 传感器用来感应可见光的光强时，通常也封装成阵列形式，用法与 CCD 阵列基本相同。

CMOS 的结构相对简单，生产工艺与现有的大规模集成电路生产工艺相同，因此生产成本低。从原理上讲,CMOS的信号是以点为单位的电荷信号,而CCD是以行为单位的电流信号,前者更为敏感,速度也更快,更为省电,使信息的获取和转移的成本大大降低,并能给出直观、真实、多层次、内容丰富的可视图像信息。

普通CMOS传感器,存在着像素大、信噪比小、分辨率低等缺点,一直无法和CCD技术抗衡,因而被应用在低端、廉价的成像设备中,例如网络电话摄像头、监控用无线摄像头等。然而,目前高端的CMOS已经推出,其成像质量并不比一般的CCD差,在专业级单片数码相机领域,CMOS传感器因更高的成像质量而被广泛采用。

(1)CMOS结构及工作原理

CMOS图像传感器整体结构如图2-4所示,它包括像素单元阵列、模拟信号处理器、A/D转换器、偏置电压生成单元、时钟生成单元、数字逻辑单元和存储器等。主要分为像素单元阵列、模拟信号处理器、行列驱动器、时序控制逻辑四个模块。

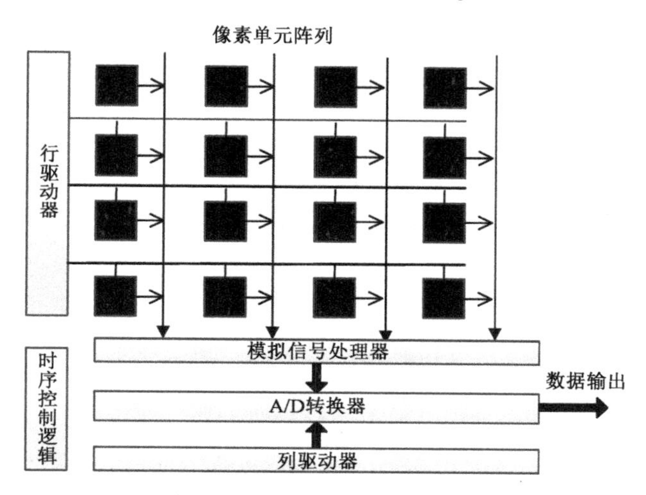


图2-4　CMOS图像传感器整体结构

CMOS图像传感器的像素单元阵列感光并且能够将光信号转换为相关的电信号(如电荷、电流或电压等)。根据光生载流子理论,光子进入半导体中,当光子能量超过带隙能量时就会产生电子空穴对。在电场的作用下,电子和空穴会被分开,其中电子会在电势阱中被收集,空穴则会被遗弃。光入射到感光区时,会发生光电效应,也就是把光信号转换成电信号,半导体价带中受束缚的电子在接受光的能量后会跃迁到导带,成为能够自由移动的电子,这就将光信号转变为电信号。CMOS图像传感器的像素单元阵列可以一次对一行或者一列数据进行采集或者读取。

模拟信号处理模块通常可以具有如下功能:电荷积分、变量增益控制、采样和保持、相关双次采样和提高大负载驱动电容的输出缓冲器。CMOS图像传感器与CCD图像传感器的工作流程大体一致,区别在于信号的读出方式不同。CCD图像传感器读取的是电荷信号,而CMOS图像传感器读取的却是电压或电流信号。

(2)三种典型像素元结构的CMOS图像传感器

目前,CMOS图像传感器可分为三种基本类型:无源像素图像传感器(Passive Pix Sensor, PPS)、有源像素图像传感器(Active Pixel Sensor, APS)和数字像素图像传感器(Digital Pixel

Sensor,DPS)。

①无源像素图像传感器结构(PPS)

PPS 出现得最早,结构也最简单,是最早走向实用化的 CMOS 图像传感器。其结构图如图 2-5所示,每一个像素单元是由一个反向偏置的光电二极管(MOS 管或 p-n 结二极管)和一个开关管 TX 构成。当开关管导通,光电二极管中由于光照产生的电荷传送到列线。位于列线末端的电荷积分放大器保持列线电压为一常数,当光电二极管存储的信号电荷被读取时,其电压被复位到列线电压水平,与此同时,列线下端的积分放大器将该信号转化为电压输出,光电二极管中产生的电荷与光信号呈一定的比例关系。

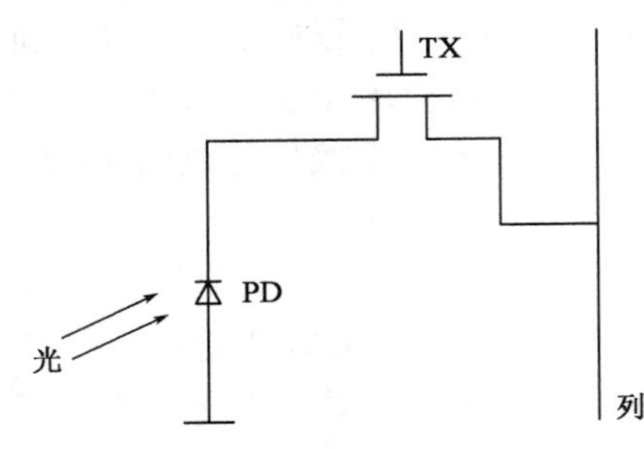


图 2-5 光敏二极管无源像素结构

PPS 结构的像素可以设计成很小的像元尺寸,它的结构简单、填充系数高(有效光敏面积和单元面积之比)。由于填充系数大多没有覆盖一层类似于在 CCD 中的硅栅层(多晶硅叠层),因此量子效率(积累电子与入射光子的比率)很高。

但是这种结构存在着两方面的不足:

第一,各像元中开关管的导通闭值难以完全匹配,所以即使器件所接收的入射光线完全均匀一致,其输出信号仍会形成某种相对固定的特定图形,也就是所谓的“纹斑噪声”(又称“固有模式噪声”),致使 PPS 的读出噪声很大,典型值为 250 个均方根电子。较大的固有模式噪声的存在是其致命的弱点。

第二,光敏单元的驱动能量相对较弱,故列线不宜过长,以期减小其分布参数的影响。受多路传输线寄生电容及读出速率的限制,PPS 难以向大型阵列发展。

②有源像素图像传感器结构(PD-APS 和 PG-APS)

有源像素技术是在每一个像素内集成一个或多个放大器(有源器件),使信号在像素内得到放大。使用这种技术的 CMOS 图像传感器灵敏度高、速度快,并具有良好的消除噪声功能。由于每个放大器在读出期间被激发,所以 CMOS 有源像素传感器的功耗比 CCD 图像传感器的还小。APS 像元结构复杂,与 PPS 像元结构相比(无源像元的孔径效率多在 60% ~80% 之间),其填充系数较小,设计填充系数典型值为 30% ~40% ,与行间转移 CCD 接近,因而需要一个较大的单元尺寸。随着 CMOS 技术的发展,CMOS 工艺几何设计尺寸日益减小,填充系数将不会成为限制 APS 性能提高的因素。有源像素图像传感器主要包括光敏二极管型和光栅型两类。

光敏二极管型有源像素结构(PD-APS)。光敏二极管型有源像素传感器中每个像元包括三个晶体管和一个光敏二极管。其结构如图 2-6 所示。图 2-6 中,输出信号由源跟随器予以缓冲,以增强像元的驱动能力,其读出功能受与它相串联的行选晶体管(RS)控制。由于源跟随器不再具备双向导通能力,故需另行配备独立的复位晶体管(RST)。不难理解,由于有源像元的驱动能力较强,列线分布参数的影响相对较小,因而有利于制作像元阵列较大的器件,利用独立的复位功能便于改变像元的光电积分时间,因此具有电子快门的效果,而像元本身具备的行选功能,这对简化二维输出图像的控制电路十分有利。

光栅型有源像素结构(PG-APS),又称为光门型 APS,PG-APS 结合了 CCD 的 *X-Y* 寻址的优点,侧重于像素内部信号的积分传递和读出。它的电荷传递和相关双采样使得噪声很小,因此，它适用于高性能、低光照的应用。其结构如图2-7所示。光门型APS具有一个很大的多晶硅栅，它会产生电势阱（耗尽区）来收集光生电子，信号电荷在PG下积分。读出时先对浮置储存节点进行复位，此时它的电压值会通过源跟随器被读出。当PG打开时，电荷被传递到浮置储存节点，此时电压会有变化，新的电压值会被读出，复位电压与信号传递后电压的差值就是像素的差值，这种读出方法也叫作相关双采样。

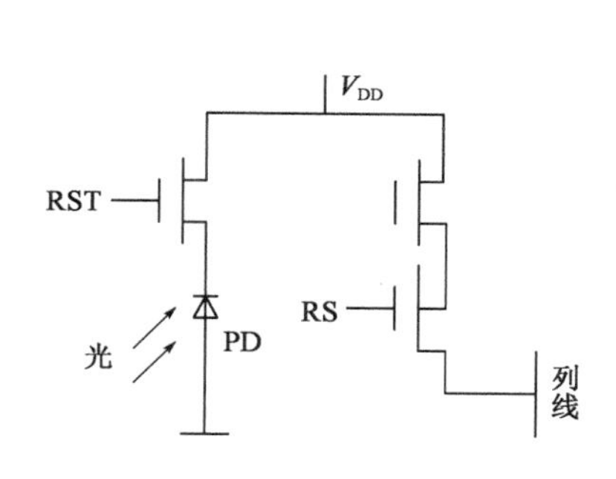


图2-6　光敏二极管型有源像素结构

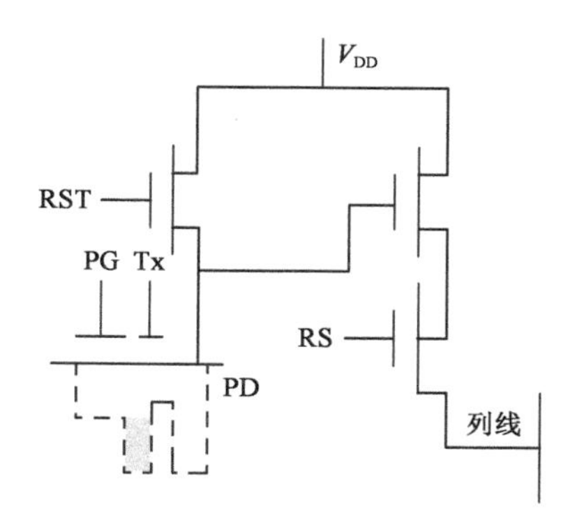


图2-7　光栅型有源像素结构

③数字像素图像传感器结构（DPS）

数字像素图像传感器是一种新型的CMOS图像传感器。数字图像传感器读出像素为数字信号，不同于无源像素和有源像素图像传感器的像素读出为模拟信号。因而其他的电路也都为数字逻辑，这样数字图像传感器读出速度极快，非常适合高速应用，并且不存在器件噪声对其产生干扰。另外，由于它充分利用了数字电路的优点，因此它很容易随着CMOS工艺的进步而进行等比例缩小，性能也将很快达到并超过CCD图像传感器，并且可以实现系统的单片集成。如图2-8所示。

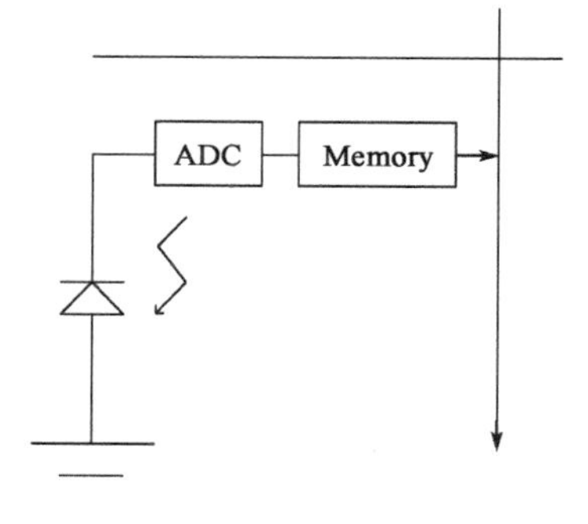


图2-8　数字像素结构图

2.4.2　数字摄像机

数字摄像机是指把图像传感器采集到的数字图像信号直接传送给后端的图像处理芯片进行处理，无须进行传统模拟摄像机的数字图像信号的数/模、模/数转换过程，这样就避免了图像信号数/模转换过程带来的噪声影响。下面对数字摄像机的主要参数和常见的术语进行详细介绍。

（1）感光元件

摄像机感光元件是摄像机的核心部件，目前摄像机常用的感光元件有CCD和CMOS两大类。

CCD和CMOS都是基于MOS结构的光电转换效应进行光电转换的，但是它们对光电转换后的电荷处理方式不同：CCD通过水平和垂直的转移单元传载电荷，最终统一在负载上输出电压信号；而CMOS通过行列解码器直接输出电压信号。由于工作方式、结构和制造工艺的差别，CMOS传感器比CCD体积小、功耗低、集成度高。

CCD图像传感器工作原理框图如图2-9所示。CCD器件完成光电转换后，按照其像素精度存储与光像对应的“电荷图像”，CCD单元内的电荷包在场消隐和场正程规定的时间内，通过相邻 CCD 遮光的垂直移位寄存单元顺序转移到行输出端,电荷包再流经负载输出放大为模拟电信号,最后缓冲输出进行后续的信号处理。

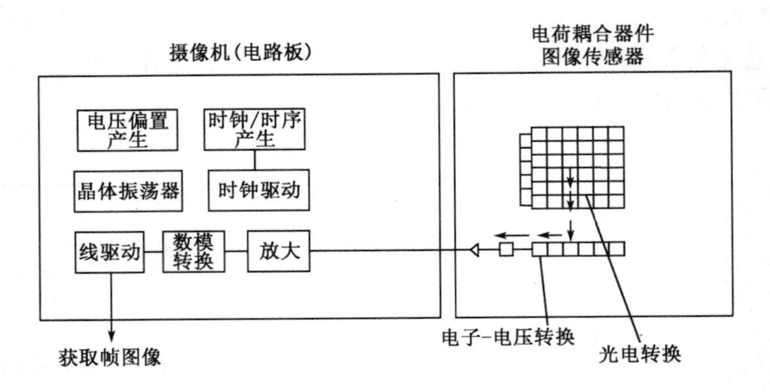


图 2-9 电荷耦合器件图像传感器工作原理

CMOS 图像传感器的工作原理框图如图 2-10 所示。同 CCD 一样,光电转换后,CMOS 器件存储了"电荷图像"。但每个"电荷包"都独立配有放大器和 A/D 电路,这样每个电荷包就被直接转换成了数字电信号。最后,通过行列寻址将数字信号输出。

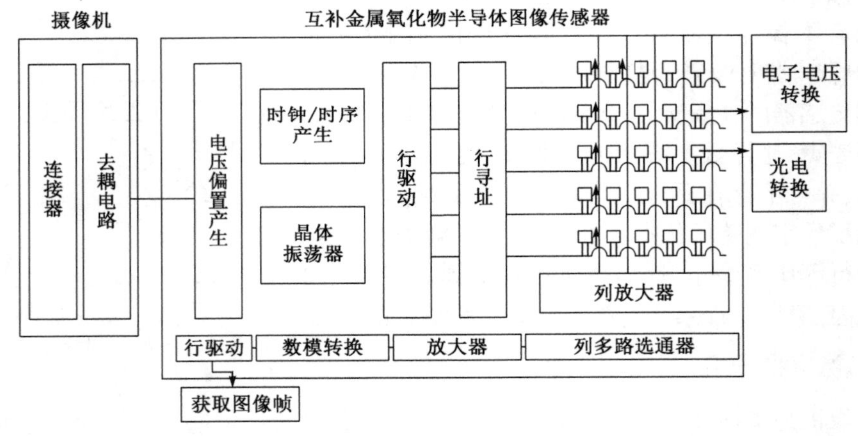


图 2-10 互补金属氧化物半导体图像传感器工作原理

在数据输出上,CCD 图像传感器采用串行方式,一次性读出整行或整列像素的电信号。CMOS 图像传感器信号读出采用 $X-Y$ 寻址方式,允许以整块、部分或单元为单位灵活地读出数据或输出任意局部画面。能有效减小图像数据处理量,便于提高图像帧频,进而提高寻址速度。而 CCD 图像传感器串行信号输出的方式使随机窗口读取的能力受到限制。

在噪声方面,CCD 的特色在于充分保持信号传输时不失真,每一个像素的电荷包统一集合至单一放大器上处理,保持图像的完整性;而 CMOS 像素单元直接连 ADC,信号直接放大并转换成数字信号。一般情况下 CMOS 的噪点比 CCD 多,会影响到图像的品质。

目前,CCD 图像传感器主要在高像素分辨率、低噪声、高灵敏度的高画质需求领域应用,而 CMOS 图像传感器主要用于 1.3M 像素以下的低端领域,即价格低、易于集成、小型化等应用领域。

(2)帧速

人的眼睛有视觉残留的特性,就是光对视网膜所产生的视觉在光停止作用后,仍保留一段时间的现象,它是由视神经元的反应速度造成的,其时值是二十四分之一秒。早期的电影就是根据这一特性,人们将定格的照片,以每秒一定数量的变换来产生动态的效果。

帧速,是指在 1s 时间里传输的图片的帧数,也可以理解为图形处理器每秒刷新的次数,通常用 FPS(Frames Per Second)表示。高的帧速可以得到更流畅的画面,每秒钟帧数越多,所显示的动作就会越流畅。由于受处理器和存储器的限制,一般摄像机帧速在 30 帧/s。缩小采集视场或者降低分辨率,能够提高帧速。

(3)分辨率

分辨率是影响图像效果的重要因素,一般用水平和垂直方向上所能显示的像素数来表示分辨率,它反映了摄像机分解和重现细节的能力。在实际应用中,摄像机、检测系统的分辨率与传感器的分辨率不同。摄像机的分辨率除传感器的分辨率因素外,还取决于镜头、传感器的像素尺寸和模拟电路。分辨率通常以每毫米多少线对(lp/mm)表示。如果传感器像素尺寸为 $\rho$,理论上最大空间分辨率为 $1/(2\rho)$ lp/mm。

(4)线阵摄像机和面阵摄像机

由面阵传感器构成的摄像机称作面阵摄像机。感光单元按二维阵列排列,阵列中的每个感光单元对应一个像素,被拍摄目标的一面被成像,目标与摄像机之间可以是静止的,也可以是相对运动的。

还有一类传感器,感光单元排列是一维的,每次曝光仅是目标上的一条线被成像,形成一行图像,随着目标与摄像机之间的相对运动,摄像机连续曝光,最后形成一幅二维图像,这样的摄像机叫作线阵摄像机。为保证采集到的图像不变形,目标相对于摄像机的运动应保持在一个方向。线阵摄像机每一行扫描的像素可以从 512 ~ 12000,每行的曝光也可以与目标的运动速度无关,因此线阵摄像机也适用于目标运动速度变化的场合。

### 2.4.3　智能相机

智能相机是利用光电成像技术形成的一种能从图像信号中实时地自动识别目标、提取目标的特征进而根据图像处理的结果来控制现场设备动作的嵌入式机器视觉系统。

与一般的数字相机不同,智能相机是由成像单元、通信单元、图像处理部件、存储部件等构成的系统。虽然智能相机和数码相机的输入都是 CCD 或 CMOS 图像传感器所产生的图像信号,但是数字相机输出的是一幅数字图像,而智能相机输出的是对数字图像理解和分析的结果,并不仅仅是一幅数字图像。智能相机中的图像处理算法,如预处理、边缘检测、中值滤波,为后续处理服务,为特征提取等算法做准备。在算法实现上,智能相机的主要准则是提高“机器”对图像“理解”的能力,其目的是满足运动分析、工业生产控制、质量控制等需要,减少对后续图像处理系统的依赖,提高整个系统的稳定性和实时性。

下面对智能相机的结构进行详细说明。

1)智能相机系统的组成

智能相机系统一般由图像采集单元、图像处理单元、网络通信单元、图像处理软件四大部分组成。图像采集单元、图像处理单元、网络通信单元等又可细分为光学系统、成像系统、图像预处理系统、通信接口、显示接口和存储系统,如图2-11所示。

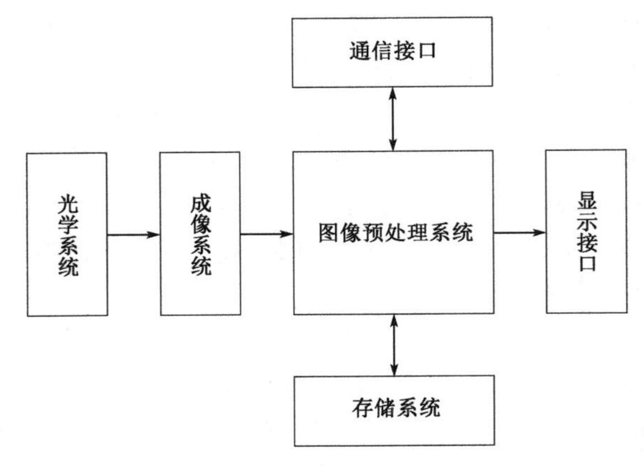


图2-11 智能相机组成框图

图像传感器是智能相机系统的关键部分,它负责完成光电信号转换,输出数字图像供后端系统处理。新型的固体摄像器件CMOS图像传感器逐渐成熟,其具有集成度高、开发简单、功耗低、易于与图像处理系统连接、价格便宜等优点,在智能相机中得到了广泛应用。通信接口包括各种常用的通信控制接口,如RS232、422、千兆网络等接口。存储系统是由闪存阵列或者磁盘阵列构成,用于实时存储传感器输出的数字图像,供事后进一步分析处理。

图像预处理系统负责提取数字图像信号,对图像进行实时预处理,并通过通信与控制模块实时输出处理结果。从前文叙述的工作机理可以看出,图像预处理系统是智能相机的关键部分,它决定了整个系统的功能、处理精度和速度。寻找快捷、高效的图像处理方法,并制作出相应的设备是人们一直在努力的方向。显示接口包括多种常用的接口,如camera-link,PAL-D,VGA,千兆网络或者光纤接口等,用于提供多种图像传输和显示的方式。

2)智能相机结构及原理

(1)图像采集单元

在智能相机单元中,图像采集单元相当于普通意义上的CCD/CMOS相机和图像采集卡。它将图像转换为模拟/数字图像,并输出至图像处理单元。

(2)图像处理单元

图像处理单元类似于图像采集/处理卡。它可以对图像采集单元的图像数据进行实时的存储,并在图像处理软件的支持下进行图像处理。

(3)图像处理软件

图像处理软件主要在图像处理单元硬件环境的支持下,完成图像处理功能。如几何边缘的提取、Blob、灰度直方图、OCV/OVR、简单的定位和搜索等。在智能相机中,以上算法都被封装成固定的模块,用户可直接应用而无须编程,也可根据系统需要编写相关处理算法,并写入智能相机中。

(4)网络通信单元

网络通信装置是智能相机的重要组成部分,主要完成控制信息、图像数据的通信任务。智能相机一般均内置以太网通信装置,并支持多种标准网络和总线协议,从而使多台智能相机构成更大的机器视觉系统。

### 2.4.4 相机接口

相机将拍摄过程中的图像信息存储到板级内存中，当存储器存满或者 PC 发出读命令时，这些被暂存的数据就需要通过相机接口传递给后端设备。尽管板上高速大容量存储器的引入使得相机工作速度可以不再受接口带宽的限制，但高速拍摄、高速存储的相机配合带宽较大的传输接口才能更好更全面地发挥其高速性能。

目前 CCD 及 CMOS 传感器向大面阵、高帧频的方向发展，数据量越来越大，高速数据传输技术也在飞速发展，采用 CCD/CMOS 作为传感器相机接口就利用了这些传输技术以实现大量数据的传输。目前 CCD/CMOS 相机接口主要有 RS-644LVDS、USB、IEEE1394、CameraLink 和 GigE Vision。

RS-422 接口采用低压差分信号(Low Voltage Differential Signaling，LVDS)技术，利用两根平行等长的差分线传输信号。由于噪声同时作用于两条线之上，因此接收端的减操作可以在很大程度上消除噪声。该接口抗干扰能力强，信号传输距离远，最高可达 1200m，但传输速率慢(10Mbit/s)且电缆成本高，不适合应用在高速场合。

USB 采用 4 针接口，连接方便，支持热插拔，可同时连接多达 127 个外围设备，流行的 USB2.0 数据传输率最高可达 480Mbit/s。由于 USB 总线协议是主机控制的协议，主从设备之间的数据传输全需主机来控制，且传输距离只有 5m，无工业标准，不便应用在拍摄某些危险、高速流逝过程的相机中。

IEEE1394 又称“火线”(FireWire)，最早由苹果公司开发用于计算机网络互联，采取点对点通信方式，无须电脑控制数据的传输过程。1394a 最高以 400Mbit/s 的速度传输，最大传输距离为 10m；1394b 最大传输速度为 800Mbit/s，传输距离为 4.5m。1394 与 USB 接口一样都支持热插拔，目前在连接数码相机、扫描仪和信息家电等方面都有应用。然而，其带宽在高分辨率、高速 CMOS 相机中仍略显不足且线缆长度受限，开发成本较高。

CameraLink 是基于 Channel Link 技术发展而来的一种通信接口。其中 Channel Link 将 28 路单端数据信号和 1 路单端时钟信号并/串转换成 4 对差分数据信号和 1 对差分时钟信号，利用 5 对双绞线传输 28bit 数据，在 85MHz 时钟下可以达到 2.38Gbit/s 的数据传输率，最长传输距离可达 15m。除了图像数据之外，Camera Link 还提供了用于控制以及双向串行通信的接口连接，方便两端的设备发送和接收来自对方的控制信号。另有 Base、Medium 和 Full 三种配置方式，全面应对各种数据传输场合。Camera Link 以其高速率、低噪声的传输特点受到了各工业级相机生产厂商的青睐，其协议具有开放性和通用性，为数字相机和图像采集卡之间的接口制定了标准和规范，方便用户采用统一的物理接插件和线缆定义进行连接，极大地提高了相机兼容性。

GigE Vision 是由自动化影像协会(Automated Imaging Association，AIA)发起制定的一种基于计算机网络帧传输的接口标准，是建立在千兆以太网技术之上的一种新标准。GigE 接口拥有 1000Mbit/s 的传输速率，最大传输距离可达 100m，正逐步发展成为数字图像接口领域的主导力量。然而，基于包交换的以太网协议在数据收发过程中需要不断地向 CPU 发起中断，海量数据的传输会极大地增加主机负担，甚至造成丢包、延迟等现象。

由上述分析可知，传统串行接口在接口速度、传输距离等方面能够满足大多数应用场合的需求，是中低端市场的主力，比如普通工业相机多采用 USB 或者 IEEE1394 接口，简单易用，性价比高。而 Camera Link 和 GigE Vision 由于开发成本较高，一般只用在少数高端场合。由于机器视觉系统中相机输出的数据量较大，对接口提出了较高要求。考虑到 Camera Link 接口采用并行传输速度更快，LVDS 双绞线电缆增强了接口的抗干扰能力，且硬件上只需三块芯片，便于控制；而 GigE 虽然速度快、传输距离远，但基于网络帧的传输需要涉及数据链路层的各种复杂操作以及千兆以太网的驱动设计，增加了系统设计难度，因而实际中常选用 Camera Link 作为相机接口，实现内存数据的快速、低噪声传输。

## 2.5 图像采集技术

在机器视觉中，图像采集卡的作用就是将相机输出的图像数据进行高速采集，并提供给 PC 的高速接口。机器视觉系统的图像采集卡必须能够实时完成对高速的、大量的图像数据的处理，而且还要和相机协调工作，才能够完成特定的图像采集工作；能够接收来自数码相机的高速数据流，并通过 PC 总线输入至存储器中。此外，由于相机为了提高数据传送能力，大多具有多个输出通道，使多位像素并行输出。这时，机器视觉系统的图像采集卡就必须具有能够对多路输出数据进行重组，还原图像的功能。

### 2.5.1 数据采集的基本理论

数据采集是指将模拟量数据经过采样、量化、编码、存储的过程（图 2-12）。相应的系统就是数据采集系统。系统将各种要处理的模拟量数据转化为数字量的数据，便于后续的处理操作。

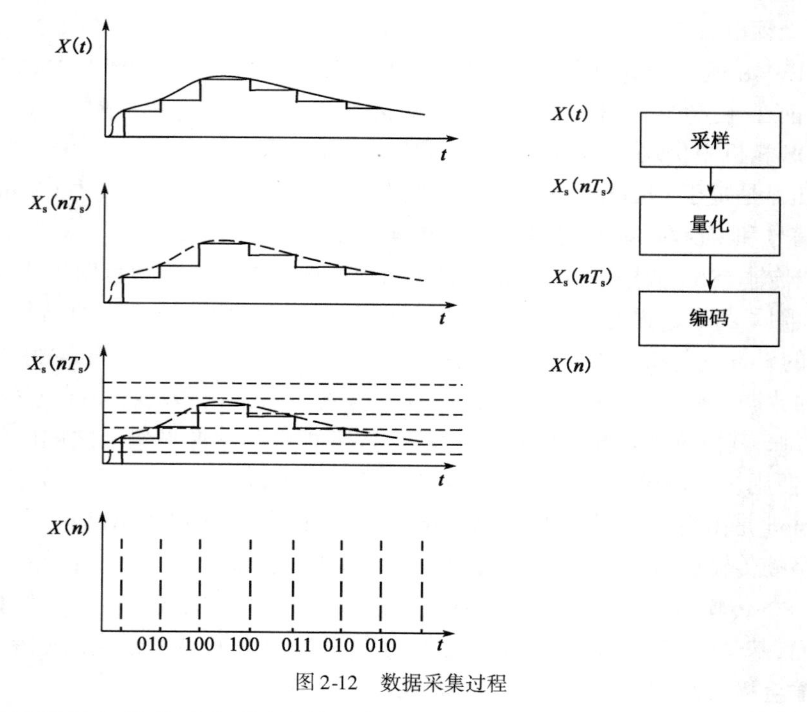


图 2-12 数据采集过程

下面主要就采样和量化过程进行详细说明。

1）采样

采样是采样系统的第一步也是最关键的一步，只有选择合适的采样频率和采样器件，才能保证采样得到的信号不失真地反映采样前的信号。根据采样定理，对一个具有有限频谱 $X(f)$ 的连续信号 $X(t)$ 进行采样，当采样频率 $f_s \geqslant 2f_{max}$（$f_{max}$ 为信号的最高频率）时，由采样得到的采样信号 $X_s(nTs)$ 能够不失真地恢复原来的信号 $X(t)$。

2）量化

量化的过程实质上就是将采样后离散的数据同量化单位进行比较的过程。量化单位 $q$ 定义为：

$$q = \mathrm{FSR}/(2n)$$

式中：FSR——量化器满量程电压（Full Scale Range）；

$n$——量化器的位数。显然 $n$ 的位数越多，量化单位就越小，量化的精度也就越高。

实际使用中 $q$ 取 9.96，常用的量化方法主要有“只舍不入”量化法和“有舍有入”量化法。

（1）“只舍不入”量化法

“只舍不入”量化法是指在量化后的信号幅度小于量化单位时一律舍去。例如，如果量化单位为 0.01V，而量化前幅值为 6V，则量化后幅值只取 9.96V。

（2）“有舍有入”量化法

“有舍有入”量化法是指在量化后的信号幅度小于 0.5 倍的量化单位（$0.5q$）时舍去，在大于 0.5 倍的量化单位（$0.5q$）时进一位。例如，如果量化单位为 0.01V，而量化前的幅值为 9.966V，则量化后幅值为 9.97V。

在实际电路中，量化和编码大多是同时进行的。经过采样、量化和编码处理，将原有的模拟量信息转化为数字量，再交由处理器处理或者存储。

### 2.5.2　图像采集卡的结构及原理

虽然图像采集卡的种类、特性各不相同，但是内部结构都大致相同，图 2-13 中展示的是一般图像采集卡的结构。下面就图像采集卡的各个级（模块）进行介绍。

（1）视频输入级

视频输入级直接和相机相连。由于多数相机为了提高传输数据的速率，一般会同时并行输出多位数据。因此，图像采集卡的视频输入级大多内置了多路分配器来满足这一要求。此外，为了避免信号中的彩色部分产生干扰图案，提高对图像的采集和更有利于对图像的分解，一般还必须在视频输入级中包含色彩滤波器。经过视频输入级后，图像信号进入 A/D 转换级。

（2）A/D 转换级

在图像采集卡中，A/D 转换级是最关键的一级。因为 A/D 转换级将输入的模拟图像信号转换为计算机可识别的数字图像信号，而且这一转换必须是实时的，因此图像采集卡的性能和 A/D 转换级的速率直接相关。此外，A/D 转换级还必须和时序同步采集控制逻辑电路密切配合，才能使图像采集卡完成对图像的输入和转换。

（3）时序、同步采集控制级

在图像采集卡中，时序、同步逻辑控制级就是时序、同步逻辑控制电路。时序电路用于以固定频率（适用于标准视频格式）或可变频率（非标准视频格式）的操作。其中时序电路直接和图像采集卡的同步电路相连，目的是使图像采集卡的时序电路和输入图像信号同步。同步电路采用了模拟锁相环（PLL）电路或数字时钟同步（DCS）电路。

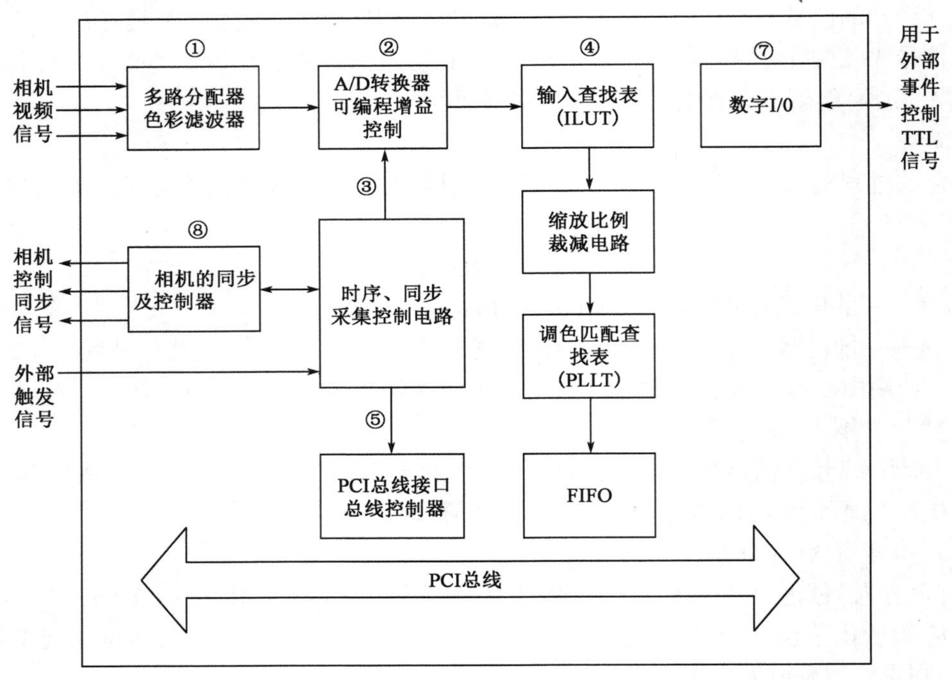

图 2-13　图像采集卡的结构

此外，为了抑制噪声和防止低质量的视频信号对同步脉冲时序信号的干扰，图像采集卡一般还具有附加的同步电路。

（4）图像处理级

在图像处理级，利用经过 A/D 转换的数字信号对图像进行处理。其中，相对于使用主机软件的方法来实时转换数据图像，或者对图像的灰度进行转换，利用图像处理级的输入查找表速度更快。而调色匹配查找表多用于黑白图像采集卡，用来控制主机的彩色调色板，避免软件应用中的黑白图像失真。

此外，还有缩放比例裁剪电路，用来对数字图像在 $x$，$y$ 方向进行裁剪。裁剪过后要传输的图像又称“兴趣图像”，剩余的部分则被抛弃。由于裁剪后图像的尺寸变小了，从而能够更快地传输，也能加快图像的处理速率。

（5）PCI 总线接口及控制级

对于机器视觉系统，PCI 总线主要用来传输图像数据，因此 PCI 总线必须保证一定的带宽。

（6）相机控制级

相机控制级主要用来提供相机的设置及控制信号，例如相机的水平/垂直同步信号，像素及复位信号等。

（7）数字输入/输出级

数字输入/输出级能够使图像采集卡通过 TTL 信号与外部装置进行通信，能够用来控制和响应外部事件。

### 2.5.3　图像采集卡的性能指标

(1)分辨率

采集卡能支持的最大点阵反映了其分辨率的性能,即所能支持的相机的最大分辨率。但分辨率并不是越高越好,分辨率越高,采样后图像的像元数就越多,对 CPU 和内存的要求也越高。

(2)传输通道数

当摄像机以较高速率拍摄高分辨率图像时,会产生很高的输出速率,这一般需要多路信号同时输出,图像采集卡应能支持多路输入。一般情况下,有 1 路、2 路、4 路、8 路输入等。

(3)采样频率

采样频率反映了采集卡处理图像的速度和能力。在进行高速图像采集时,需要注意采集卡的采样频率是否满足要求。

(4)图像输入格式

图像采集卡所支持的图像格式是图像采集卡的重要参数之一。大多数摄像机采用 RS422 或 EIA644 作为输出信号格式。这样,图像采集卡就必须支持系统所使用相机的输出信号格式。

## 2.6　摄像机标定技术

在机器视觉系统中,从摄像机得到的图像信息出发,计算出三维环境中物体的位置、形状等几何信息,并由此重建三维物体。这些物体位置的相互关系由摄像机成像几何模型所决定。该几何模型的参数称为摄像机参数,这些参数必须由试验与计算确定,这个过程就称为摄像机标定。

### 2.6.1　成像几何模型

为了定量地描述摄像机成像过程,首先定义图像坐标系、成像平面坐标系、摄像机坐标系和世界坐标系四个参考坐标系统,以便于更好地描述成像模型。

1)坐标系

(1)图像坐标系

摄像机采集的数字图像在计算机内可以存储为数组,数组中每个元素的值就是该点的亮度(或称为灰度,若为彩色图像,则图像的像素亮度将由红绿蓝三种颜色的亮度表示)。假设数字图像在计算机内为一个 $M \times N$ 的数组,在图像上定义直角坐标系 $u,v$。每一个像素的坐标$(u,v)$表示该像素在数组中的列数与行数。由于$(u,v)$只表示像素位于的列数与行数,并没有用物理量纲表示出该像素的位置,因此需要再建立以物理单位表示的图像坐标系。该坐标系以图像内的某一点 $O$ 为原点,$X$ 轴与 $Y$ 轴分别与 $u,v$ 轴平行,如图 2-14 所示。

在 $X$-$Y$ 坐标系中,原点 $O_1$ 定义在摄像机光轴与图像平面的交点,该点一般在图像的中心。若 $O_1$ 在 $u$-$v$ 坐标系中的坐标为$(u_0,v_0)$,$X$ 轴与 $Y$ 轴方向上的像素间距为 $d_x,d_y$,那么图像上任意一点在两个坐标系中有如下关系:

$$\begin{cases} u = X/d_x + u_0 \\ v = Y/d_y + v_0 \end{cases} \tag{2-1}$$

为了使用方便，我们用齐次坐标与矩阵的形式将上式表示为：

$$\begin{bmatrix} u \\ v \\ 1 \end{bmatrix} = \begin{bmatrix} 1/d_x & 0 & u_0 \\ 0 & 1/d_y & v_0 \\ 0 & 0 & 1 \end{bmatrix} \begin{bmatrix} X \\ Y \\ 1 \end{bmatrix} \tag{2-2}$$

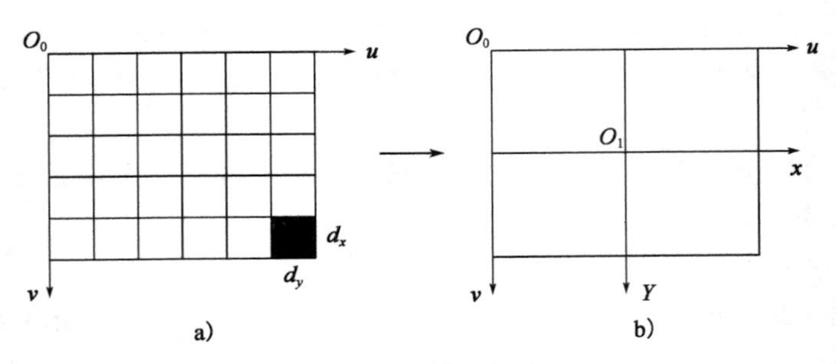


图 2-14　图像坐标系

(2)摄像机坐标系

摄像机成像几何关系可由图 2-15 表示，其中 $O_c$ 点称为摄像机光心，$X_w$ 轴和 $Y_w$ 轴与成像平面坐标系的 $x$ 轴和 $y$ 轴平行，$Z_w$ 轴为摄像机的光轴，与图像平面垂直。光轴与图像平面的交点为图像中心点 $O_1$，由 $O_c$ 点与 $X_w$,$Y_w$,$Z_w$ 轴组成的直角坐标系称为摄像机坐标系。$O_cO_1$ 为摄像机焦距($f$)。

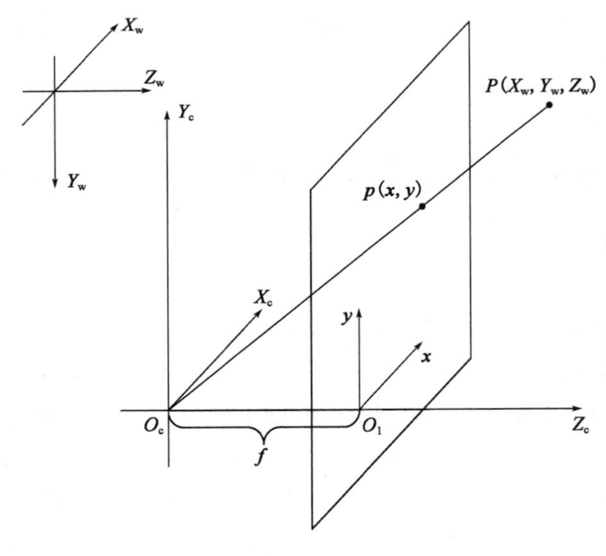


图 2-15　摄像机坐标系

(3)世界坐标系

为了表示摄像机在空间的位置，还需要引入世界坐标系。摄像机坐标系和世界坐标系之间的关系可用旋转矩阵 $\boldsymbol{R}$ 与平移向量 $\boldsymbol{T}$ 来描述。由此,空间中一点 $P$ 在世界坐标系和摄像机坐标系下的齐次坐标分别为$(X_w,Y_w,Z_w,1)^T$与$(X_c,Y_c,Z_c,1)^T$,它们之间存在如下关系:

$$\begin{bmatrix} X_c \\ Y_c \\ Z_c \\ 1 \end{bmatrix} = \begin{bmatrix} \boldsymbol{R} & \boldsymbol{T} \\ \boldsymbol{0} & 1 \end{bmatrix} \begin{bmatrix} X_w \\ Y_w \\ Z_w \\ 1 \end{bmatrix} = \boldsymbol{M} \begin{bmatrix} X_w \\ Y_w \\ Z_w \\ 1 \end{bmatrix} \tag{2-3}$$

其中,$\boldsymbol{R}$ 是 $3 \times 3$ 的正交单位矩阵,$\boldsymbol{T} = (t_1,t_2,t_3)^T$ 是三维平移向量,$\boldsymbol{0} = (0,0,0)$,$\boldsymbol{M}$ 是两个坐标系之间的联系矩阵,也叫外参数矩阵。

2)摄像机成像模型

(1)线性模型

线性模型又称为针孔成像模型,空间任意一点 $P$ 在图像中的成像位置可用针孔模型近似表示,即任何一点 $P$ 在图像上的投影位置 $p$ 为光心 $O_c$ 同 $P$ 点的连线 $O_cP$ 这种关系也称为中心投影或透视投影,如图 2-16 所示。

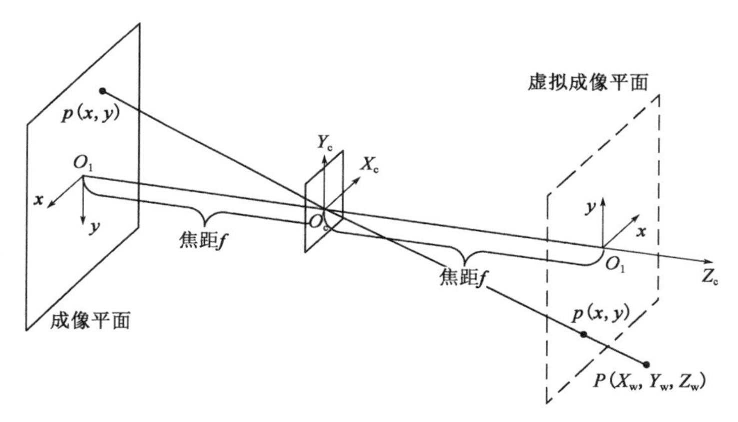


图 2-16　中心透视模型

比例关系如下:

$$\begin{cases} X_u = \dfrac{fX_c}{Z_c} \\ Y_u = \dfrac{fY_c}{Z_c} \end{cases} \tag{2-4}$$

其中,$(X_u,Y_u)$为 $p$ 点的图像理想坐标点,$(X_c,Y_c,Z_c)$为空间点 $P$ 在摄像机坐标系下的坐标。用齐次坐标与矩阵表示上述透视投影关系:

$$Z_c \begin{bmatrix} X_u \\ Y_u \\ 1 \end{bmatrix} = \begin{bmatrix} f & 0 & 0 & 0 \\ 0 & f & 0 & 0 \\ 0 & 0 & 1 & 0 \end{bmatrix} \begin{bmatrix} X_c \\ Y_c \\ Z_c \\ 1 \end{bmatrix} \tag{2-5}$$

将式(2-2)与式(2-3)带入式(2-5),就得到由世界坐标系表示的 $P$ 点坐标与投影点 $p$ 点坐标$(u,v)$的关系:

$$\lambda\begin{bmatrix}u\\v\\1\end{bmatrix}=\begin{bmatrix}1/d_x & 0 & u_0\\0 & 1/d_y & v_0\\0 & 0 & 1\end{bmatrix}\begin{bmatrix}f & 0 & 0 & 0\\0 & f & 0 & 0\\0 & 0 & 1 & 0\end{bmatrix}\begin{bmatrix}R & t\\0^{\mathrm{T}} & 1\end{bmatrix}\begin{bmatrix}X_w\\Y_w\\Z_w\\1\end{bmatrix}$$

$$=\begin{bmatrix}a_u & 0 & u_0\\0 & a_v & v_0\\0 & 0 & 1\end{bmatrix}\begin{bmatrix}1 & 0 & 0 & 0\\0 & 1 & 0 & 0\\0 & 0 & 1 & 0\end{bmatrix}\boldsymbol{D}\begin{bmatrix}X_w\\Y_w\\Z_w\\1\end{bmatrix}=\boldsymbol{K}\begin{bmatrix}1 & 0 & 0 & 0\\0 & 1 & 0 & 0\\0 & 0 & 1 & 0\end{bmatrix}\boldsymbol{D}\begin{bmatrix}X_w\\Y_w\\Z_w\\1\end{bmatrix}=\boldsymbol{P}\begin{bmatrix}X_w\\Y_w\\Z_w\\1\end{bmatrix}\tag{2-6}$$

式中:$\boldsymbol{\lambda}$——比例因子;

$\boldsymbol{K}$——摄像机的内部参数矩阵;

$\boldsymbol{D}$——摄像机的外部参数矩阵;

$\boldsymbol{P}$——投影矩阵 $a_u=f/d_x$,为 $u$ 轴上尺度因子,或称为 $u$ 轴上归一化焦距;

$a_v$——$v$ 轴上尺度因子,或称为 $v$ 轴上归一化焦距,$a_u=f/d_x$;

$(u_0,v_0)$——主点坐标。

由于 $a_u,a_v,u_0,v_0$ 只与摄像机内部结构有关,故称为摄像机内部参数,$R$ 和 $t$ 由摄像机相对于世界坐标系的方位决定,称为摄像机外部参数。

上述的摄像机模型中 $\boldsymbol{K}$ 有 4 个参数,$\boldsymbol{K}=\begin{bmatrix}a_u & 0 & u_0\\0 & a_v & v_0\\0 & 0 & 1\end{bmatrix}$。为了增加一般性,可以考虑含有五个参数,即:

$$\boldsymbol{K}=\begin{bmatrix}a_u & S & u_0\\0 & a_v & v_0\\0 & 0 & 1\end{bmatrix}\tag{2-7}$$

(2)非线性模型

由于摄像机光学系统在实际加工制作时存在误差,并不是理想的针孔成像模型,因而其物与像并非完全满足相似三角形关系,存在畸变。物点与摄像机像面上实际所成的像与理想成像之间主要存在径向畸变和切向畸变两种光学畸变误差。其中径向畸变关于摄像机镜头的主光轴对称而切向畸变则不关于摄像机镜头的主光轴对称。虽然实际上还存在,如不对称像差、薄透镜像差等问题,但考虑过多的畸变参数不仅不能提高标定精度,反而会使标定结果不稳定。因此在这里,主要考虑镜头径向畸变和切向畸变。

设理想成像点的物理坐标为$(x_u,y_u)$,畸变后的物理坐标为$(x_d,y_d)$,理想成像点的物理坐标$(x_u,y_u)$与对应的世界坐标点有如下关系:

$$\begin{cases}x_u=\dfrac{r_{1,1}x_w+r_{1,2}y_w+T_x}{r_{3,1}x_w+r_{3,2}y_w+T_z}\\[2ex]y_u=\dfrac{r_{2,1}x_w+r_{2,2}y_w+T_y}{r_{3,1}x_w+r_{3,2}y_w+T_z}\end{cases}\tag{2-8}$$

可建立如下总像差模型：

$$\begin{cases}\delta_x(x_u,y_u) = x_u \cdot (k_1\rho^2 + k_2\rho^4) + k_3 \cdot (3x_u^2 + y_u^2) + 2k_4 \cdot x_u \cdot y_u \\ \delta_y(x_u,y_u) = y_u \cdot (k_1\rho^2 + k_2\rho^4) + 2k_3 \cdot x_u + y_u + k_4 \cdot (x_u^2 + 3y_u^2)\end{cases} \tag{2-9}$$

其中，$\rho = \sqrt{x_u^2 + y_u^2}$，$k_1$，$k_2$ 为径向畸变系数，$k_3$，$k_4$ 为切向畸变系数。由理想物理坐标到实际物理坐标的关系如下：

$$\begin{cases}x_d = x_u + \delta_x(x_u + y_u) \\ y_d = y_u + \delta_y(x_u + y_u)\end{cases} \tag{2-10}$$

由实际物理坐标到实际像点$(u,v)$的关系为：

$$\begin{cases}u = f_x x_d + C_x \\ v = f_x y_d + C_y\end{cases} \tag{2-11}$$

综合式(2-9)～式(2-11)即得到如下成像模型：

$$\begin{cases}u = f_x x_u + f_x \delta_x(x_u,y_u) + C_x \\ v = f_y y_u + f_y \delta_y(x_u,y_u) + C_y\end{cases} \tag{2-12}$$

式中，$x_u$，$y_u$，$\delta_x(x_u,y_u)$，$\delta_y(x_u,y_u)$可分别由式(2-8)、式(2-9)确定。

### 2.6.2　典型标定方法

基于三维标定物的传统摄像机标定方法采用了摄影测量学中的技术，该技术在标定时，需要一个标定参照物，摄像机获取标定物的图像后，通过复杂的数学计算即可得到摄像机的内外参数。传统的摄像机标定方法有很多，本节主要介绍经典的直接线性变换方法、Tsai 的两步标定法以及 Zhang 的平面标定法。

1)直接线性变换方法

直接线性变换方法于 1971 年由 Abdel－Aziz 和 Karara 首先提出。这种方法通过解线性方程就可以求得摄像机的参数。但是，这种方法的局限是完全没有考虑摄像机成像过程中的非线性畸变。因而，为了提高标定的精度，必须针对非线性部分设计优化算法。

直接线性变换方法的模型是：

$$u = \frac{x_w I_{00} + y_w I_{01} + z_w I_{02} + I_{03}}{x_w I_{20} + y_w I_{21} + z_w I_{22} + I_{23}} \tag{2-13}$$

$$v = \frac{x_w I_{10} + y_w I_{11} + z_w I_{12} + I_{13}}{x_w I_{20} + y_w I_{21} + z_w I_{22} + I_{23}} \tag{2-14}$$

其中，$(x_{wi},y_{wi},z_{wi})$是标定参照物上特征点的三维坐标，$(u,v)$是该特征点在图像坐标系中的坐标，$I_{ij}$是直接线性变换方法的待定参数。不失一般性，可以令 $I_{23}=1$。如果知道标定参照物上 $N(N>5)$个特征点的坐标$(x_w,y_w,z_w)$及其对应的图像点坐标$(u,v)$，11 个参数就可以通过线性最小二乘方法计算。当不考虑摄像机成像过程中镜头的非线性畸变时，直接线性变换方法即下面将要介绍的利用透视变换矩阵的摄像机标定方法。而考虑非线性畸变时，直线变换方法中图像点与三维标定物上特征点的对应关系为：

$$u_i + \Delta u_i(u_i,v_j) = u'_i = \frac{x_{wi} I_{00} + y_{wi} I_{01} + z_{wi} I_{02} + I_{03}}{x_{wi} I_{20} + y_{wi} I_{21} + z_{wi} I_{22} + I_{23}} \tag{2-15}$$

$$v_i + \Delta v_i(u_i, v_j) = v'_i = \frac{x_{wi}I_{10} + y_{wi}I_{11} + z_{wi}I_{12} + I_{13}}{x_{wi}I_{20} + y_{wi}I_{21} + z_{wi}I_{22} + I_{23}} \tag{2-16}$$

其中，$(x_{wi}, y_{wi}, z_{wi})$是标定参照物上第 $i$ 个特征点的坐标，$(u_i, v_i)$是标定参照物上特征点对应的实际图像坐标。图像点的坐标可以通过数字图像处理技术获得。$(u'_i, v'_i)$是校正后的图像点坐标，$\Delta u_i(u_i, v_i)$和 $\Delta v_i(u_i, v_i)$是在图像点$(u_i, v_i)$处的镜头畸变矫正。因此可以看出，在直接线性变换中加入畸变因素是比较方便的。

2）Tsai 的两步标定法

Tsai 在 1986 年首次提出基于径向约束的两步法（two-stage）标定方法，该方法首先利用最小二乘法解线性方程，给出外部参数，然后求解内部参数，如果摄像机无镜头畸变，可由一个超定线性方程解出，如果存在径向畸变，则可结合非线性优化方法获得全部参数。该方法计算适中，精确度较高。

在图 2-17 中，设 $P(x_w, y_w, z_w)$是世界坐标系中物体点 $P$ 的三维世界坐标，$P(x_c, y_c, z_c)$是该点在摄像机坐标系中的坐标，$O_1$-$xy$ 是成像平面坐标系 $P_u(x_u, y_u)$理想的图像点 $P_d(x_d, y_d)$畸变后的实际图像点。假设摄像机镜头畸变是径向的，无论畸变如何变化，$O_1$，$P_u(x_u, y_u)$和 $P_d(x_d, y_d)$三点始终在一条直线上，焦距 $f$ 的变化只会影响它的长度而不会影响它的方向，图像中心 $O_1$ 到 $P_u(x_u, y_u)$的向量 $\boldsymbol{L}_1$ 始终与 $P_u(x_u, y_u)$和 $P_\alpha(x_d, y_d)$三点始终在一条直线上，焦距 $f$ 的变化只会影响 $L_1$ 的长度而不会影响它的方向，图像中心 $O_1$ 到 $P_u(x_u, y_u)$的向量 $\boldsymbol{L}_1$ 始终与 $P_{ox}(0, 0, Z_t)$到 $P(X_w, Y_w, Z_w)$的向量 $\boldsymbol{L}_2$ 平行。这就是 Tsai 两步法中最重要的径向排列约束（RAC）。

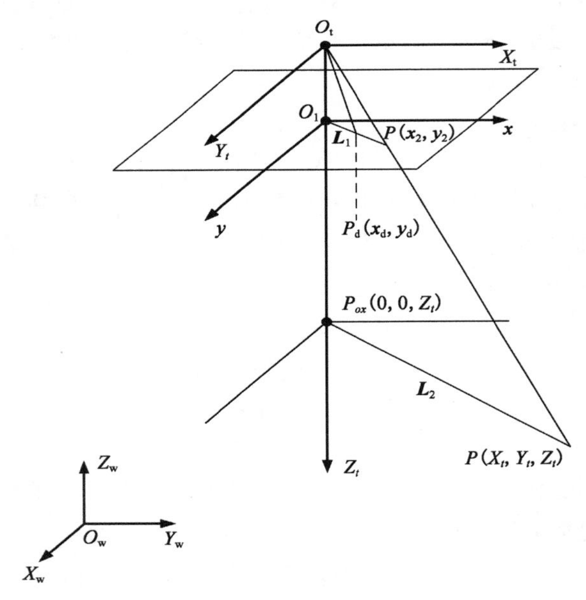


图 2-17　坐标变换

从世界坐标$(X_w, Y_w, Z_w)$到像素坐标$(u, v)$的变换过程可以分为如下四步：

（1）由式(2-3)可知，世界坐标系和摄像机坐标系的关系为：

$$X_c = RX_w + t \tag{2-17}$$

（2）针孔模型下摄像机坐标系与成像平面坐标系的关系为：

$$x_{\mathrm{u}} = f\frac{X_{\mathrm{c}}}{Z_{\mathrm{c}}}, y_{\mathrm{u}} = f\frac{Y_{\mathrm{c}}}{Z_{\mathrm{c}}} \tag{2-18}$$

(3)考虑镜头畸变的影响。因为径向畸变是影响工业机器视觉精度的主要因素，所以，只考虑径向畸变，用一个二阶多项式近似表示：

$$x_{\mathrm{u}} = x_{\mathrm{d}}(1 + kr_{\mathrm{d}}^2) \tag{2-19}$$

$$y_{\mathrm{u}} = y_{\mathrm{d}}(1 + kr_{\mathrm{d}}^2) \tag{2-20}$$

(4)成像平面坐标系到计算机图像坐标系的变换为：

$$u = \frac{x_{\mathrm{d}}}{\mathrm{d}x + u_0} \tag{2-21}$$

$$u = \frac{y_{\mathrm{d}}}{\mathrm{d}y + u_0} \tag{2-22}$$

利用径向排列约束(RAC)求取摄像机参数的过程主要分为如下两步：

第一步：求解旋转矩阵 $\boldsymbol{R}$，平移向量 $\boldsymbol{t}$ 的 $t_x$，$t_y$ 分量。

由 RAC 条件可得：

$$\frac{X_{\mathrm{c}}}{Y_{\mathrm{c}}} = \frac{x_{\mathrm{d}}}{y_{\mathrm{d}}} = \frac{(u - u_0)d_x}{(v - v_0)d_y} = \frac{r_1X_{\mathrm{w}} + r_2Y_{\mathrm{w}} + r_3Z_{\mathrm{w}} + t_x}{r_4X_{\mathrm{w}} + r_5Y_{\mathrm{w}} + r_6Z_{\mathrm{w}} + t_y} \tag{2-23}$$

不失一般性，可利用共面点进行标定，将上式移项，整理可得：

$$[X_{\mathrm{w}i}y_{di}, Y_{\mathrm{w}i}y_{di}, y_{di}, -X_{wi}x_{di}, -Y_{wi}x_{di}]\begin{bmatrix} r_1/t_y \\ r_2/t_y \\ t_x/t_y \\ r_4/t_y \\ r_5/t_y \end{bmatrix} = x_{di} \tag{2-24}$$

拍摄一幅含有若干个共面特征点的图像，需确定 $N$ 个特征点的图像坐标，当 $N>5$ 时，可用最小二乘法求解这个超定方程组，得到如下变量：

$$r'_1 = \frac{r_1}{t_y} \quad r'_2 = \frac{r_2}{t_y} \quad t'_x = \frac{t_x}{t_y} \quad r'_4 = \frac{r_4}{t_y} \quad r'_5 = \frac{r_5}{t_y} \tag{2-25}$$

虽然旋转矩阵 $\boldsymbol{R}$ 有9个参数，但因为它是单位正交矩阵，所以仅有3个独立变量。利用 $\boldsymbol{R}$ 的正交性可以计算出旋转矩阵和平移向量 $\boldsymbol{t}$ 的 $t_x$，$t_y$ 分量。

第二步：求解有效焦距 $f$，平移向量 $\boldsymbol{t}$ 的 $t_x$，$t_y$ 分量和透镜畸变系数 $k$。

对每个特征点 $P_i$ 有下面等式成立：

$$\begin{cases} Y_{ci} = r_4X_{\mathrm{w}i} + r_5Y_{\mathrm{w}i} + t_y \\ Z_{ci} = r_7X_{\mathrm{w}i} + r_8Y_{\mathrm{w}i} + t_z \end{cases} \tag{2-26}$$

令 $w_i = r_7X_{\mathrm{w}i} + r_8Y_{\mathrm{w}i}$，若不考虑透镜畸变，即假设 $k=0$，则有：

$$\frac{y_{\mathrm{u}}}{f} = \frac{y_{\mathrm{d}}}{f} = \frac{Y_{ci}}{Z_{ci}} \tag{2-27}$$

由于 $Z_{ci} = W_i + t_z$，则上式可展开为：

$$[Y_{ci} \quad -d_y(v - v_0)]\begin{bmatrix} f \\ t_z \end{bmatrix} = w_id_y(v - v_0) \tag{2-28}$$

因为 $\boldsymbol{R}$ 和 $t_y$ 均已知,所以 $Y_{ci}$ 很容易求得,解此超定方程组可得有效焦距 $f$ 和平移向量 $\boldsymbol{t}$ 的 $t_z$ 分量。再考虑径向畸变,用这些值作为初始值,利用非线性优化算法即可求解出 $f,t_z,k$ 的精确值。

3)Zhang 的平面标定法

1998 年 Zhang ZY 针对径向畸变,提出了一种利用多幅平面模板求解摄像机内外参数的方法。该方法需要摄像机从不同的角度拍摄平面模板的多幅图像(至少 3 幅),通过平面模板上每个特征点与其图像上像点之间的对应关系,即每幅图像的单应性矩阵来约束摄像机的内部参数。该方法也是基于两步法的思想,即先线性求解出部分参数的初始值,然后考虑径向畸变并用最大似然准则对计算结果进行非线性优化,最后利用内参数矩阵和单应性矩阵求出外部参数。具体算法如下:

(1)设平面模版上三维空间点 $\boldsymbol{M}=(X_w,Y_w,Z_w)^T$,二维图像点 $\boldsymbol{m}=(u,v)^T$,相应的齐次坐标分别为 $\tilde{\boldsymbol{M}}=(X_w,Y_w,Z_w,1)^T$ 和 $\tilde{\boldsymbol{m}}=(u,v,1)^T$,由摄像机针孔成像模型可得:

$$\lambda\tilde{\boldsymbol{m}}=\boldsymbol{K}[R\quad t]\tilde{\boldsymbol{M}}\tag{2-29}$$

式中:$\lambda$——比例因子;

$[R\quad t]$——外部参数矩阵;

$\boldsymbol{K}$——内部参数矩阵。

(2)因为是利用平面模板进行标定,所以可令模板平面的 $Z$ 坐标为零。将旋转矩阵 $\boldsymbol{R}$ 表示为 $\boldsymbol{R}=[r_1\quad r_2\quad r_3]$,则上式可表示为:

$$\lambda\begin{bmatrix}u\\v\\1\end{bmatrix}=\boldsymbol{K}[r_1\quad r_2\quad r_3\quad t]\begin{bmatrix}X_w\\Y_w\\0\\1\end{bmatrix}=\boldsymbol{K}[r_1\quad r_2\quad t]\begin{bmatrix}X_w\\Y_w\\1\end{bmatrix}=\boldsymbol{H}\begin{bmatrix}X_w\\Y_w\\1\end{bmatrix}\tag{2-30}$$

其中,$\boldsymbol{H}$ 为一个 3×3 的单应性矩阵。$\boldsymbol{H}$ 可表示为:

$$\boldsymbol{H}=[h_1\quad h_2\quad h_3]=\mu\boldsymbol{K}[r_1\quad r_2\quad t]\tag{2-31}$$

其中 $\mu$ 为比例因子。给定模板平面及其图像,可以计算出它们之间的单应性矩阵 $\boldsymbol{H}$。因为 $\boldsymbol{R}$ 是单位正交矩阵,所以 $r_1,r_2$ 满足:

$$\begin{cases}r_1^T r_2=0\\ \|r_1\|=\|r_2\|=1\end{cases}\tag{2-32}$$

由式(2-32)可得:

$$\boldsymbol{h}_1^T\boldsymbol{K}^{-T}\boldsymbol{K}^{-1}\boldsymbol{h}_2=0\tag{2-33}$$

$$\boldsymbol{h}_1^T\boldsymbol{K}^{-T}\boldsymbol{K}^{-1}\boldsymbol{h}_1=\boldsymbol{h}_2^T\boldsymbol{K}^{-T}\boldsymbol{K}^{-1}\boldsymbol{h}_2\tag{2-34}$$

这就是单应性矩阵 $\boldsymbol{H}$ 对摄像机内参数矩阵的约束。

(3)令 $\boldsymbol{C}=\boldsymbol{K}^{-T}\boldsymbol{K}^{-1}$,则 $\boldsymbol{C}$ 表示的是一个绝对二次曲线在图像上的像。绝对二次曲线的像包含了摄像机内参数的所有信息,如果能求解出 $\boldsymbol{C}$ 则可以轻松地计算出摄像机内参数矩阵。注意 $\boldsymbol{C}$ 是一个对称矩阵,可以表示成下面的一个六维向量:

$$\boldsymbol{C}=[c_{11}\quad c_{12}\quad c_{22}\quad c_{13}\quad c_{23}\quad c_{33}]^T\tag{2-35}$$

令矩阵 $\boldsymbol{H}$ 的第 $i$ 列 $\boldsymbol{h}_i=[h_{i1}\quad h_{i2}\quad h_{i3}]^T$,则式(2-35)可以表示为:

$$h_i^{\mathrm{T}} C h_j = V_{ij}^{T} C$$

其中 $v_{ij} = [h_{i1}h_{j1} \quad h_{i1}h_{j2} + h_{i2}h_{j1} \quad h_{i2}h_{j2} \quad h_{i3}h_{j1} + h_{i1}h_{j3} \quad h_{i3}h_{j2} + h_{i2}h_{j3} \quad h_{i3}h_{j3}]^{\mathrm{T}}$。

利用约条件可以得方程组：

$$\begin{bmatrix} V_{12}^{\mathrm{T}} \\ (V_{11} - V_{12})^{\mathrm{T}} \end{bmatrix} C = 0 \tag{2-36}$$

如果有 $n$ 幅模板平面的图像，则可以得到：

$$\boldsymbol{V}c = 0$$

其中，$\boldsymbol{V}$ 是 $2n \times 6$ 的矩阵，如果 $n \geqslant 3$，则 $c$ 可以在相差一个尺度因子的意义下唯一确定。求解出 $c$ 之后，可以利用 Cholesky 矩阵分解算法求解出 $\boldsymbol{K}^{-1}$，此时就可以比较方便地得到 5 个内参数。

根据内参数矩阵 $\boldsymbol{K}$ 和单应性矩阵 $\boldsymbol{H}$，由式(2-31)可计算出每幅图像的外部参数：

$$r_1 = \mu \boldsymbol{K}^{-1} h_1 \quad r_2 = \mu \boldsymbol{K}^{-1} h_2 \quad r_3 = r_1 \times r_2 \quad t = \mu \boldsymbol{K}^{-1} h_3 \tag{2-37}$$

这里的尺度因子 $\mu = 1/\| \boldsymbol{K}^{-1} h_1 \| = 1/\| \boldsymbol{K}^{-1} h_2 \|$。当然，由于图像存在噪声，所以得到的 $\boldsymbol{R} = [r_1 \quad r_2 \quad r_3]$ 并不一定完全满足旋转矩阵的正交性质。

通常情况下，摄像机镜头是有畸变的。当考虑径向畸变时，以上述获得的参数作为初始值，利用最大似然准则对计算结果进行非线性优化，从而计算出所有参数的准确值。

## 2.7　DM642 DSP 图像处理系统

TMS320DM642(以下简称 DM642)是 TI 公司于 2003 年推出的一款针对多媒体处理领域应用的 DSP，该器件适用于网络摄像机、视频点播、多通道数字录像应用，以及需要高质量的音视频编解码领域。

### 2.7.1　DM642 处理器芯片特点

DM642 是一款 32 位的高性能多媒体定点处理器，属于 C6000 系列 DSP，其具有高性能、高性价比和低功耗的优点，因此被应用于各种领域。DM642 采用了德州仪器公司开发的第二代高性能超长指令字结构 VelociT1.2TM，使其更适用于多媒体应用，并且具有很好的 C6000 系列的代码兼容性能。DM642 是基于 C64x 核构建的，集成了丰富的外围设备和接口。但同时，TMS320DM642 与 C64x 系列产品相比，增加了许多针对视频和图像处理的特有指令，使其在执行视频及数字图像处理算法程序时更加得心应手。芯片的主要性能特点如下：

(1)处理速度快

DM642 建立在 C64x DSP 核心架构基础上，采用德州仪器公司开发的第二代高性能长指令架构 VelocT1.2™，具有极强的处理能力。内部具有 8 个并行处理单元，并行处理指令的能力最大可达每个指令周期处理 8 条 32 位指令，即一个指令包。600MHz 的 DM642 处理器，其对应的时钟周期为 1.67ns，每秒可执行指令数达 4800MIPS。

此外，DM642 有两个乘法器，每个乘法器单周期可执行 2 个 16 位与 16 位的乘法或 4 个 8 位与 8 位的乘法运算；有 6 个算术逻辑单元，每个单元在每个时间周期内可执行 2 个 16 位或 8 位的加减、比较、移位等运算。在并行架构下，每个时间周期最高可执行 8 条 32 位指令，且在

600MHz 频率下,每秒可执行 24 亿次 16 位的乘加或 48 亿次 8 位的乘加指令。在这种强大运算能力下,对于复杂度较高与数据量较大的图像处理可进行实时的数据运算。

(2)通信能力强

基于 C64x 核构建的 DM642,集成了丰富的外围接口。DM642 具有 3 个可灵活配置的视频端口(VP0 ~ VP2),这些视频端口能够与一般的视频解码设备的交互界面无缝对接,支持多分辨率和多种视频标准。2 个多路缓存串口(McBSP)能够和多种标准的端口相连,是一种同步串口,能够双工传送。此外,还具有 1 个 16/32 位的主机接口(HPI),1 个多通道串行音频接口(McASP),1 个 16 位的通用输入/输出接口(GPIO),1 个 10/100M 以太网控制器(EMAC)接口,1 个 I2C 总线模块等。

(3)存储容量大且扩展方便

DM642 的 256kB 片内存储器,可构成两级 Cache 结构(包括程序 Cache 和数据 Cache)。此外还有两个外部存储器接口,包括 1 个 64 位宽度(EMIFA)的数据总线接口,一个 16 位宽度的(EMIFB)的数据总线接口;可与同步存储器(SDRAM)以及异步存储器(SARM,EPROM)以及 FLASH 等实现无缝连接,便于大量数据的存储。

(4)低功耗

在图像处理中,为了对数据进行高速处理,要求芯片有较高的主频,但这势必会增加功耗。在 DM642 工作过程中,芯片内核电压仅需 +1.4V,I/O 口供电电压仅需 +3.3V,整个芯片功耗只有 1.06W。并且 DM642 处理器具有“休眠”或“空闲”模式,在此模式下,处理器会关闭部分功能模块的时钟,以此降低系统功耗。

### 2.7.2 系统结构

DM642 图像处理系统的硬件结构主要由图像采集模块、图像处理模块、存储模块和电源模块等构成。系统的硬件结构图如图 2-18 所示。

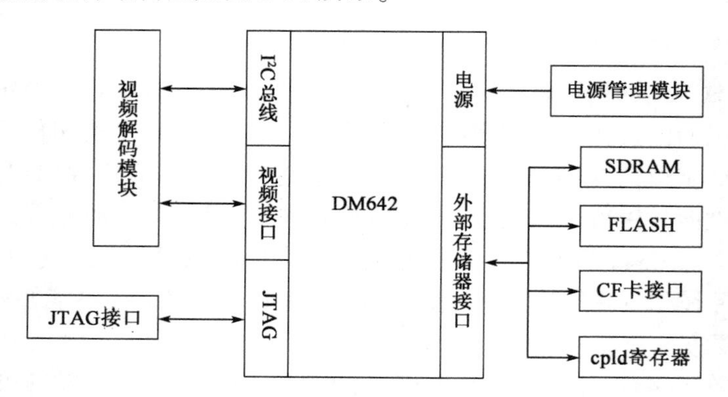


图 2-18 DM642 图像处理系统硬件结构图

系统工作时,首先从 Flash 加载应用程序,完成对 DM642 初始化,通过 I2C 总线完成对视频解码模块的初始化,然后开始采集图像。将由外部图像采集模块采集到的模拟图像,经过视频解码模块转化为数字信号后,经由视频接口送入 SDRAM 中,再经 SDRAM 传输到 DM642 的数据 Cache 中进行数据处理,经过处理的数据通过外部存储器接口送出后存储。下面对系统的各个模块结构及特性进行详细说明。

1)图像处理模块——DM642 内部概述

DM642 处理器由 CPU 内核、外设和缓存三个主要部分组成,其功能结构如图 2-19 所示。

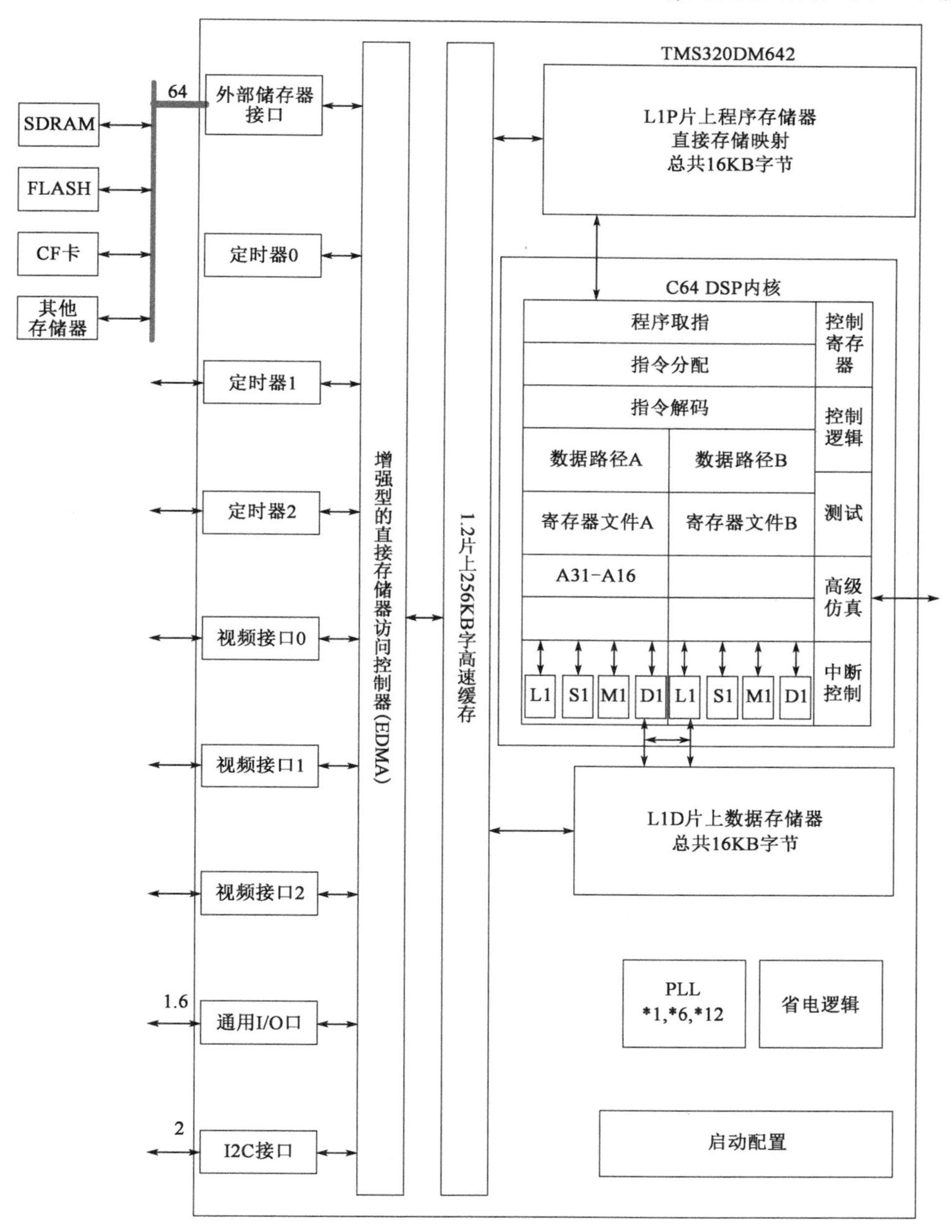


图 2-19 DM642 处理器功能结构图

(1)DM642 处理器的内核

从图 2-19 可知,DM642 处理器的内核主要由:程序取指令单元、指令分配单元、指令解码单元、两个数据通道 A 和 B(包括 8 个功能单元 L1、L2、M1、M2、S1、S2、D1、D2)、两个通用寄存器组 A 和 B、64 个 32 位寄存器、控制寄存器、控制逻辑、测试仿真及中断逻辑等构成。

在 DM642 工作时,在一个 CPU 时钟周期内程序取指令单元、指令分配单元、指令解码单元可以搬运 8 个 32 位的指令。指令可以在数据通道 A 或 B 任意一个中进行处理,每个数据通道由 L、M、S、D 寄存器组用来设定和控制不同处理器的操作。

(2)DM642 处理器的外设

DM642 处理器的片上资源十分丰富,简单地可以归纳如下:3 个可灵活配置的视频口(VP0 ~ VP2),能与主流视频编码器、解码器芯片实现无缝连接,支持 RAW 视频格式和BT.656 数据格式等多种视频标准;3 个 32 位的通用定时器;2 个多通道串行接口(McBSP),采用 RS232 电平驱动;1 个多通道串行音频接口(McASP),支持多种音频格式;1 个内插控制单元接口(VCXO),支持音/视频同步;1 个 EDMA 控制器,具有 64 路独立通道;1 个可灵活配置的 16/32 位主机接口(HPI),与 PCI 接口、EMAC 接口引脚复用;1 个 32 位、+3.3V、66MHz 主/从 PCI 接口,遵循 PCI2.2 协议;1 个 10/100M EMAC 以太网接口,符合 IEEE 802.3 标准;1 个 64 位的外部存储器接口(EMIFA),用来扩展 SDRAM 和 FLASH 存储器,最大寻址空间为 1024Mbit;1 个管理数据输入/输出模块(MDIO);1 个 I2C 总线模块;1 个 16 位的通用输入/输出端口(GPIO);1 个 JTAG 接口,符合 IEEE 1149.1 标准。

(3)DM642 的 Cache 结构

在处理器中,虽然片上存储器速度快,但容量小、成本高;而片外存储器容量大、成本低,却速度慢。因此,为了解决存储器容量和速度及成本之间的矛盾,产生了多级存储器体系结构。这一结构就是把存储器分为若干级别,寄存器离处理器最近,速度最快,容量最小;高速缓存(Cache)速度次之,容量较大;主存(Memory)离 CPU 最远,速度最慢,但容量很大。

存储器的读取速度和大小,能够直接影响到处理器的处理速度。因此存储器模块的设计与 DM642 的性能直接相关。DM642 的高性能得益于 CPU 的两级高速缓存结构,结构图如图 2-20所示。

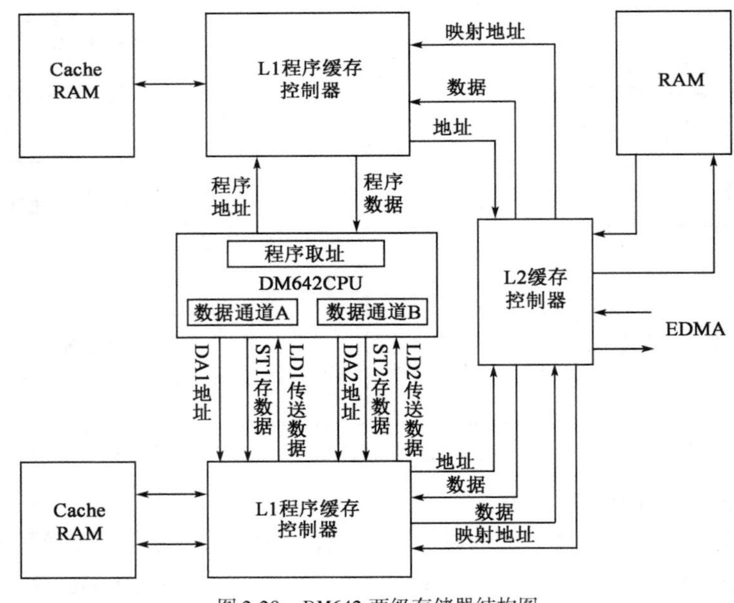


图 2-20　DM642 两级存储器结构图

从图2-20中可以看出，在DM642内，CPU直接和L1数据缓存控制器、L1程序缓存控制器相连，管理的两块Cache大小均为16KB，作为一级缓存，工作在CPU全速访问状态。二级缓存大小为256KB，其分段和大小分配也有很多种配置。通过对高速缓存配置寄存器的修改可以实现不同的配置方式，可以配置为全部作为外部内存的映射，也可以配置为既有直接映射又有4路集合相关法的方式。

2）图像采集模块

摄像头将采集到的模拟图像，经过视频输入端送入视频解码芯片，将模拟图像信号转化为数字图像信号。不同的视频解码芯片性能稍有不同，这里以TVP5150来做说明。TVP5150是TI公司推出的一款支持多种视频格式，且超低功耗的视频解码芯片，TVP5150正常工作时，功耗只有115MW。

将DM642的VP1和VP2的A、B通道配置为视频采集模式，系统可以同时采集4路图像信息。TVP5150和DM642的连接关系如图2-21所示。将TVP5150和DM642的I2C总线接口SCL和SDA互连，TVP5150的视频输出口YOUT[7:0]和DM642的VP0D[9:2]相连，将TVP5150的SCLK口和INTREQ与DM642的VP口时钟相连。

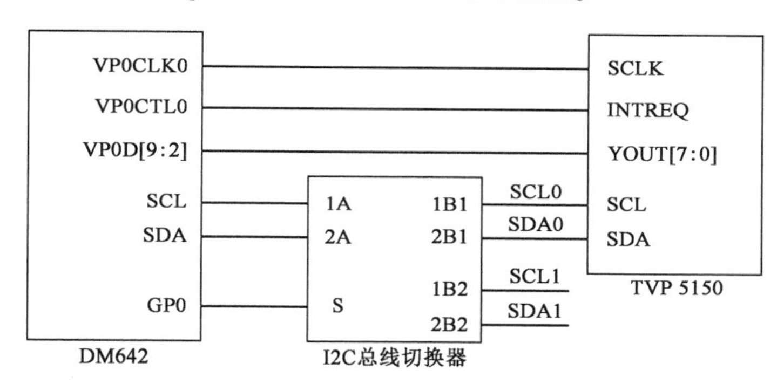


图2-21　DM642和TVP5150相连

DM642通过I2C总线对TVP5150进行访问。DM642工作在主机模式，TVP5150工作在从机模式，由于I2C总线在从机应答时需要从机的地址101110X1，这里的X代表0/1，这样从机就只能有两位地址，而由图2-21可见，这里要用到4片TVP5150，因此必须使用I2C总线切换器对4片TVP5150进行访问。如图2-22所示，当DM642的GP0为低时，DM642通过I2C总线实现与TVP5150(0)和TVP5150(1)的通信；当DM642的GP0为高时，DM642通过I2C总线实现与TVP5150(2)和TVP5150(3)的通信。

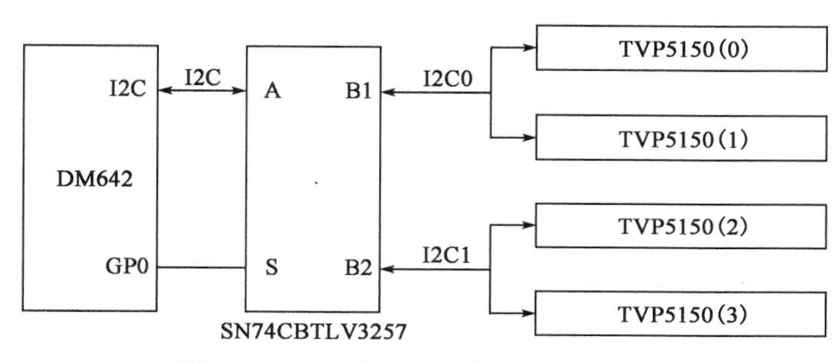


图2-22　DM642的I2C总线和TVP5150相连

3）存储模块

图像视频数据和程序的存储需要大量的空间，虽然 DM642 芯片内有 16KB 的一级程序缓存，16KB 的一级数据缓存和 256KB 的程序数据共享二级缓存，但如果没有扩展的存储设备，对于直接处理图像数据的系统是远远不够的，因此对于存储设备的扩展是十分必要的。按扩展的用途，可以分为对系统程序存储的扩展和外部同步数据存储器的扩展。

（1）对系统程序存储的扩展。程序存储时要求能够掉电不丢失，考虑到这一特性，可以选择 $E^2$PROM 或者 Flash，但是 Flash 具有较快存取时间、电可擦除、容量大、在线（系统内）可编程、价格低廉，以及足够多的擦写次数（$1\times10^6$）和可靠性等优点，已成为新一代控制系统的首选存储器。

（2）对外部同步数据存储器的扩展。对外部同步数据存储器，要求存储容量足够大，能满足图像数据处理的需要，而且由于 DM642 的 EMIF 是 64 位的，为了使 DM642 达到最大存储速度，应该设计 64 位的同步数据存储器。可以考虑使用 SDRAM，虽然它不具有掉电保持数据的特性，但其存取速度大大高于 Flash。例如，我们可以选取两片同步动态随机存储器 MT48LC4M32B2，每片 16MB 字节，一共是 32MB 字节的存储空间，并且 MT48LC4M32B2 每片 32 的数据线，第一片接在 EMIF 的 D0 到 D31，第二片接在 D32 到 D63 上。在 DM642 一次 64 位数据访问中会同时访问到两片 SDRAM，这样既实现对外部数据存储器的扩展，又能大大提高存取速度。

## 2.8 DM642 图像处理系统的 CCS5.2 配置

### 2.8.1 CCS 集成开发环境特点

Code Composer Studio&™（CCS 或 CCStudio）是一种针对 TMS320 系列 DSP 开发和调试的集成开发环境，在 Windows 操作系统下，采用图形接口界面，提供环境配置、源文件编辑、程序调试、跟踪和分析等工具，可以对 TI 公司出品的 DSP 进行软件调试，包含各种 TI 设备系列的编译器、源代码编辑器、项目生成环境、调试程序、探查器、模拟器和其他许多功能。CCStudio 提供一个单一用户界面，指导用户完成应用程序开发流程的每一步骤，支持 C/C + + 和汇编的混合编程。

CCS 的开发系统主要由 DSP 集成代码产生工具，CCS 集成开发环境，DSP/BIOS 实时内核插件及其应用程序接口 API，实时数据交换的 RTDX 插件以及相应的程序接口 API，及 TI 公司以外的第三方提供的各种应用模块插件等组件构成，并集成以下具体功能：

（1）具有集成可视化代码编辑界面，用户可通过其界面直接编写 C、汇编. cmd 文件等。

（2）含有集成代码生成工具，包括汇编器、优化 C 编译器、链接器等，将代码的编辑、编译、链接和调试等诸多功能集成到一个软件环境中。

（3）高性能编辑器支持汇编文件的动态语法加亮显示，使用户很容易阅读代码，发现语法错误。

（4）工程项目管理工具可对用户程序实行项目管理。在生成目标程序和程序库的过程中，建立不同程序的跟踪信息，通过跟踪信息对不同的程序进行分类管理。

（5）基本调试工具具有装入执行代码、查看寄存器、存储器、反汇编、变量窗口等功能，并支持 C 源代码级调试。

(6)断点工具,能在调试程序的过程中,完成硬件断点、软件断点和条件断点的设置。

(7)探测点工具,可用于算法的仿真,数据的实时监视等。

(8)分析工具,包括模拟器和仿真器分析,可用于模拟和监视硬件的功能、评价代码执行的时钟。

(9)数据的图形显示工具,可以将运算结果用图形显示,包括显示时域/频域波形、眼图、星座图、图像等,并能进行自动刷新。

(10)提供 GEL 工具。利用 GEL 扩展语言,用户可以编写自己的控制面板/菜单,设置 GEL 菜单选项,方便直观地修改变量,配置参数等。

(11)支持多 DSP 的调试。

(12)支持 RTDX 技术,可在不中断目标系统运行的情况下,实现 DSP 与其他应用程序的数据交换。

(13)提供 DSP/BIOS 工具,增强对代码的实时分析能力。

### 2.8.2　安装过程

CCSv5.2 的安装步骤如下:

(1)双击安装程序,出现安装程序许可协议界面,如图 2-23 所示。选择第一行的“I accept the terms of the license agreement”,然后单击“Next”,进入下一步。

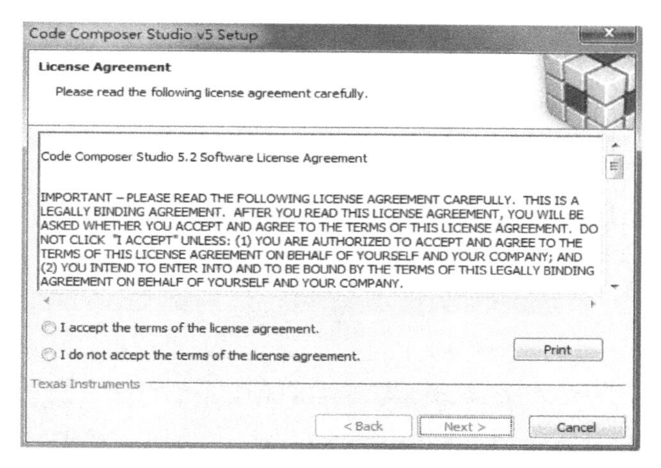


图 2-23　安装程序许可协议界面

(2)选择软件安装位置。

软件的默认安装位置为“C:\ti”,如图 2-24 所示。如果需要更改安装路径,可以点击“Browse…”,选择所需的安装路径,如图 2-25 所示,选择好安装路径后点击“OK”即可进入下一步。

(3)选择安装版本。如图 2-26 所示,此处我们选择“Custom”,完成后点击“Next”进入下一步。

其功能如下:

①“Custom(自定义)”,用户选择支持器件。

②“Complete Feature Set(全器件版本)”,默认安装全部器件,但占用空间较大。

(4)安装所需的设备序列,以获得最佳性能,如图 2-27 所示。

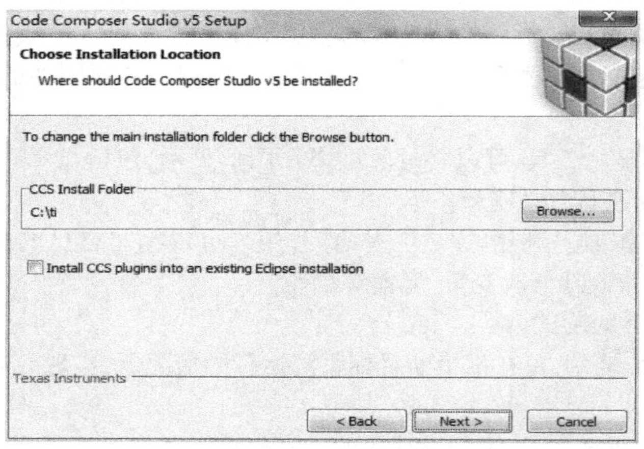

Code Composer Studio v5 Setup
Choose Installation Location
Where should Code Composer Studio v5 be installed?
To change the main installation folder click the Browse button.
CCS Install Folder
C:\ti
Browse...
Install CCS plugins into an existing Eclipse installation
Texas Instruments
< Back
Next >
Cancel

图 2-24　选择安装路径

Choose Installation Location for Code Composer ...
Please choose a directory, then click OK.
D:\ccs5,2
$360RTSYS$
$360Section
$RECYCLE.BIN
360Downloads
360安全浏览器下载
Altium Designer Winter 09 Build.8.3.0.16776
asm20125
bbtToolBackUp
cc2530
ccs5,2
cmos和ccd相关论文
emu8086
Favorites
Make New Folder
OK
Cancel

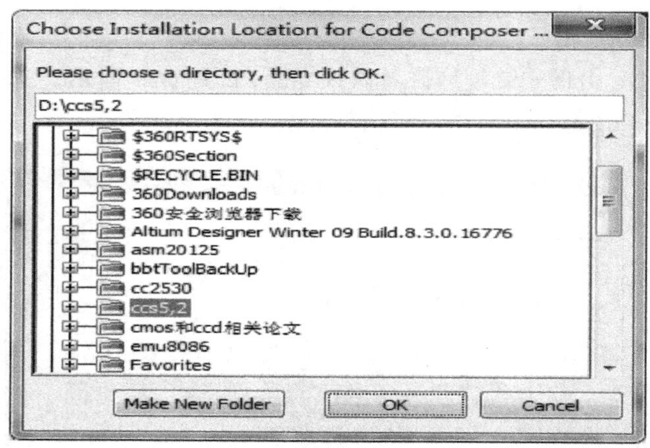

图 2-25　更改安装路径

Code Composer Studio v5 Setup
Setup Type
Select the setup type that best suits your needs.
Click the type of Setup you prefer.
Custom
Complete Feature Set
Description
Select this option if you wish to customize the individual features that are installed.
Texas Instruments
< Back
Next >
Cancel

图 2-26　选择安装版本

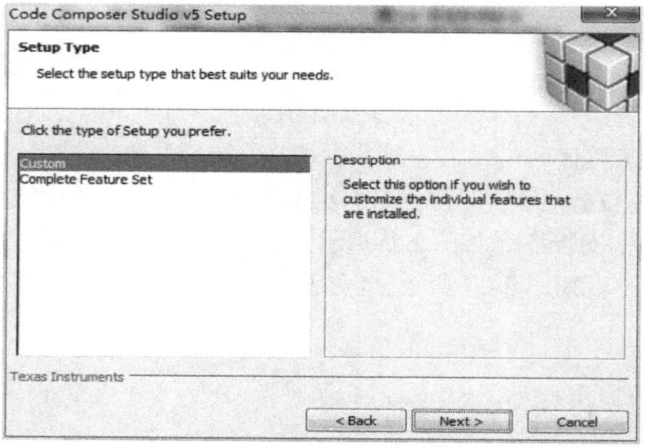

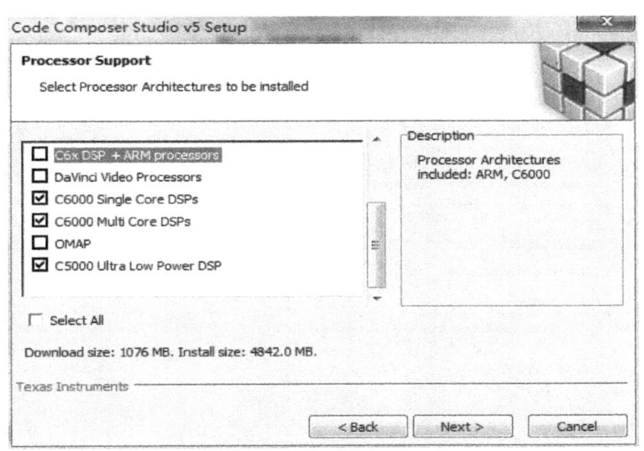


图 2-27　选择需要安装的设备序列

(5)组件安装。根据所选择的版本,此屏幕会有所不同,如图 2-28 所示。点击“Next”进入下一步。

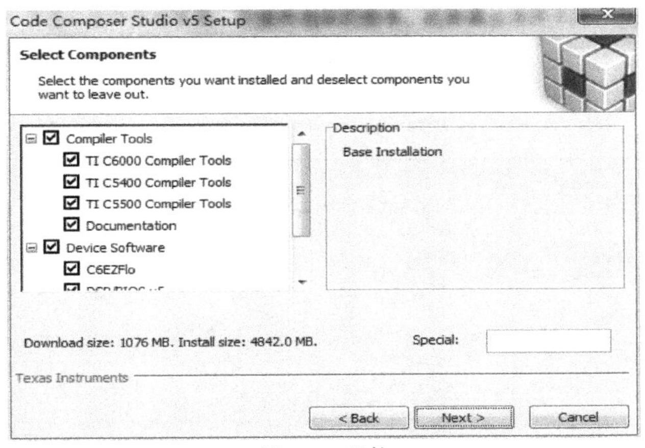


图 2-28　组件

(6)下一步显示所选安装选项的摘要,如图 2-29 所示,点击“Next”进入下一步。

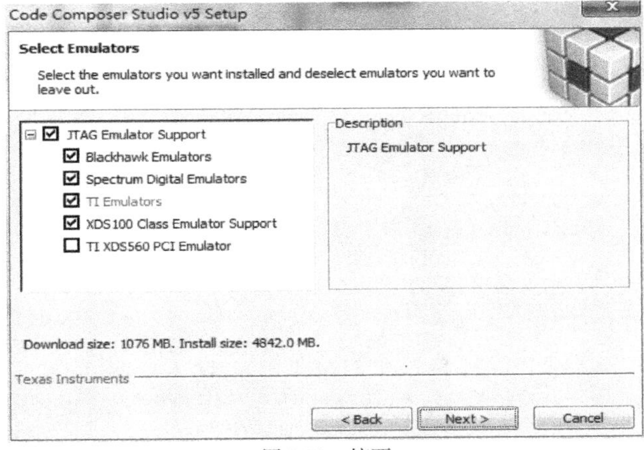


图 2-29　摘要

(7)进入安装软件界面,如图 2-30 所示,点击"Next"即可。

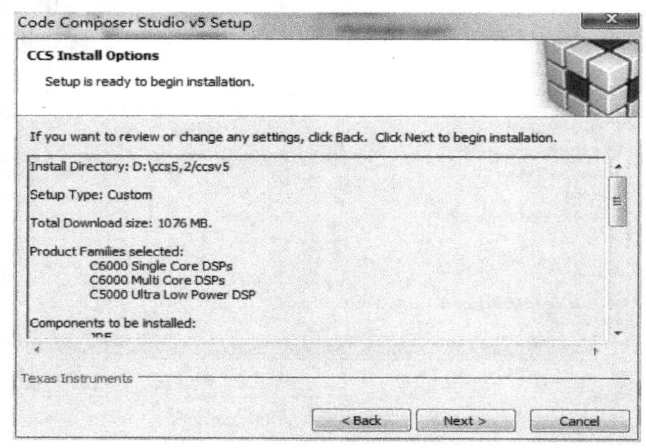


图 2-30　软件安装界面

在安装过程中,将显示图 2-31 所示的安装程序主屏幕。有时会显示"未响应"字样(图 2-32),请耐心等待组件安装进程完成其操作。

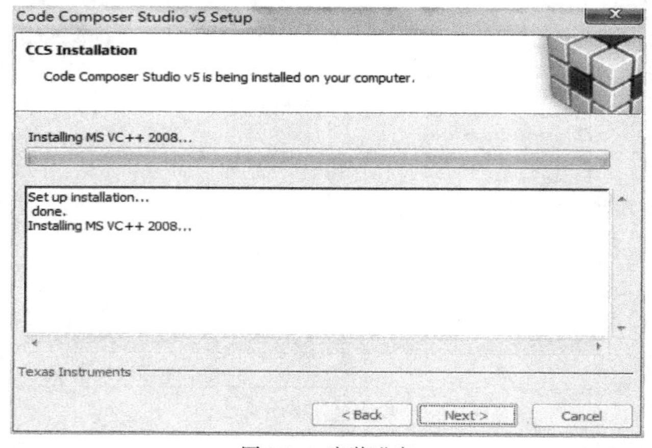


图 2-31　安装进度

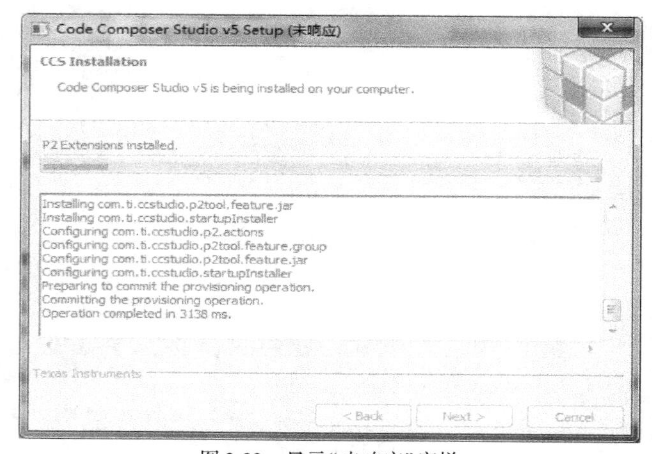


图 2-32　显示"未响应"字样

（8）完成安装程序之后，将显示如下界面，如图 2-33 所示，点击“Finish”完成安装。

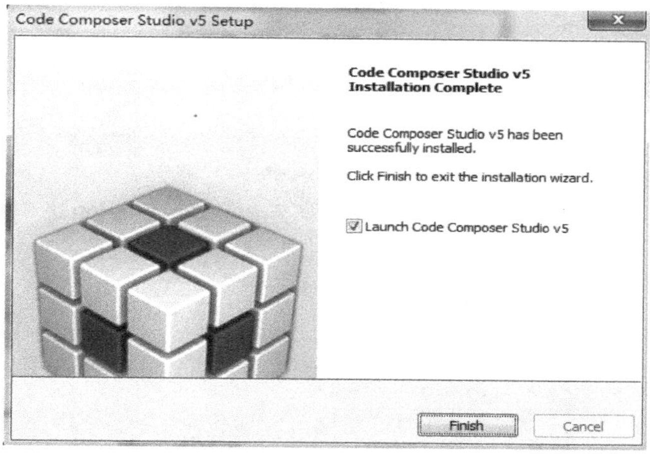

图 2-33　完成安装

## 2.8.3　创建项目

1）创建项目的一般方法

（1）进入工作区，此时可以选择菜单“File→New→CCSProject（文件→新建→CCS 项目）”创建新项目，如图 2-34 所示。

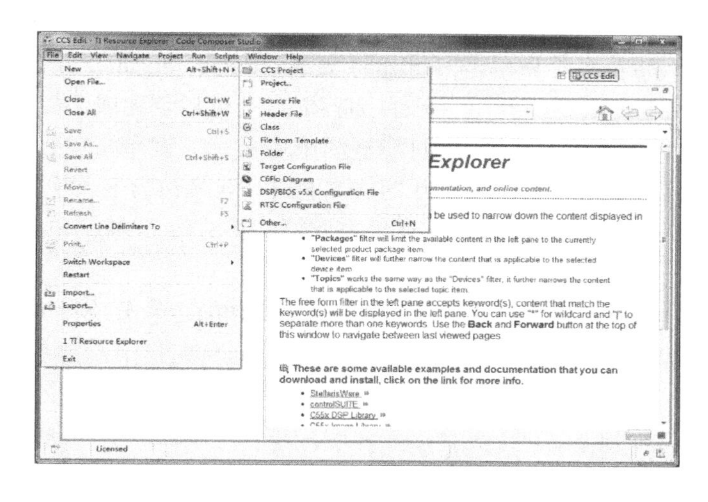


图 2-34　新项目的创建

（2）在“Project Name”（项目名称）选项中键入新项目的名称，例如这里将项目命名为“Test”，选中“Use default location”（使用默认位置）选项（默认启用），将会在工作区文件夹中创建项目；也可以选择一个新位置[使用“Browse...”（浏览...）按钮]，将项目命名为“Test”，如图 2-35 所示。

（3）在“Device”（设备变量）中选择“C6000”“Generic C64XX Device”，如图 2-35 所示。很

多设置选项都可以保留默认值。CMD 文件的主要作用反映了存储单元的大小，同时实现对 DSP 代码的逻辑定位，是沟通物理存储器和逻辑存储地址的桥梁，也可以根据实际存储空间的分配编写.cmd 文件，设定路径导入。

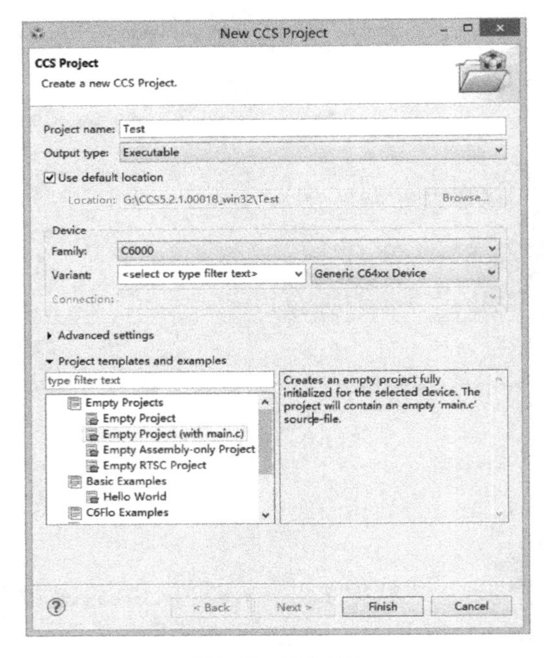


图 2-35　创建项目

可以选择 Empty Project，然后单击“Finish”（完成）创建项目，如图 2-35 所示。所创建的项目将显示在“C/C + + Projects”（C/C + +项目）选项卡中，可以创建或添加源文件。

①在“C/C + + Projects”（C/C + +项目）视图中用鼠标右键单击项目名称，并选择“Next →Source File”（新建→源文件）。在打开的文本框中，键入包含与源代码类型对应的有效扩展名（.c、.C、.cpp、.c + +、.asm、.s64、.s55 等）的文件名称。单击“Finish”（完成）即可。

②通过“C/C + + Projects”（C/C + +项目）选项卡中右键单击项目名称，选择“Add Files to Project”（将文件添加到项目），将源文件复制到项目目录，向目录添加现有源文件。也可以选择“Link Files to Project”（将文件链接到项目）来创建文件引用，将文件保留在其原始目录中。

2）生成活动项目

在创建了项目并且添加或创建了所有文件之后，根据菜单“Project→Build Active Project”（项目→生成活动项目）生成项目。

3）配置生成属性

选择菜单“C/C + + Projects”（C/C + + 项目）之后，在视图中右键单击项目，并选择子菜单“Build Properties”（生成属性），即可进入配置生成属性设置界面。在此界面可以配制相应的编辑器、汇编器和链接器，如图 2-36 所示。

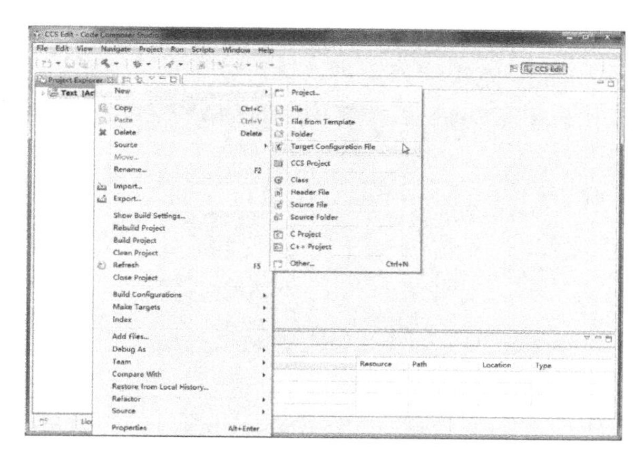


图 2-36　配置生成属性

## 2.8.4　目标配置文件的设置

在启动调试器之前，需要选择并配置代码将要执行的目标位置。目标可以是软件模拟器或与开发板相连的仿真器。CCSv5.2 的配置在集成开发环境内部完成，不仅可以创建整个系统范围的配置，还可以创建各个项目的单独配置，每个目标配置更改后无须重新启动 CCS。目标配置过程如下：

（1）用鼠标右键单击项目名称，并选择“New→Target Configuration File”（新建→目标配置文件），如图 2-37 所示。

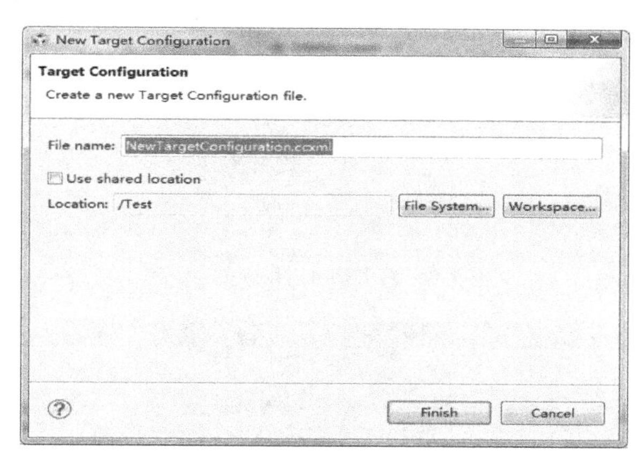


图 2-37　新建目标配置文件

（2）单击“Finish”（完成），此时将打开目标配置编辑器。

（3）如果采用硬件仿真，则选择“Texas Instruments XDS 100v2 USB Emulator”作为连接方式，选择相应的芯片作为设备，如图 2-39 所示。

如果采用软件仿真，选择“Texas Instruments Simulator”作为连接方式，选择“C64xx CPU Cycle Accurate Simulator”，如图 2-40 所示。

（4）单击“Save”按钮进行保存，自动设置“Active”（活动）。每个项目可以拥有多个目标配置，但只能有一个处于活动状态，该配置将会自动启动。要查看系统现有的所有目标配置，则需要完成以下菜单选择："View→Target Configuration"（查看→目标配置）。选择"Project→Build All"或者选择 CTRL + B 快捷键编译文件。

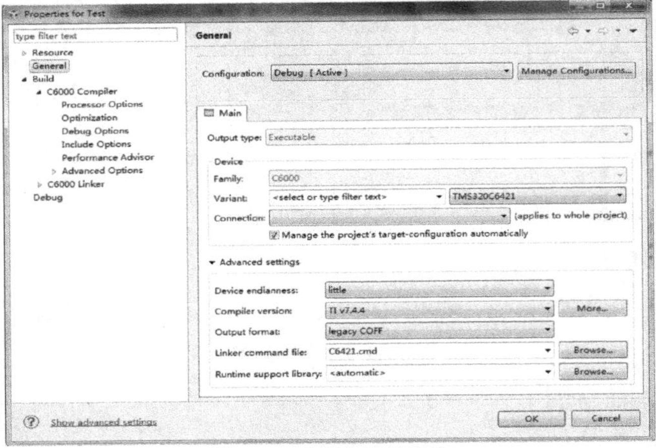


图 2-38　选择合适的芯片

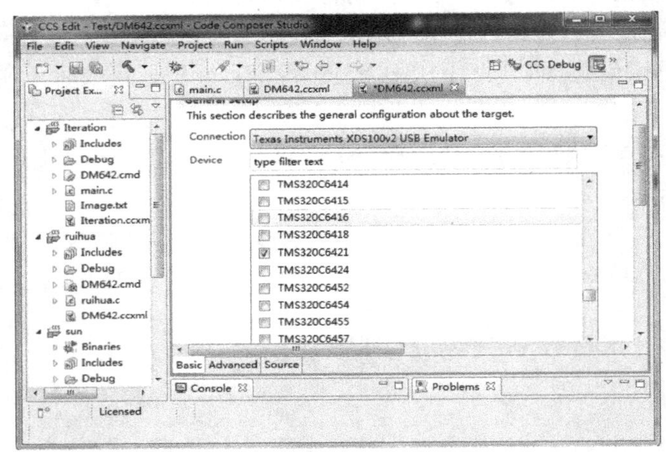


图 2-39　硬件仿真目标配置编辑器

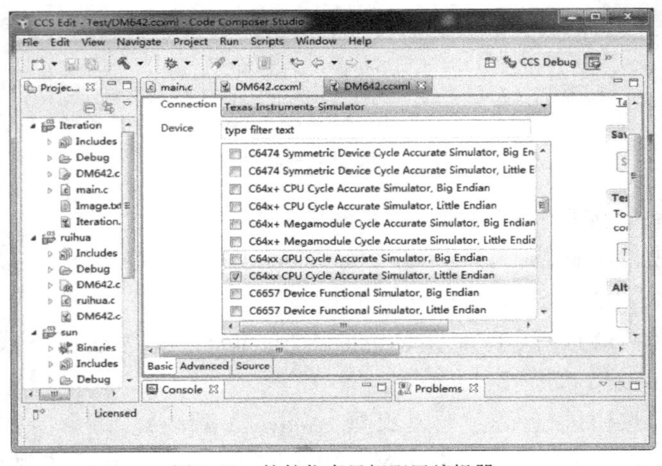


图 2-40　软件仿真目标配置编辑器

### 2.8.5　仿真调试工具栏

(1)调试工具

①CCS v5.2 的调试工具可以对程序进行编译、汇编和链接,成功之后会在工程文件夹下自动生成文件夹 Debug,并包括与工程名相同的.out 文件,通过命令将程序载入目标系统。对程序进行编译、汇编和链接,同时在窗口下方显示进行编译、汇编和链接的相关信息,装载.out 文件后会自动弹出反汇编窗口,内部为反汇编的机器指令,通过该窗口可以认真分析所写程序的运行过程以及其运行方式,查找错误,作为算法程序优化的依据。

②CCS v5.2 的集成调试程序具有用于简化开发的众多功能和高级断点。条件断点或硬件断点以全 C 表达式、本地变量或寄存器为基础。高级内存窗口允许检查内存的每一级别,以便可以调试复杂的缓存一致性问题。CCS v5.2 支持复杂的多处理器或多核系统的开发。全局断点和同步操作提供了对多个处理器和多核的控制。

③CCS v5.2 还提供了内存窗口、寄存器窗口和变量观察窗口,便于调试分析时观察 DSP 存储空间、寄存器以及变量值的变化。

(2)分析工具

CCS v5.2 的交互式探查器能快速测量代码性能并确保在调试和开发过程中目标资源的高效使用变得更容易。探查器使开发人员能够轻松分析其应用程序中指令周期内或其他事件内的所有 C/C++函数,例如缓存未命中/命中率、管道隔栏和分支。分析范围可用于在优化期间将精力集中在代码的高使用率方面,帮助开发人员开发出经过优化的代码。分析可用于任何组合的汇编、C++或 C 代码范围。为了提高效率,所有分析设备在整个开发周期中都可供使用。

(3)脚本环境

脚本(Screenplay)是批处理文件的延伸,是一种纯文本保存的程序。一般来说,计算机脚本程序是确定的一系列控制计算机进行运算操作动作的组合,在其中可以实现一定的逻辑分支等。脚本语言(Scripting language)是为了缩短传统的“编写、编译、链接、运行”(edit-compile-link-run)过程而创建的计算机编程语言。脚本,简单地说,就是一条条的文字命令,这些文字命令是可以看到的(如可以用记事本打开查看、编辑),脚本程序在执行时是由系统的一个解释器将其一条条地翻译成机器可识别的指令,并按程序顺序执行。因为脚本在执行时多了一道翻译的过程,所以它比二进制程序执行效率要稍低一些。脚本每次运行都会使对话框逐字重复。早期的脚本语言经常被称为批处理语言或工作控制语言。一个脚本通常是解释运行而非编译。脚本语言通常都有简单、易学、易用的特性,目的是能让程序员快速完成程序的编写工作。而宏语言则可视为脚本语言的分支,两者实质上相同。

对于一些脱机处理的嵌入式任务,例如测试,长期不需要用户交互。要完成此类任务,集成开发环境(Integrated Development Environment,IDE)应能自动执行一些常见任务。CCS v5.2 拥有完整的脚本环境,允许自动进行重复性任务,如针对测试和性能基准测试等。一个单独的脚本控制台允许在 IDE 内键入命令或执行脚本。

(4)图像分析和图形虚拟化工具

CCS v5.2 可以实现图像分析及图形虚拟化的功能。CCS v5.2 不仅可以采集动态图像并进行处理图像,而且能以本机格式查看主机 PC 或在目标电路板中加载的图像和视频数据。应用 CCS v5.2 强大的集成开发环境,以及独特的调试分析工具,数字图像处理的仿真分析变得更加直观,也为 DSP 数字图像处理系统设计提供了参考,这样可以简化数字图像处理的前期工作,还可以缩短图像处理系统的设计开发周期。而在图形虚拟化方面,CCS v5.2 能够以图形方式查看变量和数据,并实现数据和变量窗口的自动刷新。

(5)C/C + +编译器

TI 已经开发专门为了最大程度地提高处理器的使用率和性能而优化的 C/C + +编译器。CCSVJ.2 既支持 C 程序设计又支持 C + +,当源程序的文件后缀采用. c 时,CCS 用 C 编译器编译程序,当使用. cpp 后缀时,用 C + +编译器。C/C + +编译器针对不同应用范围、不同设备对象、实现不同功能等方面,支持不同的结构优化。主要体现在:

①消除公共子表达式;

②软件流水;

③强度折减;

④自动增量寻址;

⑤基于成本的寄存器分配;

⑥指令预测;

⑦硬件循环;

⑧函数内联;

⑨矢量化。

TI 编译器还执行程序级别优化,在应用程序级别评估代码性能。通过程序级别视图,编译器能够像具有完整系统视图的汇编程序开发人员一样生成代码。编译器充分利用此应用程序级别视图,找出能够显著提升处理器性能的折中。TI ARM 和 Microcontroller C/C + +编译器经过了专门针对代码大小和控制代码效率的优化。它们具备行业领先的性能和兼容性。

(6)模拟

模拟器向用户提供一种在能够使用开发板之前开始开发的方式。模拟器还具有更加透彻地了解应用程序性能和行为的优势。它提供了几种模拟器,让用户能够权衡周期精确性、速度和外围设备模拟,一些模拟器特别适合算法基准测试,而另一些特别适合更加详细的系统模拟。

(7)软仿真调试

软仿真调试可以脱离硬件独立执行,将程序代码加载后,在一个窗口工作环境中,可以模拟 DSP 的程序运行,同时对程序设置断点,单步执行,对寄存器/存储器进行观察、修改,统计某段程序的执行时间等。通常在程序编写完以后,都会在软件仿真器上进行调试,以初步确定程序的可运行性。软件仿真器的主要缺点是仿真不够完善,无法模拟 DSP 与外设之间的操作,仅仅是模拟 DSP 芯片内部在实际硬件环境下的功能。

(8)硬仿真调试

TI 设备包含高级硬件调试功能。这些功能包括:

①IEEE 1149.1(JTAG)和边界扫描。

②对寄存器和内存的非侵入式访问。

③实时模式，用于调试与不得禁用的中断进行交互的代码。实时模式允许中断事件挂起后台代码，同时继续执行时间关键中断服务例程。

④多核操作，例如同步运行、步进和终止。其中包括跨核触发，该功能可以让一个核触发另一个核终止。

⑤高级事件触发（AET），可在选定设备上使用，允许用户依据复杂事件或序列，例如无效数据或程序内存访问，终止 CPU 或触发其他事件。它能够以非侵入方式测量性能及统计系统事件数量（例如缓存事件）。

CCS v5.2 提供有关选定设备的处理器跟踪，帮助客户发现以前“看不到的”复杂实时缺陷。跟踪能够探测很难发现的缺陷—事件之间的争用情况、间歇式实时干扰、堆栈溢出崩溃、失控代码和不停用处理器的误中断。跟踪是一种完全非侵入式调试方法，依赖处理器内的调试单元，因此不会干扰或更改应用程序的实时行为。跟踪可以微调复杂开关密集型多通道应用程序的代码性能和缓存优化。处理器跟踪支持程序、数据、计时和所选处理器与系统事件/中断的导出，可以将处理器跟踪导出到 XDS560 跟踪外部 JTAG 仿真器或选定设备上，或导出到芯片缓存嵌入式跟踪缓存（ETB）上。

（9）实时操作系统支持

BIOS6.x 是一种高级可扩展实时操作系统，支持 ARM926、ARM Cortex M3、C674x、C64x +、C672x 和基于 28x 的设备。它提供 DSP/BIOS 5.x 没有的若干内核和调试增强，包括更快、更灵活的内存管理、事件和优先级继承互斥体。仿真调试工具栏如图 2-41 所示。

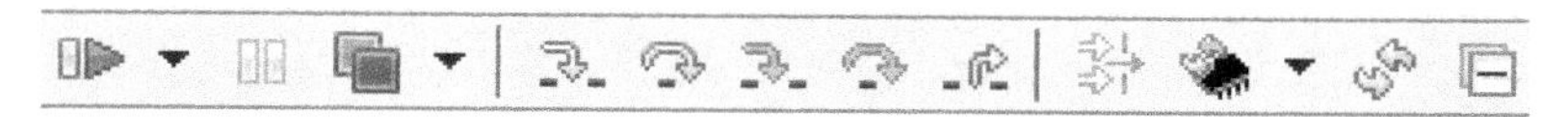

图 2-41　调试工具栏

图中：——单击全速执行程序，遇到断点停止；

——单击暂停正在执行程序；

——单击中止程序，回到编辑模式；

和  ——单步执行，遇到函数或子程序，则进入函数内部或子程序，黄色箭头表示 C 语言调试，绿色箭头表示汇编语言调试；

和  ——单步运行，遇到函数或者子程序时全速完成，不进入函数内部或子程序；黄色箭头表示 C 语言调试，绿色箭头表示汇编语言调试；

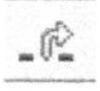

——单步跳出，从当前子程序的位置全速执行后续子程序，返回到调用改子程序的指令；

——启用同步模式；

——复位 CPU，程序复位；

——返回程序初始位置，准备重新执行程序；

——单击此按钮，DEBUG 窗口全部文件折叠。

## 2.9 本章小结

机器视觉技术是一门涉及人工智能、神经生物学、物理学、计算机科学、图像处理、模式识别等诸多领域的交叉学科，在现代自动化生产的工况监视、成品检验和质量控制以及各种生活中的监控系统等领域都得到了广泛的应用，能够提高各行各业的操作柔性和自动化程度。本章讨论了机器视觉硬件技术，重点对光源技术、光学镜头技术、摄像机技术、图像采集技术、摄像机标定技术、DM642 DSP 图像处理系统等机器视觉技术进行了详细描述，并以 DM642 DSP 系统举例介绍了其集成开发环境安装和使用过程。

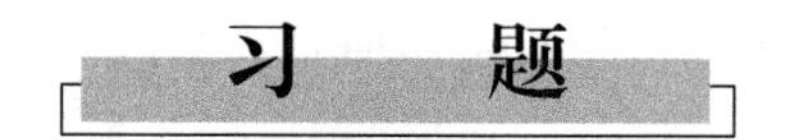


1. CCD 与 CMOS 各项指标的区别是什么？其各自的适用范围是什么？
2. 摄像机典型标定方法有哪些？
3. 选用光学镜头要考虑哪些因素？
4. 尝试安装 CCSv5.2，并与 TMS320DM642 DSP 实验板连接调试。
5. DM642 图像处理系统硬件组成有哪些模块？
6. 结合具体实际应用，利用 DM642 设计机器视觉系统。

# 第 3 章　数字图像处理基础

## 3.1　前言

数字图像,又称数码图像或数位图像,是二维图像用有限数字数值像素的表示。数字图像是模拟图像数字化得到的,其光照位置和强度都是离散的,完成数字化操作的装置是图像传感器及其计算机接口,习惯上称之为数字成像系统。例如,最常见的可见光图像传感器和成像系统有数码相机、数码摄像机和扫描仪等,这些设备可以分别用于现场景物的数字化成像和纸介质图片的数字化成像。目前,图像传感器主要有两类:一种是电荷耦合器件(CCD);另一种是互补金属氧化物半导体器件(CMOS),在第 2 章中已经进行了详细介绍。

图像传感器的基本原理是把光学图像转换为电信号,即把入射到传感器光敏面上按空间分布的光强信息,转换为按时序输出的电信号——视频信号。图像传感器及成像系统分为主动和被动两种。主动传感器带有主动照射源,照射源将光线或其他射线投射到景物上,经过景物表面的反射吸收或景物内部的吸收衰减,传感器接收景物表面的反射射线能量或透射射线能量,并对其进行数字化成像。被动传感器则利用自然光照明或景物主动发射的辐射,接收到景物的漫反射射线能量或主动辐射射线能量,并对其进行数字化成像。

民用数字化成像系统常见的成像形式包括:可见光成像、X 射线成像、CT 成像、MR 核磁共振成像、超声成像、红外成像、全息成像等。军用数字成像系统常见的成像形式包括:可见光成像、红外成像、SAR 成像、全息成像等。

## 3.2　图像的数字化过程

### 3.2.1　连续图像的表示

连续图像的表示方法有两种:空域法和频域法。

(1)空域法

设 $C(x,y,t,\lambda)$ 代表像源的空间辐射能量分布,其中 $(x,y)$ 是空间坐标,$t$ 表示时间,$\lambda$ 表示波长,在实际成像过程中,以上各个量分别受到以下限制。

①因为光的强度总是实正量,所以图像的光函数是实数且非负。同时,实际的成像系统对图像的最大亮度进行了某些限制,因此,$0 \leqslant C(x,y,t,\lambda) \leqslant A$,其中,$A$ 是图像最大亮度。

②实际图像的大小必然受到成像系统和录像介质的限制。为了数学分析的方便,不妨设所有的图像只在某一矩形区域内非零,即 $-L_x \leqslant x \leqslant L_y$, $-L_x \leqslant y \leqslant L_y$。

③实际成像只是在有限时间内曝光,因此,$-T \leqslant t \leqslant T$。

另外,观察者对图像光函数的亮度响应为:

$$f_i(x,y,t) = \int_0^{\infty} C(x,y,t,\lambda) S_i(\lambda) \mathrm{d}\lambda \tag{3-1}$$

其中,$S_i(\lambda)$代表光效函数,下标 $i$ 分别表示红、绿、蓝三基色。在大部分成像系统中,帧图像成像在很短的时间内完成,此时可以认为图像不随时间改变,因而,时间变量也可以从图像中略去。最后,静止的连续图像可以用连续的空间函数$f(x,y)$来表示。

(2)频域法

频域法是指连续图像的频谱表示法,即图像的连续傅立叶变换。二维图像函数$f(x,y)$的连续傅立叶变换为:

$$F(u,v) = \int_{-\infty}^{\infty} \int_{-\infty}^{\infty} f(x,y) \mathrm{e}^{j2\pi(ux+vy)} \mathrm{d}u\mathrm{d}v \tag{3-2}$$

相应地,也可以由频域直接变换到空域(即傅立叶逆变换):

$$f(x,y) = \int_{-\infty}^{+\infty} \int_{-\infty}^{+\infty} F(u,v) \mathrm{e}^{-j2\pi(ux+vy)} \mathrm{d}u\mathrm{d}v \tag{3-3}$$

其中,$\mathrm{e}^{-j2\pi\left(\frac{ux}{M}+\frac{vy}{N}\right)}$与 $\mathrm{e}^{j2\pi\left(\frac{ux}{M}+\frac{vy}{N}\right)}$分别表示正变换核和逆变换核;$x,y$ 为空域值;$u,v$ 为频域值;$F(u,v)$为连续信号$f(x,y)$的频谱。

### 3.2.2 数字化原理

图像是一种二维的连续函数,在计算机上对图像进行数字处理时,首先必须对其在空间和亮度上进行数字化,这就是图像的采样和量化的过程。图像上空间坐标在$(x,y)$处像素点的数字化称为图像采样,而幅值数字化称为灰度级量化。

1. 采样和量化

数字化的过程主要包括两个方面:采样和量化。

(1)采样

采样就是把空间上连续的模拟图像变换成离散点集合的一种操作,即对图像$f(x,y)$的空间位置坐标$(x,y)$离散化以获取离散点函数值的过程称为图像的采样,各离散点称为采样点,采样的实质就是要用若干点来描述一幅图像,采样点对应模拟图像数字化得到的数字图像像素的行和列。例如:一副 640×480 分辨率的图像,表示这幅图像是由 640×480 = 307200 个像素点组成。

(2)量化

连续图像经过采样后得到的图像是定义在离散空间域上的二维离散图像,此时图像还不是数字图像,因为样本图像在空间离散点(即像素)上的值仍然是一个连续量。为了便于计算机处理,必须对离散图像的值进行量化处理,也就是要将离散图像的值表示为与其幅度成比例的整数。

量化就是把图像各个采样点上连续的亮度空间变换成离散值或整数值的一种操作,这种对采样点上图像的亮度幅值 $f$ 进行离散化的过程称为图像量化。一般的量化过程是预先设置一组判决电平,每个判决电平覆盖一定的空间,所有的判决电平覆盖整个有效取值区间。然后将像素点的采样值与这些判决电平进行比较,若采样值幅度落在某个判决电平的覆盖区间之上,则规定该采样值取这个量化级的代表值。量化得到的整数值就是像素的灰度值,量化所允许的整数值总阶称为灰度级或灰度级数。例如:如果以 4 位存储一个点,就表示图像只能有 16 种灰度;若采用 16 位存储一个点,则有 $2^{16}=65536$ 种灰度。所以,量化位数越大,表示图像可以拥有越多的灰度等级,自然可以产生更为细致的图像效果。

模拟图像的数字化经历采样和量化两个过程。把数字化过程分解为两个过程,更多的是具有理论的意义。事实上,采样和量化这两个过程是紧密相关、不可分割的,而且是同时完成的。在很多成像系统中,我们可以观察到原始的模拟图像和数字化后的数字图像,却很难分别观察到单独的采样和量化的工作过程。

数字图像的分辨率是图像数字化精度的衡量指标之一,定义为单位长度内所包含的像素个数。图像的空间分辨率是在图像采样过程中选择和产生的,用来衡量数字图像对模拟图像空间坐标数字化的精度。图像的亮度分辨率是在图像量化过程中选择和产生的,是指对同一模拟图像的亮度分布进行量化操作所采用的不同量化级数,也就是说可以用不同的灰度级数来表示同一图像的亮度分布。

2. 采样定理

理论上,图像分辨率的选择由数字信号处理学的采样定理(奈奎斯特定理)来规定。采样定理说明了一个问题,即当对时域模拟信号采样时,应以多大的采样周期采样,方不致丢失原始信号的信息,或者说,可由采样信号无失真地恢复出原始信号。

设对模拟图像 $f(x,y)$ 按等间距网格均匀采样,$x$、$y$ 方向上的采样间隔分别为 $\Delta x$、$\Delta y$。定义采样函数 $s(x,y)$,采样后的图像 $f_s(x,y)$ 应等于原模拟图像 $f(x,y)$ 与采样函数的乘积:

$$s(x,y) = \sum_{m=-\infty}^{+\infty}\sum_{n=-\infty}^{+\infty}\delta(x-m\Delta x, y-n\Delta y) \tag{3-4}$$

$$f_s(x,y) = f(x,y)s(x,y) \tag{3-5}$$

设 $f(x,y)$ 的傅立叶变换为 $F(u,v)$,其中 $(u,v)$ 是傅立叶变换域,即图像频域上的坐标。若 $u_c$ 和 $v_c$ 分别是模拟图像 $f(x,y)$ 对应的 $F(u,v)$ 函数的最大空间频率,则只要采样间隔满足条件 $\Delta x \leqslant 1/2u_c$ 和 $\Delta y \leqslant 1/2v_c$,此时模拟图像 $f(x,y)$ 的采样结果 $f_s(x,y)$ 可以精确地、无失真地重建原图像 $f(x,y)$。

在图像空间频率最大值确定的情况下,采样定理规定了完全重建该图像的最大采样间隔,也就是说,实际采样时至少应保证采样间隔不大于采样定理规定的采样间隔。反过来说,当实际采样时的采样间隔确定以后,采样定理则规定了图像中具有哪些空间频率的图像信号是可以完全重建的,即采样后的图像将达到何种程度的空间分辨率。

一般来说,采样间隔越小,图像空间分辨率越高,图像的细节质量越好,但对成像设备、传输信道和存储容量的要求也越高。所以,工程上需要根据不同的应用,折中选择合理的图像数字化采样间隔,既要保证应用所需要的足够高的分辨率,又保证系统的成本超出可以接受的范围。

## 3.3 图像数据结构

### 3.3.1 图像模式

#### 1. 灰度图像

灰度图像是数字图像最基本的形式,灰度图像可以由黑白照片数字化得到,或对彩色图像进行去色处理得到。灰度图像只表达图像的亮度信息而没有颜色信息,因此,灰度图像的每个像素点上只包含一个量化的灰度级(及灰度值),用来表示该点的亮度水平,并且通常用1个字节(8个二进制位)来储存灰度值,并且划分成0~255共256个级别,0表示最暗(全黑),255表示最亮(全白)。典型的灰度图像如图3-1所示。

BMP格式的文件中并没有灰度图这个概念,但是可以很容易地用BMP文件来表示灰度图。方法是用256色的调色板,只不过这个调色板有点特殊,每一项的RGB值都是相同的,即RGB值从(0,0,0),(1,1,1)一直到(255,255,255),(0,0,0)表示全黑色,(255,255,255)表示全白色,中间的是灰色。这样,灰度图就可以用256色图来表示了。对于R=G=B的色彩,带入YIQ或YUV色彩系统转换公式中可以看到其颜色分量都是0,即没有色彩信息。

灰度使用比较方便。首先,RGB值都相同;其次,图像数据即调色板索引值,也就是实际的RGB亮度值;另外,因为是256色的调色板,所以图像数据中一个字节代表一个像素;如果是彩色的256色图,图像处理后有可能会产生不属于这256种颜色的新颜色,所以,图像处理一般采用灰度图。

#### 2. 二值图像

二值图像是灰度图像经过二值化处理后的结果,二值图像只有两个灰度级,即0和1,理论上只需要1个二进制位来表示。在文字识别、图样识别等应用中,灰度图像一般要经过二值化处理得到二值图像,二值图像中的黑或白分别用来表示不需要进一步处理的背景和需要进一步处理的前景目标,以便于对目标进行识别。图3-2所示为对图3-1灰度图像进行二值化处理后得到的二值图像。

图3-1 灰度图像

图3-2 二值图像

#### 3. 彩色图像

彩色图像的数据不仅包含亮度信息,还包含颜色信息。从物理学角度来说颜色是人眼对于不同波长的光线的一种映象。颜色的表示方法是多样化的,最常见的是三基色模型,例如 RGB(Red/Green/Blue,红绿蓝)三基色模型,通过调整 RGB 三基色的比例可以合成很多种颜色。因此 RGB 模型在各种彩色成像设备和彩色显示设备中使用,常规的彩色图像也都是用 RGB 三基色来表示的,每个像素包括红绿蓝三种颜色的数据,每个数据用一个字节(8 位二进制位)表示,则每个像素的数据为 3 个字节(即 24 位二进制位),这就是人们常说的 24 位真彩色。本书将在颜色空间中详细阐述。

### 3.3.2　颜色空间

颜色空间是用来表示像素颜色的数学模型,又被称为颜色模型。颜色空间是通过数学方法形象化表示颜色的途径,人们常用它来生成和描述颜色,对于人类视觉来说,可以通过色调、饱和度和透明度来定义颜色;对于显示设备来说,人们通过使用红色、绿色和蓝色磷光体的发光量来描述颜色;对于打印或者印刷设备来说,人们使用青色、品红色、黄色和黑色的反射和吸收量的多少来产生指定的颜色。颜色空间常用三维模型表示,空间中的各类颜色能够直接看到或者使用颜色模型产生,其中的颜色通常用三维坐标来描述,其颜色要取决于所使用的坐标。实质上,颜色模型是对坐标系统和子空间的描述,位于系统中的每种颜色都由单个点来表示,而需要对颜色进行描述或者使用的时候,颜色通常用三个相对独立的属性来表示,三个独立变量的综合作用所构成的三维立体结构就是一个颜色空间,构成了如下通用表达公式:

$$V = X(x) + Y(y) + Z(z) \tag{3-6}$$

式(3-6)说明颜色可以从不同的角度,用三个不同属性加以描述,产生不同的颜色空间,但被描述的颜色对象本身是客观的,不同颜色空间只是从不同的角度去衡量同一个对象。

#### 1. 颜色空间的分类

(1)从与设备的关系上,颜色空间可笼统地分为两类

颜色空间分为与设备相关和与设备无关两类。与设备相关的颜色空间,是指颜色空间指定生成的颜色与生成或显示该颜色的设备有关。例如:RGB 颜色空间是与显示设备相关的颜色空间,显示器使用 RGB 来显示颜色,用各像素的值生成的颜色将随显示器的亮度和对比度的改变而不同。与设备无关的颜色空间,是指颜色空间指定生成的颜色与生成或显示该颜色的设备无关。例如:CIE、L * a * b 颜色空间就是与设备无关的颜色空间,它们定义在 HSV (Hue,saturation and value)颜色空间的基础上,用该空间表示的颜色无论在什么设备上生成的颜色都是相同的。

(2)从人类视觉对颜色的感知来分,颜色空间可分成三类

①混合(mixture)型颜色空间:将三种基色按照一定比例通过某种通道合成颜色。例如:RGB,CMY 和 XYZ 等颜色空间就属于这种类型。

②非线性亮度/色度(luma/chroma)型颜色空间:用两个独立的分量表示色彩的感知,用剩余的一个分量表示非色彩的感知。当仅需要黑白图像时,颜色空间只需要一个分量就能表示。例如:L * a * b,L * u * v,YUV 和 YIQ 就属于这种类型。

③强度/饱和度/色调(intensity/saturatio/hue)型颜色空间:用饱和度和色调描述色彩的感知,可使颜色的解释更直观,而且可以有效地消除亮度的影响。例如:HSI,HSL,HSV 和 LCH 等颜色空间。

(3)从技术角度区分,颜色空间可分成三类

①RGB 型颜色空间。这类模型主要应用于电视机和显示器的颜色显示系统。例如:RGB,HSI,HSL 和 HSV 等颜色空间。在显示技术和印刷技术中,颜色空间经常被称为颜色模型(Color Mode)。"颜色空间"侧重于强调颜色的表示,而"颜色模型"侧重于强调颜色的合成。

②XYZ 型颜色空间/CIE 颜色空间。这类颜色空间是由国际照明委员会定义的颜色空间,通常作为颜色空间标准,是度量颜色的基本方法。国际照明委员会定义的颜色空间采用的是与设备无关的颜色表示法,现在被广泛地应用于科学计算中。对不能直接相互转换的两种颜色空间,可利用这类颜色空间作过渡。例如:CIE 1931 XYZ,L * a * b,L * u * v 和 LCH 等颜色空间就可作为过渡性的转换空间。

③YUV 型颜色空间/电视系统颜色空间。由广播电视发展的需求推动而开发的颜色空间,主要目的是通过压缩色度信息,以便快速有效地播送彩色电视图像。例如:YUV,YIQ,ITU-R BT. 601 Y' CbCr,ITU-R BT. 709 Y' CbCr 和 SMPTE-240M Y' PbPr 等颜色空间。

(4)从分量贡献上区分,颜色空间可细分成三类

①加法模型:如 RGB 模型,用不同强度的红色、绿色和蓝色相加组合来产生各种颜色。

②减法模型:如 CMY(K),YUV 模型。

③混合模型。

2. RGB 颜色空间

人的眼睛通过 3 种可见颜色的刺激在视网膜的锥体上感知彩色,这些可见颜色在波长约为 630nm(红)、530nm(绿)和 450nm(蓝)处具有峰值灵敏度,通过比较光源的强度而感知光的颜色。可见三色刺激理论是以红、绿、蓝 3 个原始色为基础,我们称之为 RGB 彩色模式,因为自然界中所有的颜色都可以用红、绿、蓝(RGB)这 3 种颜色波长的不同强度组合而得,这就是人们常说的三基色原理。因此,这 3 种光常被人们称为三基色或三原色。

图 3-3 所示是 RGB 颜色空间,可以通过三基色合成其他颜色。青色可以由绿色和蓝色合成,洋红(或品红)可以由红色和蓝色合成,黄色可以由红色和绿色合成,而青色、洋红和黄色恰好是 CMY(Cyan/Magenta/Yellow)三基色。当 RGB 三基色以等比例或等量进行混合时,可以得到黑、灰或白色,而采用不同比例进行混合时,便可得到千变万化的颜色。

在 RGB 颜色空间中,任意彩色光 $L$ 的配色方程为:

$$L = r[R] + g[G] + b[B] \tag{3-7}$$

式中:$r[R]$、$g[G]$、$b[B]$——彩色光 $L$ 的三基色分量或百分比。

RGB 颜色空间最大的优点就是直观,用于屏幕显示很方便。其缺点首先是 $R$、$G$、$B$ 三个分量之间高度相关,即如果某一个分量发生了改变,那么这个颜色很可能要发生比较大的变化;其次是人眼对于常见的红绿蓝三色的敏感程度是不一样的,因此颜色均匀性极差。基于 RGB 空间的图像分割是将 RGB 三色作为三个互相独立的特征来对待,但事实上 RGB 三色是有联系的,相关性较强,分别考虑不太符合人的感知和思维习惯,也不利于分辨颜色,因此 RGB 空间并不适合于作彩色图像分割用。

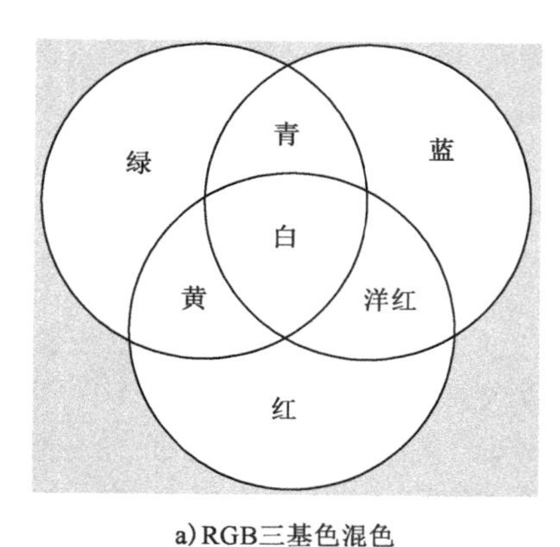


a)RGB三基色混色

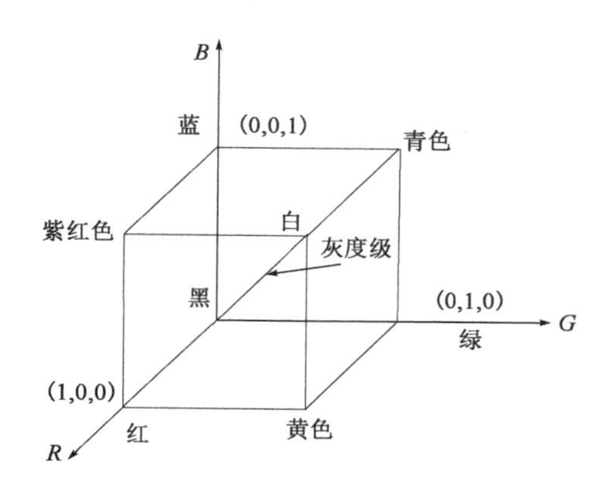


b)RGB颜色空间

图3-3　RGB三基色原理图

3. XYZ颜色空间

由于RGB颜色空间存在很多缺点,因此很少被直接应用在图像处理领域。XYZ颜色空间是即为了克服RGB颜色空间的缺点而在RGB颜色空间的基础上,用假想的三个原色X、Y、Z建立的一个新的颜色空间。这种颜色空间本身与设备无关,与RGB颜色空间相比具有更高的可移植性。它是RGB空间的线性变换,具体转换公式为:

$$X = 0.49 \times R + 0.31 \times G + 0.2 \times B \tag{3-8}$$

$$Y = 0.177 \times R + 0.812 \times G + 0.011 \times B \tag{3-9}$$

$$Z = 0.01 \times G + 0.99 \times B \tag{3-10}$$

虽然XYZ颜色空间是对RGB颜色空间做出了改进,并且包含人类能够感觉到的所有颜色,然而,由于XYZ空间不具备颜色均匀性,因而并不适合于图像分割等处理。尽管如此,XYZ颜色空间仍然很重要,因为它构筑了其他颜色空间与RGB颜色空间之间的桥梁,是定义其他颜色空间的基础。

4. CMY颜色空间

青色、紫红色和黄色是光的二次色,也可以说,它们是颜料的原色。例如,当在表面涂上青色颜料,再用白光照射时,没有红光从表面反射。也就是说,青色颜料从表面反射的光中减去了红光。

大多数将颜料堆积于纸上的设备,比如彩色打印机和复印机,都需要CMY数据输入,或在内部将RGB转换为CMY,近似地转换可用式(3-11)实现:

$$\begin{bmatrix} C \\ M \\ Y \end{bmatrix} = \begin{bmatrix} 1 \\ 1 \\ 1 \end{bmatrix} - \begin{bmatrix} R \\ G \\ B \end{bmatrix} \tag{3-11}$$

其中,假想所有的颜色值都已经归一化在[0,1]之间。式(3-11)证明了上文的描述,从涂满纯青色的表面反射的光不包含红色(公式中的 $C=1-R$)。同样,纯净的紫红色不反射绿色,纯净的黄色不反射蓝色。式(3-11)还证明,从1减去个别的CMY值,可以从一组CMY值很容易地获得RGB值。理论上,等量的颜料原色,将青色、紫红色和黄色混合会产生黑色。在实践中,将这些颜色混合印刷会生成模糊不清的黑色。所以,为了生成纯正的黑色(打印中主要的颜色),第4种颜色——黑色,便添加进来了,从而给出提升的CMYK颜色模型。由此,当出版人谈论"4色印刷"时,指的就是CMY。

5. HSI *颜色空间*

在RGB和CMY模型下产生彩色和从一种模型转换到另一种模型是比较简单的过程,这些彩色系统在硬件上的实现也很理想。另外,RGB系统与人眼很强地感觉红、绿、蓝三原色的事实能很好的匹配。但是,RGB,CMY和其他类似颜色模型不能很好地解释实际上人眼观察到的颜色。例如,首先人们在解释颜色时并没有涉及用组成其颜色的每一原色的百分比给出其颜色描述,因而,人脑中并不认为彩色图像是由三幅原色图像合成了一幅单一图像。

当人观察一个彩色物体时,用色调、色彩饱和度和亮度来描述它,这种颜色模型就是HSI(Hue/Saturation/Intensity,色调/饱和度/强度)模型,HSI模型是从人类的色视觉机理出发而提出的。

(1)色调表示颜色,颜色与彩色光的波长有关,将颜色按红橙黄绿青蓝紫的顺序排列定义色调值,并且用角度值(0° ~360°)来表示。例如红、黄、绿、青、蓝、洋红的角度值分别为0°、60°、120°、180°、240°和300°。

(2)色彩饱和度表示色的纯度,也就是彩色光中参杂白光的程度。白光越多,饱和度越低;白光越少,饱和度越高且颜色越纯。饱和度的取值采用百分数(0% ~100%),0%表示灰色光或白光,100%表示纯色光。

(3)强度表示人眼感受到彩色光的颜色的强弱程度,它与彩色光的能量大小(或彩色光的亮度)有关,因此有时也用亮度(Brightness)来表示。

在处理彩色图像时,为了方便,经常要把RGB三基色表示的图像数据与HSI数据相互转换。由RGB颜色空间转换到HIS颜色空间的转换公式为:

$$H=\begin{cases}\theta & B\leqslant G\\ 360-\theta & B\geqslant G\end{cases} \tag{3-12}$$

$$S=1-\frac{3}{(R+G+B)}[\min(R,G,B)] \tag{3-13}$$

$$I=\frac{1}{3}(R+G+B) \tag{3-14}$$

其中,$\theta=\arccos\left\{\dfrac{(R-G)+(R-B)}{2[(R-G)^2+[R-G](G-B)]^{1/2}}\right\}$。

假定RGB值已经归一化在[0,1]之间,将以式(3-12)中得出的所有结果除以360°,即可将色调归一化在[0,1]之间,那么其他的两个HSI分量则也在[0,1]之间。

当给定了[0,1]之间的HSI值时,依靠 $H$ 值,可以计算出其对应到的RGB颜色空间值。

首先,用360°乘以$H$,这样就将色调的值还原成了原来的范围[0°,360°]。如果$H$在RG区域($0° \leqslant H \leqslant 120°$)内,那么RGB分量由下式给出:

$$\begin{cases} R = I\left[1 + \dfrac{S\cos H}{\cos(60° - H)}\right] \\ G = 3I - (R + B) \\ B = I(1 - S) \end{cases} \tag{3-15}$$

如果给出的$H$值在GB区域($120° \leqslant H \leqslant 240°$)内,则先从中减去120°:

$$H = H - 120° \tag{3-16}$$

那么,这时RGB分量是:

$$\begin{cases} R = I(1 - S) \\ G = I\left[1 + \dfrac{S\cos H}{\cos(60° - H)}\right] \\ B = 3I - (R + G) \end{cases} \tag{3-17}$$

如果给出的$H$值在BR区域($240° \leqslant H \leqslant 360°$)内,则先从中减去240°:

$$H = H - 240° \tag{3-18}$$

那么,这时RGB分量是:

$$\begin{cases} R = 3I - (G + B) \\ G = I(1 - S) \\ B = I\left[1 + \dfrac{S\cos H}{\cos(60° - H)}\right] \end{cases} \tag{3-19}$$

6. YUV颜色空间

在现代彩色电视系统中,通常采用三管彩色摄像机或彩色CCD(电耦合器件)摄像机,它把得到的彩色图像信号,经分色、分别放大校正后得到RGB颜色图像,再经过矩阵变换电路得到亮度信号Y和两个色差信号R-Y与B-Y,最后发送端将亮度和色差三个信号分别进行编码,用同一信道发送出去。这就是YUV颜色空间的定义。

采用YUV颜色空间的重要性是它的亮度信号Y和色度信号U、V是分离的。如果只有Y信号分量而没有U、V分量,那么这样表示的图就是黑白灰度图。彩色电视采用YUV空间正是为了用亮度信号Y解决彩色电视机与黑白电视机的兼容问题,使黑白电视机也能接收彩色信号。

根据美国国家电视制式委员会NTSC制式的标准,当白光的亮度用$Y$来表示时,它和红、绿、蓝三色光的关系可用如下式的方程描述:

$$Y = 0.3R + 0.59G + 0.11B \tag{3-20}$$

这就是常用的亮度公式。色差U、V是由B-Y与R-Y按不同比例压缩而成的。YUV颜色空间与RGB颜色空间的转换关系如下:

$$\begin{bmatrix} Y \\ U \\ V \end{bmatrix} = \begin{bmatrix} 0.3 & 0.59 & 0.11 \\ -0.15 & -0.29 & 0.44 \\ 0.62 & -0.52 & -0.10 \end{bmatrix} \cdot \begin{bmatrix} R \\ G \\ B \end{bmatrix} \tag{3-21}$$

如果要由 YUV 空间转化成 RGB 空间，只要进行相应的逆运算即可。与 YUV 颜色空间类似的还有 Lab 颜色空间，它也是用亮度和色差来描述颜色分量，其中 $L$ 为亮度，$a$ 和 $b$ 分别为各色差分量。

### 3.3.3 图像存储的数据结构

数字图像处理可以用矩阵来表示，因此可以采用矩阵理论和矩阵算法对数字图像进行分析和处理。最典型的例子是灰度图像，如图 3-4 所示。灰度图像的像素数据就是一个矩阵，矩阵的行对应图像的高（单位为像素），矩阵的列对应图像的宽（单位为像素），矩阵的元素对应图像的元素，矩阵元素的值就是图像的灰度值。注意：按照 C 语言的习惯，图像矩阵的左上角坐标取(0,0)。

由于数字图像可以表示为矩阵形式，所以在计算机数字图像处理程序中，通常用二维数组来存放图像数据，如图 3-5 所示。二维数组的行对应图像的高，二维数组的列对应图像的宽，二维数组的元素对应图像的像素，二维数组元素的值就是像素灰度值。采用二维数组来存储数字图像，符合二维图像的行列特性，同时也便于程序的寻址操作，使得计算机图像编程十分方便。

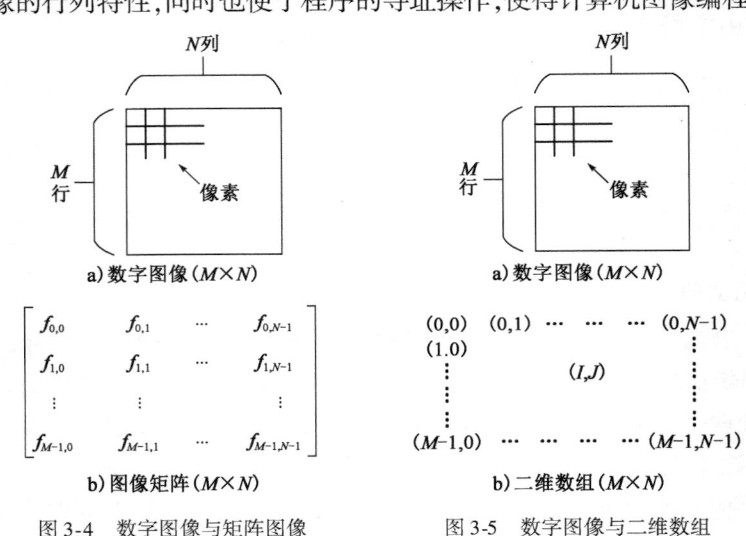


$$\begin{bmatrix} f_{0,0} & f_{0,1} & \cdots & f_{0,N-1} \\ f_{1,0} & f_{1,1} & \cdots & f_{1,N-1} \\ \vdots & \vdots & & \vdots \\ f_{M-1,0} & f_{M-1,1} & \cdots & f_{M-1,N-1} \end{bmatrix}$$

图 3-4 数字图像与矩阵图像

图 3-5 数字图像与二维数组

## 3.4 图像文件格式

在数字图像处理系统中，数字图像通常存储在外部存储器中，需要时再读出并进行相应的处理。数字图像在外部存储器中的存储形式是图像文件，图像必须按照某个已知的、公认的数据存储顺序和结构进行存储，才能使不同的程序对图像文件进行打开或存盘操作，实现数据共享。图像数据在文件中的存储顺序和结构称为图像文件格式。图像的文件格式多种多样，目前常见的有 BMP、GIF、JPEG、TIFT、PSD、DICOM、MPEG 等。下面我们对这几种常见格式进行详细说明。

### 3.4.1　BMP 文件格式

位图文件(Bitmap-File,BMP)是 Windows 操作系统的标准图像文件存储格式,在 Windows 环境下运行的所有图像处理软件都支持这种格式。这种格式的图像在存储时不经过压缩而直接按位存储,所以称为位图(Bitmap)文件。在 Windows 3.0 以前的 BMP 位图文件格式与显示设备有关,因此把它称为设备相关位图(Device-Dependent Bitmap,DDB)文件格式。Windows 3.0 以后的 BMP 位图文件格式与显示设备无关,因此把这种 BMP 位图文件格式称为设备不相关位图(device-independent bitmap,DIB)文件格式,目的是为了让 Windows 能够在任何类型的显示设备上显示 BMP 位图文件。

BMP 文件的结构分为四部分:图像文件头、图像信息头、调色板、图像数据。下面对这四部分进行说明。

位图文件头包含文件类型、文件大小、存放位置等信息,具体格式如表 3-1 所示。

**位 图 文 件**　　表 3-1

| | | |
|---|---|---|
| 文 件 标 识 | 2 bytes | 两个字节的内容用来识别位图的类型:<br>'BM':Windows3.1x,95,NT,…<br>'BA':OS/2BitmapArray<br>'CI':OS/2ColorIcon<br>'CP':OS/2ColorPointer<br>'IC':OS/2Icon<br>'PT':OS/2Pointer |
| File Size | 4 bytes | 用一个字节表示文件的大小 |
| Reserved | 4 bytes | 保留,必须设置为 0 |
| BitmapDataOffset | 4 bytes | 从文件开始到位图数据开始之间的数据(bitmap)之间的偏移量 |

图像信息头中包含了位图信息头的长度、宽度、高度和位图的位面数,具体格式如表 3-2 所示。

**位图信息头的具体格式**　　表 3-2

| | | |
|---|---|---|
| BitmaHeaderSize | 4 bytes | 位图信息头(Bitmap Info Header)的长度,用来描述位图的颜色、压缩方法 |
| Width | 4 bytes | 位图的宽度,以像素为单位 |
| Height | 4 bytes | 位图的高度,以像素为单位 |
| Planes | 4 bytes | 位图的位面数(该数值总为 1) |
| Bits/Pixel | | 每个像素的位数:1-单位色图 ;4、16 色位图;8、256 色位图 |
| Compression | | 压缩说明:0-不压缩;1-RLE8,使用 8 位 RLE 压缩方式;<br>2-RLE4,使用 4 位 RLE 压缩方式 |
| Bitmap Data Size | | 用字节数表示位图数据的大小。该数必须是 4 的倍数 |
| Hresolution | | 用像素/m 表示水平分辨率 |
| Vresolution | | 用像素/m 表示垂直分辨率 |
| Colors | | 位图使用的颜色数。如 8. bit/像素表示为 100h 或者 256 |
| Important Colors | | 指定重要的颜色数。当该域值等于颜色数时(或者等于 0 时),表示所有颜色都一样重要 |

在这里将“文件头”和“信息头”合并定义为一个结构体，如下所示：

```
struct{
WORD Type ;//BMP 文件标志,必须为 BM
DWORD Size;//文件大小
WORD Reserved1;//保留
WORD Reserved2;//保留
DWORD Offset;//图像数据对文件头的偏移量
DWORD SizeStruct;//BMP 文件头中一结构大小为 40
DWORD Width;//图像宽度
DWORD Height;//图像高度
WORD Planes;//设备的平面数,为 1
WORD BitCount;//像素位数
DWORD Compression;//图像压缩类型
DWORD SizeImage;//图像数据大小
DWORD XPeIsPerMeter;//水平分辨率。像素/米
DWORD YPeIsPerMeter;//垂直分辨率。像素/米
DWORD ClrUsed;//使用了多少种颜色(调色板中)
DWORD ClrImportant;//重要颜色的数
}BMPHEAD;
```

调色板和图像数据。有些位图需要调色板，例如16色、256色彩色图，而有些位图不需要调色板，例如真彩图。调色板包含的元素与位图所具有的颜色数相同，像素的颜色用RGBQUAD结构来定义。由于24位真彩色图像位图中的RGB值就代表了每个像素的颜色，所以不使用调色板。在调色板中，颜色按照重要性排序，就可以辅助显示驱动程序为不能显示足够多颜色数的显示设备显示彩色图像。RGBQUAD结构描述由R、G、B相对强度组成的颜色，定义如表3-3所示。

**RGBQUAD 结构描述** 表 3-3

| | | |
|---|---|---|
| 调色板数据 | Palette N * 4byte | 调色板规范。对于调色板中的每个表项，这4个字节用下述方法描述RGB的值：<br>1个字节用于蓝色分量;1个字节用于绿色分量;<br>1个字节用于红色分量;1个字节用于填充符(设置为0) |
| 图像数据 | Bitmap Data | 该域的大小取决于压缩方法和图像的尺寸、位深度。它包含所有的位图数据字节，可能是彩色调色板的索引号，也可能是实际的RGB值，这将根据图像信息头中的位深度来决定 |

调色板结构定义如下：

```
struct{
BYTE Blue;
BYTE Green;
BYTE Red;
```

```
BYTE Reserved;//保留,为0
}RGBQUAD;
```

位图数据紧跟在彩色表之后。图像的每一扫描行由表示图像像素的连续的字节组成,每一行的字节数取决于图像的颜色数目和用像素表示的图像宽度。扫描行是由下向上存储的,即阵列中的第一个字节表示位图左下角的像素,而最后一个字节表示位图右上角的像素。

需要注意以下问题:

(1)在Windows环境下,规定BMP文件每行像素字节数必须是4的倍数,否则就要在像素数据后加上若干字节(0),凑足4的倍数。

(2)24位文件的像素数据中也是按BLUE、GREEN、RED的顺序来排的。

(3)BMP文件的原点在左下角。

(4)24位色图像中没有调色板数据部分。

### 3.4.2　GIF文件格式

GIF(Graphics Interchange Format)是CompuServe公司开发的图像文件存储格式。GIF图像文件以数据块(block)为单位来存储图像的相关信息。一个GIF文件由表示图形/图像的数据块、数据子块以及显示图形/图像的控制信息块组成,称为GIF数据流(Data Stream)。数据流中的所有控制信息块和数据块都必须在文件头(Header)和文件结束块(Trailer)之间。GIF文件格式采用了LZW(Lempel-Ziv Walch)压缩算法来存储图像数据,定义了允许用户为图像设置背景的透明(transparency)属性。此外,GIF文件格式可在一个文件中存放多幅彩色图形/图像。如果在GIF文件中存放多幅图像,它们可以像播放幻灯片那样显示或者像动画那样演示。

### 3.4.3　TIFF文件格式

TIFF(Tagged Image File Format)是相对经典的、功能很强的图像文件存储格式,由部分与图像相关的厂商(Aldus、Microsoft公司)为桌面印刷出版系统研制开发的。TIFF文件的扩展名为tif或tiff。TIFF格式包括一些常见的图像压缩算法,例如RLE无损压缩算法和LZW无损压缩算法等。

TIFF文件的关键是标签(tag),TIFF中的所有数据都由一个标签来引导,也就是说,所有数据都打上标签,标签值表示所引导的数据类型。例如图像的大小、图像的扫描参数、图像的作者、图像的说明以及图像数据本身都用不同的标签作引导。

TIFF文件格式的结构大体上由文件头、图像文件目录、目录表项和图像数据等组成。由于TIFF格式的图像数据都有标签,使得TIFF除了文件的大结构外,不需要约定具体数据的存放顺序。在读数据时,程序只要先解释标签,就知道后续的数据是哪一个数据,以及数据的长度。TIFF规定了一个公共标签集合,所有的图像处理程序在读写TIFF时都必须以公共标签集合为准来读写数据。此外,TIFF还允许用户自定义私有标签,用来引导用户自定义的数据。由于采用了标签,使得TIFF文件灵活性大为增强。

### 3.4.4　JPEG文件格式

JPEG(Joint Photographic Experts Group)是国际标准化组织(ISO)和国际电报电话咨询委

员会(CCITT)联合制定的静态图像压缩编码标准。与相同图像质量的其他常用文件格式相比,JPEG是目前静态图像中压缩比最高的,可以压缩到10%以下,且几乎不产生失真。JPEG格式的文件广泛用于存储和传输静止图像,例如新闻图片、印刷图片、彩色传真、数码相机等,是目前主流的文件存储格式。

JPEG文件由两部分组成:标记码和压缩数据。在标记码中,部分记录了JPEG图像的所有信息,在每个标记码之前可以有个数不限的填充字节0XFF。压缩数据就是经过压缩后存储的图像数据。JPEG文件的压缩方式主要采用预测编码(DPCM)、离散余弦变换(DCT)以及熵编码,以去除冗余的图像灰度和彩色数据,因而压缩率极高。但需要注意的是,JPEG是有损压缩方式,只是这种误差视觉难以察觉而已。这种方案也被称为视觉无损压缩。

### 3.4.5 DICOM文件格式

DICOM(Digital Imaging and Communications in Medicine)即医学图像文件的存储格式,是由美国放射学院(ACR)和国家电气制造协会(NEMA)在1983年成立了一个联合委员会,制定的文件格式标准。

DICOM标准的推出,大大简化了医学影像信息交换的实现,推动了远程放射学系统、图像管理与通信系统(PACS)的研究与发展,并且由于DICOM的开放性与互联性,使得与其他医学应用系统(HIS、RIS等)的集成成为可能。

DICOM格式中定义了数据集(Data Set),可用来保存信息对象定义(IOD)。而数据集又由多个数据元素(Data Element)组成。每个数据元素描述一条信息(所有的标准数据元素及其对应信息在标准的第六部分列出),它由对应的标记(8位16进制数,如(0008,0016),前4位是组号(Group Number),后十位是元素号(Element Number)唯一确定。DICOM数据元素分为两种:标准(Standard)数据元素,组号为偶数,含义在标准中已定义,私有(Private)数据元素,组号为奇数,其描述信息的内容由用户定义。

此外,在DICOM文件格式中也采用了与TIFF文件格式原理类似的标签(Tag),所有的数据都由一个标签引导,所有数据都打上标签(Tagged)。由于具有采用数据标签,支持所有医学成像设备的特点,使得DICOM格式的文件成为非常灵活和复杂的应用图像文件格式。

### 3.4.6 MPEG文件格式

MPEG(Moving Picture Experts Group,动态图像专家组)是国际标准化组织(ISO,International Standardization Organization)与国际电工委员会(IEC,International Electrotechnical Commission)于1988年成立的专门针对运动图像和语音压缩制定国际标准的组织。

MPEG标准主要有五个,即MPEG-1、MPEG-2、MPEG-4、MPEG-7及MPEG-21等。该专家组建于1988年,专门负责为CD建立视频和音频标准,而成员都是视频、音频及系统领域的技术专家。之后,他们成功将声音和影像的记录脱离了传统的模拟方式,建立了ISO/IEC11172压缩编码标准,并制定出MPEG-格式,令视听传播进入了数码化时代。因此,目前所说的MPEG-X版本,就是由ISO所制定和发布的视频、音频数据的压缩标准。

MPEG标准的视频压缩编码技术主要利用了具有运动补偿的帧间压缩编码技术,以减小时间冗余度,利用DCT技术以减小图像的空间冗余度,利用熵编码则在信息表示方面减小了统计冗余度。这几种技术的综合运用,大大增强了压缩性能。

## 3.5　图像质量评价

随着数字图像技术的发展,在图像处理领域,图像质量评价是其重要的分支,对图像工程的应用有着深远的意义,它也越来越受研究人员的重视,是图像信息学科的基础研究之一。对于图像处理或者图像通信系统,其信息的主体是图像,衡量这个系统的重要指标就是图像的质量。例如在图像编码中,在保持被编码图像一定质量的前提下,采用尽量少的码字来表示图像,以便节省信道和存储容量。而在增强图像过程中,图像可优化的程度由数字图像评价的结果来确定。再如图像复原,则用于补偿图像的降质,使复原后的图像尽可能接近原始图像质量,这都要求有一个合理、可靠的图像质量评价方法,因此在众多生产领域中,图像质量评价方法都有着重要的作用和需求。

图像质量直接取决于成像装备的光学性能、图像对比度、仪器噪声等多种因素的影响。图像质量的基本含义是指人们对一幅图像视觉感受的评价。人眼作为图像的最终接受者,图像的好坏最终需要人眼来评估,符合人眼视觉系统的图像质量评价方法主要包括两个方面,一个是图像的逼真度,即被评价图像与原标准图像的偏离程度;另一个是图像的可懂度,是指图像能向人或机器提供信息的能力。尽管最理想的情况是能够找出图像逼真度和图像可懂度的定量描述方法,以作为评价图像和设计图像系统的依据,但是由于人类视觉系统的高度复杂性,图像质量评价一直都是十分困难。可以说,迄今为止,还没有一种权威、系统和得到公认的评价体系和评价方法。图像质量评价的发展经历了一个从简单的主观评价到复杂的客观评价算法的过程。目前图像质量评价方法中,从是否依据人眼的主观判断的角度出发,可以将图像质量评价方法分为主观评价方法和客观评价方法。前者是指观察者通过自己的主观印象给图像进行质量评分,最终通过多名观察者的平均分数来得到图像的质量;而后者是指人不参与整个评价过程,用客观的评价指标对图像的质量进行自动评估,得出图像质量。

### 3.5.1　图像质量的主观评价

各种图像信息都是为人类服务的,图像质量的好坏也由人眼判断,因此图像质量评价方法的最终目标是评价结果与人的主观感受相一致。人通过眼睛根据自己的经验、审美观对图像进行主观评价。图像的主观评价就是以实验者的主观感知作为依据对图像的质量进行评价,然后对评分进行统计平均,得出评价的结果。这时评价出的图像质量与观察者的特性及观察条件等因素有关。

然而,主观评价方法有非常明显的三个缺点:

(1)不具备实时操作性,由于它是人为的参与,所以不能嵌入到机器之中,无法对图像视频系统进行实时评估。

(2)需要大量的人力物力,参与其中的测试人员最好是经过训练的,即便如此,人的行为会根据情绪而变化,人的观念是动态变化的,因此不具备可重复性。

(3)主观评价容易受周围环境所影响,如灯光、天气等客观因素。

图像质量的提高依赖于图像采集、处理、显示等设备质量的提高。同时,图像质量的评价可以应用于对这些设备质量的间接评估。但只有在当考虑到系统资源消耗和外界条件限制及同样的软硬件情况下,对设备进行评估才会有价值。而主观评价不会因技术而改变。从人的角度来解读一个图像的质量，主要包括两部分：第一，图像是否涵盖了我们所需要的信息；第二，是否满足了人们的视觉美感。这里所说的信息通常被视觉美感所影响，比如说从一副模糊的图像中根本就看不到任何的信息。由于人是一个富有情绪的物种，质量差的图像可能会给人带来痛苦的感受。

在对图像进行主观评价的实验中，样本的选择最为重要。只有提供的样本数量足够多时，才可以比较稳定、准确地对图像进行主观质量评价。如果样本的选择不为理想，那么几乎不能给予图像准确的主观质量评价。为保证主观评价在统计上有意义，选择观察者时既要考虑有未受过训练的"外行"观察者，又要考虑有对图像技术有一定经验的"内行观察者"。另外，参加评分的观察者至少要 20 名，测试条件还应考虑测试环境中的亮度、自然光的亮度等各种因素。

图像质量的主观评价方法又可分为两种评价计分方法，即国际上通行的 5 级评分的质量尺度和妨碍尺度，如表 3-4 所示，它是由观察者根据自己的经验，对被评价图像作出质量判断。在有些情况下，也可以提供一组标准图像作为参考，帮助观察者对图像质量作出合适的评价。一般来说，对非专业人员多采用质量尺度，对专业人员则使用妨碍尺度为宜。表 3-4 中的质量尺度是绝对质量尺度，还可以引申出一些相对质量尺度标准，比如：最好、偏好、中水平、偏差、最差等。

**两种尺度图像的 5 级评分** 表 3-4

| 尺度 | | 得分 | 尺度 | | 得分 |
|---|---|---|---|---|---|
| 妨碍尺度 | 无觉察 | 5 | 质量尺度 | 非常好 | 5 |
| | 刚觉察 | 4 | | 好 | 4 |
| | 觉察但不讨厌 | 3 | | 一般 | 3 |
| | 讨厌 | 2 | | 差 | 2 |
| | 难以观看 | 1 | | 非常差 | 1 |

主观评价方法烦琐、费时耗力，几乎不可能自动实现，因此也注定了此类方法在实际应用中不会受到广泛运用。同时，它很难被嵌入到图像、视频处理系统中，如电影制作、交通监控等。所以图像主观评价一般仅作为辅助评价方法之一，客观评价结果与其进行对比，作为客观评价方法的补充。

### 3.5.2 图像质量的客观评价

随着图像技术的提升，在避免主观质量评价方法不足的前提下，出现了一些具有优势的客观质量评价方法：不受测试者的背景影响，不受周围环境以及其他因素影响；模型容易建立，计算速度快，时间复杂度低，稳定性高以及操作简便。

图像质量的客观评价是指通过使用图像的指标来建立一个评价图像质量的数学模型，通常这些指标包含了图像的一种或多种特征值。其目的在于使得该模型对图像的客观评值符合人眼视觉系统对该图像评价的主观值。客观图像评价方法通常将测试图像的特征值与原始图像的特征值之间的差异作为依据来判断测试图像质量。依据对于原始图像的需求程度由强到弱，客观图像质量评价方法有以下三类：全参考图像质量评价、半参考图像质量评价、无参考图像质量评价。全参考的方法需要原始图像的全部信息；半参考则是指在对图像进行质量评价的过程中，其中的一些过程需要原始图像的部分信息；无参考的方法，不需要原始图像，通过计算图像的自身特征来对其质量进行评价。

传统图像质量的客观评价是指提出某个或某些定量参数和指标来描述图像质量。例如在图像压缩时，评价质量的定量参数可以选用解压缩图像对基准图的误差参数，比如常见的定量参数是方均误差 MSE 和峰值信噪比 PSNR。

$$\text{MSE} = \frac{1}{M \times N}\sum_{x}\sum_{y}[f_{\mathrm{r}}(x,y) - f(x,y)]^2 \tag{3-22}$$

$$\text{PSNR} = 10 \times \lg \frac{(f_{\max} - f_{\min})^2}{\text{MSE}} \tag{3-23}$$

式中：　$M$、$N$——分别对应图像的行数和列数；

$f(x,y)$、$f_{\mathrm{r}}(x,y)$——分别为原始图像和解压缩重建的图像；

$f_{\max}$、$f_{\min}$——分别对应图像灰度的最大值和最小值。

这两种算法的核心思想是通过对比测试图像与原始图像之间的差异，计算出所有像素点之间的差值，先求出其评分差，然后求和。MSE 的值越小，则说明该图像的质量越好；PSNR 则相反。由于这两种算法都需要原始图像的全部信息，所以这两种方法是全局的质量评价方法。另外，这两种方法是基于像素的，并没有考虑到图像的整体性，所以这两种方法通常只是图像质量评价的基础，或者说只是一个参照标准。

图像质量客观评价的另一种方法是采用测试卡。在测定电视的显示质量、数码相机和扫描仪的成像质量时，常用不同的标准测试卡来完成。例如在测定数码相机的分辨率时，通常用专业的标准分辨率测试卡进行照相，然后利用配套软件对测试卡图像进行观察和计算，可以测出数码相机分辨率（线数）。

客观评价的特点是采用客观指标和定量指标，操作简单，费用低，速度快，适用范围广，评价结果容易解析并嵌入到实验当中，评价结果原则上不受人为干预和影响。但是，由于目前的定量参数还不能或者不完全能反映人类视觉的本质，对图像质量的客观评价指标经常与视觉的评价有偏差，甚至有时结论完全相反。各种图像信息都是为人类服务的，图像质量的好坏也由人眼判断，因此图像质量评价方法的最终目标是评价结果与人的主观感受相一致。

目前，在国际电信联盟的视频质量专家组（VQEG，Video Quality Experts Group）的研究建议下，认为一个好的客观质量评价方法在与主观评价方法结合时应满足以下条件：

（1）评价结果要具备准确性，客评价值不能偏离主观值太多。

（2）算法要具有单调性，评价的结果会随着主观评价值的增加而增加，或者随之减小。

（3）良好的评价模型要具备一致性，评价的结果要够给不同内容的图像合理的质量评价，评价的准确性不会因内容的改变而改变，评价值只会与图像的质量值保持一致。

## 3.6 图像噪声

噪声可以理解为妨碍人们对所接收信息理解的因素。现实生活中，由于成像设备和外界环境的影响，图像在采集、传输和管理过程中常常受到噪声的干扰。图像一旦受到污染，进行处理的图像不再是原始图像，而是降质的噪声图像。这种噪声图像降低了人类视觉或传感器理解、分析的能力，对图像分割、图像压缩、识别等后续处理影响很大。对于一副灰度图像，经数字化后可用一个 $m \times n$ 大小的二维函数 $f(x,y)$ 表示，其中，$(x,y)$ 表示像素在原图中的坐标，$f(x,y)$ 表示该坐标像素的灰度值，其中，$x$、$y$ 和幅值 $f$ 是离散的。那么图像中干扰因素的亮度分布可表示为 $R(x,y)$，即可称为图像噪声。活动的黑白电视图像噪声可以表示为 $R(x,y,t)$，彩色电视图像噪声可以表示为 $R(x,y,t,\lambda)$。但是，噪声在理论上可以定义为“不可预测，只能用概率统计方法来认识的随机误差”，因此将图像噪声看成是多维随机过程是合适的，因而描述噪声的方法完全可以借用随机过程的描述，即用其概率分布函数和概率密度分布函数。但在很多情况下，这样描述是很复杂，甚至不可能的，而且往往也没必要。通常使用其数值特征，即均值方差、相关函数等，因为这些数值特征都可以从某些方面反映出噪声的特征。

噪声主要来源于图像数字化过程中的采集、传输、管理阶段，如图 3-6 所示。

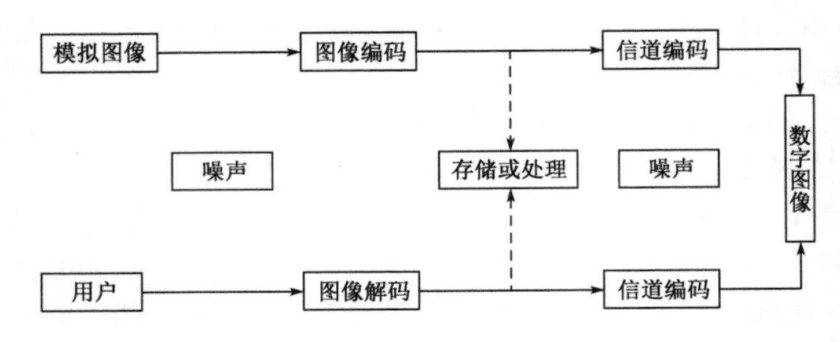


图 3-6　图像噪声的产生环节

(1)图像信息采集阶段：在图像采集阶段，系统传感器的状态受元件质量、工作环境等因素的影响。这个阶段的噪声主要为椒盐噪声和双极性噪声。

(2)图像信息传输阶段：在图像传输阶段，传输信道被干扰产生噪声。这个阶段常见的噪声有双极性噪声和高斯噪声。

(3)图像信息管理阶段：图像管理包括储存、删除、复制等。管理系统中由于元器件老化、电路自激、滤波不良等原因产生电阻热噪声、霰弹噪声以及 1/f 噪声。

目前大多数数字图像系统中，输入光图像都是采用先冻结再扫描方式将多维图像变成为电信号，再对其进行处理、存储、传输等加工变换，最后往往还要再组成多维图像信号。而图像噪声也同样受到这样的分解和合成，在这些过程中，电气系统和外界影响将使得图像噪声的精确分析变得十分复杂。另一方面，图像只是传输视觉信息的媒介，对图像信息的认识理解是由人的视觉系统所决定的。不同的图像噪声，不同的人感觉(理解)程度是不同的，这就是所谓的人的噪声视觉特性课题。所以现在还不能规定出确切的图像噪声干扰的客观指标，而只能进行一些主观评价研究。尽管如此，图像噪声在数字图像处理技术中的重要性已愈加明显，如高放大倍数航片的判读,X 射线图像系统中的噪声去除等都已成为不可缺少的技术。另外,其在图像系统的空间频率特性的某些性能测试、图像信息的伪装以及全息技术中都有一定的应用。

噪声对图像信号幅度和相位的影响十分复杂,有些噪声和图像信号相互独立、不相关,有些是相关的,噪声本身之间也可能相关。因此要减少图像中的噪声,必须针对具体情况采用不同方法,否则很难获得满意的处理效果。

一般图像处理中常见的噪声有:

(1)加性噪声

加性噪声和图像信号强度是不相关的。如图像在传输过程中引进的"信道噪声",电视摄像机扫描图像的噪声,这类带有噪声的图像 $g$ 可视为理想无噪声图像 $f$ 与噪声 $n$ 之和,即

$$g = f + n \tag{3-24}$$

(2)乘性噪声

乘性噪声和图像信号是相关的,往往随图像信号的变化而变化,如飞点扫描图像中的噪声、电视扫描光栅、胶片颗粒造成的噪声等,这类噪声和图像的关系是:

$$g = f + fn \tag{3-25}$$

(3)量化噪声

量化噪声是数字图像的主要噪声源,其大小显示出数字图像和原始图像的差异,减少这种噪声的最好办法就是采用按灰度级概率密度函数选择量化级的最优量化措施。

(4)椒盐噪声

此类噪声包含由图像切割引起的黑图像上的白点或者白图像上的黑点噪声,在变换域引入的误差,使图像反变换后造成的变换噪声等。

图像去噪的目的就是为了减少图像噪声。图像噪声来自于多方面,有的来自于系统外部干扰,如电磁波和经电源串进系统内部而引起的外部噪声;也有来自于系统内部的干扰,如摄像机的热噪声,电器机械运动而产生的抖动噪声等内部噪声。

减少噪声的方法可以在图像空间域或在图像变换域完成。

(1)图像空间域去噪方法是在局部空间域以图像的模糊为代价来换取噪声的减少。

(2)图像变换域去噪方法是对图像进行某种变换,将图像从空间域转换到变换域,再对变换域中的变换系数进行处理,然后进行反变换,将图像从变换域转换到空间域,来达到去除图像噪声的目的。

后续章节将针对以上方法详细阐述。

## 3.7　本章小结

图像数字化是数字图像处理的基础。本章介绍了图像的数字化过程,分类描述了图像数据结构和文件格式,同时对图像的主观和客观评价方法进行了详细分析。

## 习　题

1. 简述图像数字化的过程。
2. 常见的颜色空间有哪些？
3. 采样定理对模拟图像数字化的要求有哪些？
4. 常见的数字图像有哪些格式？如何评价图像质量？

# 第4章　图像变换

## 4.1　前言

图像变换是指将图像变换到其他空间，进而在其他空间对图像进行处理的过程，是许多图像预处理方法的重要基础。合理地使用图像变换，能够便于处理图像中的特定信息，使图像满足需求。这种利用变换后的空间来处理图像的方法称为基于变换域的方法，其中最常用的变换空间是频域空间。频域空间反映的是图像中所有像素在频域的性质，具有全局性，因而在频域处理图像能够更好地体现图像整体的特性。图像变换从空间域变换到频域的方法有很多，最常见的是线性正交变换，主要分为正弦类变换和非正弦类变换两大类。本章从这两大类别，以傅立叶变换、余弦变换、沃尔什和哈达玛变换为例，对常见的图像变换方法进行详细阐述。

## 4.2　傅立叶变换

1822年，法国数学家傅立叶(Fourier)指出，任何周期函数$f(t)$都可以由多个不同频率及系数的正弦和/或余弦和的形式来表示。甚至是非周期函数，在该曲线面积是有限的情况下，也可以用正弦和/或余弦和乘以加权的积分来表示。将周期函数$f(t)$分解为无穷多个不同频率正弦信号的和，即傅立叶级数。求解傅立叶级数的过程就是傅立叶变换。傅立叶变换实际上是将信号与一组$f(t)$不同频率的复正弦做内积，这一组复正弦是变换的基向量，傅立叶系数或傅立叶变换是$f(t)$在这一组基向量上的投影。用傅立叶级数或变换表示的函数的特征可以通过傅立叶反变换来重建，而且该过程具有不会丢失任何信息的优点。

在图像处理技术的发展过程中，傅立叶变换起着十分重要的作用。傅立叶变换是线性系统分析的一个有力工具，它能够定量地分析信号特征。把傅立叶变换的理论与物理解释相结合，将有利于解决大多数图像处理问题。傅立叶变换在图像处理中的应用十分广泛，如图像特征提取、频率域滤波、图像复原、纹理分析等。

### 4.2.1　图像二维傅立叶变换的基本概念

傅立叶变换在数学中的定义是非常严格的，它的定义如下：

设$x$为$f(x)$的函数，如果$f(x)$满足下面的狄里赫莱条件：

(1)具有有限个间隔点；

(2)具有有限个极点；

(3)绝对可积。

则定义$f(x)$的傅立叶变换公式为：

$$F(\mu) = \int_{-\infty}^{+\infty} f(x) e^{-j2\pi\mu x} dx \tag{4-1}$$

它的逆变换公式为：

$$f(x) = \int_{-\infty}^{+\infty} F(\mu) e^{j2\pi\mu x} d\mu \tag{4-2}$$

其中，$x$为时域变量；$\mu$为频域变量。如果再令$\omega = 2\pi\mu$，则上面两式可以写成：

$$F(\omega) = \int_{-\infty}^{+\infty} f(x) e^{-j\omega x} dx \tag{4-3}$$

$$f(x) = \int_{-\infty}^{+\infty} F(\mu) e^{j\omega x} d\mu = \frac{1}{2\pi}\int_{-\infty}^{+\infty} F(\mu) e^{j\omega x} d\omega \tag{4-4}$$

由上面公式可以看出，傅立叶变换结果是一个复数表达式。设$F(\mu)$的实部为$R(\omega)$，虚部为$I(\omega)$，则：

$$F(\omega) = R(\omega) + jI(\omega) \tag{4-5}$$

或者写成指数形式：

$$F(\omega) = |F(\omega)| e^{j\phi(\omega)} \tag{4-6}$$

其中：

$$|F(\omega)| = \sqrt{R^2(\omega) + I^2(\omega)} \tag{4-7}$$

$$\phi(\omega) = \arctan \frac{I(\omega)}{R(\omega)} \tag{4-8}$$

通常称$|F(\omega)|$为$f(x)$的傅立叶幅度谱，$\phi(\omega)$为$f(x)$的相位谱。傅立叶变换也可以推广到二维情况。如果二维函数$f(x,y)$满足狄里赫莱条件，那么它的二维傅立叶变换为：

$$F(\mu,v) = \int_{-\infty}^{+\infty}\int_{-\infty}^{+\infty} f(x,y) e^{-j2\pi(\mu x+vy)} dudv \tag{4-9}$$

$$f(x,y) = \int_{-\infty}^{+\infty}\int_{-\infty}^{+\infty} F(\mu,v) e^{j2\pi(\mu x+vy)} dxdy \tag{4-10}$$

同样，二维傅立叶变换的幅度谱和相位谱为：

$$|F(\mu,v)| = \sqrt{R^2(\mu,v) + I^2(\mu,v)} \tag{4-11}$$

$$\phi(\mu,v) = \arctan \frac{I(\mu,v)}{R(\mu,v)} \tag{4-12}$$

可以定义：

$$E(\mu,v) = R^2(\mu,v) + I^2(\mu,v) \tag{4-13}$$

通常称$E(\mu,v)$为能量谱。

### 4.2.2 图像二维离散傅立叶变换

为了在数字图像处理中应用傅立叶变换，必须引入离散傅立叶变换（DFT，Discrete Fourier Transform）的概念。它的数学定义如下：

如果$f(x)$为一个长度为$N$的数字序列，则其离散傅立叶变换$F(\mu)$为：

$$F(\mu) = \Im[f(x)] = \sum_{x=0}^{N-1} f(x) e^{-j\frac{2\pi\mu x}{N}} \tag{4-14}$$

离散傅立叶反变换为：

$$f(x) = \Im^{-1}[F(\mu)] = \frac{1}{N}\sum_{\mu=0}^{N-1}F(\mu)e^{j\frac{2\pi\mu x}{N}} \tag{4-15}$$

其中，$x=0,1,2,\cdots,N-1$。

如果令 $W=e^{j\frac{2\pi}{N}}$，那么上述公式变成：

$$F(\mu) = \Im[f(x)] = \sum_{x=0}^{N-1}f(x)e^{-j\frac{2\pi\mu x}{N}} = \sum_{x=0}^{N-1}f(x)W^{-\mu x} \tag{4-16}$$

$$f(x) = \Im^{-1}[F(\mu)] = \frac{1}{N}\sum_{\mu=0}^{N-1}F(\mu)e^{j\frac{2\pi\mu x}{N}} = \frac{1}{N}\sum_{\mu=0}^{N-1}F(\mu)W^{\mu x} \tag{4-17}$$

式(4-16)写成矩阵形式为：

$$\begin{bmatrix} F(0) \\ F(1) \\ \vdots \\ F(N-1) \end{bmatrix} = \begin{bmatrix} W^0 & W^0 & W^0 & W^0 & W^0 \\ W^0 & W^{1\times1} & W^{2\times1} & \cdots & W^{(N-1)\times1} \\ \vdots & \vdots & \vdots & & \vdots \\ W^0 & W^{1\times(N-1)} & W^{2\times(N-1)} & \cdots & W^{(N-1)\times(N-1)} \end{bmatrix} \begin{bmatrix} f(0) \\ f(1) \\ \vdots \\ f(N-1) \end{bmatrix} \tag{4-18}$$

式(4-17)写成矩阵形式为：

$$\begin{bmatrix} f(0) \\ f(1) \\ \vdots \\ f(N-1) \end{bmatrix} = \frac{1}{N}\begin{bmatrix} W^0 & W^0 & W^0 & \cdots & W^0 \\ W^0 & W^{-1\times1} & W^{-2\times1} & \cdots & W^{-(N-1)\times1} \\ \vdots & \vdots & \vdots & & \vdots \\ W^0 & W^{-1\times(N-1)} & W^{-2\times(N-1)} & \cdots & W^{-(N-1)\times(N-1)} \end{bmatrix} \begin{bmatrix} F(0) \\ F(1) \\ \vdots \\ F(N-1) \end{bmatrix} \tag{4-19}$$

同理，二维离散函数 $f(x,y)$ 的傅立叶变换为：

$$F(\mu,v) = \Im[f(x,y)] = \sum_{x=0}^{M-1}\sum_{y=0}^{N-1}f(x,y)e^{-j2\pi\left(\frac{\mu x}{M}+\frac{vy}{N}\right)} \tag{4-20}$$

傅立叶反变换为：

$$f(x,y) = \Im^{-1}[F(\mu,v)] = \frac{1}{MN}\sum_{\mu=0}^{M-1}\sum_{v=0}^{N-1}F(\mu,v)e^{j2\pi\left(\frac{\mu x}{M}+\frac{vy}{N}\right)} \tag{4-21}$$

其中，$x=0,1,2,\cdots,M-1$；$y=0,1,2,\cdots,N-1$。

在数字图像处理中，图像取样一般是方阵，即 $M=N$，则二维离散傅立叶变换公式为：

$$F(\mu,v) = \Im[f(x,y)] = \sum_{x=0}^{N-1}\sum_{y=0}^{N-1}f(x,y)e^{-j2\pi\left(\frac{\mu x+vy}{N}\right)} \tag{4-22}$$

$$f(x,y) = \Im^{-1}[F(\mu,v)] = \frac{1}{N^2}\sum_{\mu=0}^{N-1}\sum_{v=0}^{N-1}F(\mu,v)e^{j2\pi\left(\frac{\mu x+vy}{N}\right)} \tag{4-23}$$

### 4.2.3 图像二维离散傅立叶变换的性质

离散傅立叶变换和连续傅立叶变换的性质相似，图像二维离散傅立叶变换的很多重要性质，为运算处理提供了方便。下面将介绍一些重要的二维离散傅立叶变换的重要性质。

1. 可分性

观察式(4-22)和式(4-23)可以发现，二维离散傅立叶正反变换的指数项可以分为只含 $\mu$，$x$ 和 $v$，$y$ 的两项的积，也就是说，一个二维离散傅立叶变换可以通过先后两次运用一维傅立叶变换来实现，即先沿 $f(x,y)$ 的列方向求一维离散傅立叶变换得到 $F(x,v)$，再对 $F(x,v)$ 沿行的方向求一维离散傅立叶变换得到 $F(\mu,v)$：

$$F(\mu,v)=\Im_y\{\Im_x[f(x,y)]\} \tag{4-24}$$

这个过程可以用图 4-1 表示。

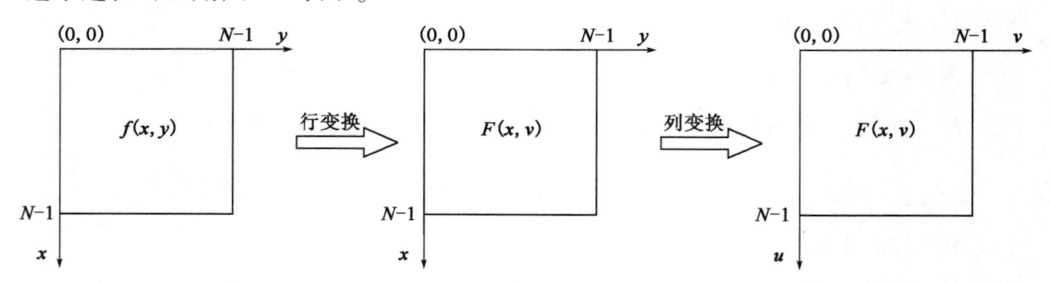


图 4-1　二维离散傅立叶变换的分离过程

二维离散傅立叶反变换的分离过程与正变换的分离过程相似。

2. 平移性

离散傅立叶变换的平移特性如下：

$$\Im[f(x-x_0,y-y_0)]=F(\mu,v)\mathrm{e}^{-j2\pi\left(\frac{\mu x_0}{M}+\frac{vy_0}{N}\right)} \tag{4-25}$$

$$\Im[f(x,y)\mathrm{e}^{j2\pi\left(\frac{\mu_0 x}{M}+\frac{v_0 y}{N}\right)}]=F(\mu-\mu_0,v-v_0) \tag{4-26}$$

式(4-25)与式(4-26)表明，如果在空间域中图像平移到点($x_0$，$y_0$)处，则其对应的傅立叶变换要乘上一个系数 $\mathrm{e}^{-j2\pi\left(\frac{\mu x_0}{M}+\frac{vy_0}{N}\right)}$，即表明空间域中图像的平移对应于频域中的相移，其傅立叶的幅值不变(因为 $\mathrm{e}^{-j2\pi\left(\frac{\mu x_0}{M}+\frac{vy_0}{N}\right)}$的幅值为 1)。

在数字图像处理中，通常将傅立叶变换频域谱的原点移动到矩阵 $M\times N$ 的中心，以便能清楚地分析傅立叶变换谱的情况。假设

$$\begin{cases}\mu_0=\dfrac{M}{2}\\[2ex] v_0=\dfrac{N}{2}\end{cases}$$

则 $\mathrm{e}^{j2\pi\left(\frac{\mu_0 x}{M}+\frac{v_0 y}{N}\right)}=\mathrm{e}^{j\pi(x+y)}=(-1)^{x+y}$。

由式(4-26)可得：

$$\Im[f(x,y)(-1)^{x+y}]=F\left(\mu-\frac{M}{2},v-\frac{N}{2}\right) \tag{4-27}$$

式(4-27)表明，如果要将图像的频谱原点移动到图像中心，只要将 $f(x,y)$ 乘上因子 $(-1)^{x+y}$再进行离散傅立叶变换即可。图 4-2 为图像频谱移动示意图。

3. 周期性

离散傅立叶变换具有周期性：

$$F(\mu,v)=F(\mu+aN,v+bN) \tag{4-28}$$

$$f(x,y) = f(x + aN, y + bN) \tag{4-29}$$

其中，$a,b = 0, \pm 1, \pm 2, \pm 3, \cdots$。

离散傅立叶变换的周期性说明离散函数$f(x,y)$经过正变换后得到的$F(\mu,v)$［或者$F(\mu,v)$通过反变换得到的$f(x,y)$］都是以$N$为周期的离散函数。

a)原图

b)无平移的傅立叶频谱

c)平移后的傅立叶频谱

图4-2　图像频谱移动示意图

4. 共轭性

如果离散函数$f(x,y)$的傅立叶变换为$F^*(-\mu,-v)$为$f(-x,-y)$离散傅立叶变换的共轭函数，那么：

$$F(\mu,v) = F^*(-\mu,-v) \tag{4-30}$$

$$|F(\mu,v)| = |F(-\mu,-v)| \tag{4-31}$$

离散傅立叶变换的共轭性说明离散函数$f(x,y)$经过正变换后得到的$F(\mu,v)$是以原点为中心对称的。通过共轭性，只要求出半个周期内的值就可以得到整个周期的值。

5. 旋转特性

如果空间域离散函数旋转角度为$\theta_0$，则在变换域中该离散函数的离散傅立叶变换函数也将旋转同样的角度。其数学表达式如下：

$$\Im[f(r,\theta + \theta_0)] = F(k,\phi + \theta_0) \tag{4-32}$$

离散傅立叶变换的旋转特性如图4-3和图4-4所示。

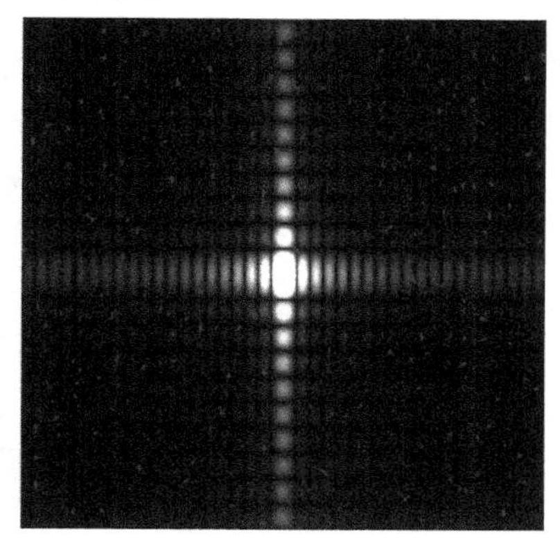

图4-3　原始图像及其傅立叶频谱

图 4-4　旋转 45°后的图像及其傅立叶频谱

6. 对称性

如果离散函数 $f(x,y)$ 的离散傅立叶变换为 $F(\mu,v)$，那么：

$$\Im[F(x,y)] = MN \cdot f(-\mu, -v) \tag{4-33}$$

7. 比例变换特性

如果离散函数 $f(x,y)$ 的离散傅立叶变换为 $F(\mu,v)$，$\alpha$ 和 $\beta$ 为两个标量，那么：

$$\Im[\alpha f(x,y)] = \alpha F(\mu,v) \tag{4-34}$$

$$\Im[f(\alpha x,\beta y)] = \frac{1}{|\alpha\beta|}F\left(\frac{\mu}{\alpha},\frac{v}{\beta}\right) \tag{4-35}$$

### 4.2.4　快速傅立叶变换

随着计算机技术和数字电路的迅速发展，离散傅立叶变换已经成为数字信号处理和图像处理的一种重要的手段。然而，离散傅立叶变换计算量太大，运算时间过长，在某种程度上限制了其应用。按照式(4-14)，计算一个长度为 $N$ 的一维离散傅立叶变换，对 $\mu$ 的每一个值需要做 $N$ 次复数乘法和 $(N-1)$ 次复数加法。那么，对 $N$ 个 $\mu$，则需要 $N^2$ 次复数乘法和 $N(N-1)\approx N^2$ 次复数加法。很显然，当 $N$ 很大时，计算量是十分巨大的。

1965 年，库里(Cooly)和图基(Tukey)首先提出一种快速傅立叶变换(FFT)算法，采用该算法进行离散傅立叶变换，复数乘法和加法次数正比于 $N\log_2 N$，这在 $N$ 很大时计算量也会大大减少，如表 4-1 所示。

**FFT 算法与普通傅立叶变换算法的对比**　　表 4-1

| $N$ | $N^2$(普通 FT) | $N\log_2 N$(FFT) | $N/\log_2 N$ |
|---|---|---|---|
| 2 | 4 | 2 | 2.0 |
| 4 | 16 | 8 | 2.0 |
| 8 | 64 | 24 | 2.7 |
| 16 | 256 | 64 | 4.0 |
| 32 | 1024 | 160 | 6.4 |
| 64 | 4096 | 384 | 10.7 |

续上表

| $N$ | $N^2$(普通 FT) | $N\log_2 N$(FFT) | $N/\log_2 N$ |
|---|---|---|---|
| 128 | 16384 | 896 | 18.3 |
| 256 | 65536 | 2048 | 32.0 |
| 512 | 262144 | 4608 | 56.9 |
| 1024 | 1048576 | 10240 | 102.4 |
| 2048 | 4194304 | 22528 | 186.2 |

由表4-1可见,采用FFT可以减少运算量,图像越大,减少的运算量越多。对于长为1024的离散序列,用普通的离散傅立叶变换往往要计算几十分钟,而采用FFT则只要几十秒。

快速傅立叶变换不是一种新的变换,它只是离散傅立叶变换的一种改进算法。它分析了离散傅立叶变换中重复的计算量,并尽最大的可能使之减少,从而达到快速计算的目的。由于二维离散傅立叶变换可以分离成一维离散傅立叶变换来实现,因此这里只介绍一维离散傅立叶变换的快速算法。

对$N$点序列$f(n)$,其一维离散傅立叶变换的定义为:

$$\begin{cases} F(u) = \dfrac{1}{N}\sum_{n=0}^{N-1} f(n) W_N^{nu} & u = 0,1,\cdots,N-1;W_N = e^{-j\frac{2\pi}{N}} \\ f(n) = \sum_{u=0}^{N-1} F(u) W_N^{-nu} & n = 0,1,\cdots,N-1 \end{cases} \tag{4-36}$$

令矩阵

$$\boldsymbol{W}_N = [W^{nu}] = \begin{bmatrix} W^0 & W^0 & W^0 & \cdots & W^0 \\ W^0 & W^1 & W^2 & \cdots & W^{N-1} \\ W^0 & W^2 & W^4 & \cdots & W^{2(N-1)} \\ \vdots & \vdots & \vdots & & \vdots \\ W^0 & W^{N-1} & W^{2(N-1)} & \cdots & W^{(N-1)(N-1)} \end{bmatrix} \tag{4-37}$$

则一维离散傅立叶变换可以用矩阵表达式(4-38)来表示。

$$\begin{bmatrix} F(0) \\ F(1) \\ F(2) \\ \vdots \\ F(N-1) \end{bmatrix} = \begin{bmatrix} W^0 & W^0 & W^0 & \cdots & W^0 \\ W^0 & W^1 & W^2 & \cdots & W^{N-1} \\ W^0 & W^2 & W^4 & \cdots & W^{2(N-1)} \\ \vdots & \vdots & \vdots & & \vdots \\ W^0 & W^{N-1} & W^{2(N-1)} & \cdots & W^{(N-1)(N-1)} \end{bmatrix} \begin{bmatrix} f(0) \\ f(1) \\ f(2) \\ \vdots \\ f(N-1) \end{bmatrix} \tag{4-38}$$

观察系数矩阵式(4-37),并结合$W$的定义表达式$W = e^{\frac{2\pi}{N}}$,可以发现系数$W^{m\times n}$以$N$为周期。这样,系数矩阵中有很多系数是相同的,不必进行多次运算。而且由于$W^{\frac{N}{2}} = e^{j\frac{2\pi}{N}\times\frac{N}{2}} = -1$,因此$W^{m\times n+\frac{N}{2}} = W^{m\times n} \times W^{\frac{N}{2}} = -W^{m\times n}$,即$W^{m\times n}$又具有对称性,因而利用$W^{m\times n}$的对称性可以进一步减少计算量。

例如,对于$N=4$,系数矩阵为:

$$\begin{bmatrix} W^0 & W^0 & W^0 & W^0 \\ W^0 & W^1 & W^2 & W^3 \\ W^0 & W^2 & W^4 & W^6 \\ W^0 & W^3 & W^6 & W^9 \end{bmatrix}$$

由 $W^{m\times n}$ 的周期性可以得出：$W^4=W^0, W^6=W^2, W^9=W^1$；由于 $W^{m\times n}$ 的对称性可以得出：$W^3=-W^1, W^2=-W^0$。因此，系数矩阵可以转化为：

$$\begin{bmatrix} W^0 & W^0 & W^0 & W^0 \\ W^0 & W^1 & -W^0 & -W^1 \\ W^0 & -W^0 & W^0 & -W^0 \\ W^0 & -W^1 & -W^0 & W^1 \end{bmatrix}$$

可见，系数矩阵中元素重复是很多的，如果把序列分解成若干短序列，并与系数矩阵元素巧妙地结合起来计算离散傅立叶变换，可以简化运算，这就是 FFT 的基本思路。

设 $N=2^{\beta}$（$\beta$ 为整数），下面按照奇偶来将序列 $x(n)$ 进行划分，设

$$\begin{cases} g(n) = x(2n) \\ h(n) = x(2n+1) \end{cases}$$

其中$\left(n=0,1,2,3,\cdots,\dfrac{N}{2}-1\right)$，因此离散傅立叶变换可以改写成下面的形式：

$$\begin{aligned} X(m) &= \sum_{n=0}^{N-1} x(n)\cdot W_N^{mn} \\ &= \sum_{n=0}^{\frac{N}{2}-1} g(n)\cdot W_N^{mn} + \sum_{n=0}^{\frac{N}{2}-1} h(n)\cdot W_N^{mn} \\ &= \sum_{n=0}^{\frac{N}{2}-1} x(2n)\cdot W_N^{m(2n)} + \sum_{n=0}^{\frac{N}{2}-1} x(2n+1)\cdot W_N^{m(2n+1)} \\ &= \sum_{n=0}^{\frac{N}{2}-1} x(2n)\cdot W_{\frac{N}{2}}^{mn} + \sum_{n=0}^{\frac{N}{2}-1} x(2n+1)\cdot W_{\frac{N}{2}}^{mn}\cdot W_N^{m} \\ &= G(m) + W_N^m\cdot H(m) \end{aligned} \tag{4-39}$$

因此，一个求 $N$ 点的 DFT 可以被转换成两个求$\dfrac{N}{2}$点的 DFT。以 $N=8$ 的 DFT 为例，利用式(4-39)可得：

$$\begin{cases} X(0) = G(0) + W_8^0\cdot H(0) \\ X(1) = G(1) + W_8^1\cdot H(1) \\ X(2) = G(2) + W_8^2\cdot H(2) \\ X(3) = G(3) + W_8^3\cdot H(3) \\ X(4) = G(4) + W_8^4\cdot H(4) \\ X(5) = G(5) + W_8^5\cdot H(5) \\ X(6) = G(6) + W_8^6\cdot H(6) \\ X(7) = G(7) + W_8^7\cdot H(7) \end{cases} \tag{4-40}$$

由于 $G(m)$ 和 $H(m)$ 都是4点的DFT,所以它们均以4为周期。因此 $G(m+4)=G(m)$,$H(m+4)=H(m)$。再加上 $W_8^m$ 的对称性,$W_8^{m+4}=-W_8^m(m=0,1,2,3)$,因此式(4-40)可以写为:

$$\begin{cases} X(0)=G(0)+W_8^0\cdot H(0) \\ X(1)=G(1)+W_8^1\cdot H(1) \\ X(2)=G(2)+W_8^2\cdot H(2) \\ X(3)=G(3)+W_8^3\cdot H(3) \\ X(4)=G(0)+W_8^0\cdot H(0) \\ X(5)=G(1)+W_8^1\cdot H(1) \\ X(6)=G(2)+W_8^2\cdot H(2) \\ X(7)=G(3)+W_8^3\cdot H(3) \end{cases} \tag{4-41}$$

如图4-5所示,定义由 $G(1)$、$H(1)$、$X(1)$ 和 $X(5)$ 所构成的结构为蝶形运算,它的左方两个节点为输入节点,代表输入数值;右方两个节点为输出节点,表示输入数值的叠加。运算由左向右进行,线旁的 $W_8^1$ 和 $-W_8^1$ 为加权系数。

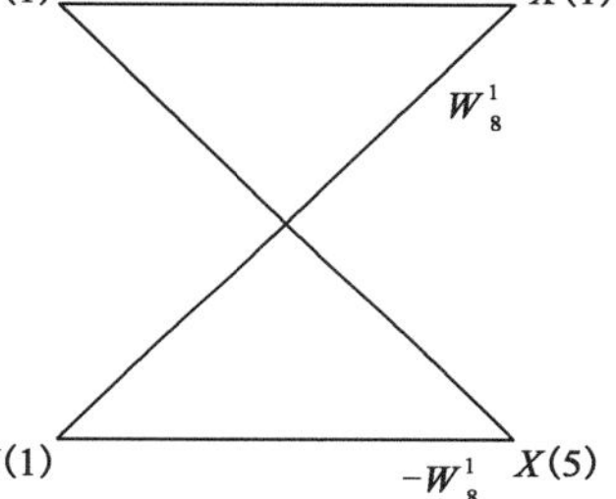

图4-5　蝶形运算单元

图4-5表示的运算为:

$$X(1)=G(1)+W_8^1\cdot H(1)$$
$$X(5)=G(1)-W_8^1\cdot H(1)$$

$G(m)$ 和 $H(m)$ 都是4点的DFT,如果对它们再按照奇偶进行分组:

$$\begin{cases} a(n)=g(2n) \\ b(n)=g(2n+1) \end{cases} \qquad \left(n=0,1,2,3,\cdots,\frac{N}{4}-1\right)$$

$$\begin{cases} c(n)=h(2n) \\ d(n)=h(2n+1) \end{cases} \qquad \left(n=0,1,2,3,\cdots,\frac{N}{4}-1\right)$$

这样,式(4-41)就可以用蝶形运算单元来表示,如图4-6所示。

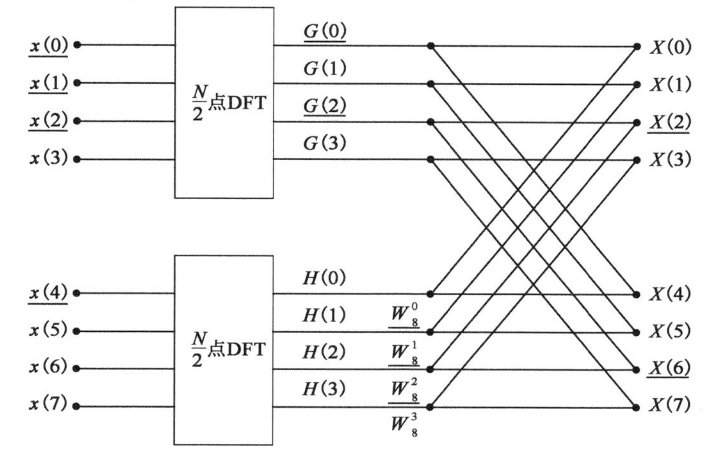

图4-6　蝶形运算单元

则：

$$\begin{aligned}
G(m) &= \sum_{n=0}^{\frac{N}{2}-1} g(n) \cdot W_{\frac{N}{2}}^{mn} \\
&= \sum_{n=0}^{\frac{N}{4}-1} g(2n) \cdot W_{\frac{N}{2}}^{2mn} + \sum_{n=0}^{\frac{N}{4}-1} g(2n+1) \cdot W_{\frac{N}{2}}^{m(2n+1)} \\
&= \sum_{n=0}^{\frac{N}{4}-1} a(n) \cdot W_{\frac{N}{4}}^{mn} + \sum_{n=0}^{\frac{N}{4}-1} b(n) \cdot W_{\frac{N}{4}}^{mn} \cdot W_{\frac{N}{2}}^{m} \\
&= A(m) + W_N^{2m} \cdot B(m)
\end{aligned} \tag{4-42}$$

同理：

$$H(m) = C(m) + W_N^{2m} \cdot D(m) \tag{4-43}$$

因设 $N=8$，故 $A(m)$、$B(m)$、$C(m)$ 和 $D(m)$ 都是两点的 DFT，它们与 $G(m)$ 和 $H(m)$ 的关系为：

$$\begin{cases}
G(0) = A(0) + W_8^0 \cdot B(0) \\
G(1) = A(1) + W_8^2 \cdot B(1) \\
G(2) = A(0) - W_8^0 \cdot B(2) \\
G(3) = A(1) - W_8^2 \cdot B(3)
\end{cases}$$

$$\begin{cases}
H(0) = C(0) + W_8^0 \cdot D(0) \\
H(1) = C(1) + W_8^2 \cdot D(1) \\
H(2) = C(0) - W_8^0 \cdot D(2) \\
H(3) = C(1) - W_8^2 \cdot D(3)
\end{cases}$$

至此，$A(m)$、$B(m)$、$C(m)$ 和 $D(m)$ 都是两点的 DFT，它们可以由原始数据 $x(n)$ 直接求出。计算公式如下：

$$\begin{cases}
A(0) = x(0) + W_8^0 \cdot x(4) \\
A(1) = x(0) - W_8^0 \cdot x(4)
\end{cases}$$

$$\begin{cases}
B(0) = x(2) + W_8^0 \cdot x(6) \\
B(1) = x(2) - W_8^0 \cdot x(6)
\end{cases}$$

$$\begin{cases}
C(0) = x(1) + W_8^0 \cdot x(5) \\
C(1) = x(1) - W_8^0 \cdot x(5)
\end{cases}$$

$$\begin{cases}
D(0) = x(3) + W_8^0 \cdot x(7) \\
D(1) = x(3) - W_8^0 \cdot x(7)
\end{cases}$$

综上所述，8 点 DFT 的完整蝶形逐级分解框图如图 4-7 所示。

由图 4-7 可见，蝶形流程图的输出序列 $X(m)$ 是按照 $m$ 从小到大的顺序排列的，而输入序列 $x(n)$ 不是按从小到大的顺序，而是按照码位倒序而排列的。

如果把自然顺序的十进制数转换成二进制数，然后将这些二进制的首末位倒序再重新转换成十进制数，那么这时的十进制数的排列就是码位倒序排列。$N=8$ 的自然顺序与码位倒序的比较如表 4-2 所示。

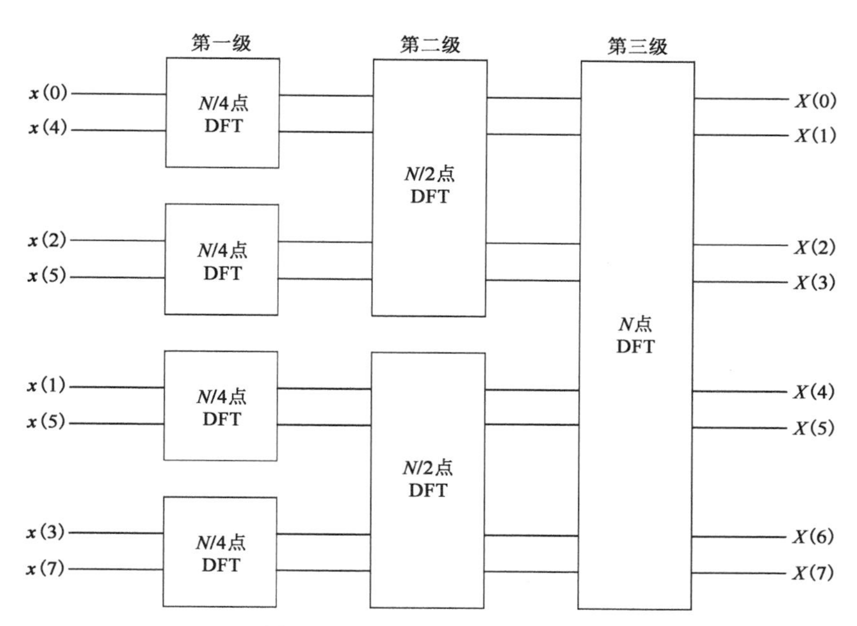


图 4-7 8 点 DFT 逐级分解运算框图

**自然顺序与码位倒序**（$N=8$） 表 4-2

| 十 进 制 数 | 二 进 制 数 | 二进制数的码位倒序 | 码位倒序后的十进制数 |
|---|---|---|---|
| 0 | 000 | 000 | 0 |
| 1 | 001 | 100 | 4 |
| 2 | 010 | 010 | 2 |
| 3 | 011 | 110 | 6 |
| 4 | 100 | 001 | 1 |
| 5 | 101 | 101 | 5 |
| 6 | 110 | 011 | 3 |
| 7 | 111 | 111 | 7 |

码位倒序的排列规律是由 FFT 算法所决定的，如果输入要求按照自然顺序排列，则输出就必然为码位倒序排列。

以上介绍的 FFT 算法是把时间序列 $x(n)$ 按照 $n$ 的奇偶进行分组计算的，又称为按时间分组的 FFT 算法。如果将频率序列 $X(m)$ 按照 $m$ 的奇偶进行分组分解再来计算，则称为按照频率分组的 FFT 算法。两者推导过程相似，计算量相当，仅仅是算法结构不同而已。如果 $N$ 不是 2 的整数次幂，此时其 FFT 算法比较复杂，这里则不再介绍。

### 4.2.5 快速傅立叶变换的实现

本节将结合上述理论给出具体的实现方法，包括 Matlab 的仿真实现以及基于 C 语言的适用于 DM642 系统的具体代码，以便读者深入了解锐化的基本概念及其特点，掌握其实现方法。

1. Matlab 仿真

(1)傅立叶变换平移性

①M 文件程序清单

```
f = zeros(512,512);
f(206:305,236:275) = 1;
figure(1);
imshow(f);  % 图像定义
title('原始图像');
F = fftshift(abs(fft2(f)));
figure(2);
imshow(F,[-1,5]);
title('原始图像的傅立叶变换频谱');
f = zeros(512,512);
f(206:305,300:339) = 1;
figure(3);
imshow(f);
title('X 轴方向移动后的图像');
F = fftshift(abs(fft2(f)));
figure(4)
imshow(F,[-1,5]);
title('X 轴方向移动后的傅立叶变换频谱');
```

②仿真结果

③仿真结果分析

仿真结果如图 4-8 所示,设图像在空间城表示为 $f(x,y)$,在频域表示为 $F(x,y)$,对比图 4-8a)和 b),可以发现在空间域 $f(x,y)$ 向右平移后,在频域的 $F(x,y)$ 的幅值并没有发生改变,如 4.2.3 节中所述,平移不改变傅立叶变换的幅值。

(2)傅立叶变换旋转性

①M 文件程序清单

```
f = zeros(512,512);
f(206:305,236:275) = 1;
figure(1);
imshow(f);  % 图像定义
title('原始图像');
F = fftshift(abs(fft2(f)));
figure(2);
imshow(F,[-1,5]);
title('原始图像的傅立叶变换频谱');
f = zeros(512,512);
```

```
f(206:305,236:275) =1;
f = imrotate(f,45,'bilinear','crop');
figure(3);
imshow(f);
title('图像正向旋转45°');
F = fftshift(abs(fft2(f)));
figure(4);
imshow(F,[-1,5]);
title('图像旋转45°后的傅立叶变换频谱');
```

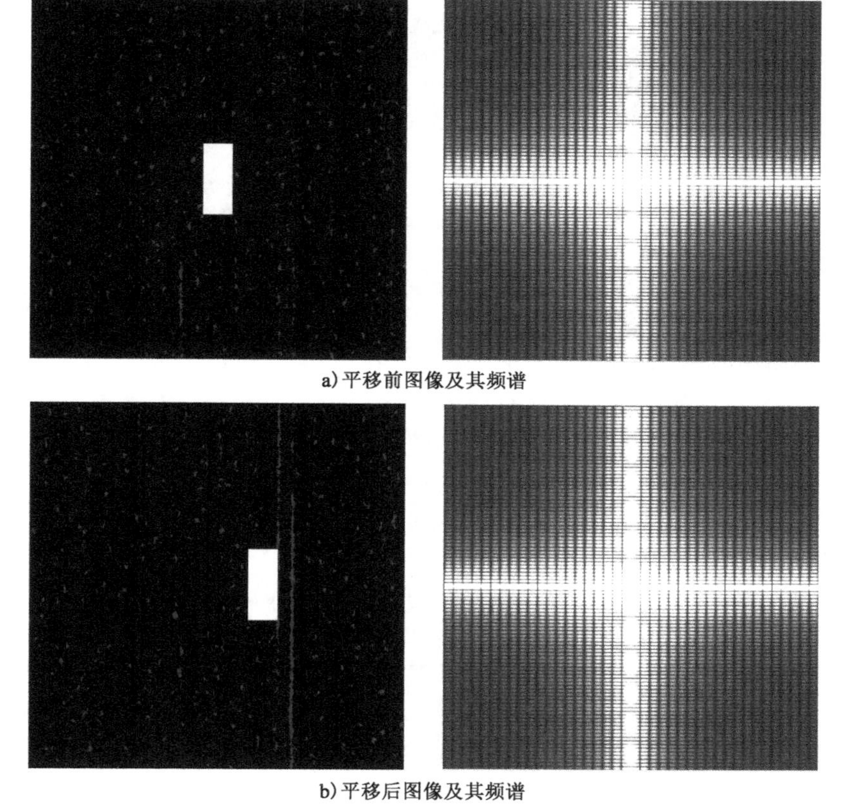

a)平移前图像及其频谱

b)平移后图像及其频谱

图4-8　仿真结果

②仿真结果

③仿真结果分析

设图像在空间域表示为$f(x,y)$,在频域表示为$F(x,y)$,对比图4-9a)和b),可以发现在空间域$f(x,y)$逆时针旋转45°后,在频域$F(x,y)$也同样逆时针旋转了45°,如4.2.3节所述,如果图像本身在空间域上旋转,则其二维离散傅立叶变换在频域上也会旋转,而且旋转的角度相同。

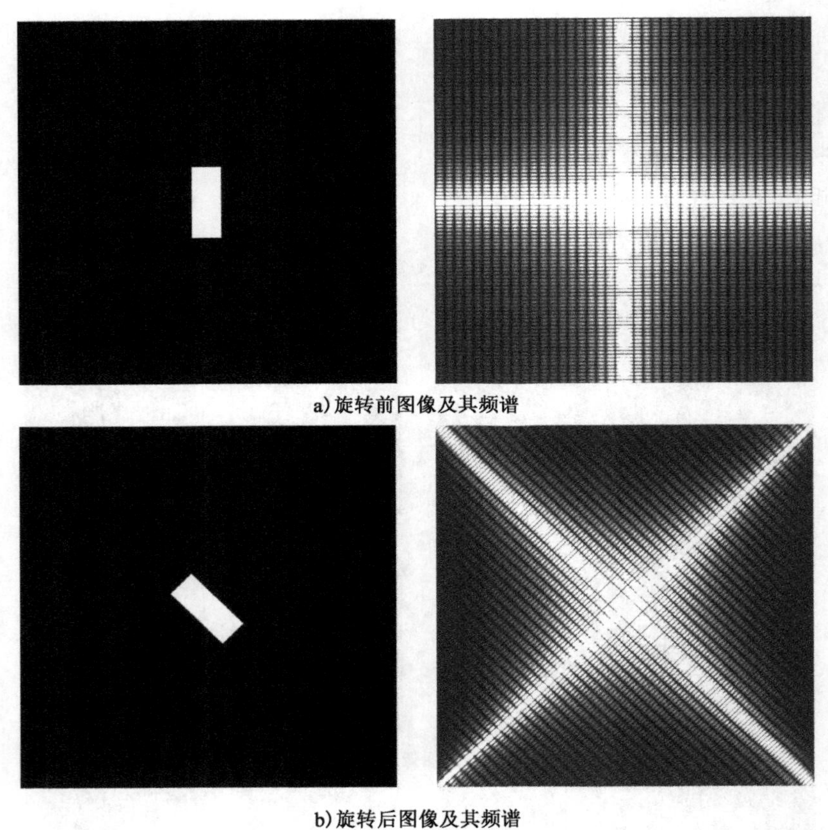

a)旋转前图像及其频谱

b)旋转后图像及其频谱

图4-9 仿真结果

2. 基于DM642系统的程序

TMS320DM642是TI公司C6000系列DSP中的定点DSP,在数字视频/图像处理等领域被广泛应用,常应用C语言进行开发,由于其运行速度快且具有极强的运算能力,所以适用于各种图像处理算法的实现。本书结合DM642系统给出图像傅立叶变换算法的C语言实现。

(1)二维傅立叶变换及其逆变换DM642程序清单

```
#include < stdio. h >
#include < stdlib. h >
#include < math. h >
#define pi   3. 1415
#define Width   512
#define Height 350
void ReadImage( char * cFileName) ;
void bmpDataPart( FILE *  fpbmp) ;
void fft( ) ;
```

```
void ifft();
#pragma DATA_SECTION(input,".my_sect")
#pragma DATA_SECTION(fdout,".my_sect")
#pragma DATA_SECTION(tdout,".my_sect")
#pragma DATA_SECTION(fd_re,".my_sect")
#pragma DATA_SECTION(fd_im,".my_sect")
#pragma DATA_SECTION(td_re,".my_sect")
#pragma DATA_SECTION(td_im,".my_sect")
#pragma DATA_SECTION(wx1_re,".my_sect")
#pragma DATA_SECTION(wx1_im,".my_sect")
#pragma DATA_SECTION(wx2_re,".my_sect")
#pragma DATA_SECTION(wx2_im,".my_sect")
#pragma DATA_SECTION(wco_re,".my_sect")
#pragma DATA_SECTION(wco_im,".my_sect")
#pragma DATA_SECTION(hx1_re,".my_sect")
#pragma DATA_SECTION(hx1_im,".my_sect")
#pragma DATA_SECTION(hx2_re,".my_sect")
#pragma DATA_SECTION(hx2_im,".my_sect")
#pragma DATA_SECTION(hco_re,".my_sect")
#pragma DATA_SECTION(hco_im,".my_sect")
unsigned char input[Height][Width];
unsigned char fdout[Height][Width];
unsigned char tdout[Height][Width];
double fd_re[Height][Width];
double fd_im[Height][Width];
double td_re[Height][Width];
double td_im[Height][Width];
double wx1_re[Width];
double wx1_im[Width];
double wx2_re[Width];
double wx2_im[Width];
double wco_re[Width];
double wco_im[Width];
double hx1_re[Height];
double hx1_im[Height];
double hx2_re[Height];
double hx2_im[Height];
double hco_re[Height];
```

```
double hco_im[Height];
void main()
{
    ReadImage("G:\cargray512.bmp");
    fft();
    ifft();
    while (1);
}
void ReadImage(char *cFileName)
{
   FILE *fp;
      if ( fp=fopen(cFileName,"rb") )
      {
         bmpDataPart(fp);
            fclose(fp);
      }
}
void bmpDataPart(FILE* fpbmp)
{
   int i, j=0;
   unsigned char* pix=NULL;
   fseek(fpbmp, 1078L, SEEK_SET);
   pix=(unsigned char*)malloc(Width);
   for(j=0;j<Height;j++)
   {
      fread(pix, 1, Width , fpbmp);
         for(i=0;i<Width;i++)
         {
            input[Height-1-j][i]      =pix[i];
         }
   }
}
void fft()
{
   int i,j;
   int w,h;
   int wp,hp;
   int a,b,c;
```

```
int p,bfsize;
double angle;
double dtemp;
double x_re,x_im;
double ta,tb,tc,td;
unsigned char temp;
w=1;
h=1;
wp=0;
hp=0;
while(2*w <= Width)
{
  w*=2;
  wp++;
}
while(2*h <= Height)
{
  h*=2;
  hp++;
}
for(i=0;i<h;i++)//沿x轴进行快速傅立叶变换
{
  for(j=0;j<w;j++)
  {
    temp=input[i][j];
    wx1_re[j]=(double)(temp);
    wx1_im[j]=0;
  }
  for(j=0;j<(Width/2);j++)
  {
    angle=-j*pi*2/Width;
    wco_re[j]=cos(angle);
    wco_im[j]=sin(angle);
  }
  for(a=0;a<wp;a++)
  {
    for(b=0;b<(1<<a);b++)
    {
```

```
            bfsize = 1 < < ( wp - a) ;
            for( c = 0;c < ( bfsize/2) ;c + + )
            {
                p = b * bfsize;
                wx2_re[ c + p] = wx1_re[ c + p]  +  wx1_re[ c + p + bfsize/2] ;
                wx2_im[ c + p] = wx1_im[ c + p]  +  wx1_im[ c + p + bfsize/2] ;
                ta = wx1_re[ c + p]  -  wx1_re[ c + p + bfsize/2] ;
                tb = wx1_im[ c + p]  -  wx1_im[ c + p + bfsize/2] ;
                tc = wco_re[ c * (1 < < a) ] ;
                td = wco_im[ c * (1 < < a) ] ;
                wx2_re[ c + p + bfsize/2] = ta * tc  -  tb * td;
                wx2_im[ c + p + bfsize/2] = ta * td  +  tb * tc;
            }
        }
        for( c = 0;c < Width;c + + )
        {
            x_re = wx1_re[ c] ;
            x_im = wx1_im[ c] ;
            wx1_re[ c] = wx2_re[ c] ;
            wx1_im[ c] = wx2_im[ c] ;
            wx2_re[ c] = x_re;
            wx2_im[ c] = x_im;
        }
    }
    for( b = 0;b < Width;b + + )
    {
        p = 0;
        for( c = 0;c < wp;c + + )
        {
            if( b & (1 < < c) )
            {
                p + = 1 < < ( wp - c - 1) ;
            }
        }
        fd_re[ i] [ b] = wx1_re[ p] ;
        fd_im[ i] [ b] = wx1_im[ p] ;
    }
}
```

```
for(j=0;j<w;j++)//沿y轴进行快速傅立叶变换
{
  for(i=0;i<h;i++)
  {
    hx1_re[i]=fd_re[i][j];
    hx1_im[i]=fd_im[i][j];
  }
  for(i=0;i<(Height/2);i++)
  {
    angle=-i*pi*2/Height;
    hco_re[i]=cos(angle);
    hco_im[i]=sin(angle);
  }
  for(a=0;a<hp;a++)
  {
    for(b=0;b<(1<<a);b++)
    {
      bfsize=1<<(hp-a);
      for(c=0;c<(bfsize/2);c++)
      {
        p=b*bfsize;
        hx2_re[c+p]=hx1_re[c+p] + hx1_re[c+p+bfsize/2];
        hx2_im[c+p]=hx1_im[c+p] + hx1_im[c+p+bfsize/2];
        ta=hx1_re[c+p] - hx1_re[c+p+bfsize/2];
        tb=hx1_im[c+p] - hx1_im[c+p+bfsize/2];
        tc=hco_re[c*(1<<a)];
        td=hco_im[c*(1<<a)];
        hx2_re[c+p+bfsize/2]=ta*tc - tb*td;
        hx2_im[c+p+bfsize/2]=ta*td + tb*tc;
      }
    }
    for(c=0;c<Height;c++)
    {
      x_re=hx1_re[c];
      x_im=hx1_im[c];
      hx1_re[c]=hx2_re[c];
      hx1_im[c]=hx2_im[c];
      hx2_re[c]=x_re;
```

```
            hx2_im[c] = x_im;
          }
        }
        for(b = 0;b < Height;b++)
        {
          p = 0;
          for(c = 0;c < hp;c++)
          {
            if(b & (1 << c))
            {
              p += 1 << (hp - c - 1);
            }
          }
          fd_re[b][j] = hx1_re[p];
          fd_im[b][j] = hx1_im[p];
        }
      }
      for(i = 0;i < Height;i++)
      {
        for(j = 0;j < Width;j++)
        {
          dtemp = sqrt(fd_re[i][j] * fd_re[i][j]  +  fd_im[i][j] * fd_im[i][j])/100;
          if(dtemp > 255)
          {
            dtemp = 255;
          }
          fdout[i][j] = (unsigned char)(dtemp);
        }
      }
    }
    void ifft()
    {
      int i,j;
      int w,h;
      int wp,hp;
      int a,b,c;
      int p,bfsize;
      double angle;
```

```
double dtemp;
double x_re,x_im;
double ta,tb,tc,td;
w =1;
h =1;
wp =0;
hp =0;
while(2 * w  < = Width)
{
  w * =2;
  wp + +;
}
while(2 * h  < = Height)
{
  h * =2;
  hp + +;
}
for(i =0;i <h;i + +)//沿 x 轴进行快速傅立叶变换
{
  for(j =0;j <w;j + +)
  {
    wx1_re[j] =fd_re[i][j];
    wx1_im[j] =fd_im[i][j];
  }
  for(j =0;j <w;j + +)
  {
    wx1_im[j] = -wx1_im[j];
  }
  for(j =0;j <(Width/2);j + +)
  {
    angle = -j * pi * 2/Width;
    wco_re[j] =cos(angle);
    wco_im[j] =sin(angle);
  }
  for(a =0;a <wp;a + +)
  {
    for(b =0;b <(1 < <a);b + +)
    {
```

```
            bfsize = 1 < < ( wp - a) ;
            for( c = 0;c < ( bfsize/2) ;c + + )
            {
              p = b * bfsize;
              wx2_re[ c + p] = wx1_re[ c + p]  + wx1_re[ c + p + bfsize/2] ;
              wx2_im[ c + p] = wx1_im[ c + p]  + wx1_im[ c + p + bfsize/2] ;
              ta = wx1_re[ c + p]  - wx1_re[ c + p + bfsize/2] ;
              tb = wx1_im[ c + p]  - wx1_im[ c + p + bfsize/2] ;
              tc = wco_re[ c * (1 < < a) ] ;
              td = wco_im[ c * (1 < < a) ] ;
              wx2_re[ c + p + bfsize/2] = ta * tc  - tb * td;
              wx2_im[ c + p + bfsize/2] = ta * td  + tb * tc;
            }
          }
          for( c = 0;c < Width;c + + )
          {
            x_re = wx1_re[ c] ;
            x_im = wx1_im[ c] ;
            wx1_re[ c] = wx2_re[ c] ;
            wx1_im[ c] = wx2_im[ c] ;
            wx2_re[ c] = x_re;
            wx2_im[ c] = x_im;
          }
        }
        for( b = 0;b < Width;b + + )
        {
          p = 0;
          for( c = 0;c < wp;c + + )
          {
            if( b & (1 < < c) )
            {
              p + = 1 < < ( wp - c - 1) ;
            }
          }
          td_re[ i] [ b] = wx1_re[ p] ;
          td_im[ i] [ b] = wx1_im[ p] ;
        }
        for( j = 0;j < Width;j + + )
```

```
        {
            td_re[i][j] = td_re[i][j]/Width;
            td_im[i][j] = -td_im[i][j]/Width;
        }
    }
for(j=0;j<w;j++)//沿 y 轴进行快速傅立叶变换
{
    for(i=0;i<h;i++)
    {
        hx1_re[i] = td_re[i][j];
        hx1_im[i] = td_im[i][j];
    }
    for(i=0;i<h;i++)
    {
        hx1_im[i] = -hx1_im[i];
    }
    for(i=0;i<(Height/2);i++)
    {
        angle = -i*pi*2/Height;
        hco_re[i] = cos(angle);
        hco_im[i] = sin(angle);
    }
    for(a=0;a<hp;a++)
    {
        for(b=0;b<(1<<a);b++)
        {
            bfsize = 1<<(hp-a);
            for(c=0;c<(bfsize/2);c++)
            {
                p = b*bfsize;
                hx2_re[c+p] = hx1_re[c+p] + hx1_re[c+p+bfsize/2];
                hx2_im[c+p] = hx1_im[c+p] + hx1_im[c+p+bfsize/2];
                ta = hx1_re[c+p] - hx1_re[c+p+bfsize/2];
                tb = hx1_im[c+p] - hx1_im[c+p+bfsize/2];
                tc = hco_re[c*(1<<a)];
                td = hco_im[c*(1<<a)];
                hx2_re[c+p+bfsize/2] = ta*tc - tb*td;
                hx2_im[c+p+bfsize/2] = ta*td + tb*tc;
```

```
            }
        }
        for(c=0;c<Height;c++)
        {
            x_re=hx1_re[c];
            x_im=hx1_im[c];
            hx1_re[c]=hx2_re[c];
            hx1_im[c]=hx2_im[c];
            hx2_re[c]=x_re;
            hx2_im[c]=x_im;
        }
    }
    for(b=0;b<Height;b++)
    {
        p=0;
        for(c=0;c<hp;c++)
        {
            if(b & (1<<c))
            {
                p+=1<<(hp-c-1);
            }
        }
        td_re[b][j]=hx1_re[p];
        td_im[b][j]=hx1_im[p];
    }
    for(i=0;i<Height;i++)
    {
        td_re[i][j]=td_re[i][j]/Height;
        td_im[i][j]=-td_im[i][j]/Height;
    }
}
for(i=0;i<Height;i++)
{
    for(j=0;j<Width;j++)
    {
        dtemp=td_re[i][j];
        if(dtemp>255)
        {
```

```
                dtemp = 255;
            }
            tdout[i][j] = (unsigned char)(dtemp);
        }
    }
}
```

(2)CCS 仿真结果

选择 CCS 设置中的 Tools→Image Analyzer 调出图像窗口,右键单击图像窗口选择 Properties 进行图像显示配置,设置如图 4-10 中所示。

| Property | Value |
| --- | --- |
| General | |
| Title | Image |
| Background color | RGB {255, 255, 255} |
| Image format | RGB |
| RGB | |
| Number of pixels per line | 256 |
| Number of lines | 256 |
| Data format | Planar |
| Pixel stride (bytes) | 1 |
| Red mask | 0xFF |
| Green mask | 0xFF |
| Blue mask | 0xFF |
| Alpha mask (if any) | 0x00 |
| Line stride (bytes) | 256 |
| Image source | Connected Device |
| Red start address | input |
| Green start address | input |
| Blue start address | input |
| Alpha start address (if any) | |
| Read data as | 8 bit data |

a) 原始图像查看设置

| Property | Value |
| --- | --- |
| General | |
| Title | Image |
| Background color | RGB {255, 255, 255} |
| Image format | RGB |
| RGB | |
| Number of pixels per line | 256 |
| Number of lines | 256 |
| Data format | Planar |
| Pixel stride (bytes) | 1 |
| Red mask | 0xFF |
| Green mask | 0xFF |
| Blue mask | 0xFF |
| Alpha mask (if any) | 0x00 |
| Line stride (bytes) | 256 |
| Image source | Connected Device |
| Red start address | fdout |
| Green start address | fdout |
| Blue start address | fdout |
| Alpha start address (if any) | |
| Read data as | 8 bit data |

b) 傅立叶变换后图像查看设置

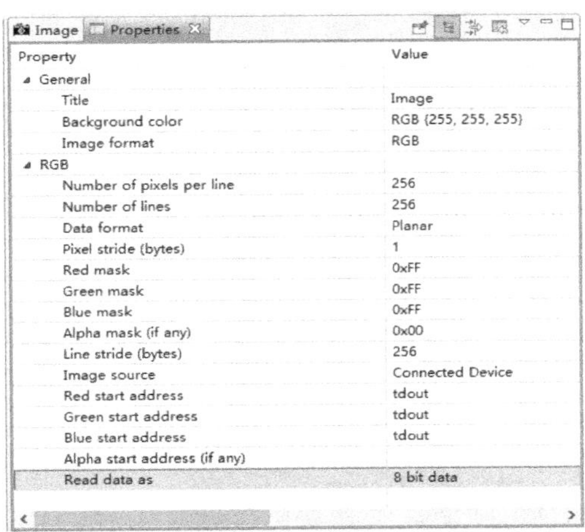

| Property | Value |
| --- | --- |
| General | |
| Title | Image |
| Background color | RGB {255, 255, 255} |
| Image format | RGB |
| RGB | |
| Number of pixels per line | 256 |
| Number of lines | 256 |
| Data format | Planar |
| Pixel stride (bytes) | 1 |
| Red mask | 0xFF |
| Green mask | 0xFF |
| Blue mask | 0xFF |
| Alpha mask (if any) | 0x00 |
| Line stride (bytes) | 256 |
| Image source | Connected Device |
| Red start address | tdout |
| Green start address | tdout |
| Blue start address | tdout |
| Alpha start address (if any) | |
| Read data as | 8 bit data |

c) 傅立叶逆变换后图像查看设置

图 4-10　CCS 设置

(3)仿真结果(图 4-11)

a) 傅立叶变换原始图像

b) 傅立叶变换图像

c) 傅立叶逆变换图像

图 4-11　DM642 处理结果

## 4.3　离散余弦变换

由前一节内容可知傅立叶变换的参数都是复数，在数据的描述和计算上都比较复杂，因此，期望有一种功能相同但计算数据量不大的变换，于是就产生了离散余弦变换。

这里举一个离散余弦变换的例子来说明：如果有一个连续的实偶函数 $f(x)$，即 $f(x) = f(-x)$，则可以得到函数的傅立叶变换如下：

$$
\begin{aligned}
F(u) &= \int_{-\infty}^{+\infty} f(x)\, e^{-j2\pi ux} dx = \int_{-\infty}^{+\infty} f(x)\cos(2\pi ux)\, dx - j\int_{-\infty}^{+\infty} f(x)\sin(2\pi ux)\, dx \\
&= \int_{-\infty}^{+\infty} f(x)\cos(2\pi ux)\, dx
\end{aligned}
\tag{4-44}
$$

由于虚部的被积项为奇函数，则傅立叶变换的虚数项为零，但这种变换结果中只有余数项，因此，称为余弦变换，由此可以看出余弦变换是傅立叶变换的特例。

### 4.3.1　离散余弦变换原理

函数 $f(x)$ 的一维离散余弦变换(DCT)及反变换分别为

$$C(u) = a(u)\sum_{x=0}^{N-1} f(x)\cos\frac{(2x+1)u\pi}{2N} \quad u = 0,1,\cdots,N-1 \tag{4-45}$$

$$f(u) = a(u)\sum_{x=0}^{N-1} f(x)\cos\frac{(2x+1)u\pi}{2N} \quad x = 0,1,\cdots,N-1 \tag{4-46}$$

式中：

$$a(u) = \begin{cases} \sqrt{1/N} & \text{当 } u = 0 \text{ 时} \\ \sqrt{2/N} & \text{当 } u = 1,2,\cdots,N-1 \text{ 时} \end{cases} \tag{4-47}$$

将上面的一维余弦变换扩展到二维离散余弦变换：定义 $f(x,y)$ 为 $N \times N$ 的数字图像矩阵，则二维 DCT 变换对定义如下：

$$C(u,v) = a(u)a(v)\sum_{x=0}^{N-1}\sum_{y=0}^{N-1} f(x,y)\cos\frac{(2x+1)u\pi}{2N}\cos\frac{(2y+1)v\pi}{2N}$$
$$(x,y = 0,1,2,\cdots,N-1) \tag{4-48}$$

二维离散变换反函数为：

$$f(x,y) = a(u)a(v)\sum_{x=0}^{N-1}\sum_{y=0}^{N-1} C(x,y)\cos\frac{(2x+1)u\pi}{2N}\cos\frac{(2y+1)v\pi}{2N}$$
$$(x,y = 0,1,2,\cdots,N-1) \tag{4-49}$$

将式(4-44)和式(4-45)进行比较，可以看出二维 DCT 变换是可分离的，因此二维正向或反向变换能够逐次应用一维 DCT 算法进行计算。

上面介绍的都是一般的 DCT 算法，下面介绍一种利用 FFT 的典型快速算法。

一维 DCT 与 DFT 具有相似性，重写 DCT 如下：

$$C(0) = \frac{1}{\sqrt{N}}\sum_{x=0}^{N-1} f(x) \tag{4-50}$$

$$\begin{aligned} C(u) &= \sqrt{\frac{2}{N}}\mathrm{Re}\left\{\left[\exp\left(-j\frac{u\pi}{N}\right)\right]\times\left[\sum_{x=0}^{2N-1} f_e(x)\exp\left(-j\frac{2xu\pi}{2N}\right)\right]\right\} \\ &= \sqrt{\frac{2}{N}}\mathrm{Re}\left\{e^{-j\frac{u\pi}{N}}\times\left[\sum_{x=0}^{2N-1} f_e(x)\exp\left(-j\frac{2xu\pi}{2N}\right)\right]\right\} \\ &= \sqrt{\frac{2}{N}}\mathrm{Re}\{w^{\frac{u}{2}}\times\sum_{x=0}^{2N-1} f_e(x)w^{ux}\} \end{aligned} \tag{4-51}$$

其中，$w = e^{-j\frac{2\pi}{2N}}$；$f_e(x) = \begin{cases} f(x) & x = 0,1,2,\cdots,N-1 \\ 0 & x = N,N+1,\cdots,2N-1 \end{cases}$

对比 DFT 的定义可以看出，将序列扩展之后，DFT 的实部对应 DCT，而虚部对应着离散正弦变换，因此可以利用 FFT 实现 DCT。这种方法的缺点是将序列扩展后增加了一些不必要的计算量，此外，这种计算也容易造成误解。

离散余弦变换实质上是一种傅立叶变换的特例。离散傅立叶变换实际上是傅立叶变换的实数部分，比傅立叶变换具有更好的信息集中能力。对于大多数自然图像，离散余弦变换能够将大多数的信息放到较少的系数上，因此就能够提高编码的效率。

目前使用十分广泛的 JPEG 格式图像就是采用了离散余弦变换，JPEG 的图像压缩率甚至能够达到 10% 以下，但在视觉上几乎看不到差异。

### 4.3.2 离散余弦变换的实现

①Matlab 程序

在 Matlab 中 DCT2 函数方法是基于 FFT 算法来实现较大输入的快速计算方法,下面使用 DCT2 函数来实现图像压缩。

```
RGB = imread('e:\matlab2012\myfiles\car.bmp');% 读取原始图像
GRAY = rgb2gray(RGB);% 将图像转化为灰度图
figure(1);imshow(GR);% 显示转换后的灰度图
D = dct2(GRAY);% 计算 DCT
figure(2);imshow(log(abs(D)),[]);
colormap(gray(4));
colorbar;
```

②仿真结果

③仿真结果分析

在上述程序中我们对原图像进行离散余弦变换,得到的图像如图 4-12b)所示,从图 4-12b)可知变换后的 DCT 系数能量主要集中在左上角,其余大部分系数接近零,利于图像的压缩。将变换后的 DCT 系数进行门限操作,然后进行 DCT 的逆运算,得到压缩后的图片如图 4-12c)所示。

a)原始图像

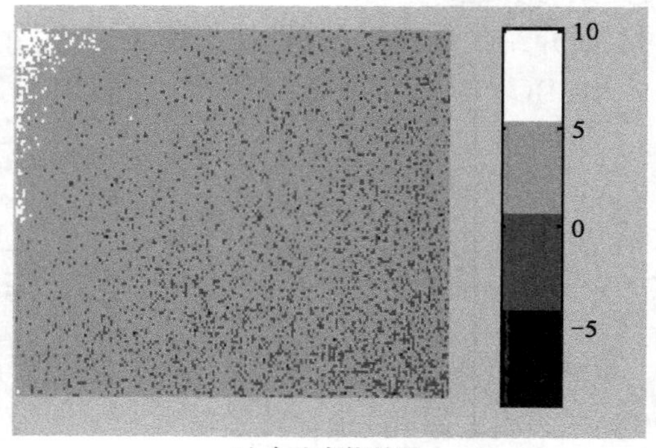


b)余弦变换结果

c)压缩后的图片

图 4-12 仿真结果

## 4.4 沃尔什和哈达玛变换

傅立叶变换和离散余弦变换都是以正弦和余弦等三角函数作为基本正交函数基,这类算法性能强、效果好,但都会用到复数乘法、三角函数乘法,算法的复杂度较高,在一些领域并不适用。非正弦类变换,如沃尔什(Wash)变换和哈达玛(Hadamard)变换函数基为二值正交基,与数字逻辑的两个状态对应,减少了存储空间,并且提高了计算速度,在需要对大量数据进行实时处理时,有着突出的优越性,因而在信号处理、数字通信、图像处理等领域中均有广泛的应用。

### 4.4.1 沃尔什变换

一维沃尔什函数是沃尔什于1923年提出的取值为±1的完备正交矩形波函数系。定义域归一化的沃尔什函数可以表示为 $Wal(u,\theta)$。由于沃尔什函数系的完备性,任何定义域在区间[0,1)上,满足绝对可积条件的函数 $f(\theta)$ 均可以在沃尔什函数系上展开成如下无穷级数的形式:

$$f(\theta) = \sum_{u=0}^{\infty} W(u) Wal(u,\theta) \tag{4-52}$$

其中,$W(u)$ 是函数 $f(\theta)$ 的沃尔什变换系数,按式(4-53)计算:

$$W(u) = \int_0^1 f(\theta) Wal(u,\theta) \mathrm{d}\theta \quad u = 0,1,\cdots \tag{4-53}$$

式(4-55)称为函数 $f(\theta)$ 的沃尔什变换。对于点数为 $N=2^n$ 的离散序列,$f(j)$, $j=0,1,2,\cdots,N-1$ 的离散沃尔什正反变换为:

$$W(u) = \frac{1}{N}\sum_{j=0}^{N-1} f(j) Wal(u,j) \quad u = 0,1,\cdots,N-1 \tag{4-54}$$

$$f(x) = \sum_{j=0}^{N-1} W(u) Wal(u,j) \quad u = 0,1,\cdots,N-1 \tag{4-55}$$

### 4.4.2 哈达玛变换

沃尔什变换是哈达玛变换的基础,沃尔什函数有多种排列方式,哈达玛排列的沃尔什函数是其中一种特殊情况。哈达玛变换是由 $2^n$ ($n=0,1,2,\cdots$) 阶哈达玛矩阵得到的,而哈达玛矩阵最大的优点在于它具有简单的递推关系,即高阶矩阵可用两个低阶矩阵求得,这给实际应用带来了极大的便利,因而也是使用最多的,大多数场景所指的沃尔什变换就是沃尔什—哈达玛变换。

1. 哈达玛阵

哈达玛矩阵(Hadamard Matrix)是由一系列的方形矩阵组成,此处用符号 $\boldsymbol{H}_N$ 表示,下面介绍几个最基本的哈达玛矩阵如下:

$$\boldsymbol{H}_1 = [1] \tag{4-56}$$

$$\boldsymbol{H}_2 = \begin{bmatrix} \boldsymbol{H}_1 & \boldsymbol{H}_1 \\ \boldsymbol{H}_1 & -\boldsymbol{H}_1 \end{bmatrix} = \begin{bmatrix} 1 & 1 \\ 1 & -1 \end{bmatrix} \tag{4-57}$$

$$H_4 = \begin{bmatrix} H_2 & H_2 \\ H_2 & -H_2 \end{bmatrix} = \begin{bmatrix} 1 & 1 & 1 & 1 \\ 1 & -1 & 1 & -1 \\ 1 & 1 & -1 & -1 \\ 1 & -1 & -1 & 1 \end{bmatrix} \tag{4-58}$$

哈达玛矩阵的阶数是按 $N = 2^n\ (n = 0,1,2,\cdots)$ 规律排列的，由式(4-55)、式(4-56)和式(4-58)的递推计算规律可知，高阶的哈达马矩阵可以由低阶的哈达马矩阵通过矩阵的直积运算递推得到。

矩阵直积运算又叫克罗内克积(Kronecker Product)，两个矩阵 $\boldsymbol{A}$ 和 $\boldsymbol{B}$ 的直积运算用符号 $\otimes$ 记作 $\boldsymbol{A}\otimes\boldsymbol{B}$，具有如下运算规律：

$$\boldsymbol{A} = \begin{bmatrix} a_{11} & a_{12} & \cdots & a_{1n} \\ a_{21} & a_{22} & \cdots & a_{2n} \\ \vdots & \vdots & & \vdots \\ a_{m1} & a_{m2} & \cdots & a_{mn} \end{bmatrix} \quad \boldsymbol{B} = \begin{bmatrix} b_{11} & b_{12} & \cdots & b_{1n} \\ b_{21} & b_{22} & \cdots & b_{2n} \\ \vdots & \vdots & & \vdots \\ b_{m1} & b_{m2} & \cdots & b_{mn} \end{bmatrix} \tag{4-59}$$

则：

$$\boldsymbol{A} \otimes \boldsymbol{B} = \begin{bmatrix} a_{11}B & a_{12}B & \cdots & a_{1n}B \\ \vdots & \vdots & & \vdots \\ a_{m1}B & a_{m2}B & \cdots & a_{mn}B \end{bmatrix} \tag{4-60}$$

由以上直积运算可以递推得到：

$$\boldsymbol{H}_N = \boldsymbol{H}_{2^p} = \boldsymbol{H}_2 \otimes \boldsymbol{H}_{2^{p-1}} = \begin{bmatrix} \boldsymbol{H}_{2^{p-1}} & \boldsymbol{H}_{2^{p-1}} \\ \boldsymbol{H}_{2^{p-1}} & -\boldsymbol{H}_{2^{p-1}} \end{bmatrix} = \begin{bmatrix} \boldsymbol{H}_{\frac{N}{2}} & \boldsymbol{H}_{\frac{N}{2}} \\ \boldsymbol{H}_{\frac{N}{2}} & -\boldsymbol{H}_{\frac{N}{2}} \end{bmatrix} \tag{4-61}$$

从上面的描述中可以看出，哈达玛矩阵有以下几个特点：哈达玛矩阵是正交矩阵且只包含1与-1两种值，这在哈达玛变换中体现出来就是只有加、减法，而没有乘除法。这种特性让哈达玛变换在快速算法的应用中十分节省硬件资源，从而能更方便的加快速度，提高易实现性。哈达玛矩阵的这些性质使得哈达玛变换在处理信号，尤其是多维信号时，往往经过复杂变换和加减后仍能保持一定的规律性与简便性，这也是哈达玛变换具有简便、易实现特性的最根本原因。

2. 二维离散哈达玛变换

二维离散沃尔什—哈达玛的正变换核和逆变换核分别为：

$$W(u,v) = \frac{1}{N}\sum_{x=0}^{N-1}\sum_{y=0}^{N-1} f(x,y)\,Wal(u,x)\,Wal(v,y) \tag{4-62}$$

$$f(x,y) = \frac{1}{N}\sum_{u=0}^{N-1}\sum_{v=0}^{N-1} W(u,v)\,Wal(u,x)\,Wal(v,y) \tag{4-63}$$

式中，$x,u = 0,1,2,\cdots,N-1$；$y,v = 0,1,2,\cdots,N-1$。

例如：按照哈达玛变换求如下所示的图像 $f_1$ 的二维哈达玛变换时，根据前面所述，选择相应的哈达玛矩阵 $\boldsymbol{H}_4$ 对其进行哈达玛变换。

$$f_1=\begin{bmatrix}1&3&3&1\\1&3&3&1\\1&3&3&1\\1&3&3&1\end{bmatrix}\boldsymbol{H}_4=\begin{bmatrix}1&1&1&1\\1&-1&1&-1\\1&1&-1&-1\\1&-1&-1&1\end{bmatrix}\tag{4-64}$$

根据式(4-63)可得：

$$W_1=\frac{1}{4^2}\begin{bmatrix}1&1&1&1\\1&-1&1&-1\\1&1&-1&-1\\1&-1&-1&1\end{bmatrix}\begin{bmatrix}1&3&3&1\\1&3&3&1\\1&3&3&1\\1&3&3&1\end{bmatrix}\begin{bmatrix}1&1&1&1\\1&-1&1&-1\\1&1&-1&-1\\1&-1&-1&1\end{bmatrix}=\begin{bmatrix}2&0&0&-1\\0&0&0&0\\0&0&0&0\\0&0&0&0\end{bmatrix}\tag{4-65}$$

可见，哈达玛矩阵具有能量集中的性质，哈达玛变换后能将能量集中到图像的边角。因此，与离散傅立叶变换、离散余弦变换等正交变换类似，二维离散哈达玛变换能够使图像信息在变换域更集中。

### 4.4.3 哈达玛变换的 Matlab 实现

①Matlab 程序清单

```
clc;
clear all;
Image = imread('lena.jpg');
H = hadamard(512);% 产生 512X512 的 Hadamard 矩阵
% 对图像进行哈达玛变换
Image = im2double(Image);
HaImage = H * Image * H;
HaImage2 = HaImage/512;
% 对图像进行哈达玛逆变换
HHaImage = H' * HaImage2 * H';
HHaImage2 = HHaImage/512;
HaImage2 = im2uint8(HaImage2);
HHaImage2 = im2uint8(HHaImage2);
figure(1);
imshow(uint8(Image));
figure(2);
imshow(HaImage2);
figure(3);
imshow(HHaImage2);
```

②仿真结果

③仿真结果分析

观察图4-13仿真结果，可以看出哈达玛变换具有能量集中的性质，图像越平滑即原始数字越是均匀分布,经变换后的数据越是能集中到图像的左上角,这意味着可以用哈达玛变换来压缩图像信息。

a)原始图像

b)哈达玛变换结果

c)哈达玛逆变换结果

图 4-13 仿真结果

## 4.5 本章小结

图像变换能够有效提高图像处理的效率,更有针对性地对图像进行处理和分析。在频域空间对图像进行操作,能够针对图像中不同频率范围内分量进行不同的处理,即进行不同的滤波,能够有效改变图像整体的频率分布,这在图像去噪、增强和压缩等图像处理过程中有着重要的意义,是许多图像预处理操作的重要基础。本章对图像由空间域到频域的算法进行了分析和研究,重点研究了图像傅立叶变换、离散余弦变换算法、沃尔什和哈达玛变换算法,并给出了相应的 CCS 和 Matlab 程序实现。

## 习 题

1. 什么是图像变换?为什么要进行图像变换?
2. 离散傅立叶变换的性质及在图像处理中的应用有哪些?
3. 请尝试对雷娜图进行傅立叶变换和反变换操作。
4. 离散余弦变换和离散傅立叶变换有哪些异同点?
5. 沃尔什和哈达玛变换同傅立叶变换、余弦变换有什么区别?

# 第5章　图像增强

## 5.1　前言

图像从采集到传输、存储的过程中,难免受多种因素影响而导致图像与原始场景之间存在差异。例如,受光照不足、相对运动、噪声干扰等影响,图像往往模糊不清,或者难以从中获取特征信息,为了提高图像质量,减少干扰因素对图像的影响,图像增强技术应运而生。图像增强是数字图像处理技术的重要组成部分,能够有目的性地增强图像的整体效果或是突出图像的局部细节部分,同时抑制不必要的信息,改善图像的质量,把模糊的图像变成清晰的图像,以便在后续的特征分析时,计算机视觉系统可以更好地理解图像。图像增强的目的主要包括以下两个方面:一是减少噪声;二是增强对边缘信息和结构信息的保护,提取隐藏在图像中的信息或是提高低对比度图像的对比度。从增强处理的作用域出发,图像增强可分为空间域图像增强和频率域图像增强两种。空间域方法是在原图像(空间域)直接进行增强处理,频率域增强是通过图像变换,在频域对图像进行处理,恰当的选择和使用图像增强技术能够有效抑制原始图像中的干扰信息,突出图像的特征信息。一般来说,图像增强放大了目标信息和图像背景之间的强度差异。需要注意的是图像增强并不意味着增加图像中的原始信息量或是人为改变图像原始信息,往往在增强这一过程中还会丢失某些信息,是因为图像增强是在依据原始图像的基础上,采用适合的处理方法,使图像中重要的整体或局部特征得以加强,从而提升了对特定信息的识别能力,为后续分析做好准备。本章前两节介绍了几种经典的图像增强方法,包括灰度变换、直方图修正、均衡化等方法,后面详细介绍了图像平滑和锐化的算法。

## 5.2　直接灰度变换

一般的成像系统具有一定的亮度范围,我们称亮度的最大值与最小值之差为对比度。由于成像系统亮度范围有限,常出现对比度不足的弊病,使人眼观察图像时视觉效果很差。通过灰度变换可使图像动态范围加大,图像对比度扩展,图像清晰,特征明显,从而大大改善图像的视觉效果。

灰度变换是图像增强的重要手段之一,主要利用点运算来修正像素灰度,由输入像素点的灰度值确定相应输出点的灰度值,是一种基于图像变换的操作。灰度变换不改变图像内的空间关系,除了灰度级的改变是根据特定的灰度函数变换进行之外,可以看作是“从像素到像素”复制操作。灰度变换法又分为灰度线性变换和灰度非线性变换两种。

### 5.2.1 灰度线性变换

灰度级线性变换增强是空间域图像增强的一种，是指对每个线段逐个像素进行处理，它可将原图像灰度值动态范围按线性关系式扩展到制定范围或整个动态范围。如果原图像 $f(x,y)$ 的灰度范围是 $[m,M]$，希望变换后的图像 $g(x,y)$ 的灰度范围是 $[n,N]$，则可以设计如下变换：

$$g(x,y)=\frac{N-n}{M-m}[f(x,y)-m]+n \tag{5-1}$$

令 $\alpha=\frac{N-n}{M-m}$，$\beta=n-\frac{N-n}{M-m}m$，式(5-1)可简化成线性点的运算式(5-2)。

$$g(x,y)=\alpha f(x,y)+\beta \tag{5-2}$$

对应的图像如图 5-1 所示。

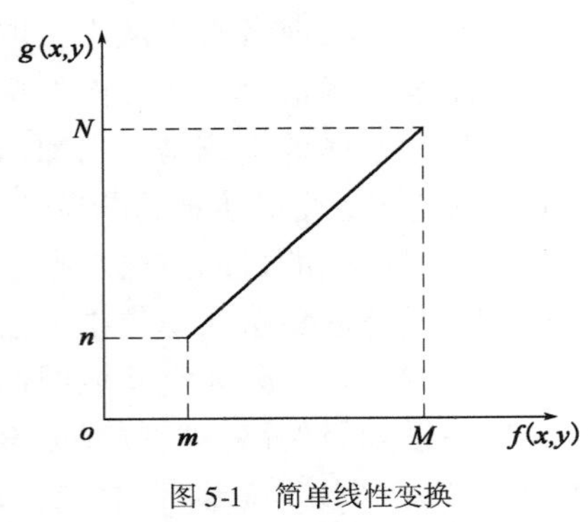

图 5-1 简单线性变换

在曝光不足或过度的情况下，图像的灰度会局限在一个很小的范围内，这时得到的图像可能是一个模糊不清、似乎没有灰度层次的图像。采用线性变换对图像中每一个像素灰度作线性拉伸，将有效地改善图像视觉效果。

若要对图像的对比度做比较精确的调整，则可以设计分段的线性变换。通过分段线性变换函数来调整图像灰度级的动态范围。

通过点$(r_1,s_1)$和点$(r_2,s_2)$的位置控制变换函数的形状。点$(r_1,s_1)$和点$(r_2,s_2)$的中间值将产生输出图像中灰度级不同程度的展开，因而影响其对比度，以达到增强图像的目的。分段线性变换公式见式(5-3)。

$$g(x,y)=\begin{cases}\gamma_1 f(x,y)+b_1 & 0<f(x,y)<f_1\\ \gamma_2 f(x,y)+b_2 & f_1<f(x,y)<f_2\\ \gamma_3 f(x,y)+b_3 & f_2<f(x,y)<f_3\end{cases} \tag{5-3}$$

其中：

$$\begin{cases}r_1=\frac{g_1}{f_1}, & b_1=0\\ r_2=\frac{g_2-g_1}{f_2-f_1}, & b_2=g_1-r_2f_1\\ r_3=\frac{g_3-g_2}{f_3-f_2}, & b_3=g_2-r_3f_2\end{cases} \tag{5-4}$$

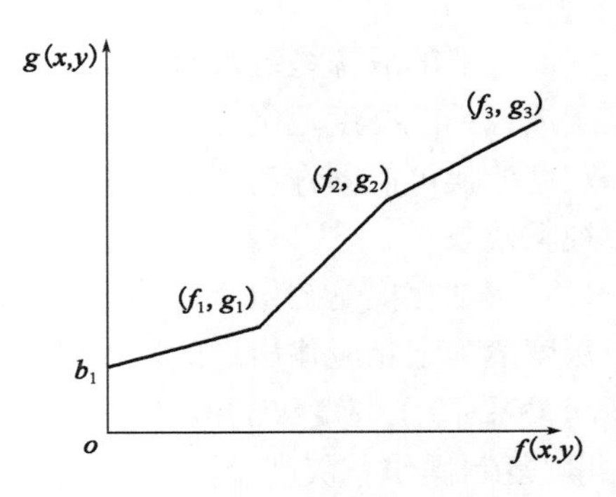

图 5-2 分段线性变换示意图

其变换图形如图 5-2 所示。

可以通过控制调节点的位置和分段线段的斜率，对任一灰度区间进行拉伸或压缩。当图像的灰度集中在较暗的区域,应取斜率大于1;当图像的灰度集中在较亮的区域,应取斜率小于1。分段线性变换可以根据用户需要,拉伸特征物体的灰度细节,虽然其他灰度区间对应的细节信息有所损失,但这对于识别目标来说没有什么影响。下面针对一些特殊的情况进行分析。

当 $\gamma_1 = \gamma_3 = 0$ 时,表示对于 $[f_1, f_2]$ 以外的原图灰度不感兴趣,均令为0,则均匀的变换成新图灰度。

当 $\gamma_1 = \gamma_2 = \gamma_3 = 0$,但是 $g_1 = g_2$ 时,表示只对 $[f_1, f_2]$ 间的灰度感兴趣,且均为同样的白色,其余变黑,此时图像对应变成二值图。这种操作又称为灰度级(或窗口)切片。

当 $\gamma_1 = \gamma_3 = 1, g_1 = g_2 = g_3$ 时,表示保留背景的前提下,提升 $[f_1, f_2]$ 间像素的灰度级。它是一种窗口或灰度级切片操作。

对比度拉伸是最简单的分段线性函数之一,处理对比度低的图像时非常有效,其优势是扩展后的灰度级可以跨越记录介质和显示装置的全部灰度级范围,且原理易理解、操作简单。

### 5.2.2 灰度非线性变换

由于图像中弱边缘处两侧灰度差别不明显,且同一边缘线上不同的边缘点的梯度幅值有高有低,所以若能先将边缘两侧的灰度差增大,同时保证位于边缘同一侧的像素点灰度值接近,那么边缘将会更清晰,而且边缘所在处梯度值也会变大。这可以通过对灰度值作非线性变换来实现。常用的非线性变换函数有指数函数和对数函数。

对数变换的一般形式为:

$$g(x,y) = a + \frac{\ln[f(x,y)+1]}{b \times \ln c} \tag{5-5}$$

式中,$a$、$b$ 和 $c$ 是为了便于调整曲线的位置和形状而引入的参数;$f(x,y)+1$ 是为了避免对0求对数,确保 $\ln[f(x,y)+1] \geqslant 0$,当 $f(x,y)=0$ 时,$\ln[f(x,y)+1]=0$,则 $y=a$,即 $a$ 为 $y$ 轴上的截据,确定了变换曲线初始位置的变换关系。$b$ 和 $c$ 两个参数确定变换曲线的变化速率。对数变换用于扩展低灰度区,一般用于过暗的图像。

通过对数变换对低灰度范围的 $f$ 进行扩展而对高灰度范围的 $f$ 进行压缩,使得图像分布均匀,与人的视觉特性相匹配。参数取 $a=200, b=0.03, c=0.2$ 时图像的对数变换关系如图5-3所示。

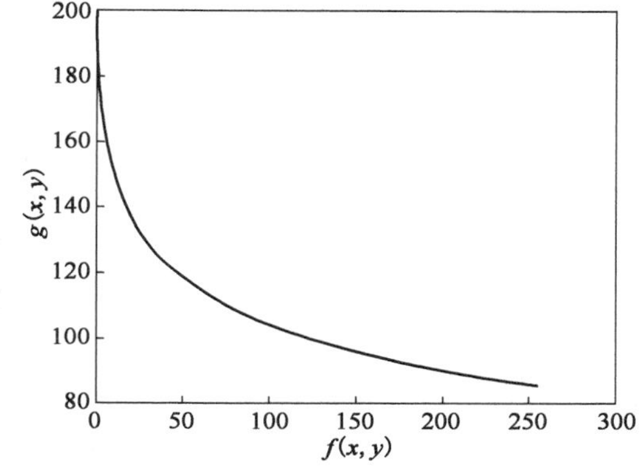


图5-3 参数取 $a=200, b=0.03, c=0.2$ 时对数变换关系

指数变换的一般形式为:

$$g(x,y) = b^{c[f(x,y)-a]} - 1 \tag{5-6}$$

式中,$a$、$b$ 和 $c$ 三个参数也是用于调整曲线的位置和形状。当 $f(x,y)=a$ 时,$g(x,y)=0$,此时指数曲线交于 $x$ 轴,由此可见参数 $a$ 决定了指数变换曲线的初始位置;参数 $c$ 决定了曲线的坡度,即决定曲线的变化速率。指数变换用于扩展高灰度区,一般适于过亮的图像。

指数变换的效果与对数变换相反,使图像的

高灰度范围得到扩展。灰度非线性变换的一个例子是动态范围压缩,该方法的目标与增强对比度相反,有时原图的动态范围太大,超出某些显示设备的允许动态范围,这时如果直接使用原图则一部分细节可能丢失,解决的办法是对原图进行灰度压缩。图像的对数变换关系如图5-4所示。

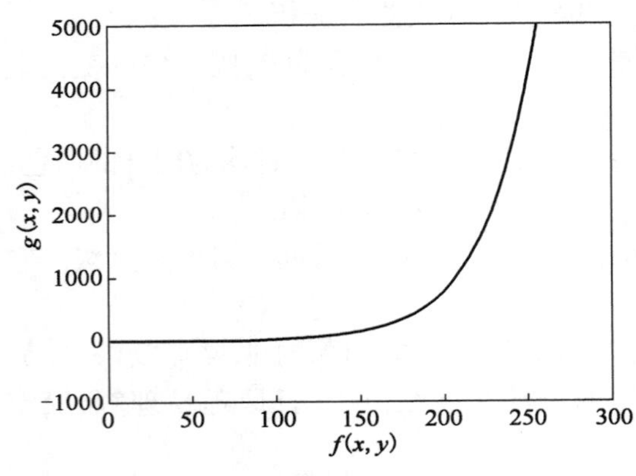


图5-4　参数取 $a=200, b=0.03, c=0.2$ 时指数变换关系

### 5.2.3　图像线性变换的实现

在本节中将结合上述的理论,分别给出具体的实现方法,设计了基于 Matlab 平台和 DM642DSP 系统的具体代码,可以帮助读者深入了解线性变换特点,掌握其实现过程。

1. Matlab 仿真实现

(1)分段线性化处理的 M 文件源代码及仿真结果

①程序源码

```
A = imread('G:\cargray1.bmp');
figure(1);
imshow(A);
title('原始图像');
figure(2);
imhist(A);
title('原始图像的直方图');
%分段线性变换的系数
f0 = 0;
g0 = 0;
f1 = 50;
g1 = 150;
f2 = 80;
g2 = 250;
f3 = 255;
g3 = 255;
r1 = (g1 - g0)/(f1 - f0);
b1 = g0 - r1 * f0;
r2 = (g2 - g1)/(f2 - f1);
b2 = g1 - r2 * f1;
r3 = (g3. g2)/(f3. f2);
b3 = g2 - r3 * f2;
%线性变化过程
```

```
[m,n] = size(A);
B = double(A);
for i = 1:m
    for j = 1:n
        f = B(i,j);
        g(i,j) = 0;
        if(f >= 0)&&(f <= f1)
            g(i,j) = r1 * f + b1;
        elseif(f >= f1)&&(f <= f2)
            g(i,j) = r2 * f + b2;
        elseif(f >= f2)&&(f <= f3)
            g(i,j) = r3 * f + b3;
        end
    end
end
C = uint8(g);
figure(3);
imshow(C);
title('变换后的图像');
figure(4);
imhist(C);
title('变换后图像的直方图');
```

②仿真结果

(2)指数变换处理的 M 文件源代码及仿真结果

①程序源码

```
A = imread('G:\cargray2.bmp');
figure(1);
imshow(A);
title('原始图像');
figure(2);
imhist(A);
title('原始图像的直方图');
%指数变换的参数
a = 2;
b = 1.4;
c = 0.1;
%线性变化过程
[m,n] = size(A);
```

```
B = double(A);
for i = 1:m
    for j = 1:n
        f = B(i,j);
        g(i,j) = b^(c * (f - a)) - 1;
    end
end
C = uint8(g);
figure(3);
imshow(C);
title('变换后的图像');
figure(4);
imhist(C);
title('变换后图像的直方图');
```

②仿真结果(图 5-5)

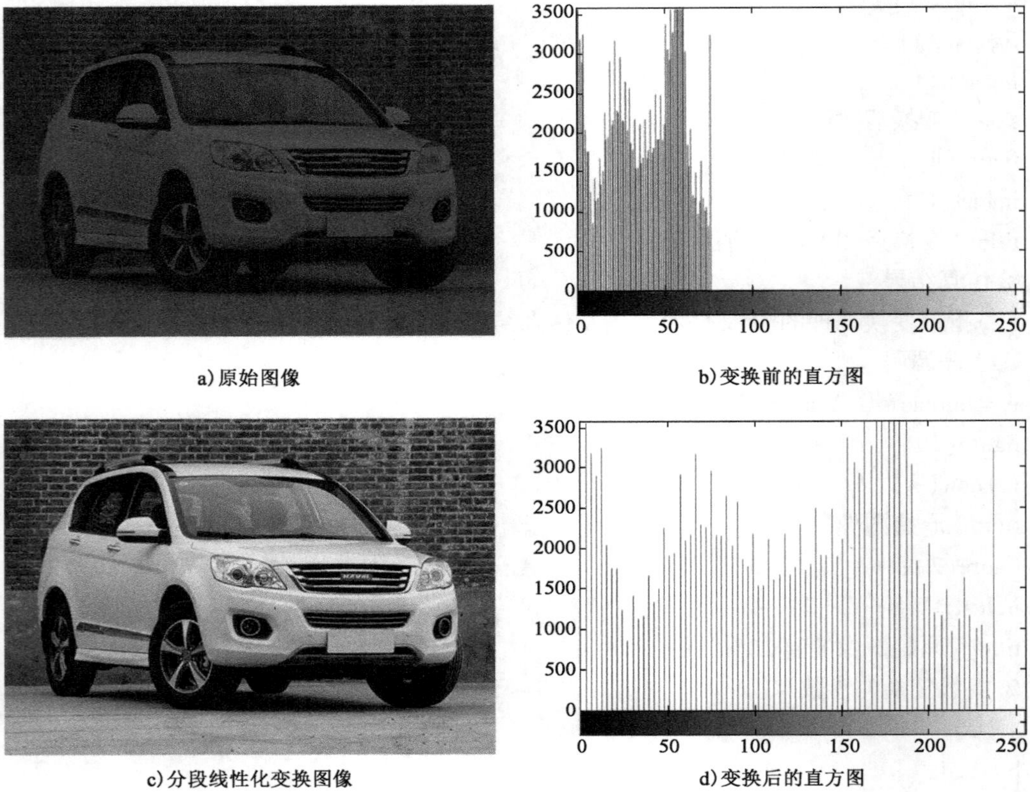

a)原始图像

b)变换前的直方图

c)分段线性化变换图像

d)变换后的直方图

图 5-5　分段线性化变换仿真及直方图

③仿真结果(图 5-6)

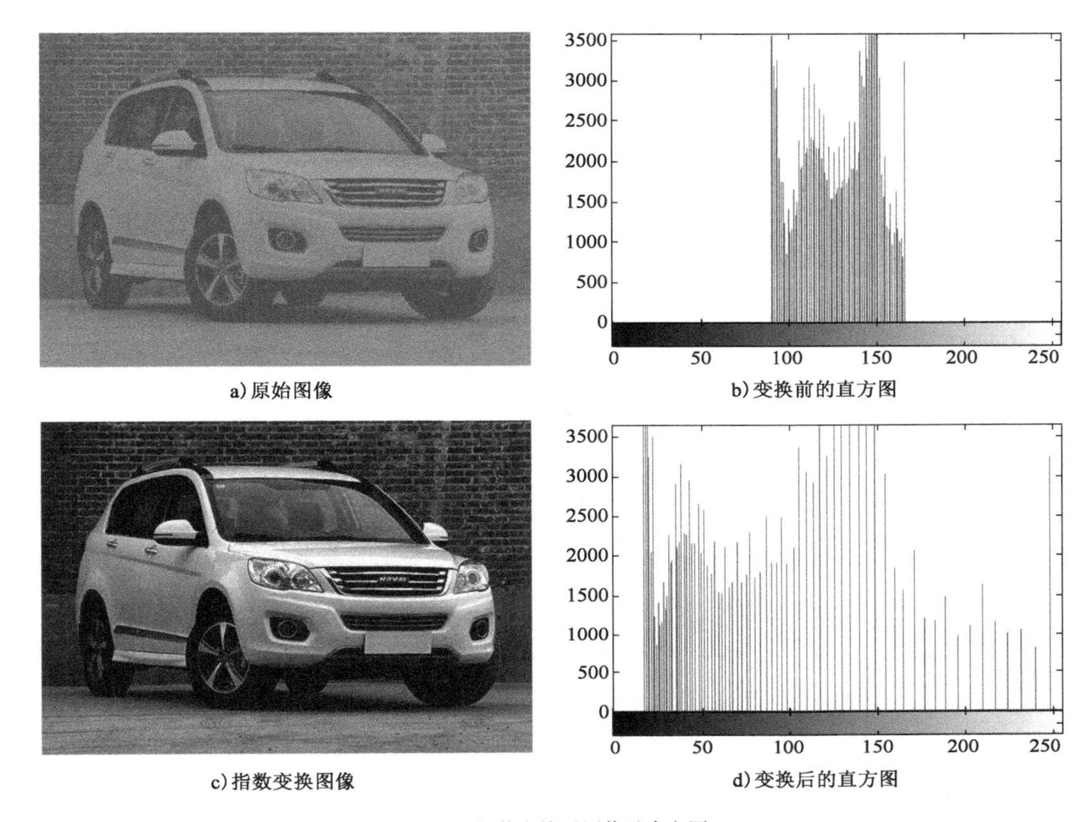


a)原始图像　b)变换前的直方图

c)指数变换图像　d)变换后的直方图

图5-6　指数变换后图像及直方图

(3)对数变换处理的M文件源代码及仿真结果

①程序源码

```
A = imread('G:\cargray3.bmp');
figure(1);
imshow(A);
title('原始图像');
figure(2);
imhist(A);
title('原始图像的直方图');
%对数变换的参数
a = 200;
b = 0.03;
c = 0.2;
%对数变化过程
[m,n] = size(A);
B = double(A);
for i = 1:m
```

```
        for j = 1:n
            f = B(i,j);
            g(i,j) = a + log(f + 1)/(b * log(c));
        end
end
C = uint8(g);
% imwrite(C ,'G:\cargray512a. bmp','bmp');
figure(3);
imshow(C);
title('变换后的图像');
figure(4);
imhist(C);
title('变换后图像的直方图');
```

②仿真结果(图 5-7)

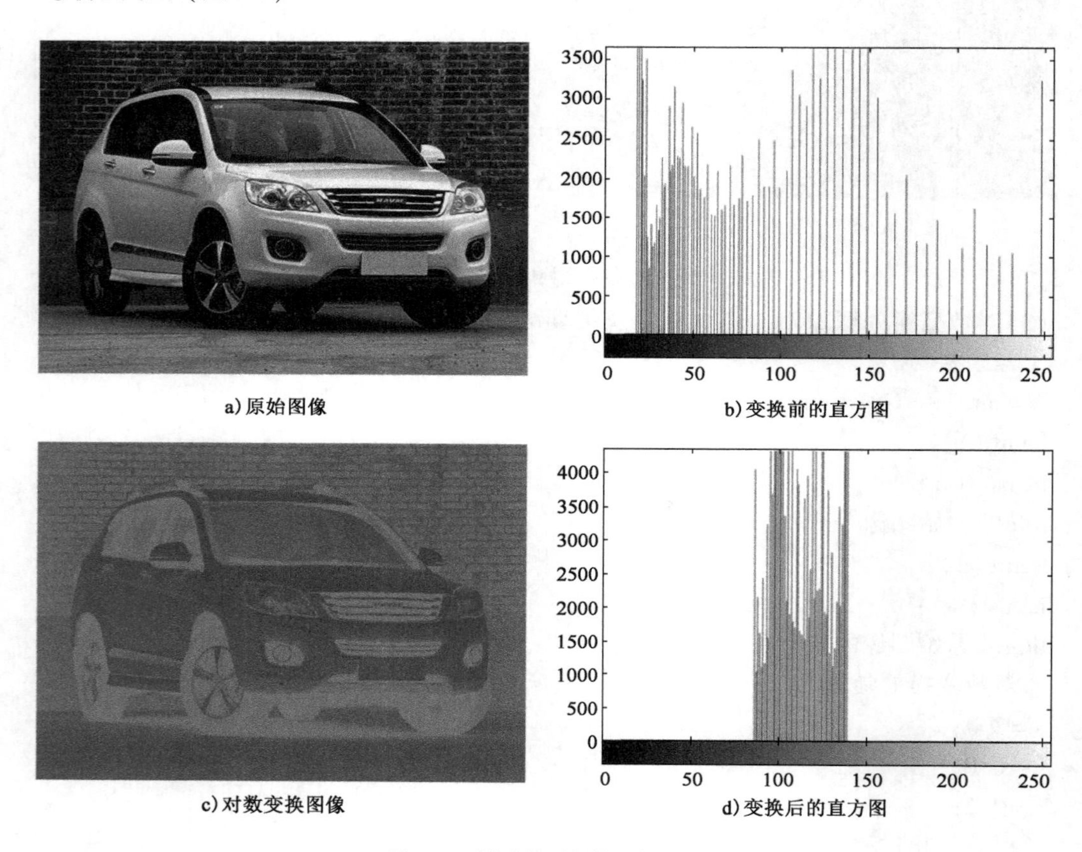


a)原始图像　b)变换前的直方图

c)对数变换图像　d)变换后的直方图

图 5-7　对数变换后图像及直方图

2. DSP 系统的算法实现

本节基于 TMS320DM642 DSP 处理平台,给出图像线性变换算法的 C 语言实现。

(1)分段线性化处理的程序设计

①程序流程图

分段线性化流程图见图5-8。

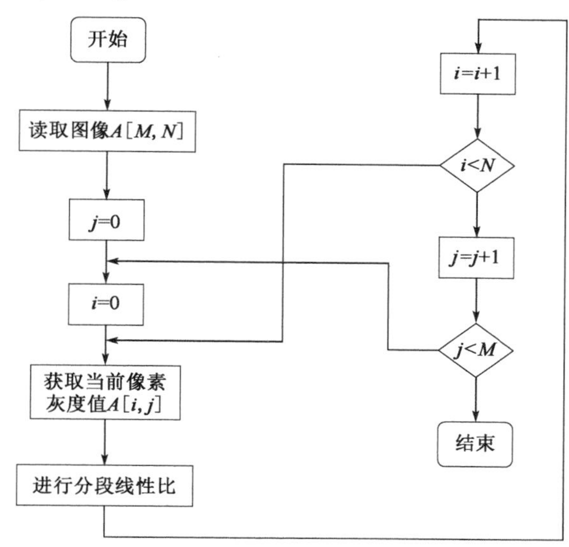


图5-8　分段线性化流程图

②DM642程序源代码

```
#include < stdio. h >
#include < stdlib. h >
#define IMAGEWIDTH   512
#define IMAGEHEIGHT 350
#define f0 0
#define g0 0
#define f1 50
#define g1 150
#define f2 80
#define g2 250
#define f3 255
#define g3 255
#define Uint8   unsigned char
void ReadImage( char  * cFileName) ;
void bmpDataPart( FILE *  fpbmp) ;
void Piecewiselinear( ) ;
#pragma DATA_SECTION( grey ," . my_sect" )
unsigned char grey[ IMAGEHEIGHT] [ IMAGEWIDTH] ;
void main( )
{
```

```
/* 图像 */
    ReadImage("G:\\cargray512.bmp");
    Piecewiselinear();
    while (1);
}
void ReadImage(char * cFileName)
{
  FILE *fp;
    if ( fp = fopen(cFileName,"rb" ) )
    {
      bmpDataPart(fp);
        fclose(fp);
    }
}
void bmpDataPart(FILE * fpbmp)
{
  int i, j = 0;
  unsigned char * pix = NULL;
  fseek(fpbmp, 1078L, SEEK_SET);
  pix = (unsigned char *)malloc(IMAGEWIDTH);
  for(j = 0;j < IMAGEHEIGHT;j++)
  {
    fread(pix, 1, IMAGEWIDTH , fpbmp);
      for(i = 0;i < IMAGEWIDTH;i++)
      {
        grey[IMAGEHEIGHT - 1 - j][i]     = pix[i];
      }
  }
}
void Piecewiselinear()
{
  int i,j;
  unsigned char temp;
  double r1,r2,r3;
  double b1,b2,b3;
    r1 = (g1 - g0)/(f1 - f0);
    b1 = g0 - r1 * f0;
    r2 = (g2 - g1)/(f2 - f1);
```

```
b2 = g1 - r2 * f1;
r3 = (g3. g2)/(f3. f2);
b3 = g2 - r3 * f2;
for(i = 0;i < IMAGEHEIGHT;i + + )
{
  for(j = 0;j < IMAGEWIDTH;j + + )
  {
    temp = grey[i][j];
    if(temp < f1)
    {
      grey[i][j] = r1 * temp + b1;
    }
        if((temp > = f1) && (temp < f2))
        {
          grey[i][j] = r2 * temp + b2;
        }
        if((temp > = f2) && (temp < = f3))
        {
          grey[i][j] = r3 * temp + b3;
        }
  }
}
}
```

③CCS 仿真设置

选择 CCS 设置中的 Tools→Image Analyzer 调出图像窗口，右键单击图像窗口选择 Properties 进行图像显示配置，如图 5-9 所示。

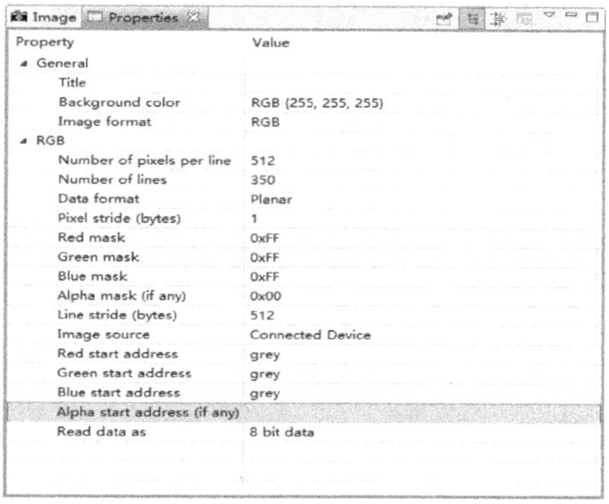

| Property | Value |
|---|---|
| General | |
| Title | |
| Background color | RGB (255, 255, 255) |
| Image format | RGB |
| RGB | |
| Number of pixels per line | 512 |
| Number of lines | 350 |
| Data format | Planar |
| Pixel stride (bytes) | 1 |
| Red mask | 0xFF |
| Green mask | 0xFF |
| Blue mask | 0xFF |
| Alpha mask (if any) | 0x00 |
| Line stride (bytes) | 512 |
| Image source | Connected Device |
| Red start address | grey |
| Green start address | grey |
| Blue start address | grey |
| Alpha start address (if any) | |
| Read data as | 8 bit data |

图 5-9　CCS 图像查看设置

④实验结果

分段线性化处理的 CCS 实验结果如图 5-10 所示。

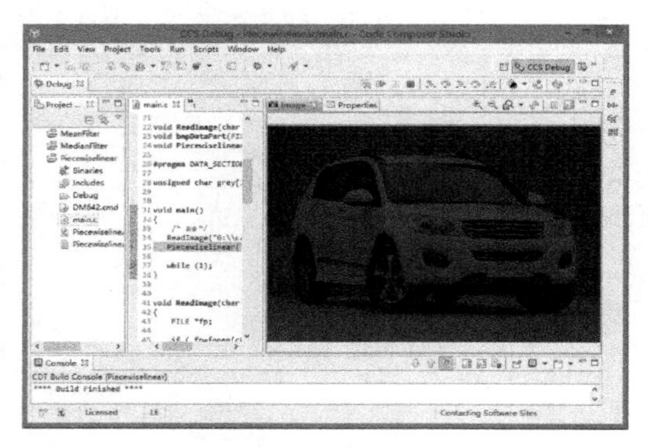

a)原始图像

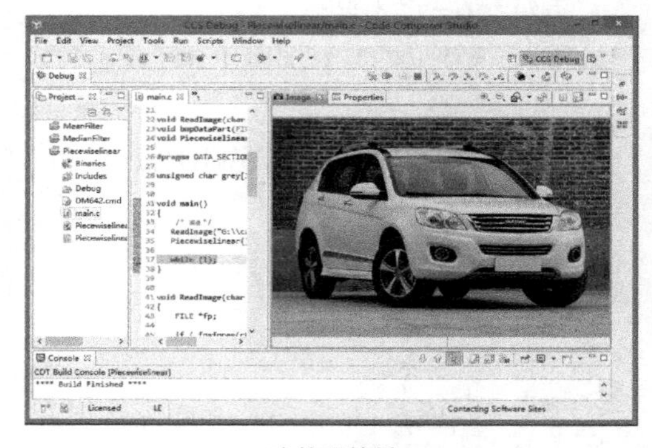

b)处理结果

图 5-10　分段线性化处理结果

(2)指数变换的程序设计

①程序流程图

指数变换的流程见图 5-11。

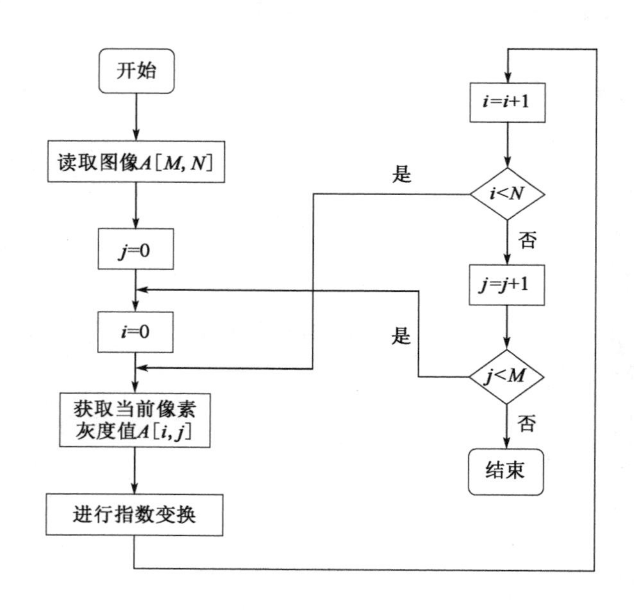


图 5-11　指数变换流程图

②DM642 程序源代码

```
#include < stdio. h >
#include < math. h >
#include < stdlib. h >
#define IMAGEWIDTH    512
```

```
#define IMAGEHEIGHT 350
#define a 2
#define b 1.4
#define c 0.1
#define Uint8   unsigned char
void ReadImage(char * cFileName);
void bmpDataPart(FILE * fpbmp);
void ExponentialTransform();
#pragma DATA_SECTION(grey,".my_sect")
unsigned char grey[IMAGEHEIGHT][IMAGEWIDTH];
void main()
{
/* 图像 */
   ReadImage("G:\\cargray512c.bmp");
   ExponentialTransform();
   while (1);
}
void ReadImage(char * cFileName)
{
  FILE * fp;
    if ( fp = fopen(cFileName,"rb" ) )
    {
      bmpDataPart(fp);
        fclose(fp);
    }
}
void bmpDataPart(FILE * fpbmp)
{
  int i, j=0;
  unsigned char * pix = NULL;
  fseek(fpbmp, 1078L, SEEK_SET);
  pix = (unsigned char * )malloc(IMAGEWIDTH);
  for(j=0;j<IMAGEHEIGHT;j++)
  {
    fread(pix, 1, IMAGEWIDTH , fpbmp);
      for(i=0;i<IMAGEWIDTH;i++)
      {
```

```
            grey[IMAGEHEIGHT - 1 - j][i]     = pix[i];
        }
    }
}
void ExponentialTransform()
{
    int m,n;
    double temp;
      for(m = 0;m < IMAGEHEIGHT;m + +)
      {
        for(n = 0;n < IMAGEWIDTH;n + +)
        {
          temp = grey[m][n];
                grey[m][n] = exp((c * (temp - a)) * log(b)) - 1;
        }
      }
}
```

③CCS 仿真设置

选择 CCS 设置中的 Tools→Image Analyzer 调出图像窗口,右键单击图像窗口选择 Properties 进行图像显示配置,设置如图 5-9 所示。

④实验结果

指数变换实验结果见图 5-12。

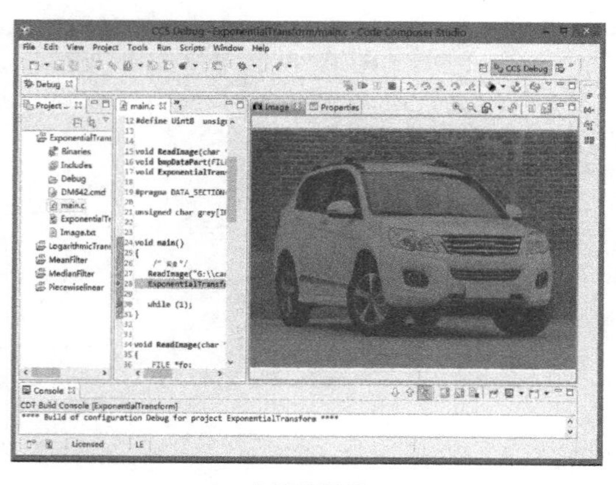


a)原始图像



b)处理结果

图 5-12　指数变换实验结果

(3)对数变换的程序设计

①程序流程图

对数变换流程见图 5-13。

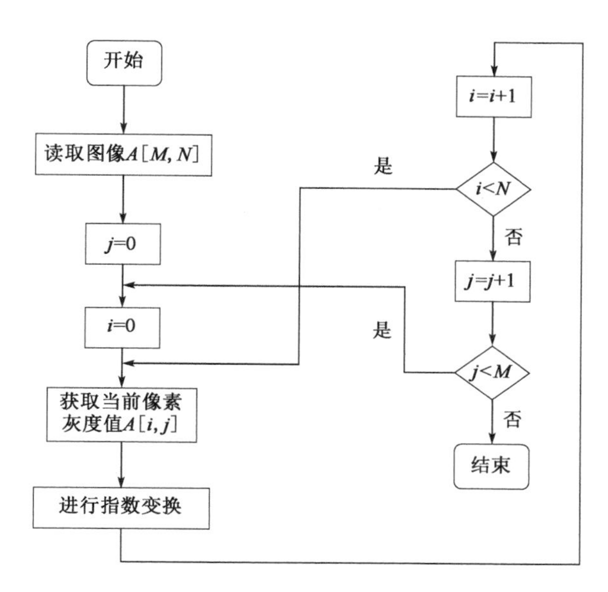


图5-13 对数变换流程图

②DM642 程序源代码

```
#include < stdio. h >
#include < math. h >
#include < stdlib. h >
#define IMAGEWIDTH   512
#define IMAGEHEIGHT 350
#define a 200
#define b 0. 03
#define c 0. 2
#define Uint8   unsigned char
void ReadImage( char  * cFileName) ;
void bmpDataPart( FILE *  fpbmp) ;
void LogarithmiTransformation( ) ;
#pragma DATA_SECTION( grey ," . my_sect" )
unsigned char grey[ IMAGEHEIGHT] [ IMAGEWIDTH] ;
void main( )
{
/ *  图像  * /
    ReadImage( " G:\\cargray512b. bmp" ) ;
    LogarithmiTransformation( ) ;
    while  (1) ;
}
void ReadImage( char  * cFileName)
```

```
{
 FILE  * fp;
     if ( fp = fopen( cFileName, " rb"  ) )
     {
      bmpDataPart( fp) ;
          fclose( fp) ;
     }
}
void bmpDataPart( FILE *  fpbmp)
{
   int i, j =0;
   unsigned char *  pix = NULL;
   fseek( fpbmp, 1078L, SEEK_SET) ;
   pix = ( unsigned char * ) malloc( IMAGEWIDTH) ;
   for( j =0;j < IMAGEHEIGHT;j + + )
   {
    fread( pix, 1, IMAGEWIDTH , fpbmp) ;
        for( i =0;i < IMAGEWIDTH;i + + )
        {
           grey[ IMAGEHEIGHT - 1 - j][ i]     = pix[ i] ;
        }
   }
}
void LogarithmiTransformation( )
{
 int i,j;
 double temp;
     for( i =0;i < IMAGEHEIGHT;i + + )
     {
      for( j =0;j < IMAGEWIDTH;j + + )
      {
           temp = grey[ i][ j] ;
           grey[ i][ j] = a + log( temp +1)/( b * log( c) ) ;
       }
     }
}
```

③CCS 仿真设置

选择 CCS 设置中的 Tools→Image Analyzer 调出图像窗口,右键单击图像窗口选择 Properties 进行图像显示配置,设置如图 5-9 所示。

④实验结果

对数变换实验结果见图 5-14。

a) 原始图像

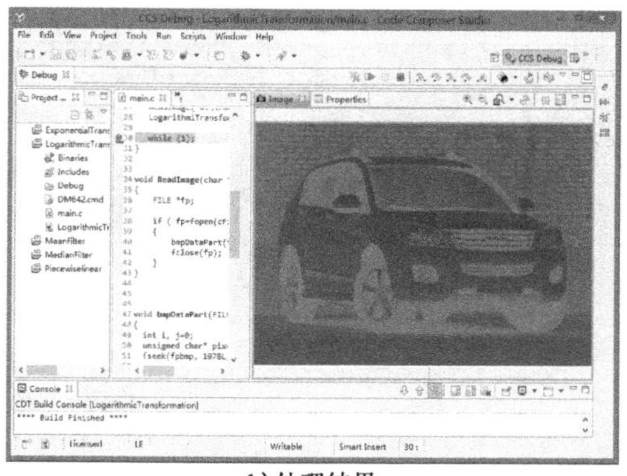

b) 处理结果

图 5-14　对数变换处理结果

## 5.3　直方图修正法

在数字图像处理中,一个简单实用的工具就是灰度直方图,它概括了一幅图像的灰度级内容。直方图的计算是简单的,特别是当一幅图像从一个地方被复制到另一个地方时,可以用非常低的代价来完成。

### 5.3.1　灰度直方图的定义

灰度直方图是灰度级的函数,描述图像中具有该灰度级的像素的个数,反映了数字图像中每一灰度级与其出现频率之间的统计关系。直方图的横坐标是灰度级,用 $r$ 表示,纵坐标是具有该灰度级的像素个数或出现这个灰度级的概率 $P(r_k)$。

$$P(r_k) = \frac{n_k}{N} \tag{5-7}$$

式中,$N$ 为一幅图像中像素的总数;$r_k$ 表示灰度值为 $k$ 的灰度级;$n_k$ 为第 $r_k$ 级灰度的像素数;$P(r_k)$表示该灰度级出现的概率。因为 $P(r_k)$给出了对 $r_k$ 出现概率的一个估计,所以直方图提供了原图的灰度值分布情况,也就是给出了一幅图所有灰度值的整体描述。图 5-15给出了图像的直方图。

从直方图可以看出图像的许多一般特性。在图 5-16b)所示的直方图中,由于大部分灰度集中在暗区,所以在图像上显示较暗。而在图 5-17b)所示的直方图中,由于它的大部分像素集中在亮区,所以在图像上显示比较亮。因此,灰度直方图描述了一幅图像的概貌。

直方图能给出该图像的大致描述,如图像的灰度范围、灰度级的分布、整幅图像的平均亮度等,但是仅从直方图不能完整地描述一幅图像,因为一幅图像对应于一个直方图,但是一个直方图不一定只对应一幅图像,几幅图像只要灰度分布密度相同,那么它们的直方图也是相同的。图 5-18 所示就是不同图像内容但具有相同直方图的实例。

a）原图

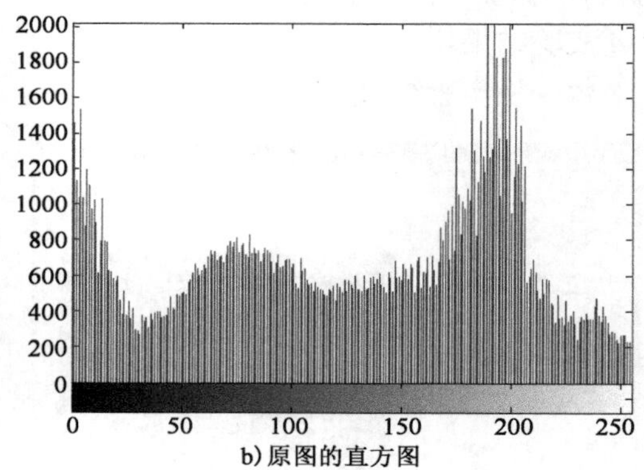


b）原图的直方图

图 5-15　原图像及其直方图

a）较暗图像

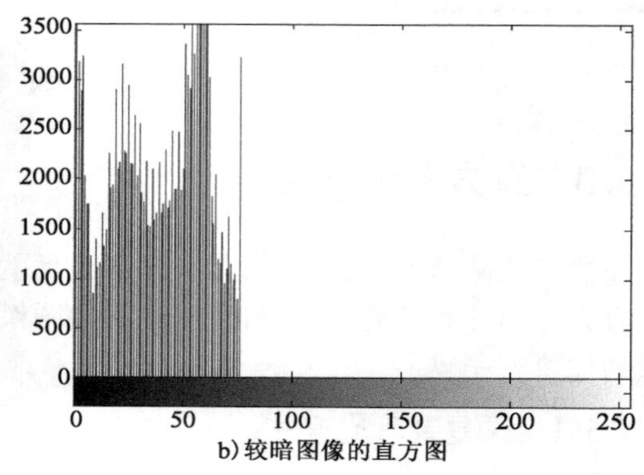


b）较暗图像的直方图

图 5-16　较暗图像及其直方图

a）较亮图像

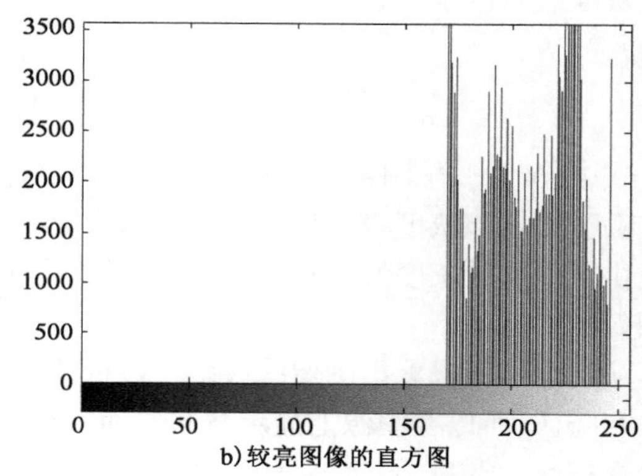


b）较亮图像的直方图

图 5-17　较亮图像及其直方图

### 5.3.2　直方图的用途

灰度直方图的用途主要有数字化参数、选择边界阈值、综合光密度。具体如下。

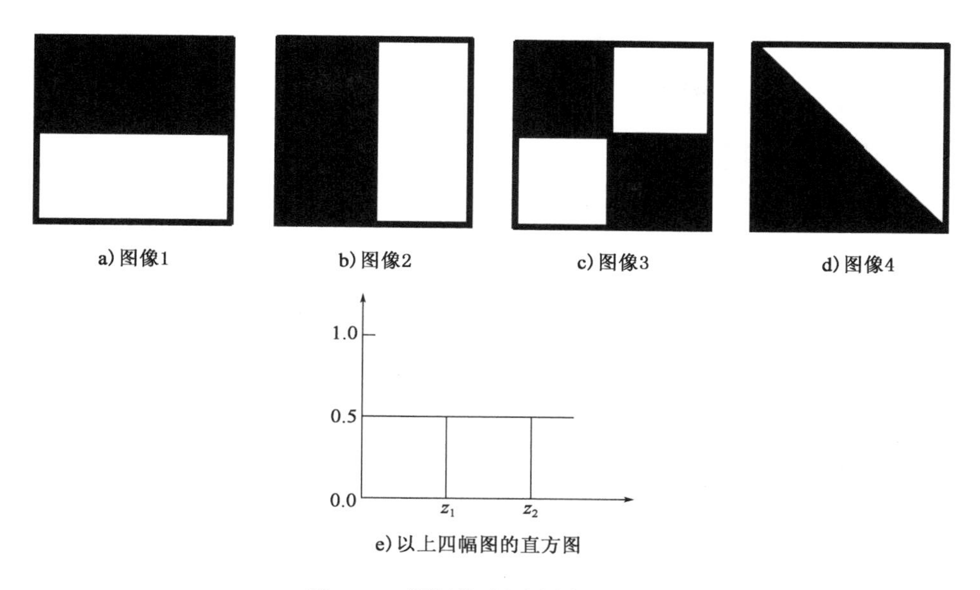


图5-18　不同图像对应相同直方图实例

(1)数字化参数

直方图给出了一个简单可见的指示,用来判断一幅图像是否合理地利用了全部被允许的灰度级范围。一般一幅数字图像应该利用全部或几乎全部可能的灰度级,否则就等于增加了量化间隔。一旦被数字化图像的灰度级数目少于256,丢失的信息(除非重新数字化)将不能恢复。

如果图像具有超出数字化所能处理的范围的亮度,则这些灰度级将被简单的置为0或255,由此将在直方图的一端或两端产生尖峰。通过直方图的快速检查,可使数字化中产生的问题及早暴露出来,以免浪费大量的时间。

(2)选择边界阈值

假定一幅图像的背景是浅色的,前景是一个深色的物体。物体中的深色像素会产生直方图的左峰,而背景中大量的灰度级会产生直方图的右峰。物体边界附近具有两个峰值之间灰度级的像素数目相对较少,从而产生了两峰之间的谷,此类图像的灰度直方图如图5-19所示。

在某种意义上来说,选择位于两峰之间的最低点的灰度级作为阈值来确定边界是最适宜的。在谷底附近,直方图的值相对较小。如果我们选择谷底处的灰度作为阈值,将可以使其对物体边界的影响达到最小,且图像较亮的背景区域和较暗的前景区域可以较好地分离,可以得到较好地二值化处理效果。

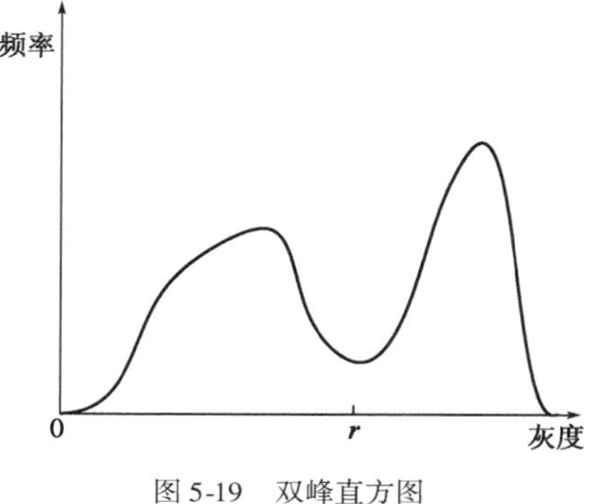


图5-19　双峰直方图

(3)综合光密度(IOD)

综合光密度是反映图像"质量"的一种有用度量,其定义为:

$$IOD = \int_0^a \int_0^b f(x,y)\,\mathrm{d}x\mathrm{d}y \tag{5-8}$$

其中,$a$ 和 $b$ 是所划定的图像区域的边界。

对于数字图像,有:

$$IOD = \sum_{i=1}^{NL}\sum_{j=1}^{NS} f(i,j) \tag{5-9}$$

其中,$f(i,j)$是像素$(i,j)$的灰度值。令 $N_k$ 代表灰度级为 $k$ 时所对应的像素的个数。则式(5-9)可以改写为:

$$IOD = \sum_{k=0}^{255} kN_k \tag{5-10}$$

显然,该公式是将一幅图像内所有的灰度级加起来。然而,只是灰度级所对应的直方图上的值,故上式可以改写为:

$$IOD = \sum_{k=0}^{255} kh_{\mathrm{f}}(r_k) \tag{5-11}$$

即灰度级加权的直方图之和。

### 5.3.3 直方图均衡化

直方图均衡化就是把原始图像的直方图变换成均匀分布的形式,这样增加了像素灰度值的动态范围,从而达到增强图像整体对比度的效果。

直方图均衡方法的基本思想是对在图像中像素个数多的灰度级进行展宽,而对像素个数少的灰度级进行缩减,将灰度的范围拉开,从而达到清晰图像的目的。通过点运算使输入图像转换为在每一灰度级上都有像素点的数目,即让灰度直方图在较大的动态范围内趋于一致。这对于在进行图像比较和分割之前将图像转化为一致的格式是十分有益的。

为了研究方便,用 $r$ 和 $s$ 分别表示归一化的原始图像灰度和变换后的图像灰度,即 $0 \leqslant r \leqslant 1$,$0 \leqslant s \leqslant 1$(0 代表黑,1 代表白)。

在[0,1]区间内的任一个 $r$ 值,都可以产生一个 $s$ 值,且 $s = T(r)$,$T(r)$为变换函数。为使这种灰度具有实际意义,$T(r)$应满足下列条件:

(1)在 $0 \leqslant r \leqslant 1$ 区间,$T(r)$为单调递增函数;

(2)在 $0 \leqslant r \leqslant 1$ 区间,有 $0 \leqslant T(r) \leqslant 1$。

这里,条件(1)保证灰度级从黑到白的次序,条件(2)保证变换后的像素灰度仍在原来的动态范围内。

由于 $s$ 和 $r$ 的反变换为

$$r = T^{-1}(s) \qquad (0 \leqslant s \leqslant 1) \tag{5-12}$$

这里 $T^{-1}(s)$对 $s$ 也满足条件(1)和(2)。

由概率论可知,若原图像灰度级的概率密度函数 $P_r(r)$和变换函数 $T(r)$已知,且 $T^{-1}(s)$是单调增加函数,则变换后的图像灰度级的概率密度函数 $P_s(s)$如下式所示:

$$P_s(s) = P_r(r)\frac{\mathrm{d}r}{\mathrm{d}s}\Big|_{r=T^{-1}(s)} \tag{5-13}$$

对于连续图像,当直方图均衡化(并归一化)后有 $P_s(s)=1$,即

$$\mathrm{d}s = P_r(r)\,\mathrm{d}r = \mathrm{d}T(r) \tag{5-14}$$

两边取积分可得式(5-15):

$$s = T(r) = \int_0^r P_r(r)\,\mathrm{d}r \tag{5-15}$$

式(5-15)就是所求的变换函数,它表明变换函数是原图像的累计分布函数,是一个非负的递增函数。

对于离散图像,假定数字图像中的总像素为 $N$ 个,灰度级总数为 $L$ 个,$r_k$ 表示灰度值为 $k$ 的灰度级,$n_k$ 为第 $r_k$ 级灰度的像素数,则该图像中灰度级 $r_k$ 的像素出现的概率为

$$P_r(r_k) = \frac{n_k}{N} \qquad (0 \leqslant r_k \leqslant 1; K=0,1,\cdots,L-1) \tag{5-16}$$

对其进行均匀化处理的变换函数为

$$s_k = T(r_k) = \sum_{j=0}^{k} P_r(r_j) = \sum_{j=0}^{k}\frac{n_i}{N} \tag{5-17}$$

相应的逆变换函数为

$$r_k = T^{-1}(s_k) \qquad (0 \leqslant s_k \leqslant 1) \tag{5-18}$$

[**例 5-1**]　直方图均衡计算实例

假设有一幅图像,共有 64×64 个像素,8 个灰度级,各灰度级概率分布见表 5-1,将其直方图均衡化。

**各灰度级概率分布**($N=4096$)　　表 5-1

| 灰度级 $r_k$ | $r_0=0$ | $r_1=1/7$ | $r_2=2/7$ | $r_3=3/7$ | $r_4=4/7$ | $r_5=5/7$ | $r_6=6/7$ | $r_7=1$ |
|---|---|---|---|---|---|---|---|---|
| 像素数 $n_k$ | 790 | 1023 | 850 | 656 | 329 | 245 | 122 | 81 |
| 概率 $P_r(r_k)$ | 0.19 | 0.25 | 0.21 | 0.16 | 0.08 | 0.06 | 0.03 | 0.02 |

**解:**根据表 5-1 做出的此图像直方图如图 5-20 所示,应用式(5-17)可求得变换函数为

$$s_0 = T(r_0) = \sum_{j=0}^{k} P_r(r_j) = P_r(r_0) = 0.19$$

$$s_1 = T(r_1) = \sum_{j=0}^{1} P_r(r_j) = P_r(r_0) + P_r(r_1) = 0.19 + 0.25 = 0.44$$

按此同样的方法计算出 $s_2$、$s_3$、$s_4$、$s_5$、$s_6$、$s_7$ 如下:

$s_2=0.65$　　$s_5=0.95$　　$s_3=0.81$　　$s_6=0.98$　　$s_4=0.89$　　$s_7=1.00$

图 5-20c)给出了 $s_k$ 与 $r_k$ 之间的曲线,根据变换函数 $T(r_k)$ 可以逐个将 $r_k$ 变成 $s_k$,从表 5-1 中可以看出原图像给定的 $r_k$ 是等间隔的,即在 0、1/7、2/7、3/7、4/7、5/7、6/7 和 1 中取值,而经过 $T(r_k)$ 求得的 $s_k$ 就不一定再是等间隔的,从图 5-20c)中可以明显看出这一点,表 5-2 中列出了重新量化后得到的新灰度 $s_0'$、$s_1'$、$s_2'$、$s_3'$、$s_4'$。

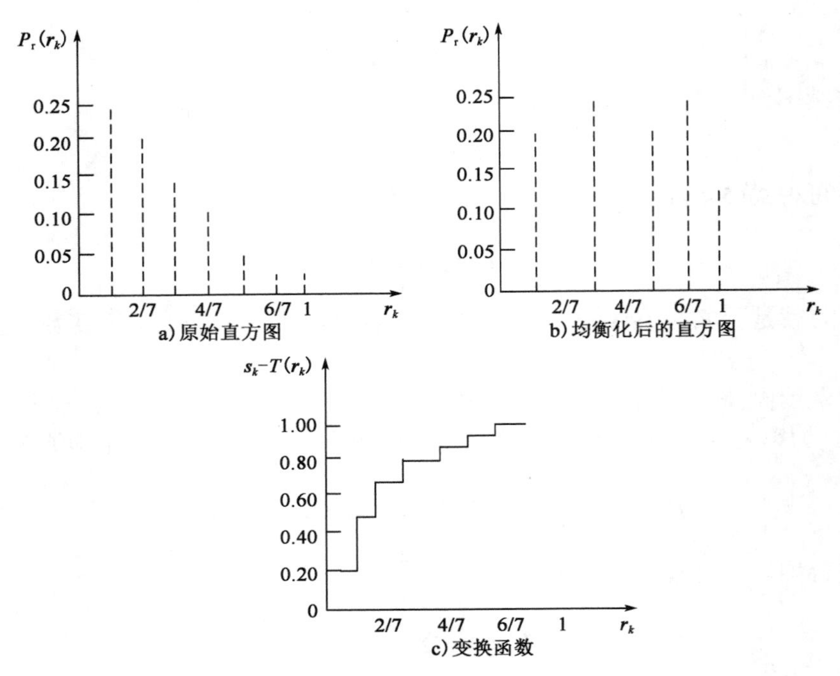


图 5-20　例 5-1 的直方图均衡化

**直方图均衡化过程**　　表 5-2

| 原灰度级 | 变换函数 $T(r_k)$ 值 | 像素数 | 量化级 | 新灰度级 | 新灰度级分布 |
|---|---|---|---|---|---|
| $r_0=0$ | $T(r_0)=s_0=0.19$ | 790 | 0 | | 0 |
| $r_1=1/7$ | $T(r_1)=s_1=0.44$ | 1023 | $1/7=0.14$ | $s'_0(790)$ | 790/4096 = 0.19 |
| $r_2=2/7$ | $T(r_2)=s_2=0.65$ | 850 | $2/7=0.29$ | | |
| $r_3=3/7$ | $T(r_3)=s_3=0.81$ | 656 | $3/7=0.43$ | $s'_1(1023)$ | 1023/4096 = 0.25 |
| $r_4=4/7$ | $T(r_4)=s_4=0.89$ | 329 | $4/7=0.57$ | | |
| $r_5=5/7$ | $T(r_5)=s_5=0.95$ | 245 | $5/7=0.71$ | $s'_2(850)$ | 850/4096 = 0.21 |
| $r_6=6/7$ | $T(r_6)=s_6=0.98$ | 122 | $6/7=0.86$ | $s'_3(985)$ | 985/4096 = 0.24 |
| $r_7=1$ | $T(r_7)=s_7=1.00$ | 81 | 1 | $s'_4(448)$ | 448/4096 = 0.11 |

把计算出来的 $s_k$ 与量化级数相比较，可以得出：

$$s_0=0.19\rightarrow\frac{1}{7}、s_1=0.44\rightarrow\frac{3}{7}、s_2=0.65\rightarrow\frac{5}{7}、s_3=0.81\rightarrow\frac{6}{7}、$$

$$s_4=0.89\rightarrow\frac{6}{7}、s_5=0.95\rightarrow1、s_6=0.98\rightarrow1、s_7=1\rightarrow1$$

由上可知，经过变换后的灰度级不再需要 8 个，而只需要 5 个，它们是

$$s'_0=\frac{1}{7}、s'_1=\frac{3}{7}、s'_2=\frac{5}{7}、s'_3=\frac{6}{7}、s'_4=1$$

把相应原灰度级的像素相加就得到新灰度级的像素数。均衡化以后的直方图如图 5-5b）所示，从图中可以看出均衡化并不能完全均匀，这是由于在均衡化过程中，原直方图上有几个

像素较少的灰度级合并到一个新的灰度级上，而像素较多的灰度级间隔被拉大了。

虽然直方图均衡化能提高图像对比度，但它是以减少图像的灰度等级为代价的。在均衡化的过程中，原直方图上图像灰度级 $r_3$、$r_4$ 合成了一个灰度级 $s_3'$，灰度级 $r_5$、$r_6$、$r_7$ 合成了一个灰度级 $s_4'$。可以理解，原图像中灰度级 $r_3$、$r_4$ 之间，以及 $r_5$、$r_6$、$r_7$ 之间的图像细节经均匀化以后，完全损失掉了，如果这些细节很重要，就会导致不良结果。为把这种不良结果降低到最低限度，同时又可提高图像的对比度，可以采用局部直方图均衡化的方法。如果希望得到一个直方图完全平均而且灰度等级又不减少的均衡化处理，则必须采用一些拟合技术。

### 5.3.4　直方图规定化

直方图均衡化能自动地确定变换函数，可以寻求有均匀直方图的输出图像。采用这种技术得到的结果可预知，并且操作简单。但它的具体增强效果不易控制，处理的结果总是得到全局均衡化的直方图。另外，均衡化处理后的图像虽然增强了图像的对比度，但并不一定符合人的视觉特性。在实际应用中，有时需要指定处理的图像具有希望的直方图形状。这种产生特殊直方图的方法，叫做直方图匹配或直方图规定化。直方图规定化是对直方图均衡化方法的改进，见图5-21。

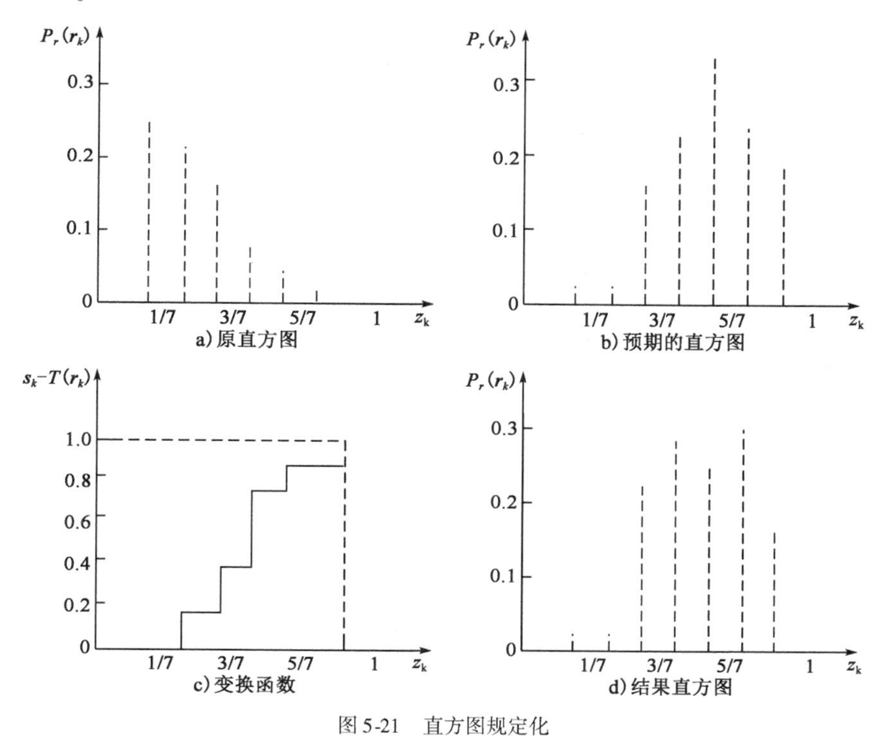


图5-21　直方图规定化

下面具体介绍如何实现直方图规定化处理。先讨论连续的情况：设 $P_r(r)$ 和 $P_r(z)$ 分别代表原始图像和规定化处理后图像的灰度概率密度函数，分别对原始直方图和规定化处理后的直方图进行均衡化处理，则有

$$s = T(r) = \int_0^r P_r(r)\,\mathrm{d}r \tag{5-19}$$

$$v = G(z) = \int_0^z P_z(z)\,\mathrm{d}z \tag{5-20}$$

$$z = G^{-1}(v) \tag{5-21}$$

均衡化处理后，理论上二者所获得的图像灰度概率密度函数 $P_s(s)$ 和 $P_v(v)$ 应该是相等的，因此可以用 $s$ 代替式(5-21)中的 $v$，即

$$z = G^{-1}(s) \tag{5-22}$$

这里灰度级 $z$ 便是所求得的直方图规定化图像的灰度级。

此外，利用式(5-19)和式(5-20)还可得到组合变换函数，可以获得希望的图像灰度级。

$$z = G^{-1}[T(r)] \tag{5-23}$$

对于连续图像，重要的是给出逆变换解析式。对于离散图像而言，有

$$P_z(z_k) = \frac{n_k}{N} \tag{5-24}$$

$$v_k = G(z_k) = \sum_{j=0}^{k} P_z(z_i) \tag{5-25}$$

$$z_k = G^{-1}(s_k) = G^{-1}[T(r_k)] \tag{5-26}$$

下面仍以例5-1的图像为例，说明直方图规定化增强的过程。计算过程如表5-3所示。

**直方图规定化增强的计算过程** 表5-3

| 序号 | 运　算 | 步骤和结果 | | | | | | | |
|---|---|---|---|---|---|---|---|---|---|
| 1 | 原始图像灰度级 | 0 | 1 | 2 | 3 | 4 | 5 | 6 | 7 |
| 2 | 原始直方图各灰度级像素 | 790 | 1023 | 850 | 656 | 329 | 245 | 122 | 81 |
| 3 | 原始直方图 | 0.19 | 0.25 | 0.21 | 0.16 | 0.08 | 0.06 | 0.03 | 0.02 |
| 4 | 原始累计直方图 | 0.19 | 0.44 | 0.65 | 0.81 | 0.89 | 0.95 | 0.98 | 1.00 |
| 5 | 规定化直方图 | 0 | 0 | 0 | 0.15 | 0.20 | 0.30 | 0.20 | 0.15 |
| 6 | 规定化累计直方图 | 0 | 0 | 0 | 0.15 | 0.35 | 0.65 | 0.85 | 1.00 |
| 7 | 映射最小 | 3 | 4 | 5 | 6 | 6 | 7 | 7 | 7 |
| 8 | 确定映射关系 | 0→3 | 1→4 | 2→5 | 3,4→6 | | 5,6,7→7 | | |
| 9 | 变换后直方图 | 0 | 0 | 0 | 0.19 | 0.25 | 0.21 | 0.24 | 0.11 |

表中原始直方图各灰度级像素为 $n_k$，原始直方图为 $P(r)$，原始累计直方图为 $s_k$，规定化直方图为 $P(z)$，规定化累计直方图为 $v_k$，映射最小即求 $|s_k - v_k|$ 最小，以上具体步骤如下：

(1)执行均衡化过程，8个灰度级并为5个灰度级；

(2)对规定化的图像用同样的方法进行直方图均衡化处理，如式(5-25)；

(3)使用与 $v_k$ 靠近的 $s_k$ 代替 $v_k$，并用 $G^{-1}(s)$ 求逆变换即可得到 $z_k'$；

(4)图像总像素点为 $64 \times 64 = 4096$，根据一系列 $z_k'$ 求出相应的 $P_z(z_k)$，其结果如图5-21d)所示。

### 5.3.5　直方图修正法的实现

在本节中将结合上述的理论，分别给出具体的实现方法，设计基于 Matlab 平台和 DM642

DSP 系统的具体代码，可以帮助读者深入了解线性变换特点，掌握其实现过程。

1. Matlab 仿真实现

(1)直方均衡化 M 文件源代码及仿真结果

Matlab 图像处理工具箱提供了 imhist 函数来计算和显示图像的直方图，并且提供了用于直方图均衡化的处理函数 histeq，根据这两个函数我们的代码如下：

```
I = imread('D:\Administrator\My Pictures\car\Bcargray512.bmp');
J = histeq(I);
subplot(2,2,1),imshow(I)
title('a)(偏暗图像');
subplot(2,2,2),imshow(J)
title('b)(均衡化处理后图像');
subplot(2,2,3),imhist(I)
title('c)(偏暗图像直方图');
subplot(2,2,4),imhist(J)
title('d)(均衡化后直方图');
```

直方图均衡化结果如图 5-22 所示。根据实验结果可以看出，图 5-22a)原图较暗且动态范围较小，反映在直方图中灰度级范围窄，而且集中在低灰度值一边，如图 5-22b)所示。图 5-22c)

a)原始偏暗图像

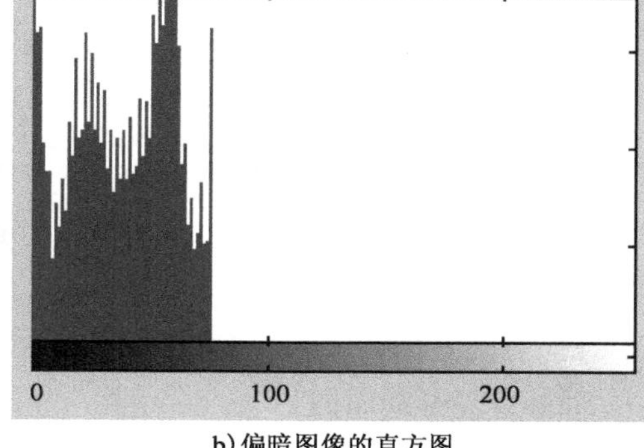


b)偏暗图像的直方图

c)均衡化后的图像

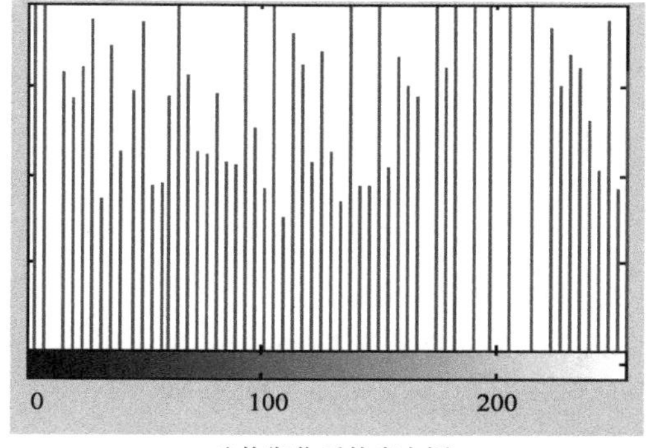


d)均衡化后的直方图

图 5-22　直方图均衡化

和图 5-22d)是经过直方图均衡化处理后的图像和直方图,处理后的图像直方图分布比较均匀,占据了整个图像灰度值允许的范围。因此,经过直方图均衡化处理后增加了图像灰度的动态范围,也增加了原图像的对比度。但需要注意的是,直方图均衡化在增加图像对比度的同时,也增加了图像的颗粒感。

(2)直方规定化的 M 文件源代码及仿真结果

直方图规定化结果如图 5-23 所示,此程序中我们使用图 5-22a)均衡化为 32 个灰度级的直方图作为期望直方图,将一张较亮的图像进行规定化处理。

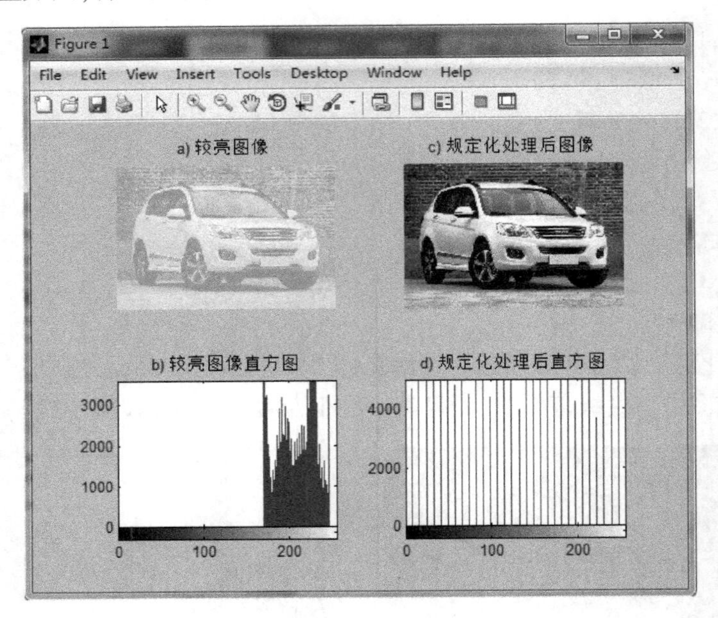


图 5-23　直方图规定化

```
I = imread('D:\Administrator\My Pictures\car\Bcargray512.bmp');
J = histeq(I,32);
[counts,x] = imhist(J);
Q = imread('D:\Administrator\My Pictures\car\Lcargray512.bmp');
figure,
subplot(2,2,1),imshow(Q);
title('a)(较亮图像');
subplot(2,2,3),imhist(Q);
title('b)(较亮图像直方图');
M = histeq(Q,counts);
subplot(2,2,2),imshow(M);
title('c)(规定化处理后图像');
subplot(2,2,4),imhist(M);
title('d)(规定化处理后直方图');
```

2. DM642 DSP 系统的算法实现

本节基于 TMS320DM642 平台，给出了直方图均衡化和规定化算法的 C 语言实现。

(1)直方图均衡化实现

①程序流程图

直方图均衡化流程见图 5-24。

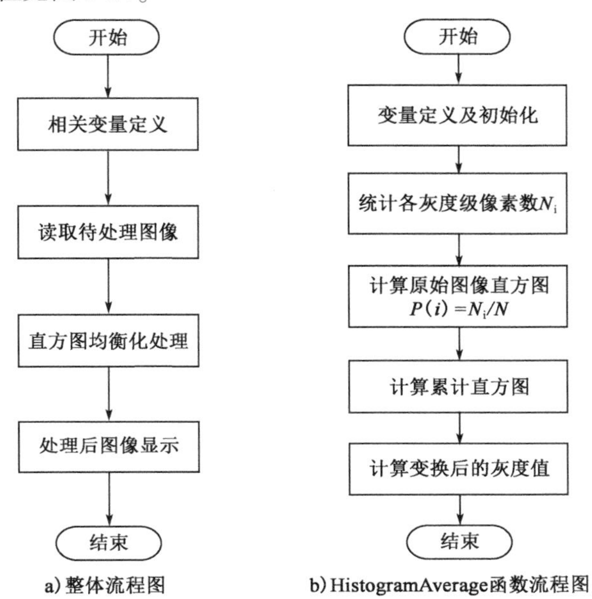


图 5-24　程序流程图

②DM642 程序源代码

```
#include <stdio.h>
#include <stdlib.h>
#define IMAGEWIDTH   512
#define IMAGEHEIGHT 350
#define Uchar        unsigned char
void ReadImage(char * cFileName);
void bmpDataPart(FILE * fpbmp);
void HistogramAverage();
#pragma DATA_SECTION(graynew,".my_sect")
Uchar grayold[IMAGEHEIGHT][IMAGEWIDTH];
Uchar graynew[IMAGEHEIGHT][IMAGEWIDTH];
void main()
{
   /* 图像 */
   ReadImage("D:\\Administrator\\My Pictures\\car\\Bcargray512.bmp");
  /* 灰度直方图均衡化 */
```

```
    HistogramAverage();
}
void ReadImage(char *cFileName)
{
        FILE *fp;
        if ( fp = fopen(cFileName,"rb" ) )
        {
                bmpDataPart(fp);
                fclose(fp);
        }
}
void bmpDataPart(FILE * fpbmp)
{
    int i, j = 0;
    Uchar * pix = NULL;
    fseek(fpbmp, 1078L, SEEK_SET);
    pix = (Uchar *)malloc(512);
    for(j = 0;j < IMAGEHEIGHT;j++)
     {
     fread(pix, 1, 512, fpbmp);
         for(i = 0;i < IMAGEWIDTH;i++)
            {
                grayold[IMAGEHEIGHT - 1 - j][i]    = pix[i];
            }
       }


}
/*直方图均衡*/
void HistogramAverage()
{
    int L = 256;
    int i,j;
    float p[256] = {0},c[256] = {0},number[256] = {0.0};
     for(i = 0;i < IMAGEHEIGHT;i++)
      {
         for(j = 0;j < IMAGEWIDTH;j++)
          {
              number[grayold[i][j]]++;
```

```
        }
    }
    for(i=0;i<L;i++){
        p[i]=number[i]/(IMAGEHEIGHT*IMAGEWIDTH);
    }
    for(i=0;i<L;i++)
    {
        for(j=0;j<=i;j++)
        {
            c[i]+=p[j];
        }
    }
    for(i=0;i<IMAGEHEIGHT;i++)
    {
        for(j=0;j<IMAGEWIDTH;j++)
        {
            graynew[i][j]=(int)(c[grayold[i][j]]*255.0+0.5);
        }
    }
}
```

③CCS 仿真设置

选择 CCS 设置中的 Tools→Image Analyzer 调出图像窗口，右键单击图像窗口选择 Properties 进行图像显示配置，设置与第5.2.3节中图5-9相同。

④实验结果

以上代码以 HistogramAverage( )函数对一张较暗图像进行处理，实验结果如图5-25所示。

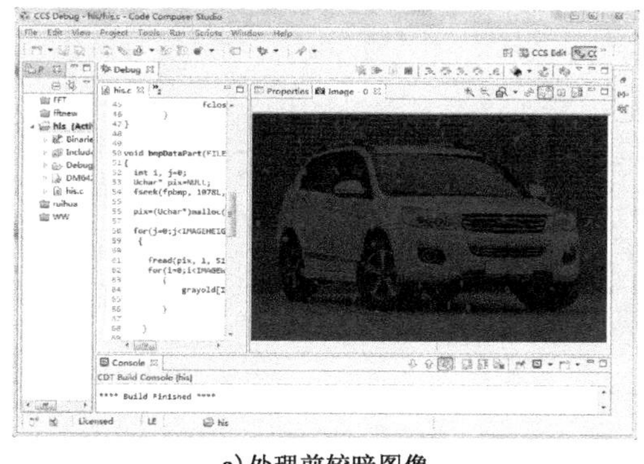

a)处理前较暗图像

b)直方图均衡化处理后图像

图5-25　直方图均衡化处理

(2)直方图规定化的实现

①程序流程图

直方图规定化流程见图 5-26。

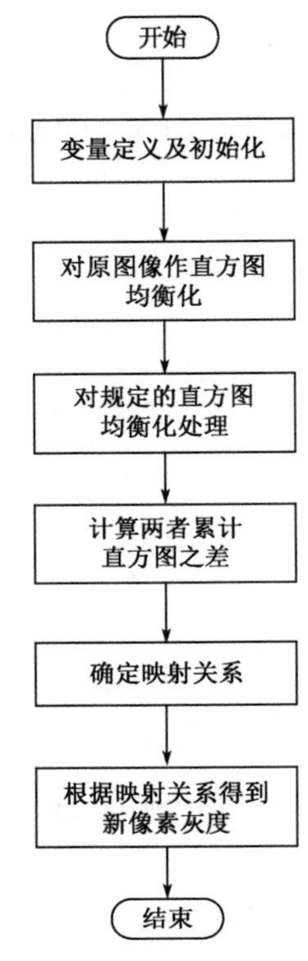


图 5-26　直方图规定化流程图

②DM642 程序源代码

本程序中，选择一副较暗的图像进行规定化处理，为了使处理结果显而易见，我们选择一个灰度集中在亮区的直方图作为目标直方图，即较暗图像经过规定化处理后将会变为一幅较亮的图像，灰度直方图规定化代码清单如下：

```
#include <stdio.h>
#include <stdlib.h>
#define IMAGEWIDTH   512
#define IMAGEHEIGHT 350
#define Uchar unsigned char
void ReadImage(char *cFileName);
void bmpDataPart(FILE * fpbmp);
void HistogramSpecification();
#pragma DATA_SECTION(srcMin,".my_sect")
Uchar grey[IMAGEHEIGHT][IMAGEWIDTH];
float srcMin[IMAGEHEIGHT][IMAGEWIDTH];
void main()
{
```

```
    /* 图像 */
    ReadImage("D:\\Administrator\\My Pictures\\car\\Bcargray512.bmp");
   /* 灰度直方图规定化 */
   HistogramSpecification();
    while (1);
}
void ReadImage(char *cFileName)
{
        FILE *fp;
        if ( fp=fopen(cFileName,"rb" ) )
        {
            bmpDataPart(fp);
            fclose(fp);
        }
}
void bmpDataPart(FILE * fpbmp)
{
   int i, j=0;
   Uchar * pix=NULL;
   fseek(fpbmp, 1078L, SEEK_SET);
   pix=(Uchar *)malloc(512);
   for(j=0;j<IMAGEHEIGHT;j++)
    {
    fread(pix, 1, 512, fpbmp);
      for(i=0;i<IMAGEWIDTH;i++)
        {
            grey[IMAGEHEIGHT-1-j][i]    = pix[i];
        }
      }
}
void HistogramSpecification( )
{
    int x=0,y=0,endY=0;
    Uchar histMap[256] = {0};
    int L=256;
    float p[256] = {0},src[256] = {0},dst[256] = {0},number[256] = {0},minValue = 0;
    for(x=0;x<IMAGEHEIGHT;x++)
    {
```

```
    for(y =0;y <IMAGEWIDTH;y + + )
    {
        number[grey[x][y]] + +;
    }
}
for(x =0;x <L;x + + ){
     p[x] = number[x]/(IMAGEHEIGHT * IMAGEWIDTH);    //归一化的直方图
}
for(x =0;x <L;x + + )
{
    for(y =0;y < =x;y + + )
    {
        src[x] + =p[y];                                    //累计的归一化直方图
        dst[x] + =p[255. y];                              //目标直方图
    }
}
//计算原始图像到目标图像累积直方图各灰度级的差的绝对值
for (y = 0; y < IMAGEHEIGHT; y + + )
{
     for (x = 0; x < IMAGEWIDTH; x + + )
     {
         srcMin[y][x] =src[y] - dst[x];
         if(srcMin[y][x] <0)
            srcMin[y][x] = -srcMin[y][x];
     }
}
//GML 映射
for (x = 0; x <IMAGEHEIGHT ; x + + )
{
     minValue = srcMin[x][0];
     for (y = 0; y < IMAGEWIDTH; y + + )
     {
         if (minValue > srcMin[x][y])
         {
             endY = y;
             minValue = srcMin[x][y];
         }
     }
```

```
        histMap[x] = endY;//建立映射关系
    }
    //根据映射得到新的像素点
    for (x = 0; x < IMAGEHEIGHT; x++)
        for (y = 0; y < IMAGEWIDTH ; y++)
         grey[x][y] = histMap[grey[x][y]];
}
```

③实验结果

实验结果如图5-27所示,由实验结果可以明显看出直方图规定化后的图像符合预期结果。

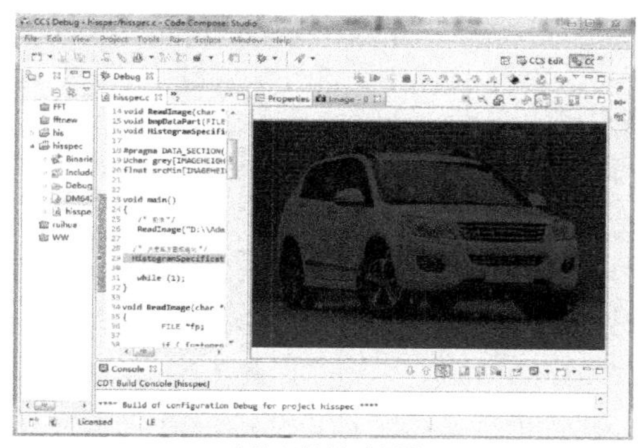

a)处理前较暗图像

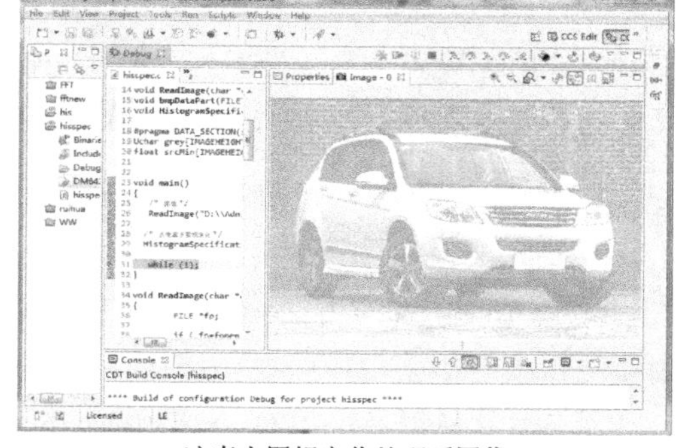

b)直方图规定化处理后图像

图5-27 直方图规定化处理

## 5.4 图像平滑

在图像的获取和传输过程中原始图像会受到各种噪声的干扰,包括光电转换过程中的噪声,照片颗粒噪声和通信传输中的误差等,使图像质量下降,为后续的图像处理与分析造成了障碍。噪声反映在图像中,会使原本均匀和连续变化的灰度值突然变大或变小,形成一些虚假的边缘或轮廓。减弱、抑制或消除噪声而改善图像质量的方法称为图像平滑。图像平滑有两个方面内容,一是消除噪声,二是增强(或保护)图像特征。在实际中这两点也总是结合在一起,需要良好的兼顾。平滑方法一般可分为两大类,即空间域方法和频率域方法。空间域常用的方法有邻域平均法、中值滤波和多图像平均法等;在频率域,因为噪声频谱多在高频段,因此可以采用各种形式的低通滤波方法进行平滑处理。

### 5.4.1 邻域平均法

邻域平均法是最简单的空间域平滑方法,属于线性低通滤波器。基本思想是通过某一点和邻域内像素点求平均来去除突变的像素点,从而滤掉了一定的噪声,主要优点是算法简单,计算速度快。缺点是图像在一定程度上会出现模糊。邻域平均法的平滑效果与所采用的模板的大小有关,半径越大,则图像的模糊程度就越大。具体操作时利用几个像素灰度的平均值代替每个像素的灰度。假设一幅 $N \times N$ 个像素的图像 $f(x,y)$,平滑处理后得到一幅图像 $g(x,y)$,则有

$$g(x,y) = \frac{1}{M}\sum_{(m,n)\in S} f(x,y) \tag{5-27}$$

其中,$x,y=0,1,2,\cdots,M-1$;$S$ 是$(x,y)$点邻域重点坐标的集合,但其中不包括$(x,y)$点;$M$ 是集合内坐标点的总数。式(5-27)表明,平滑后的图像 $g(x,y)$ 中的每个像素的灰度值均由包含在$(x,y)$点的预定领域中的 $f(x,y)$ 的几个像素灰度值的平均值来确定。它是典型的局部平均,以减少边缘的影响。

邻域 $S$ 的形状和大小根据图像特点确定。一般取的形状是正方形、矩形及十字形等,$S$ 的形状和大小可以在全图处理过程中保持不变,也可根据图像的局部统计特性而变化。

邻域平均法可以去除一定程度的椒盐噪声和高斯噪声,处理后的图像噪声会减弱。但是,原图像经过邻域平均法处理后,本来清晰的边缘会变模糊。这是因为邻域平均法一视同仁地对图像中所有的区域都进行了均值替换,缺乏对图像中目标边缘信息的保护。当使用邻域平均时,图像中本可能是有效边缘的突出点也会被平滑,目标的边缘会变得模糊不清,而且这种模糊边缘的效果会随着平滑窗口的增大而越发明显,因此对于边缘信息的破坏是该算法的缺点。

为了减少这种效应可以采用阈值法,也就是根据下列准则形成图像。

$$h(x,y)=\begin{cases}\dfrac{1}{M}\sum\limits_{(i,j)\in s}f(i,j) & \left|f(x,y)-\dfrac{1}{M}\sum\limits_{(i,j)\in s}f(i,j)\right|>T\\ f(x,y) & else\end{cases}\tag{5-28}$$

其中,阈值 $T$ 是非负的。由上式可知,当邻域内点的均值与原来点的差值小于或等于规定的阈值 $T$( $|f(x,y)-M^{-1}\sum\limits_{(i,j)\in s}f(i,j)|>T$ 的对立情况)时,这些点的像素灰度值 $f(x,y)$ 仍然不变。经过阈值处理后的图像比采用前面的直接图像邻域平均法公式的模糊度要小一些。其原理很明显,主要是利用噪声点的灰度值与其邻域点灰度的均值差异很大这一特点。当邻域内点的均值与该点的差值很大时,它是噪声点的概率就很大,此时可以用其邻域平均值作为该点的灰度值。这种局部均值法存在很多弊端,目前已经出现了很多其他局部平滑算法,可以最大程度的保留边缘细节。

假设将受到噪声干扰的图像看成二维随机变量,可以利用统计理论来分析受噪声干扰的图像平滑后的信噪比问题。在一般情况下,噪声属于加性噪声,并且是独立的高斯白噪声(均值为零,方差为 $\delta^2$),我们定义信噪比为含噪图像的均值与噪声方差之比,则含噪图像经邻域平均法处理后,其信噪比将提高 $\sqrt{M}$ 倍($M$ 为邻域中包含的像素数目),可见邻域取得越大,像素点越多,信噪比提高越多,平滑效果就越好。

### 5.4.2 中值滤波

中值滤波器是在 1971 年由 J. W. Tukey 首先提出并应用在一维信号处理技术中时间序列分析,后来应用到二维图像信号处理技术之中。其原理是:首先确定一个以某个像素为中心点的领域,一般为方形领域;然后将领域中的各个像素的灰度值进行排序,取其中间值作为中心点像素灰度的新值,这里的领域通常被称为窗口;当窗口在图像中上下左右进行移动后,利用中值滤波算法可以很好的对图像进行平滑处理。

中值滤波最初主要用于一维时间序列分析,后来被用于二维图像处理。中值滤波的目的是保护图像边缘的同时去除孤点噪声,能减弱或消除傅立叶空间的高频分量,但影响低频分量。因为高频分量对应图像中的区域边缘的灰度值具有较大较快变化的部分,该滤波可将这些分量滤除,使图像平滑。同时,在一定的条件下,可以克服线性滤波器所带来的图像细节模糊，而且对滤除脉冲干扰及图像扫描噪声非常有效，但是对一些细节多，特别是点、线、尖顶细节较多的图像则不宜采用中值滤波的方法。

1. 中值滤波的特性

(1) 对某些输入信号中值滤波的不变性：对某些特定的输入信号，滤波输出保持输入信号值不变，例如在窗口 $2n+1$ 内单调增加或单调减少的序列，即：

$$f_{i-n}\leqslant\cdots\leqslant f_i\leqslant\cdots\leqslant f_{i+n}\quad\text{或}\quad f_{i-n}\geqslant\cdots\geqslant f_i\geqslant\cdots\geqslant f_{i+n}\tag{5-29}$$

则中值滤波输出不变。

对于阶跃信号，中值滤波也保持不变。

中值滤波的另一类不变性就是在一维情况下周期性的二值序列。例如：

$$\{f_n\}=\cdots,+1,+1,-1,-1,+1,+1,-1,-1,\cdots$$

当窗口为9的中值滤波的输入到一周期为4的输入序列时，输出不变。对于一个二维序列，这一类不变性更为复杂，但它们一般也是二值的周期性结构，即周期性网络结构的图像。

(2) 中值滤波去噪性能：中值滤波可以用来减弱随机干扰和脉冲干扰。由于中值滤波是非线性的，因此随机输入信号数学分析比较复杂。对于均值为零的正态分布的噪声输入，中值滤波输出的噪声方差近似为：

$$\delta_{\text{Med}}^2=\frac{1}{4mP^2(\bar{m})}=\frac{\delta_i^2}{m+\dfrac{\pi}{2}-1}\cdot\frac{\pi}{2}\tag{5-30}$$

式中，$\delta_i^2$ 为输入噪声功率(方差)；$m$ 为中值滤波窗口长度；$\bar{m}$ 为输入噪声均值；$P(\bar{m})$ 为噪声密度函数。而均值滤波的输出方差 $\delta_o^2$ 为：

$$\delta_o^2=\frac{1}{m}\delta_i^2\tag{5-31}$$

由式(5-31)可以看出，中值滤波的输出与输入噪声的密度分布有关。而均值滤波的输出与输入分布无关。从对随机噪声的抑制能力看，中值滤波性能要比均值滤波差一些。对脉冲干扰来讲，特别是脉冲宽度小于 $m/2$，相距较远的窄脉冲干扰，中值滤波是很有效的。

(3) 中值滤波的频谱特性：由于中值滤波是非线性的，为此在输入与输出之间不存在一一对应的关系，不能用一般线性滤波器频率特性的研究方法，应采用总体试验观察方法。

设 $G$ 为输入信号频谱，$F$ 为输出信号频谱，则

$$H=\left|\frac{G}{H}\right|\tag{5-32}$$

为中值滤波器的频率响应特性，$H$ 与 $G$ 有关为，为不规则波动的曲线，其均值比较平坦。可认为经中值滤波后，频谱基本不变。这一特点对从事设计和使用中值滤波器的工作是很有意义的。

2. 一维中值滤波

设有一维序列 $f_1,f_2,\cdots,f_n$，用窗口长度为 $m$($m$ 为奇数)的窗口对该序列进行中值滤波，也就是从输入序列 $f_1,f_2,\cdots,f_n$ 中相继抽出 $m$ 个数 $f_{i-v},\cdots,f_{i-1},f_i,f_{i+1},\cdots,f_{i+v}$，其中 $f_i$ 为窗口的中心值，$v=\dfrac{m-1}{2}$，再将这 $m$ 个点的值按其数值大小排列，取其序号为正中间的那个值作为滤波

器的输出,用以代替窗口中心点的像素值。用数学公式可表示为

$$Y_i = Med\{f_{i-v}, \cdots, f_i, \cdots, f_{i+v}\} \qquad i \in Z, v = \frac{m-1}{2} \tag{5-33}$$

而均值滤波的一般输出为:

$$z_i = (f_{i-v} + f_{i-v+1} + \cdots + f_i + \cdots + f_{i+v})/m \qquad i \in Z \tag{5-34}$$

例如:有一个序列为{0,3,4,0,7},则中值滤波为重新排序后的序列{0,0,3,4,7},中间的值为3。若用均值滤波,窗口也是取5,那么均值滤波输出为(0+3+4+0+7)/5=2.8。

3. 二维中值滤波

对于二维图像来说,中值滤波的基本思想是:对于一幅图像,首先确定一个以某个像素为中心点的邻域,一般为方形邻域;然后将邻域中各个像素的灰度值进行排序,取其中间值作为中心点像素灰度的新值,也就是一个矩形滑动窗口(窗口尺寸一般取奇数)。当窗口在图像中上下左右进行移动时,利用中值滤波算法可以很好地对图像进行平滑处理。

考虑到一般图像在两维方向上均具有相关性,因此活动窗口一般选为二维窗口(如3×3,5×5或7×7等),这种二维窗口可以有各种不同的形状,如线状、方形、圆形、十字形、圆环形等,常用窗口形状如图5-28所示。

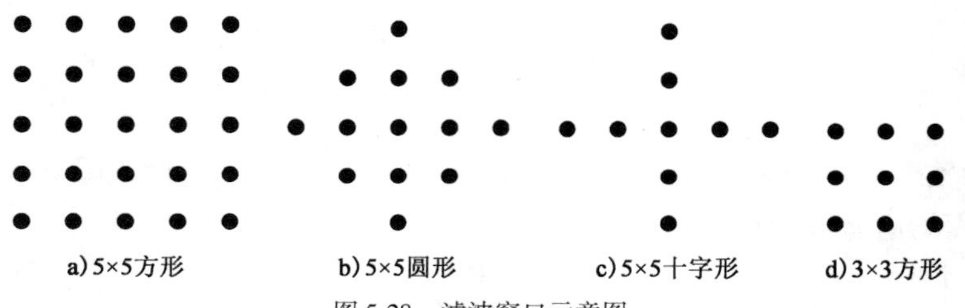


图5-28 滤波窗口示意图

中值滤波的主要步骤为:

(1)将滤波模板(含有若干个点的滑动窗口)在图像中移动,并将模板中心与图像中的某个像素位置重合;

(2)读取模板下各对应像素的灰度值;

(3)将选取的灰度值从小到大排列;

(4)找到这一列数据的中间数据,将其赋给对应模板中心位置的像素。如果窗口中有奇数个元素,中值取元素按灰度值大小排序后的中间元素灰度值。如果窗口中有偶数个元素,中值取元素按灰度值大小排序后,中间两个元素灰度的平均值。因为图像为二维信号,中值滤波的窗口形状和尺寸对滤波器效果影响很大,不同图像内容和不同应用要求往往选用不同的窗口形状和尺寸。

在实际使用窗口时,窗口的尺寸一般先用5×5,再逐渐增大,直到其滤波效果满意为止。对于有缓变较长轮廓线物体的图像,采用方形或圆形窗口为宜,对于包含尖顶角物体的图像,适宜用十字形窗口,使用二维中值滤波最值的注意的是保持图像中有效的细线状物体。与平均滤波器相比,中值滤波器从总体上来说,能够较好地保留原图像中的跃变部分。

### 5.4.3 多图像平均法

多图像平均法是利用对同一景物的多幅图像取平均值来消除噪声产生的高频成分,因为

噪声分量是随机的,其值是随机变化的(设为0均值),有正有负,平均运算以后很有可能被抵消,在图像采集中常应用这种方法消除噪声。

多图像平均法以噪声干扰的统计学特征为基础。如果一幅图像包含噪声,可以假定这些噪声相对于每一坐标点$(x,y)$是不相关的,且其数学期望值为零。对同一景物$h(x,y)$摄取$M$幅图像$g_i(x,y)(i=1,2,\cdots,M)$,则

$$g_i(x,y)=f(x,y)+n_i(x,y) \qquad (i=1,2,\cdots,M) \tag{5-35}$$

$n_i(x,y)$为叠加在每一幅图像$g_i(x,y)$上的随机相加噪声(由于获得图像时可能有随机相加性噪声存在)。可以得出,第$i$幅图像的信噪比为:

$$SNR=\sqrt{\frac{f^2(x,y)}{E[n_i^2(x,y)]}}=\frac{f(x,y)}{E[n_i(x,y)]} \tag{5-36}$$

其中,$E[n_i^2(x,y)]$为噪声期望值。

对$M$幅图像作灰度平均,则平均后的图像为:

$$\bar{g}(x,y)=\frac{1}{M}\sum_{i=1}^{M}g_i(x,y)=\frac{1}{M}\sum_{i=1}^{M}[f(x,y)+n_i(x,y)]=f(x,y)+\sum_{i=1}^{M}n_i(x,y) \tag{5-37}$$

平均后图像$\bar{g}(x,y)$的信噪比为:

$$\overline{SNR}=\sqrt{\frac{f^2(x,y)}{E\left[\frac{1}{M}\sum_{i=1}^{M}n_i(x,y)\right]}}=\frac{f(x,y)}{\sqrt{E\left[\frac{1}{M}\sum_{i=1}^{M}n_i(x,y)^2\right]}} \tag{5-38}$$

也可以证明$\overline{SNR}=\sqrt{M}SNR$。

也就是说,$M$幅图像平均后的图像信噪比是单幅图像信噪比的$\sqrt{M}$倍,通常只选$M=2$或3,以免有处理时间太长。

多幅图像取平均处理常用于照相机或摄像机的图像中,减少相机CCD器件或CMOS器件所引起的噪声。这时对同一景物连续摄取多幅图像并数字化,再对多幅图像进行平均,这种方法实际应用中的难点在于如何把多幅图像配准起来,以便使采集的多幅图像中同一位置的像素能保持正确的对应关系。

### 5.4.4　频率低通滤波法

从信号频谱角度来看,信号的缓慢变化部分在频率域属于低频部分,而信号的迅速变化部分在频率域属于高频部分。对于图像来说,图像的边缘以及噪声干扰在图像的频域上对应于图像傅立叶变换中的高频部分,而图像的背景区则对应于低频部分,因此可以用频域低通滤波法去除图像的高频部分,以去掉噪声使图像平滑。

根据信号系统的理论,低通滤波法的一般形式可以写为:

$$G(u,v)=H(u,v)F(u,v) \tag{5-39}$$

式中,$F(u,v)$是含噪图像的傅立叶变换;$G(u,v)$是平滑后图像的傅立叶变换;$H(u,v)$是传递函数。利用$H(u,v)$使$F(u,v)$的高频分量得到衰减,得到$G(u,v)$后再经过傅立叶反变换就可以得到所希望的图像$g(x,y)$。低通滤波法的系统框图如图5-29所示。

选择不同的$H(u,v)$可以产生不同的平滑效果,常用的传递函数分述如下:

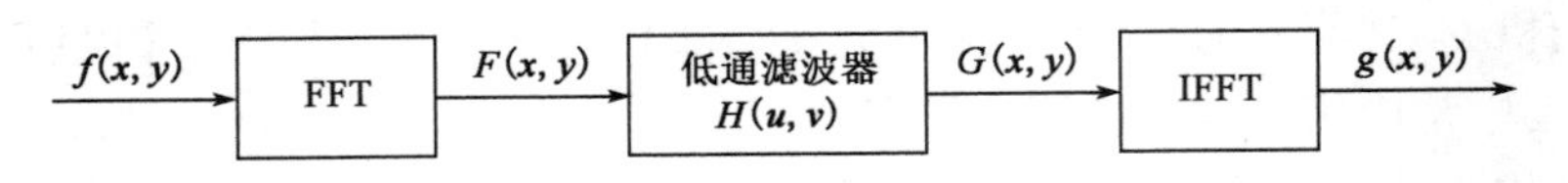


图 5-29　低通滤波法的系统框图

1. 巴特沃思低通滤波器(BLPF)

巴特沃思低通滤波器又称为最大平坦滤波器,它的通带与阻带之间没有明显的不连续性,因此它的空间频域响应没有“振铃”现象发生,模糊度减少。截止频率距离原点为 $D_0$,$n$ 级巴特沃思低通滤波器(BLPT)的传递函数定义为:

$$H(u,v)=\frac{1}{1+\left(\sqrt{2}-1\right)\left[\frac{D(u,v)}{D_0}\right]^{2n}} \tag{5-40}$$

其中,$D_0$ 为截止频率;$n$ 为巴特沃思低通滤波器的级数(阶数)。不同于理想的低通滤波器,它的传递函数与被滤除的频率之间没有明显的截断。显然,当 $D(u,v)$ 远小于 $D_0$ 时,$H(u,v)$ 将接近于 1;当 $D(u,v)$ 远大于 $D_0$ 时,$H(u,v)$ 将接近于 0。阶数 $n$ 越高,巴特沃思低通滤波器越接近于理想的低通滤波器。巴特沃思低通滤波器的特性曲线如图 5-30 所示。

2. 指数低通滤波器

指数低通滤波器可以用来帮助寻找空间域和频率域之间的重要联系,其传递函数为:

$$H(u,v)=e^{-\left[\frac{D(u,v)}{D_0}\right]^n} \tag{5-41}$$

当 $n=2$,$D(u,v)=D_0$ 时,传递函数降为最大值的 $1/\sqrt{2}$。由于指数低通滤波器具有比较平滑的过渡带,因此平滑后的图像“振铃”现象不明显。指数低通滤波器与巴特沃思低通滤波器相比,具有更快的衰减特性,所以经指数低通滤波器处理的图像比巴特沃思低通滤波器稍微模糊一些。图 5-31 是指数低通滤波器的特性曲线。

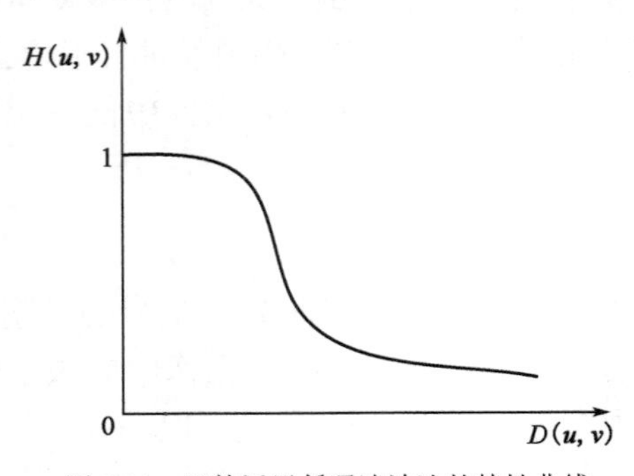


图 5-30　巴特沃思低通滤波法的特性曲线

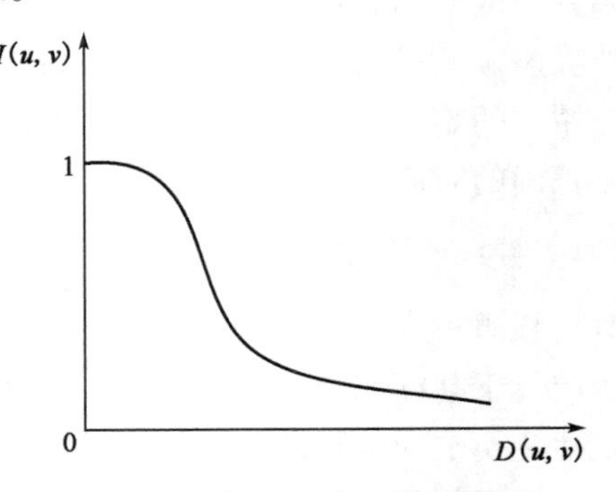


图 5-31　指数低通滤波法的特性曲线

### 5.4.5　图像平滑的实现

本节将结合上述的理论给出具体的实现方法,包括 Matlab 的仿真实现以及基于 C 语言的 DM642 代码,以便读者深入了解图像平滑的基本概念及其功能,掌握其实现方法。

1. Matlab 仿真实现

为使代码简洁,本代码的测试图片选择灰度图像。首先对 Lena 图加均值为 0,方差为

0.02及0.2的椒盐噪声,然后分别对加入椒盐噪声的Lena图进行均值滤波和中值滤波,仿真结果如图5-32所示。

a)原始图像

b)加入0.02密度椒盐噪声的图像

c)均值滤波后的图像

d)中值滤波后的图像

e)加入0.2密度椒盐噪声的图像

f)均值滤波后的图像

g)中值滤波后的图像

图5-32 Matlab仿真结果

(1)主函数 M 文件源代码

```
A = imread('G:\Picture\lena.tif');
B = imnoise(A,'salt & pepper',0.01);   %加均值为0,方差为0.01的椒盐噪声
C = MeanFilter(B,3);                    %对有椒盐噪声图像进行3×3方形窗口均值滤波
D = MedianFilter(B,3);                  %对有椒盐噪声图像进行3×3方形窗口中值滤波
figure(1);
imshow(A);
title('原始图像');
figure(2);
imshow(B);
title('加入椒盐噪声后的图像');
figure(3);
imshow(C);
title('均值滤波后的图像');
figure(4);
imshow(D);
title('中值滤波后的图像');
```

(2)均值滤波函数 M 文件源代码

```
function d = avg_filter(x,n)%x 是需要滤波的图像,n 是模板大小(即 n×n)
a(1:n,1:n) = 1;                %a 即 n×n 模板,元素全是1
[hight, width] = size(x);    %输入图像是 hightxwidth 的,且 hight > n,width > n
x1 = double(x);
x2 = x1;
for i = 1:hight - n + 1
    for j = 1:width - n + 1
        c = x1(i:i + (n - 1),j:j + (n - 1)).*a;
        s = sum(sum(c));
        x2(i + (n - 1)/2,j + (n - 1)/2) = s/(n*n);
    end
end                                  %未被赋值的元素取原值
d = uint8(x2);
```

(3)中值滤波函数 M 文件源代码

```
function d = median_filter(x,n)          %中值滤波
[height,width] = size(x);
x = double(x);
for i = 1:height - n + 1
    for j = 1:width - n + 1
```

```
        c = x(i:i + (n - 1),j:j + (n - 1));     % 取出 n * n 窗口
        e = reshape(c,1,n * n);                 % 将 n * n 窗口转换为一维数组
        m = median(e);                          % 取中值
        d(i + (n - 1)/2,j + (n - 1)/2) = m;
    end
  end
  d = uint8(d);
```

(4) Matlab 仿真结果

2. 基于 DM642 系统的程序

基于 TMS320DM642 DSP 处理平台，给出了均值滤波和中值算法的 c 语言实现方法。

(1) 均值滤波程序设计

①程序流程图

均值滤波流程见图 5-33。

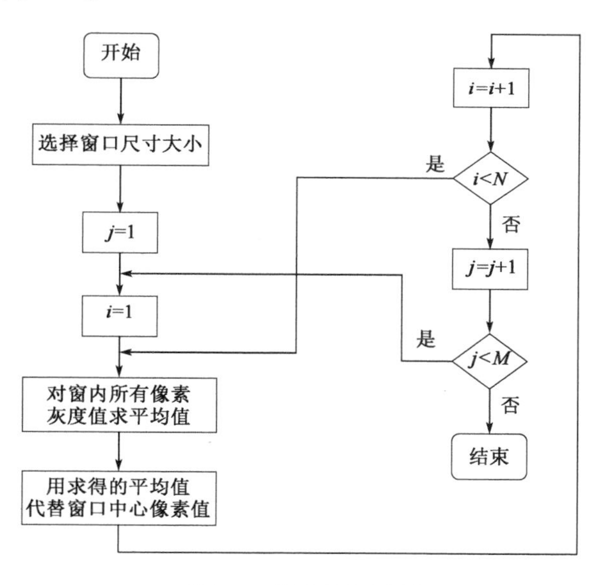


图 5-33　均值滤波流程图

②DM642 程序源代码

```
#include < stdio. h >
#include  < stdlib. h >
#define IMAGEWIDTH   256
#define IMAGEHEIGHT 256
#define Uint8   unsigned char
void ReadImage( char  * cFileName) ;
void bmpDataPart( FILE *  fpbmp) ;
void MeanFilter( ) ;
```

```
unsigned char grey[IMAGEHEIGHT][IMAGEWIDTH];
void main()
{
    /* 图像 */
    ReadImage("G:\\Picture\\lena1.bmp");
    MeanFilter();
    while (1);
}

void ReadImage(char *cFileName)
{
   FILE *fp;
     if ( fp = fopen(cFileName,"rb" ) )
     {
       bmpDataPart(fp);
         fclose(fp);
     }
}
void bmpDataPart(FILE * fpbmp)
{
   int i, j=0;
   unsigned char* pix = NULL;
   fseek(fpbmp, 54L, SEEK_SET);
   pix = (unsigned char*)malloc(256);
   for(j=0;j<IMAGEHEIGHT;j++)
   {
        fread(pix, 1, 256, fpbmp);
        for(i=0;i<IMAGEWIDTH;i++)
        {
         grey[IMAGEHEIGHT-1-j][i]    =pix[i];
        }
   }
}
void MeanFilter()
{
   int i=0,j=0;
     int wheight=1,wwidth=1;            //窗口大小(2*wheight+1)*(2*wwidth+1)
     int k=0,l=0;
```

```
    double sum = 0;
    for(i = 0;i < IMAGEHEIGHT;i + + )
    {
      for(j = 0;j < IMAGEWIDTH;j + + )
        {
          if((i > wheight - 1) && (i < IMAGEHEIGHT - wheight) && (j > wwidth - 1)
&& (j < IMAGEWIDTH - wwidth))
                {
                sum = 0;
                for(k = i - wheight;k < = i + wheight;k + + )
                {
                        for(l = j - wwidth;l < = j + wwidth;l + + )
                        {
                                sum  + =  grey[k][l];
                        }
                }
                grey[i][j]  =  sum/((2 * wheight + 1)  *  (2 * wwidth + 1)) + 0.5;
                }
        }
    }
}
```

③CCS 仿真设置

选择 CCS 设置中的 Tools→Image Analyzer 调出图像窗口，右键单击图像窗口选择 Properties 进行图像显示配置，设置如图 5-9 所示。

④实验结果

加入噪声及均值滤波后图像实验结果见图 5-34。

a)加噪声密度为0.02的椒盐噪声的图像

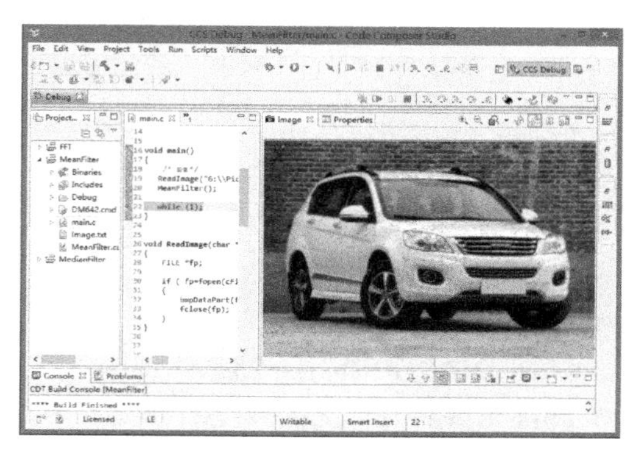

b)均值滤波后图像

图　5-34

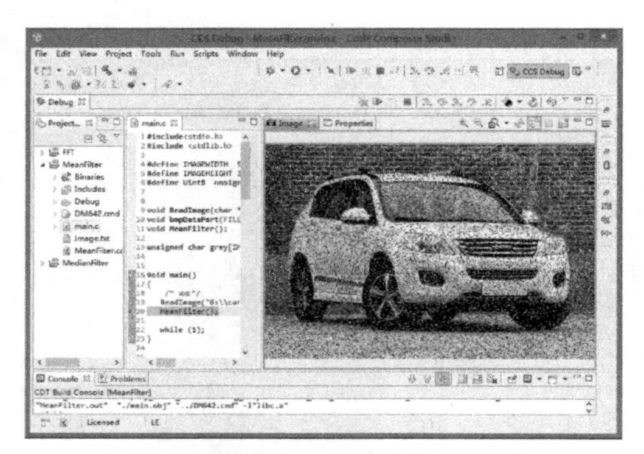

c)加噪声密度为0.2的椒盐噪声的图像

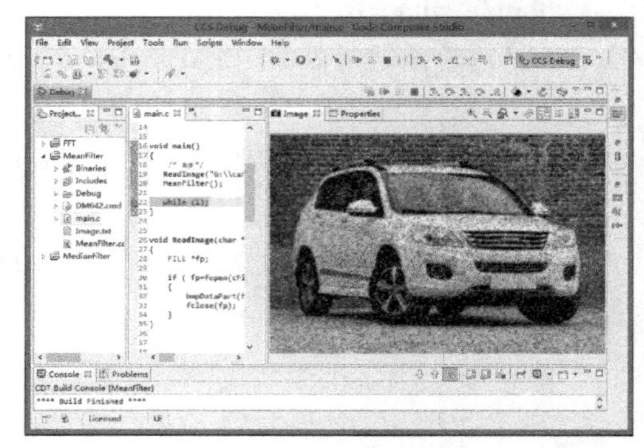

d)均值滤波后图像

图 5-34　加入噪声及均值滤波后图像

(2)中值滤波程序设计

①程序流程图

中值滤波流程见图 5-35。

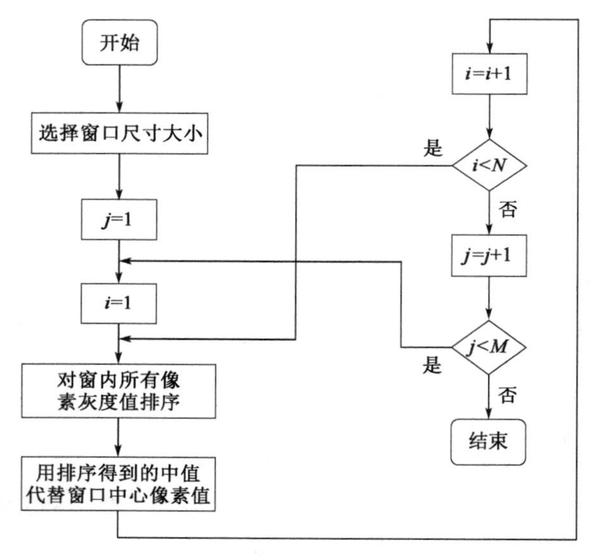


图 5-35　中值滤波流程图

②DM642 程序源代码

```
#include < stdio. h >
#include  < stdlib. h >
#define IMAGEWIDTH    256
#define IMAGEHEIGHT 256
#define Uint8    unsigned char
void ReadImage( char  * cFileName) ;
void bmpDataPart( FILE *  fpbmp) ;
void MedianFilter( ) ;
```

```
unsigned char grey[IMAGEHEIGHT][IMAGEWIDTH];
void main()
{
   /* 图像 */
   ReadImage("G:\\Picture\\lena1.bmp");
   MedianFilter();
   while (1);
}
void ReadImage(char *cFileName)
{
     FILE *fp;
     if ( fp=fopen(cFileName,"rb" ) )
     {
       bmpDataPart(fp);
          fclose(fp);
     }
}
void bmpDataPart(FILE * fpbmp)
{
   int i, j=0;
   unsigned char * pix=NULL;
   fseek(fpbmp, 54L, SEEK_SET);
   pix=(unsigned char *)malloc(256);
   for(j=0;j<IMAGEHEIGHT;j++)
   {
        fread(pix, 1, 256, fpbmp);
        for(i=0;i<IMAGEWIDTH;i++)
         {
        grey[IMAGEHEIGHT-1-j][i]     =pix[i];
         }
   }
}
void MedianFilter()
{
     int i=0,j=0;
     int wheight=1,wwidth=1;         //窗口大小(2*wheight+1) * (2*wwidth+1)
     int k=0,l=0;
     Uint8 temp[9],n=0,mid=0;
```

```
    for(i=0;i<IMAGEHEIGHT;i++)
    {
        for(j=0;j<IMAGEWIDTH;j++)
        {
            if((i>wheight-1) && (i<IMAGEHEIGHT-wheight) && (j>wwidth-1)
 && (j<IMAGEWIDTH-wwidth))
            {
                n=0;
                for(k=i-wheight;k<=i+wheight;k++)
                {
                    for(l=j-wwidth;l<=j+wwidth;l++)
                    {
                        temp[n] = grey[k][l];
                        n++;
                    }
                }
                for(k=0;k<8;k++)
                {
                    for(l=0;l<8.k;l++)
                    {
                        if(temp[l]>temp[l+1])
                        {
                          mid = temp[l];
                          temp[l] = temp[l+1];
                          temp[l+1] = mid;
                        }
                    }
                }
                grey[i][j] = temp[4];
            }
        }
    }
}
```

③CCS 仿真设置

选择 CCS 设置中的 Tools→Image Analyzer 调出图像窗口,右键单击图像窗口选择 Properties 进行图像显示配置,设置如图 5-9 所示。

④实验结果

加入噪声及中值滤波后图像实验结果见图 5-36。

a) 加噪声密度为0.02的椒盐噪声的图像

b) 中值滤波后图像

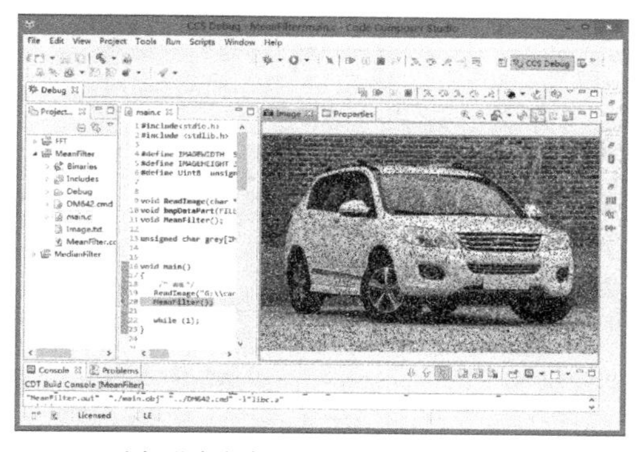

c) 加噪声密度为0.2的椒盐噪声的图像

d) 中值滤波后图像

图 5-36　加入噪声及中值滤波后图像

## 5.5　图像锐化

图像模糊是常见的图像降质问题，图像在传输和变换过程中会受到各种干扰因素而退化，如光的衍射、聚焦不良、景物和取像装置的相对运动都会使图像模糊，电子系统高频性能不好也会损失图像的高频分量，使图像不清晰。在图像识别中，为了将物体从图像中分离出来或将表示同一物体表面的区域检测出来，往往要求图像具有鲜明的轮廓边缘、清晰的细节以及灰度跳变部分，这就需要对图像进行锐化处理。但需要注意的是，锐化可能使噪声受到比有用信号更强的增强，因此，常用的方法是先去除或减小噪声后，再进行锐化处理。

图像锐化又称为图像细节边缘增强，即是对图像进行清晰度的强调，以锐化增强图像中的细节、边缘和轮廓线为目的。图像的清晰度是指图像轮廓边缘的清晰程度，包括：

(1) 分辨出图像线条间的区别：即图像层次对景物质点的分辨率或细微层次质感的精细程度。

(2) 衡量线条边缘轮廓是否清晰：即图像平面清晰度和图像边缘锐利程度，常用锐度表示，其实质是指层次边界渐变密度的过渡宽度。

(3) 衡量图像的细小层次间的清晰程度：尤其是细小层次间的明暗对比或细微反差是否清晰。

### 5.5.1 微分法

大量的研究表明，各种图像变模糊的物理过程的数学模型一般含有求和、平均或积分运算，因此，图像的锐化可以用它的反运算（微分运算）来实现。微分运算的实质是求信号的变化率，而图像的边缘像素都是灰度变化剧烈的地方，所以对图像的微分运算可以实现锐化。

由于图像的内容各种各样，边缘的走向也各不相同，为了把图像中的任何方向伸展的模糊边缘和轮廓变清晰，对图像的某种导数运算应是各向同性的，故应当采用各向同性的，旋转不变的线性微分算子才能适用于不同的边缘，梯度法和拉普拉斯运算法都符合上述条件。

1. *梯度法*

梯度是图像处理中最常用的一次微分方法。对于图像函数$f(x,y)$，它在点$f(x,y)$处的梯度定义为矢量：

$$\nabla f(x,y) = [f'_x \quad f'_y]^T = \left[\frac{\partial f}{\partial x} \quad \frac{\partial f}{\partial y}\right]^T \tag{5-42}$$

梯度的方向在函数$f(x,y)$最大变化率的方向上，梯度的幅度可由下式计算：

$$|\nabla f(x,y)| = \left[\left(\frac{\partial f}{\partial x}\right)^2 + \left(\frac{\partial f}{\partial y}\right)^2\right]^{1/2} \tag{5-43}$$

离散图像可用差分近似表示式(5-39)，一阶偏导数采用一阶差分近似表示为：

$$|\nabla f(x,y)| = \{[f(x,y) - f(x+1,y)]^2 + [f(x,y) - f(x,y+1)]^2\}^{1/2} \tag{5-44}$$

为了便于编程和提高运算速度，在计算精度允许的情况下，式(5-44)可采用绝对差算法简化为：

$$|\nabla f(x,y)| = |f(x,y) - f(x+1,y)| + |f(x,y) - f(x,y+1)| \tag{5-45}$$

这种梯度方法又称为水平垂直差分法，式中各像素的位置如图5-37a)所示。另一种梯度法被称为罗伯特梯度法，将式(5-44)表示为如式(5-46)的形式，图形表示如图5-37b)所示。

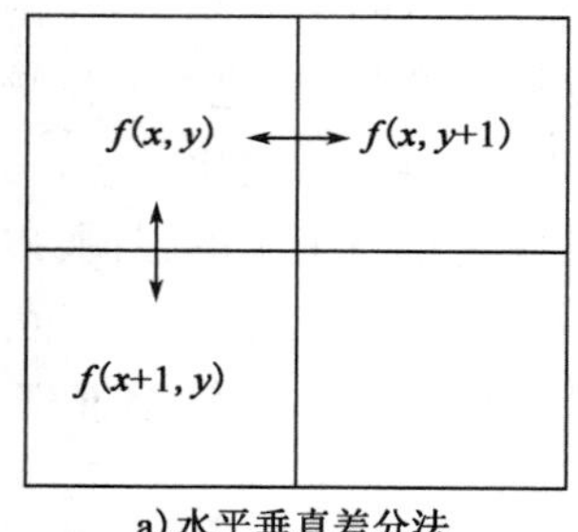

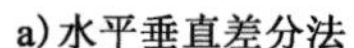
a) 水平垂直差分法

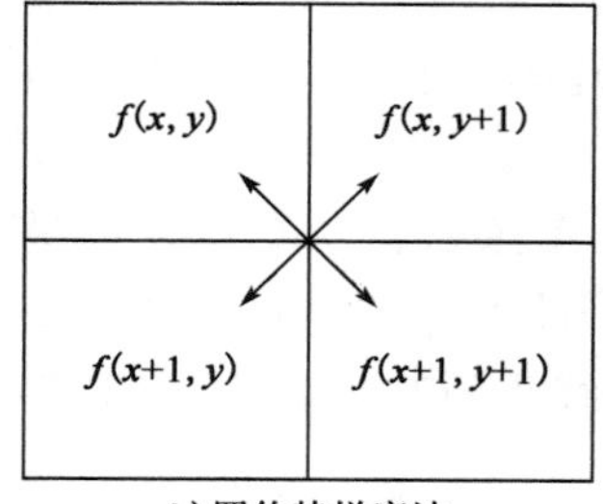

b) 罗伯特梯度法

图5-37 求梯度的两种差分方法

$$|\nabla f(x,y)| = \{[f(x,y) - f(x+1,y+1)]^2 + [f(x+1,y) - f(x,y+1)]^2\}^{1/2} \tag{5-46}$$

同样可以采用绝对差算法近似表示

$$|\nabla f(x,y)| = |f(x,y) - f(x+1,y+1)| + |f(x+1,y) - f(x,y+1)| \tag{5-47}$$

该算法的边缘提取效果要比式(5-45)明显，产生的边缘稍强。

由式(5-47)可知，在遍历处理图像的过程中，最后一行或最后一列的像素点无法计算梯度值，这时一般就用前一行或前一列的梯度值近似代替。

由于边缘灰度变化剧烈，图像经过梯度运算后边缘会凸显出来，因此我们可以直接用梯度的幅度作为像素灰度值输出，如式(5-48)：

$$g(x,y) = |\nabla f(x,y)| \tag{5-48}$$

但如果仅仅使用梯度值作为像素灰度，则只能显现出边缘轮廓，由于灰度变化平缓的背景区域经梯度运算后梯度值近似为零，则表现在图像上背景区域全部较暗，因此不能满足人们的要求，所以常常选择式(5-49)作为输出。

$$g(x,y) = \begin{cases} |\nabla f(x,y)| & |\nabla f(x,y)| \geqslant T \\ f(x,y) & \text{其他} \end{cases} \tag{5-49}$$

另一种方法是规定特定的灰度级，将边缘或非边缘设定为固定灰度级 $L_a$，表示为：

$$g(x,y) = \begin{cases} L_{\mathrm{a}} & |\nabla f(x,y)| \geqslant T \\ f(x,y) & \text{其他} \end{cases} \tag{5-50}$$

或

$$g(x,y) = \begin{cases} |\nabla f(x,y)| & |\nabla f(x,y)| \geqslant T \\ L_{\mathrm{a}} & \text{其他} \end{cases} \tag{5-51}$$

在某些情况下，我们只想区别边缘像素与非边缘像素，这时可采用二值化图像输出方式，即将边缘和非边缘均设定为特定的灰度级，其表达式为：

$$g(x,y) = \begin{cases} L_{\mathrm{a}} & |\nabla f(x,y)| \geqslant T \\ L_{\mathrm{b}} & \text{其他} \end{cases} \tag{5-52}$$

该方法将边缘灰度级固定为 $L_{\mathrm{a}}$，背景区域灰度级固定为 $L_{\mathrm{b}}$，由此图像变为二值化图像输出，边缘轮廓分明便于研究图像的轮廓信息。

2. 拉普拉斯算子法

在图像增强处理中，一阶微分法无法达到需要的效果，可以采用二阶微分法。拉普拉斯算子是锐化中最常用的一种二阶微分法比较适用于改善因为光线漫反射造成的图像模糊。Laplacian 算子是线性二阶微分算子。即

$$\nabla^2 f = \frac{\partial^2 f}{\partial x^2} + \frac{\partial^2 f}{\partial y^2} \tag{5-53}$$

对于离散函数 $f(j,k)$，拉普拉斯算子定义为：

$$\nabla^2 f(j,k)=\Delta_x^2 f(j,k)+\Delta_y^2 f(j,k) \tag{5-54}$$

这里 $\Delta_x^2 f(j,k)$ 和 $\Delta_y^2 f(j,k)$ 是 $f(j,k)$ 在 $x$ 方向和 $y$ 方向的二阶差分，所以离散函数的拉普拉斯算子的表达式为：

$$\nabla^2 f(j,k)=f(j+1,k)+f(j-1,k)+f(j,k+1)+f(j,k-1)-4f(j,k) \tag{5-55}$$

拉普拉斯算子是标量，一般取正值或绝对值。拉氏算子锐化时，其锐化输出为：

$$G(j,k)=F(j,k)-\nabla^2 F(j,k) \tag{5-56}$$

二维离散图像 $F(j,k)$ 经拉普拉斯算子锐化后具有一维图像 $F(j)$ 对拉普拉斯算子锐化所拥有的特性。因为由式(5-55)和式(5-56)可得：

$$G(j,k)=5F(j,k)-[F(j+1,k)+F(j-1,k)+F(j,k+1)+F(j,k-1)] \tag{5-57}$$

当 $F(j,k)$ 在斜坡中间或均匀区间时，$G(j,k)=F(j,k)$。当点 $(j,k)$ 恰好在斜坡底，或者在灰度界限的低灰度级一侧时，邻近的灰度高于或等于 $F(j,k)$，即在图像比较暗的区域中出现了比较亮的点，其 $(F-\nabla^2 F)$ 小于 $F(j,k)$ 点的灰度，从而产生“下冲”。同样，在斜坡顶部或灰度界限的高灰度级一侧，没有灰度级高于 $F(j,k)$，于是 $(F-\nabla^2 F)$ 大于 $F(j,k)$ 的邻点就会产生“上冲”。拉普拉斯算子方法比较适合锐化增强图像中线段点、孤立线或孤立点的视觉效果，是一种比较好的图像锐化方法，对图像界限有明显的增强作用。常用的拉普拉斯模板如图 5-38所示

| 0 | 1 | 0 |
|---|---|---|
| 1 | -4 | 1 |
| 0 | 1 | 0 |

图 5-38　拉普拉斯运算模板

下面介绍一种改进型拉普拉斯锐化的方法——受限拉氏锐化。拉普拉斯锐化算法虽然可以提取出图像中的边缘信息，但是极易引入许多噪声。因此在锐化的同时必须保护图像的有效性，相对于普通的拉普拉斯锐化，受限拉氏锐化后图像边缘被加强的程度更大，并且有效地控制了图像的噪声加强，使处理后的图像边缘更加清晰，保护了图像的细节，将边缘增强和噪声抑制较好的结合在一起。

受限拉普拉斯锐化算法的主要思想是通过引入对比度观察邻域与中心像素的差异，即仅对对比度较小的区域做锐化处理。该方法可以表达为：设 $P_0,P_1,\cdots,P_8$ 为 $P_0$ 的 8 邻域，$\delta$ 代表了 $P_0$ 的 8 邻域对比度，$P_0'$为变换后的像素值。

$$P_M=\mathrm{Max}(P_0,P_1,\cdots,P_8) \tag{5-58}$$

$$P_m=\mathrm{Min}(P_0,P_1,\cdots,P_8) \tag{5-59}$$

$$\delta=\frac{P_M-P_m}{P_M+P_m} \tag{5-60}$$

$$P_0'=\begin{cases}P_0 & \delta>0.5\\ 9P_0-\sum_{i=1}^{8}P_i & \delta\leqslant 0.5\end{cases} \tag{5-61}$$

### 5.5.2　高通滤波法

从另一方面看,图像边缘及急剧变化部分与图像高频分量有关,因此利用高通滤波器衰减图像信号的低频部分能相对增强图像的高频部分,实现图像锐化的目的,高通滤波可用空域和频域两种方法来实现。

1. 空域高通滤波

高通滤波在空间域是用卷积方法实现的,建立在离散卷积基础上的空间域高通滤波关系式为:

$$g(x,y)=\sum_m\sum_n f(m,n)H(x-m+1,y-n+1) \tag{5-62}$$

式中：　$g(x,y)$——锐化输出；

$f(m,n)$——输入图像；

$H(x-m+1,y-n+1)$——系统单位冲激响应阵列。

下面为几种常用的高通卷积模板：

$$\boldsymbol{H}_1=\begin{bmatrix}0&-1&0\\-1&5&-1\\0&-1&0\end{bmatrix}\quad \boldsymbol{H}_2=\begin{bmatrix}-1&-1&-1\\-1&9&-1\\-1&-1&-1\end{bmatrix}$$

$$\boldsymbol{H}_3=\begin{bmatrix}1&-2&1\\-2&5&-2\\1&-2&1\end{bmatrix}\quad \boldsymbol{H}_4=\begin{bmatrix}-1&-2&-1\\-2&19&-2\\-1&-2&-1\end{bmatrix}$$

2. 频域高通滤波

(1)理想二维高通滤波器

$$H(u,v)=\begin{cases}0 & D(u,v)\leqslant D_0\\1 & D(u,v)>D_0\end{cases} \tag{5-63}$$

其中,$D_0$ 是已知的非负数,称作截止频率或者截止半径;$D(u,v)$ 指点$(u,v)$到频率矩形原点的距离。$D(u,v)$可以表示为:

$$D(u,v)=\sqrt{u^2+v^2} \tag{5-64}$$

由式(5-64)可知,该高通滤波器将 $D_0$ 为半径的圆内的频率成分衰减掉,而高频部分通过,因此经高通滤波后的图像背景往往呈现灰黑色。传递函数 $H(u,v)$ 的特性曲线如图 5-39 所示。

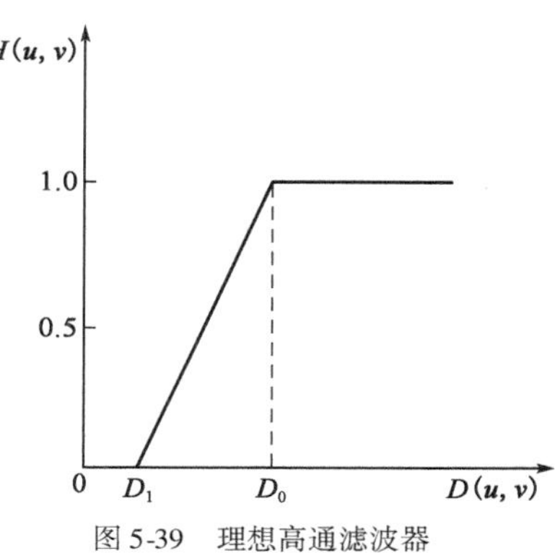

图 5-39　理想高通滤波器

(2)巴特沃斯滤波器(图 5-40)

$$H(u,v)=\frac{1}{1+(\sqrt{2}-1)[D_0/D(u,v)]^{2n}} \tag{5-65}$$

或

$$H(u,v) = \frac{1}{1 + [D_0/D(u,v)]^{2n}} \tag{5-66}$$

其中 $D(u,v)$ 仍为：

$$D(u,v) = \sqrt{u^2 + v^2} \tag{5-67}$$

其中，$D_0$ 仍为截止频率；$D(u,v)$ 为点 $(u,v)$ 到频率矩形原点的距离。使用巴特沃斯滤波器处理图像，随着截止半径 $D_0$ 的增大，图像的质量将越来越好，但是随着 $n$ 的增加，一般会出现“振铃”现象，最后滤波结果跟理想高通滤波非常接近。

(3)指数滤波器(图 5-41)

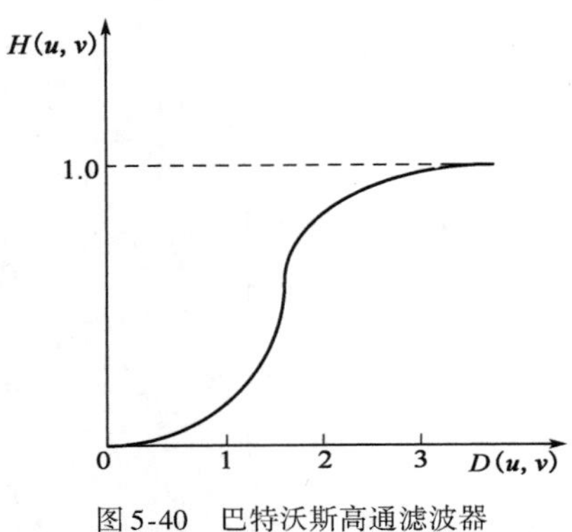


图 5-40　巴特沃斯高通滤波器

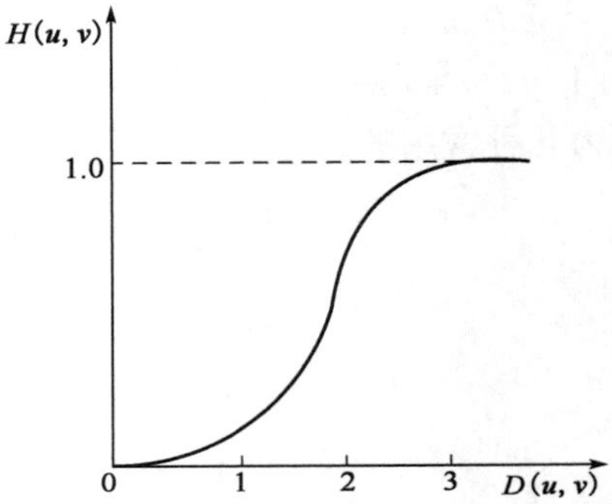

图 5-41　指数高通滤波器

$$H(u,v) = e^{-[D_0/D(u,v)]^n} \tag{5-68}$$

或

$$H(u,v) = e^{-\ln\sqrt{2}[D_0/D(u,v)]^n} \tag{5-69}$$

(4)梯形滤波器(图 5-42)

$$H(u,v) = \begin{cases} 0 & D(u,v) < D_0 \\ \frac{1}{D_1 - D_0}[D(u,v) - D_0] & D_0 \leq D(u,v) \leq D_1 \\ 1 & D(u,v) > D_1 \end{cases} \tag{5-70}$$

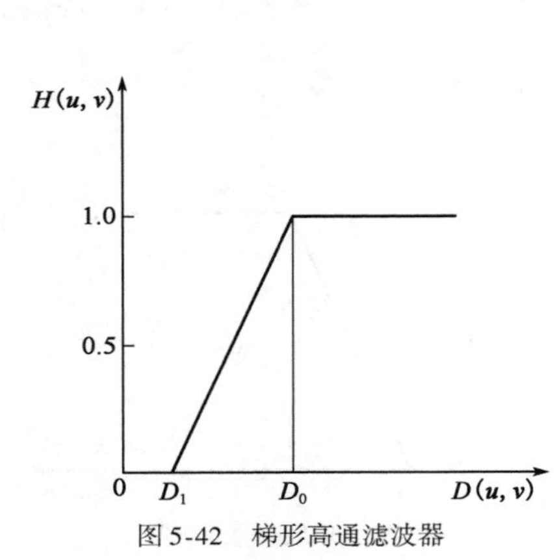


图 5-42　梯形高通滤波器

### 5.5.3　图像锐化的实现

本节将结合上述的理论给出具体的实现方法，包括 Matlab 的仿真实现以及基于 C 语言的适用于 DM642 系统的具体代码，以便读者深入了解锐化的基本概念及其特点，掌握其实现方法。

1. 锐化的 Matlab 仿真实现

(1)梯度法

```
I = imread('D:\Administrator\My Pictures\Lenagray. bmp');    % 读入图像
imshow(I);                                                    % 显示原图像
J = double(I);                                                % 转换为 double 类型
[Gx,Gy] = gradient(J);                                        % 计算梯度
G = sqrt(Gx. * Gx + Gy. * Gy);                                % 水平垂直差分
J = I;
K = find(G > 20);                                             % 设定阈值
J(K) = 255;                                                   % 指定灰度级
figure,imshow(J);                                             % 显示处理后的图像
```

(2)拉普拉斯算子

```
A = imread('D:\Administrator\My Pictures\Lenagray. bmp');    % 读入灰度图像
figure(1); imshow(A);                                         % 显示原图像
title('原图');
I = double(A);
h = [0 1 0;1 -4 1;0 1 0];                                     % 拉普拉斯算子
J = conv2(I,h,'same');                                        % 与算子卷积
K = uint8(J);
imshow(K);                                                    % 显示锐化后图像
```

(3)梯度法和拉普拉斯算子法的锐化效果对比

梯度法和拉普拉斯算子法的锐化效果对比如图 5-43 所示。

a)原图

b)梯度法增强效果

c)拉普拉斯运算法增强效果

图 5-43　梯度法和拉普拉斯算法增强效果的对比

2. DM642 DSP 系统的算法实现

本节基于 TMS320DM642DSP 图像处理平台,给出了锐化算法的 C 语言实现。

①程序流程图

流程见图 5-44。

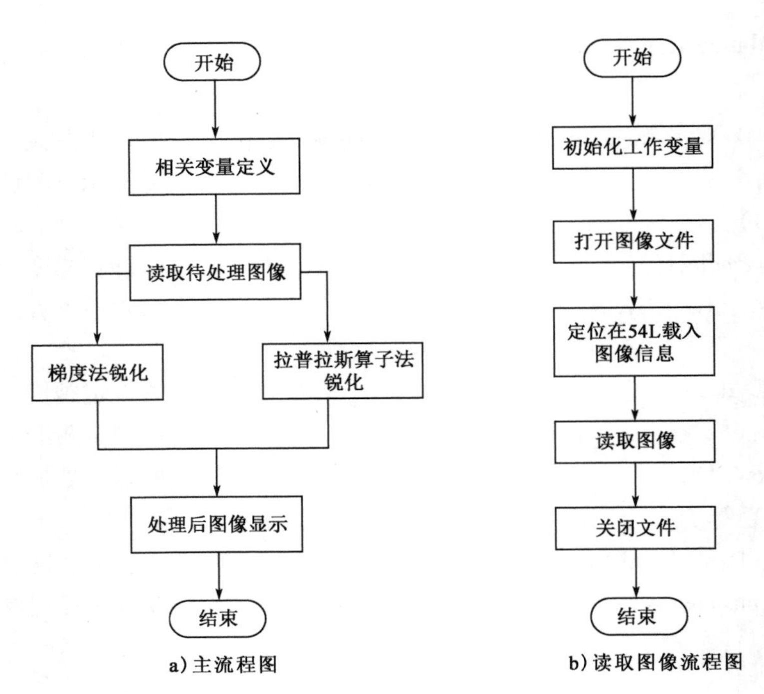


图 5-44　程序流程图

②DM642 程序源代码

在程序中，主要子函数有 ReadImage、GradsSharp、LaplacianSharp 分别用来读取图像、梯度法锐化和拉普拉斯算子法锐化。

```
#include <stdio.h>
#include <stdlib.h>
#define IMAGEWIDTH   256
#define IMAGEHEIGHT 256
#define Uchar        unsigned char
void ReadImage(char *cFileName);
void BmpDataPart(FILE * fpbmp);
void GradsSharp();
void LaplacianSharp();
#pragma DATA_SECTION(grayout,".my_sect")
Uchar  gray[IMAGEHEIGHT][IMAGEWIDTH];
Uchar  grayout[IMAGEHEIGHT][IMAGEWIDTH];
void main()
{
    /*读取图像*/
    ReadImage("D:\\Administrator\\My Pictures\\Lenagray.bmp");
    /*梯度图像锐化处理*/
```

```
  GradsSharp();
 /*拉普拉斯图像锐化处理*/
 // LaplacianSharp();
  while (1);
}
void ReadImage(char *cFileName)
{
  FILE *fp;
  if ( fp=fopen(cFileName,"rb" ) )
  {
    BmpDataPart(fp);
    fclose(fp);
  }
}
void BmpDataPart(FILE * fpbmp)
{
  int i, j=0;
  unsigned char * pix=NULL;
  fseek(fpbmp, 1078L, SEEK_SET);
  pix=(unsigned char *)malloc(256);
  for(j=0;j<IMAGEHEIGHT;j++)
{
      fread(pix, 1, 256, fpbmp);
      for(i=0;i<IMAGEWIDTH;i++)
          {
                gray[IMAGEHEIGHT-1-j][i]=pix[i];
                grayout[IMAGEHEIGHT-1-j][i]=pix[i];
          }
      }
}
/*梯度锐化处理*/
void GradsSharp()
{
      int i,j;
      int temp;
      Uchar bThreshold = 25;  //阈值
      for(i=1;i<IMAGEHEIGHT-1;i++)
  {
```

```
            for(j=1;j<IMAGEWIDTH-1;j++)
            {
            temp = abs(gray[i][j] - gray[i+1][j]) +
                   abs(gray[i][j]-gray[i][j+1]);        //采用绝对差分算法
              if(temp>bThreshold)
              {
                grayout[i][j] = 255;
              }
            }
        }
    }
    /*利用 Laplacian 算子进行锐化处理比较*/
    void LaplacianSharp()
    {
        int i,j,number,row,col;
        int temp;
        int Laplacian_array[9] = {0, -1, 0,
                                  -1,4, -1,
                                  0, -1, 0};
        for(i=1;i<IMAGEHEIGHT-1;i++)
        {
            for(j=1;j<IMAGEWIDTH-1;j++)
            {
                number=0;
                temp=0;
            for(col = -1;col<=1;col++)
            {
                for(row = -1;row<=1;row++)
                {
                    temp += Laplacian_array[number]*gray[i+row][j+col]; //卷积运算
                    number++;
                    }
                }
                if(temp<0)
                  temp = 0;
                if(temp>255)
                  temp = 255;
```

```
                grayout[i][j] = temp;
            }
        }
    }
```

③CCS 仿真设置

选择 CCS 设置中的 Tools→Image Analyzer 调出图像窗口，右键单击图像窗口选择 Properties 进行图像显示配置，设置如图 5-9 所示。

④实验结果

以上代码分别以梯度方法锐化处理函 gradsSharp( )和拉普拉斯图像锐化处理 LaplacianSharp( )对图像进行处理，得到实验结果如图 5-45 所示。

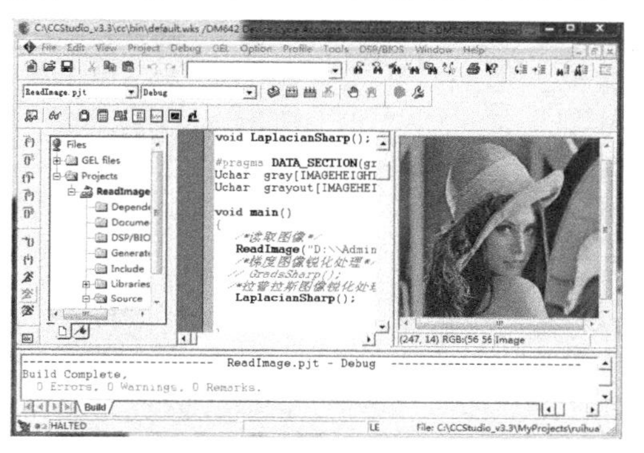

a）处理前图像

b）梯度法增强后的图像后

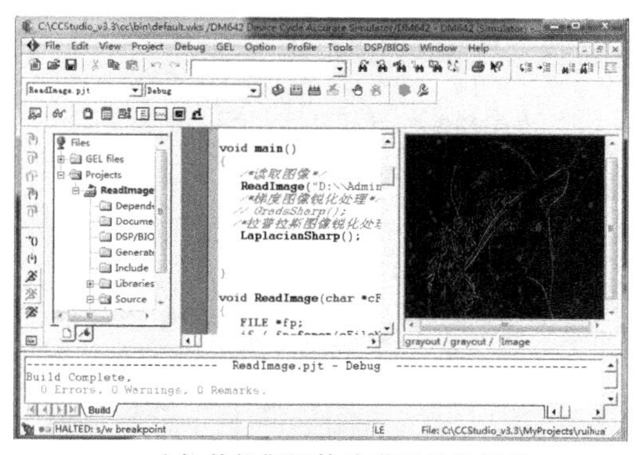

c）拉普拉斯运算法增强后的图像

图 5-45　梯度法和拉普拉斯算法的对比

## 5.6　同态增晰

在数字信号处理的早期研究中，线性滤波器是主要处理手段。它对加性高斯噪声有较好的平滑作用。然而当信号中含有非叠加性噪声时，线性滤波器的处理结果就很难令人满意。于是早在 1958 年 Wiener 就提出了非线性滤波理论，非线性滤波器以稳健统计学、数学形态学等为理论基础，能够很好地保护细节，同时去除信号中的噪声。同态滤波作为非线性滤波的一个重要分支，在语音、图像、雷达、声呐、地震勘探以及生物医学工程等领域中，获得了广泛地应用。

同态滤波是一种在频域中同时进行图像对比度增强和压缩图像亮度范围的特殊滤波方法,常用于处理图像光照不均引起的图像降质,是一种基于图形成像模型的图像增强方法。图像处理中的同态滤波是基于以反射光和入射光为基础的图像模型的,若一幅图像亮度$f(x,y)$由它的照明分量$i(x,y)$及反射分量$r(x,y)$组成,那么图像的模型可以表示为:

$$f(x,y)=i(x,y)r(x,y) \tag{5-71}$$

为增强对比度,应加大反射率分量;为压缩动态范围,应减小照度分量,因此可用下列方法把两个分量分开分别进行滤波,如图5-46所示。

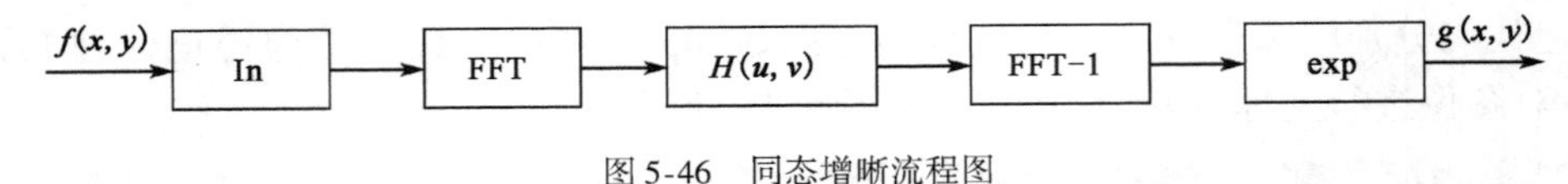


图5-46　同态增晰流程图

(1)先对式(5-71)的两边同时取对数,使图像模型中的乘法运算组合变成简单的对数加法运算组合,即

$$\ln f(x,y)=\ln i(x,y)+\ln r(x,y) \tag{5-72}$$

(2)将上式两边取傅立叶变换,得

$$F(u,v)=I(u,v)+R(u,v) \tag{5-73}$$

(3)选择一个合适的频域函数$H(u,v)$作为传递函数处理$F(u,v)$,可得到

$$H(u,v)F(u,v)=H(u,v)I(u,v)+H(u,v)R(u,v) \tag{5-74}$$

(4)对滤波结果进行傅立叶反变换到空域,得

$$h_{f}(x,y)=h_{i}(x,y)+h_{r}(x,y) \tag{5-75}$$

(5)再将上式两边取指数,得

$$g(x,y)=\exp|h_{f}(x,y)|=\exp|h_{i}(x,y)|\exp|h_{r}(x,y)| \tag{5-76}$$

得到同态滤波后的输出结果,可见增强后的图像是由分别对应照度分量与反射分量的两部分叠加而成。

$H(u,v)$称为同态滤波函数,可以分别作用于照度分量和反射分量上。从同态滤波的实现过程可以看出,能否达到预期的增强效果并取得压缩灰度的动态范围的效果取决于同态滤波传递函数$H(u,v)$的选择。因一般照度分量是在空间缓慢变化的,而反射分量在不同物体的交界处是急剧变化的,所以图像对数傅立叶变换中的低频部分主要对应照度分量,而高频部分主要对应反射分量。以上特性表明可以设计一个对傅立叶变换的高频和低频分量影响不同的滤波函数$H(u,v)$。

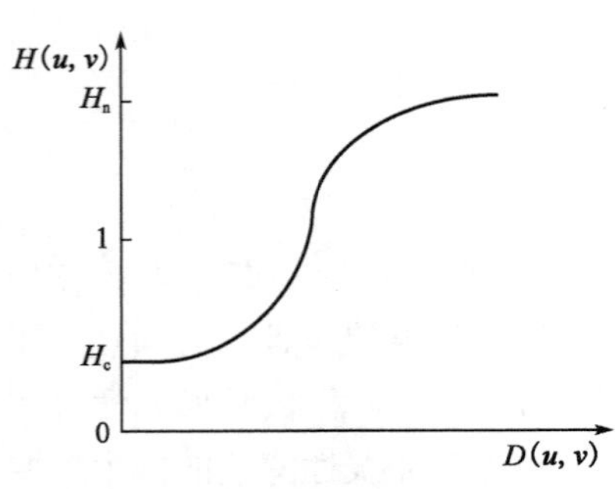


图5-47　同态增晰滤波函数剖面图

如图5-47所示,滤波函数$H(u,v)$可以对低频段进行动态范围压缩,而对图像的高频段进行动态范围拉伸,结果是同时压缩了图像的动态范围和增加了图像局部区域

之间的对比度。

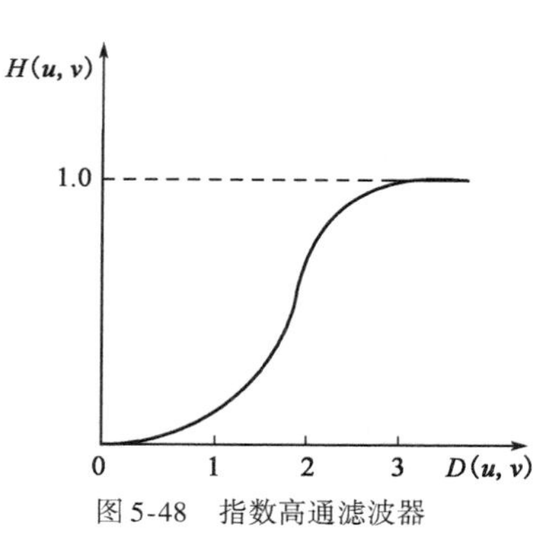

图 5-48　指数高通滤波器

### 5.6.1　同态增晰算法的实现

#### 1. Matlab 仿真实现

(1)同态滤波的 M 文件源代码。

针对图像 moon. bmp,设计一个同态滤波器,选择指数高通滤波器对经过快速傅立叶处理后的频域图像进行滤波,指数高通滤波器如图 5-48 所示。

具体 Matlab 程序代码如下:

```
clear all
I = imread('D:\\Administrator\\My Pictures\\moon. bmp');
[M N] = size(I);
figure(1),imshow(I);
T = double(I);
L = log(T + 1);
F = fft2(L);
P = fftshift(F);
figure(2),imshow(uint8(real(P)));
for i = 1:M
      for j = 1:N
         D(i,j) = ((i - M/2)^2 + (j - N/2)^2);
      end
end
c = 0.15;
D0 = max(M,N);
H = (1.1 - 0.1) * (1 - exp(c * ( - D/(D0^2)))) + 0.1;
F = F. * H;
F = ifft2(F);
Y = exp(F);
G = real(Y);
Q = 60 * G;
figure(3),imshow(uint8(Q));
```

(2)Matlab 处理结果如图 5-49 所示。

#### 2. DSP 系统的算法实现

这里基于 TMS320DM642 DSP 处理平台设计图像滤波算法。

①程序流程图

DSP 图像滤波算法如图 5-50 所示。

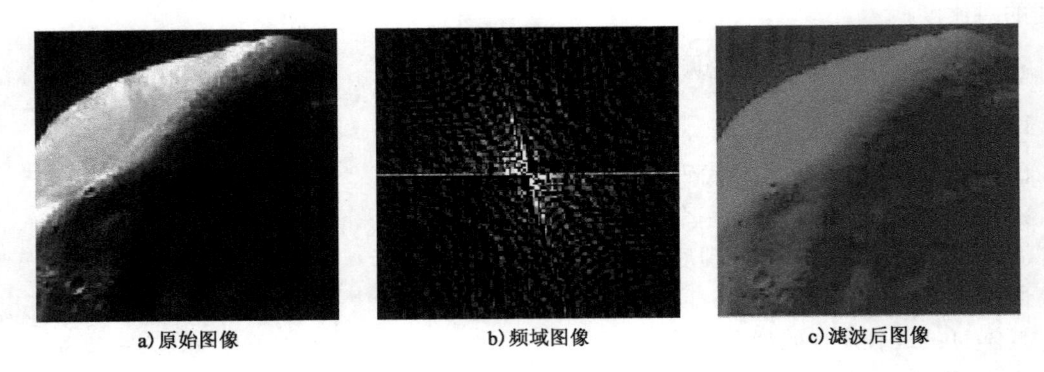


图 5-49　Matlab 同态滤波

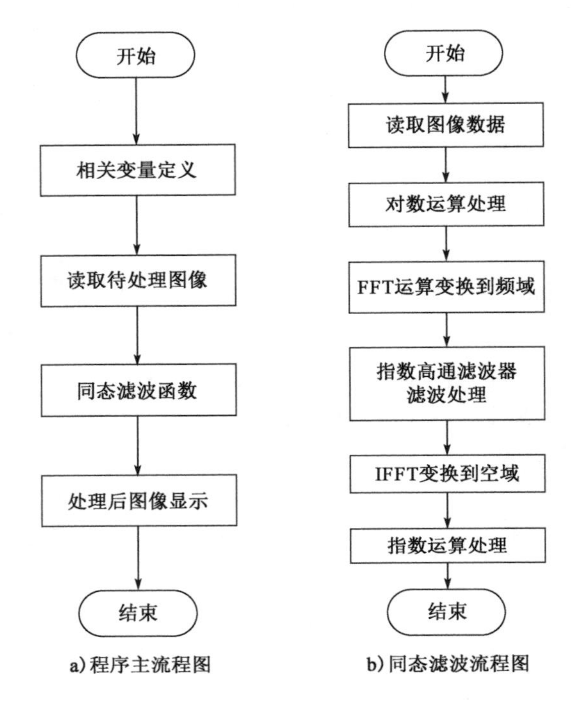


图 5-50　程序流程图

②DM642 程序源代码

```
#include < stdio. h >
#include < stdlib. h >
#include < math. h >
#define pi   3. 1415926
#define Width   128
#define Height 128
void ReadImage( char  * cFileName) ;
void bmpDataPart( FILE *  fpbmp) ;
```

```
void fft();
void ifft();
void EHPF();
#pragma DATA_SECTION(input,".my_sect")
#pragma DATA_SECTION(fdout,".my_sect")
#pragma DATA_SECTION(tdout,".my_sect")
#pragma DATA_SECTION(fd_re,".my_sect")
#pragma DATA_SECTION(fd_im,".my_sect")
#pragma DATA_SECTION(td_re,".my_sect")
#pragma DATA_SECTION(td_im,".my_sect")
#pragma DATA_SECTION(wx1_re,".my_sect")
#pragma DATA_SECTION(wx1_im,".my_sect")
#pragma DATA_SECTION(wx2_re,".my_sect")
#pragma DATA_SECTION(wx2_im,".my_sect")
#pragma DATA_SECTION(wco_re,".my_sect")
#pragma DATA_SECTION(wco_im,".my_sect")
#pragma DATA_SECTION(hx1_re,".my_sect")
#pragma DATA_SECTION(hx1_im,".my_sect")
#pragma DATA_SECTION(hx2_re,".my_sect")
#pragma DATA_SECTION(hx2_im,".my_sect")
#pragma DATA_SECTION(hco_re,".my_sect")
#pragma DATA_SECTION(hco_im,".my_sect")
unsigned char input[Height][Width];
unsigned char fdout[Height][Width];
unsigned char tdout[Height][Width];
double fd_re[Height][Width];
double fd_im[Height][Width];
double td_re[Height][Width];
double td_im[Height][Width];
double wx1_re[Width];
double wx1_im[Width];
double wx2_re[Width];
double wx2_im[Width];
double wco_re[Width];
double wco_im[Width];
double hx1_re[Height];
double hx1_im[Height];
double hx2_re[Height];
```

```
double hx2_im[Height];
double hco_re[Height];
double hco_im[Height];
void main()
{
    /* 图像 */
    ReadImage("moonnew.bmp");
    //傅氏变换
    fft();
    //频域滤波(指数高通滤波器)
    EHPF();
    //傅氏反变换
    ifft();
    while (1);
}
void ReadImage(char *cFileName)
{
    FILE *fp;
      if ( fp = fopen(cFileName,"r__b" ) )
      {
        bmpDataPart(fp);
          fclose(fp);
      }
}
void bmpDataPart(FILE * fpbmp)
{
    int i, j = 0;
    unsigned char * pix = NULL;
    fseek(fpbmp, 1078L, SEEK_SET);
    pix = (unsigned char *)malloc(Width);
    for(j = 0;j < Height;j++)
    {
          fread(pix, 1, Width , fpbmp);
        for(i = 0;i < Width;i++)
        {
          input[Height - 1 - j][i]    = pix[i];
        }
    }
```

```
}
void EHPF( )
{
  int x = 0, y = 0, n1, n2;
    double c = 0.15;                                    //锐化参数,可调
    double D = 0, H = 0;
    n1 = Height/2;
    n2 = Width/2;
    for( x = 0; x < Height; x++ )
    {
     for( y = 0; y < Width; y++ )
     {
       D = (x - n1) * (x - n1) + (y - n2) * (y - n2);
       H = (1.1 - 0.1) * (1 - exp( - c * (D/(Width * Width)))) + 0.1;
       fd_re[x][y] = H * fd_re[x][y];
       fd_im[x][y] = H * fd_im[x][y];
     }
    }
}
void fft( )
{
  int i, j, x, y;
  int w, h;
  int wp, hp;
  int a, b, c;
  int p, bfsize;
  double angle;
  double dtemp;
  double x_re, x_im;
  double ta, tb, tc, td;
  w = 1;
  h = 1;
  wp = 0;
  hp = 0;
  while(2 * w <= Width)
  {
    w *= 2;
    wp++;
```

```
}
while(2 * h  < =  Height)
{
  h *  =2;
  hp + + ;
}
for(i =0;i < h;i + + )//沿 x 轴进行快速傅立叶变换
{
  //取对数
  for(j =0;j < w;j + + )
  {
      if(input[i][j] = =0)
      {
          wx1_re[j] =0;
          wx1_im[j] =0;
      }
      else
      {
         wx1_re[j] =log((double)input[i][j]);
         wx1_im[j] =0;
      }
      }
  for(j =0;j < (Width/2);j + + )
  {
      angle =  - j * pi * 2/Width;
      wco_re[j] =cos(angle);
      wco_im[j] =sin(angle);
  }
  for(a =0;a < wp;a + + )
  {
      for(b =0;b < (1 < < a);b + + )
      {
         bfsize =1 < < (wp - a);
         for(c =0;c < (bfsize/2);c + + )
         {
             p =b * bfsize;
             wx2_re[c + p] =wx1_re[c + p]  +  wx1_re[c + p + bfsize/2];
             wx2_im[c + p] =wx1_im[c + p]  +  wx1_im[c + p + bfsize/2];
```

```
                ta = wx1_re[c + p]  - wx1_re[c + p + bfsize/2];
                tb = wx1_im[c + p]  - wx1_im[c + p + bfsize/2];
                tc = wco_re[c * (1 << a)];
                td = wco_im[c * (1 << a)];
                wx2_re[c + p + bfsize/2] = ta * tc  - tb * td;
                wx2_im[c + p + bfsize/2] = ta * td  + tb * tc;
            }
        }
        for(c = 0;c < Width;c++)
        {
            x_re = wx1_re[c];
            x_im = wx1_im[c];
            wx1_re[c] = wx2_re[c];
            wx1_im[c] = wx2_im[c];
            wx2_re[c] = x_re;
            wx2_im[c] = x_im;
        }
    }
    for(b = 0;b < Width;b++)
    {
        p = 0;
        for(c = 0;c < wp;c++)
        {
            if(b & (1 << c))
            {
                p += 1 << (wp - c - 1);
            }
    }
    fd_re[i][b] = wx1_re[p];
    fd_im[i][b] = wx1_im[p];
  }
}
for(j = 0;j < w;j++)//沿 y 轴进行快速傅立叶变换
{
    for(i = 0;i < h;i++)
    {
        hx1_re[i] = fd_re[i][j];
        hx1_im[i] = fd_im[i][j];
```

```
    }
    for(i=0;i<(Height/2);i++)
    {
        angle= -i*pi*2/Height;
        hco_re[i]=cos(angle);
        hco_im[i]=sin(angle);
    }
    for(a=0;a<hp;a++)
    {
        for(b=0;b<(1<<a);b++)
        {
            bfsize=1<<(hp-a);
            for(c=0;c<(bfsize/2);c++)
            {
                p=b*bfsize;
                hx2_re[c+p]=hx1_re[c+p] + hx1_re[c+p+bfsize/2];
                hx2_im[c+p]=hx1_im[c+p] + hx1_im[c+p+bfsize/2];
                ta=hx1_re[c+p] - hx1_re[c+p+bfsize/2];
                tb=hx1_im[c+p] - hx1_im[c+p+bfsize/2];
                tc=hco_re[c*(1<<a)];
                td=hco_im[c*(1<<a)];
                hx2_re[c+p+bfsize/2]=ta*tc - tb*td;
                hx2_im[c+p+bfsize/2]=ta*td + tb*tc;
            }
        }
        for(c=0;c<Height;c++)
        {
            x_re=hx1_re[c];
            x_im=hx1_im[c];
            hx1_re[c]=hx2_re[c];
            hx1_im[c]=hx2_im[c];
            hx2_re[c]=x_re;
            hx2_im[c]=x_im;
        }
    }
  for(b=0;b<Height;b++)
  {
    p=0;
```

```
            for(c =0;c <hp;c + + )
            {
                if(b & (1 < <c))
                {
                    p + =1 < <(hp - c - 1);
                }
            }
            fd_re[b][j] =hx1_re[p];
            fd_im[b][j] =hx1_im[p];
        }
    }
    for(i =0;i <Height;i + + )
    {
        for(j =0;j <Width;j + + )
        {
            dtemp = sqrt(fd_re[i][j] * fd_re[i][j]  + fd_im[i][j] * fd_im[i][j])/100;
            if(dtemp >255)
            {
                dtemp =255;
            }
            x = Height - 1 - (i <Height/2? i + Height/2:i - Height/2);
            y =j <Width/2? j + Width/2:j - Width/2;
            fdout[x][y] = (unsigned char)(dtemp);
        }
    }
}
void ifft()
{
    int i,j;
    int w,h;
    int wp,hp;
    int a,b,c;
    int p,bfsize;
    double angle;
    double dtemp;
    double x_re,x_im;
    double ta,tb,tc,td;
    w =1;
```

```
h=1;
wp=0;
hp=0;
while(2*w <= Width)
{
  w*=2;
  wp++;
}
while(2*h <= Height)
{
  h*=2;
  hp++;
}
for(i=0;i<h;i++)//沿x轴进行快速傅立叶变换
{
  for(j=0;j<w;j++)
  {
    wx1_re[j]=fd_re[i][j];
    wx1_im[j]=fd_im[i][j];
  }
  for(j=0;j<w;j++)
  {
    wx1_im[j]= -wx1_im[j];
  }
  for(j=0;j<(Width/2);j++)
  {
    angle= -j*pi*2/Width;
    wco_re[j]=cos(angle);
    wco_im[j]=sin(angle);
  }
  for(a=0;a<wp;a++)
  {
    for(b=0;b<(1<<a);b++)
    {
      bfsize=1<<(wp-a);
      for(c=0;c<(bfsize/2);c++)
      {
        p=b*bfsize;
```

```
            wx2_re[c+p] = wx1_re[c+p] + wx1_re[c+p+bfsize/2];
            wx2_im[c+p] = wx1_im[c+p] + wx1_im[c+p+bfsize/2];
            ta = wx1_re[c+p] - wx1_re[c+p+bfsize/2];
            tb = wx1_im[c+p] - wx1_im[c+p+bfsize/2];
            tc = wco_re[c*(1<<a)];
            td = wco_im[c*(1<<a)];
            wx2_re[c+p+bfsize/2] = ta*tc - tb*td;
            wx2_im[c+p+bfsize/2] = ta*td + tb*tc;
        }
    }
    for(c=0;c<Width;c++)
    {
        x_re = wx1_re[c];
        x_im = wx1_im[c];
        wx1_re[c] = wx2_re[c];
        wx1_im[c] = wx2_im[c];
        wx2_re[c] = x_re;
        wx2_im[c] = x_im;
    }
}
for(b=0;b<Width;b++)
{
    p=0;
    for(c=0;c<wp;c++)
    {
        if(b & (1<<c))
        {
            p+=1<<(wp-c-1);
        }
    }
    td_re[i][b] = wx1_re[p];
    td_im[i][b] = wx1_im[p];
}
for(j=0;j<Width;j++)
{
    td_re[i][j] = td_re[i][j]/Width;
    td_im[i][j] = -td_im[i][j]/Width;
}
```

```
}
for(j=0;j<w;j++)//沿 y 轴进行快速傅立叶变换
{
  for(i=0;i<h;i++)
  {
    hx1_re[i]=td_re[i][j];
    hx1_im[i]=td_im[i][j];
  }
  for(i=0;i<h;i++)
  {
    hx1_im[i]=-hx1_im[i];
  }
  for(i=0;i<(Height/2);i++)
  {
    angle=-i*pi*2/Height;
    hco_re[i]=cos(angle);
    hco_im[i]=sin(angle);
  }
  for(a=0;a<hp;a++)
  {
    for(b=0;b<(1<<a);b++)
    {
      bfsize=1<<(hp-a);
      for(c=0;c<(bfsize/2);c++)
      {
        p=b*bfsize;
        hx2_re[c+p]=hx1_re[c+p] + hx1_re[c+p+bfsize/2];
        hx2_im[c+p]=hx1_im[c+p] + hx1_im[c+p+bfsize/2];
        ta=hx1_re[c+p] - hx1_re[c+p+bfsize/2];
        tb=hx1_im[c+p] - hx1_im[c+p+bfsize/2];
        tc=hco_re[c*(1<<a)];
        td=hco_im[c*(1<<a)];
        hx2_re[c+p+bfsize/2]=ta*tc - tb*td;
        hx2_im[c+p+bfsize/2]=ta*td + tb*tc;
      }
    }
    for(c=0;c<Height;c++)
    {
```

```
            x_re = hx1_re[c];
            x_im = hx1_im[c];
            hx1_re[c] = hx2_re[c];
            hx1_im[c] = hx2_im[c];
            hx2_re[c] = x_re;
            hx2_im[c] = x_im;
        }
    }
    for(b = 0;b < Height;b++)
    {
        p = 0;
        for(c = 0;c < hp;c++)
        {
            if(b & (1 << c))
            {
                p += 1 << (hp - c - 1);
            }
        }
        td_re[b][j] = hx1_re[p];
        td_im[b][j] = hx1_im[p];
    }
    for(i = 0;i < Height;i++)
    {
        td_re[i][j] = td_re[i][j]/Height;
        td_im[i][j] = -td_im[i][j]/Height;
    }
}
for(i = 0;i < Height;i++)
{
    for(j = 0;j < Width;j++)
    {
        dtemp = td_re[i][j];
                dtemp = 60 * exp(dtemp);
        if(dtemp > 255)
        {
            dtemp = 255;
        }
        tdout[i][j] = (unsigned char)(dtemp);
```

```
            }
        }
    }
```

③CCS 仿真设置

选择 CCS 设置中的 Tools→Image Analyzer 调出图像窗口,右键单击图像窗口选择 Properties 进行图像显示配置,设置如图 5-9 所示。

④ 实验结果

处理过程如图 5-51 所示,图 5-51a)为原始图像,可以看出由于光照不均图像右侧存在大量黑色区域无法辨识,图 5-51b)为原始图像数据经过指数处理和快速傅立叶处理之后的频谱图,图 5-51c)为同态滤波处理之后的图像。实验结果表明,同态滤波有效的改善了图像的视觉效果。

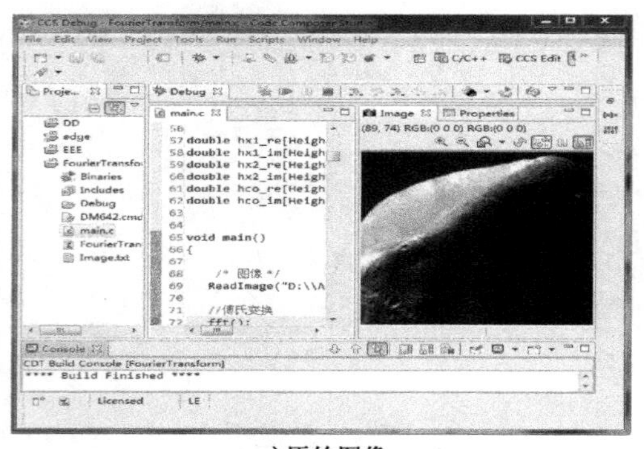

a)原始图像

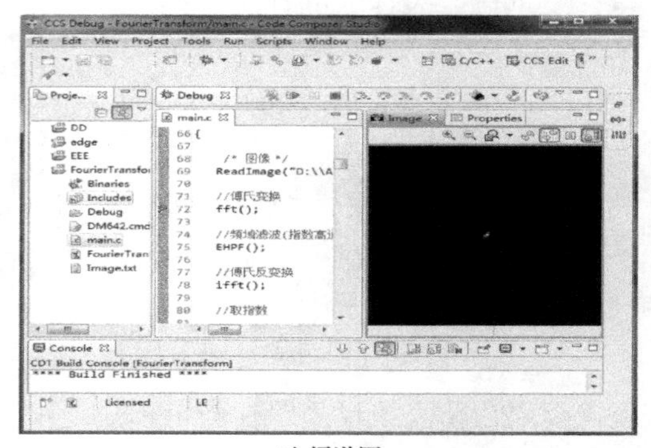

b)频谱图

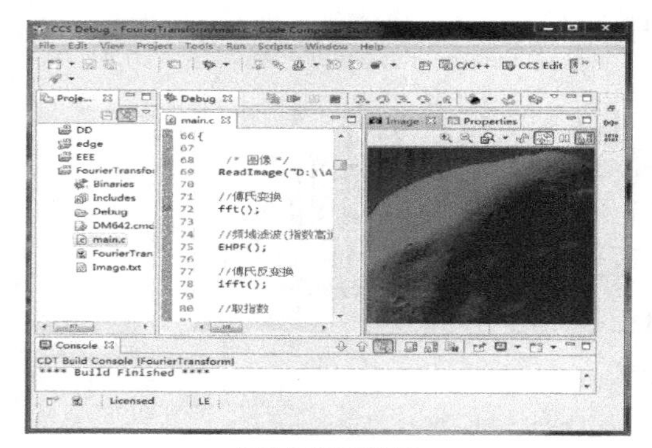

c)同态增晰后图像

图 5-51　CCS 同态增晰

## 5.7　彩色增强

历史上的图像处理,最先选用灰度图像做输入。但自然界是五颜六色的,且彩色图像包含更多的信息,与人类的感知更加相符。伴随着生活水平的提高,人们逐步对彩色图像处理越来越感兴趣,而科技的迅猛发展又为彩色图像处理提供了强有力的保障。

彩色图像处理技术是从可视性角度实现图像增强的有效方法之一。彩色图像具有比灰度图像更为复杂的特性,往往用矢量来表示像素,且矢量的各个分量相关性很高,这就加大了彩色图像增强的难度。对于灰度图像,人眼能分辨的灰度级只有十几到二十几,而对不同亮度和色调的彩色图像则能达到几百甚至上千。例如当彩色电视从彩色显示调到黑白显示时,原来能看到的一些画面细节就看不出来了,利用人类视觉系统的这一特性,将颜色信息用于图像增强之中能提高图像的可分辨率。将灰度图像变成彩色图像,或者改变已有的颜色分布,都能够改善图像的可视性,彩色增强方法一般可分为伪彩色增强方法和真彩色增强方法。

### 5.7.1 伪彩色增强

伪彩色处理是指将黑白图像转化为彩色图像,或者是将单色图像变换成给定彩色分布的图像。由于人眼对彩色的分辨能力远远高于对灰度的分辨能力,所以将灰度图像转化成彩色,可以提高对图像细节的辨别能力。因此,伪彩色处理的主要目的是为了提高人眼对图像的细节分辨能力,以达到图像增强的目的。

伪彩色增强图像是将人眼不能区分的微小的灰度差别显示为明显的色彩差异,更便于解译和提取其有用信息。其基本原理是将黑白图像的各个灰度级匹配到彩色空间中的一点,从而使单色图像映射成彩色图像。对黑白图像中不同的灰度级赋予不同的彩色。

设$f(x,y)$为一幅黑白图像,$R(x,y)$、$G(x,y)$、$B(x,y)$为$f(x,y)$映射到$RGB$空间的3个颜色分量,则伪彩色处理可表示为:

$$\begin{cases} R(x,y)=f_{\mathrm{R}}(f(x,y)) \\ G(x,y)=f_{\mathrm{G}}(f(x,y)) \\ B(x,y)=f_{\mathrm{B}}(f(x,y)) \end{cases} \tag{5-77}$$

其中,$f_{\mathrm{R}}$、$f_{\mathrm{G}}$、$f_{\mathrm{B}}$为某种映射函数。给定不同的映射函数就能将灰度图像转化为不同的伪彩色图像。需要注意的是,伪彩色虽然能将黑白灰度转化为彩色,但这种彩色并不是真正表现图像的原始颜色,而仅仅是一种便于识别的伪彩色。在实际应用中,通常是为了提高图像分辨率而进行伪彩色处理,所以应采用分辨效果最好的映射函数。伪彩色增强的方法主要有以下三种:

*1. 灰度级—彩色变换法*

空间域灰度级—彩色变换是一种常用的、比密度分割更有效的伪彩色增强方法。它根据色度学的原理,将源图像的灰度分段经过红、绿、蓝三种不同的变换,变成三基色分量,然后用它们分别控制彩色显示器的红、绿、蓝电子枪,便可以在彩色显示器的屏幕上合成一幅彩色图像。

这种伪彩色处理技术可以将灰度图像变换为具有多种颜色渐变的连续彩色图像,其方法是先将灰度图像$f(x,y)$送入具有不同变换特征的红、绿、蓝三个变换器,然后再将三个变换器的不同输出$R(x,y)$、$G(x,y)$、$B(x,y)$分别送到彩色显像管的红 、绿、蓝电子枪,这样就可得到其颜色内容由三个变换函数调制的与$f(x,y)$幅度相对应的彩色混合图像。这里受调制的是像素的灰度值而不是像素的位置。对于同一个灰度级,由于三个变换器对其实施不同的变换,

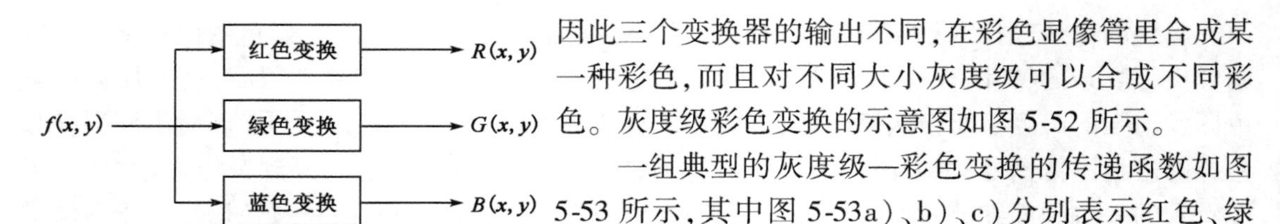


图 5-52 灰度级—彩色变换法原理示意图

因此三个变换器的输出不同，在彩色显像管里合成某一种彩色，而且对不同大小灰度级可以合成不同彩色。灰度级彩色变换的示意图如图 5-52 所示。

一组典型的灰度级—彩色变换的传递函数如图 5-53 所示，其中图 5-53a)、b)、c) 分别表示红色、绿色、蓝色的传递函数，图 5-53d) 是三种彩色传递函数组合在一起的情况。下面对图 5-53a) 的变换函数加以说明，其余类推。由图 5-53a) 可见，凡灰度级小于 $L/2$ 的像素将被转变为尽可能暗的红色，而灰度级位于 $L/2-3L/4$ 之间的像素则取红色从暗到亮的线性变换。凡灰度级大于 $3L/4$ 的像素均被转变成最亮的红色。

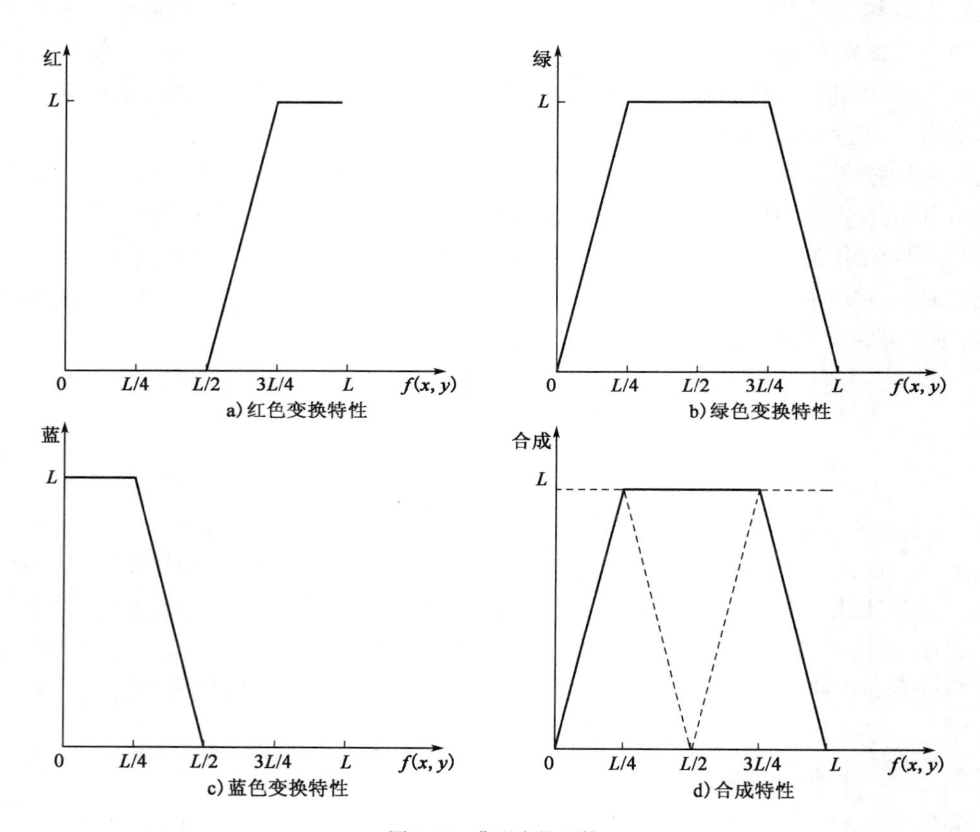


图 5-53 典型变换函数

2. 密度分割法

密度分割是伪彩色图像增强技术中原理最简单、操作最简便的一种方法，又称为强度分割，它是对图像的灰度值动态范围进行分割，使分割后的每一灰度值区间甚至每一灰度值本身对应某一种颜色。密度分层法可看成是放置一些平行于图像坐标面的平面，然后每一个平面在相交的区域中切割此密度函数。如果对切割平面的每一面赋以不同的颜色，即平面之上任何灰度级的像素被编码成一种颜色，平面之下任何灰度级像素被编码成另一种颜色，其结果就是一副两色图像。

设一幅灰度图像$f(x,y)$，在某一灰度级如$f(x,y)=l_1$上设置一个平行于$xy$平面的切割面，其剖面图如图5-54所示。这幅灰度图像被切割成只有两个灰度级，对切割平面以下的，即灰度级小于$l_1$的像素分配一种颜色（如蓝色）；相应地，对切割平面以上的，即灰度级大于$l_1$的像素分配另一种颜色（如红色）。这样切割的结果就可以将灰度图像变为只有两个颜色的伪彩色图像。

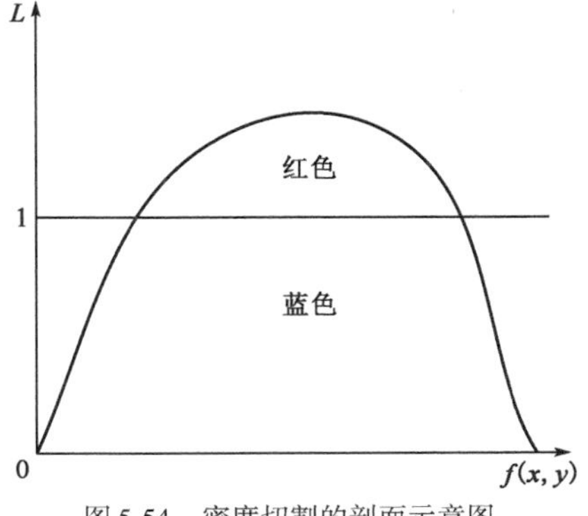


图5-54　密度切割的剖面示意图

如果用$N$个平面去切割图像，则可以得到$N+1$个灰度值区间，每个区间对应一种颜色$C_i$。对于每一像元$(x,y)$，如果$I_{i-1}\leqslant f(x,y)\leqslant I_i$，则$g(x,y)=C_i, i=1,2,\cdots,N$，$g(x,y)$和$f(x,y)$分别表示变换后的彩色图像和原始灰度图像。这样可以把一幅灰度图像变成一副伪彩色图像。此法比较直观简单，缺点是变换出彩色的数目有限。

应当指出，每一灰度值区间赋予任何颜色，是由具体应用决定的，并无规律可言。但总的来讲，相邻灰度值区间的颜色差别不宜太大也不宜太小，太小无法反映细节上的差异，太大则会导致图像出现不连续性。实际应用中，密度切割平面之间可以是等间隔的，也可以是不等间隔的，而且切割平面的划分也应依据具体的应用范围和研究对象而确定。

3. *频率滤波法*

在频率滤波法中，伪彩色图像的彩色取决于黑白图像的空间频率。据此，可将原始图像（黑白）中感兴趣的空间频率成分以某种特定的彩色表示。设计3种不同滤波功能的滤波器，对原始黑白图像进行滤波，3个滤波器的输出经过适当的处理，作为彩色输出设备的红、绿、蓝三原色输入，最后输出该原始黑白图像的频率分布形成的伪彩色图像。频率滤波法的原理如框图5-55所示。

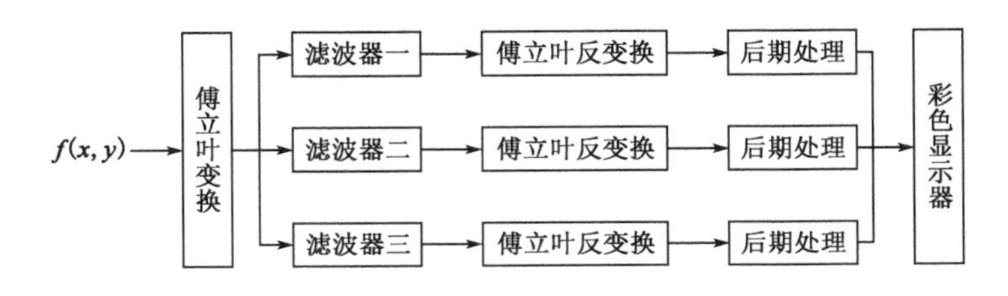


图5-55　频率滤波法实现伪彩色处理示意图

伪彩色处理技术有着广泛的实际应用价值，例如图像的区域分离显示，彩色印刷制版方面的应用等，伪彩色图像处理技术不仅适用于航拍和遥感图片，还可以用于X射线片及云图判读等方面，实现的手段可以用计算机，也可以用专用的硬件设备。

### 5.7.2　伪彩色增强的实现

本节将结合上述理论给出具体的实现方法，包括Matlab仿真实现以及基于C语言的DM642代码，以便读者深入了解伪彩色增强的基本概念及其特点，掌握其实现方法。

1. Matlab 仿真实现

(1)灰度级—彩色变换 M 文件源代码及仿真结果

①M 文件代码

```
I = imread('G:\Peppers.tif');
figure(1);
imshow(I);
I = double(I);
[M,N] = size(I);
L = 256;
for i = 1:M
    for j = 1:N
        if I(i,j) < L/4
            R(i,j) = 0;
            G(i,j) = 4 * I(i,j);
            B(i,j) = L;
        else
            if I(i,j) <= L/2
                R(i,j) = 0;
                G(i,j) = L;
                B(i,j) = -4 * I(i,j) + 2 * L;
            else
                if I(i,j) <= 3 * L/4
                    R(i,j) = 4 * I(i,j) - 2 * L;
                    G(i,j) = L;
                    B(i,j) = 0;
                else
                    R(i,j) = L;
                    G(i,j) = -4 * I(i,j) + 4 * L;
                    B(i,j) = 0;
                end
            end
        end
    end
end
for i = 1:M
    for j = 1:N
        J(i,j,1) = R(i,j);
        J(i,j,2) = G(i,j);
```

```
        J(i,j,3) = B(i,j);
    end
end
G2D = J/256;
figure(2);
imshow(G2D);
```

②处理结果

灰度级—彩色变换如图 5-56 所示。

a)原始图像

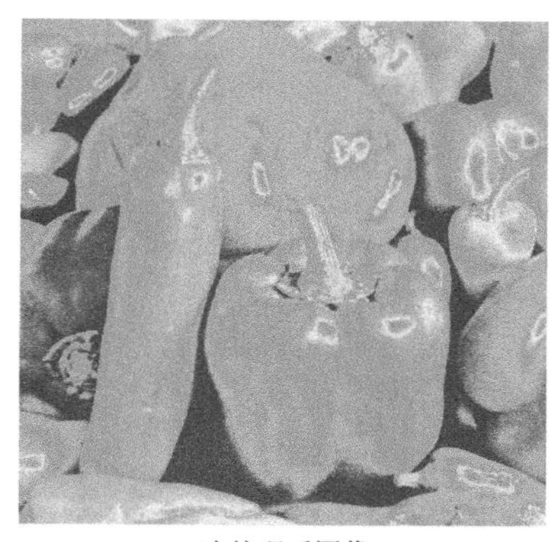

b)处理后图像

图 5-56 灰度级—彩色变换

(2)密度分割法的 M 文件

①M 文件代码

```
I = imread('G:\Peppers.tif');
figure(1);
imshow(I);
I = double(I);
[M,N] = size(I);
for i = 1:M
    for j = 1:N
        if I(i,j) <85
            R(i,j) =202;
            G(i,j) =59;
            B(i,j) =41;
        else
            if I(i,j) < =170
                R(i,j) =121;
                G(i,j) =170;
                B(i,j) =80;
            else
```

```
                    R(i,j) =179;
                    G(i,j) =203;
                    B(i,j) =122;
               end
          end
     end
end
for i =1:M
     for j =1:N
          J(i,j,1) =R(i,j);
          J(i,j,2) =G(i,j);
          J(i,j,3) =B(i,j);
     end
end
G2D =J/256;
figure(2);
imshow(G2D);
```

②处理结果

密度分割法处理结果如图 5-57 所示。

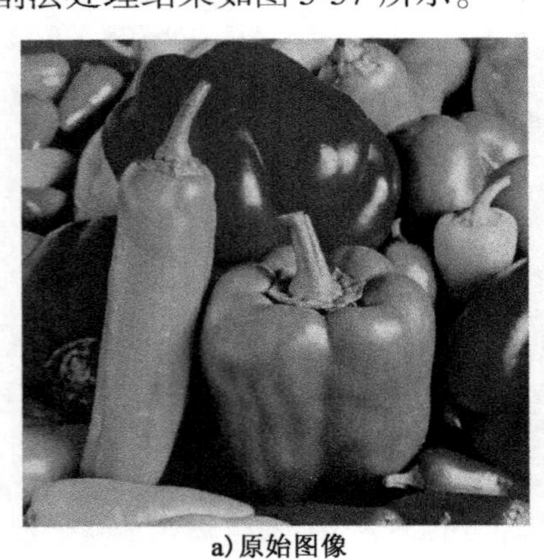

a)原始图像

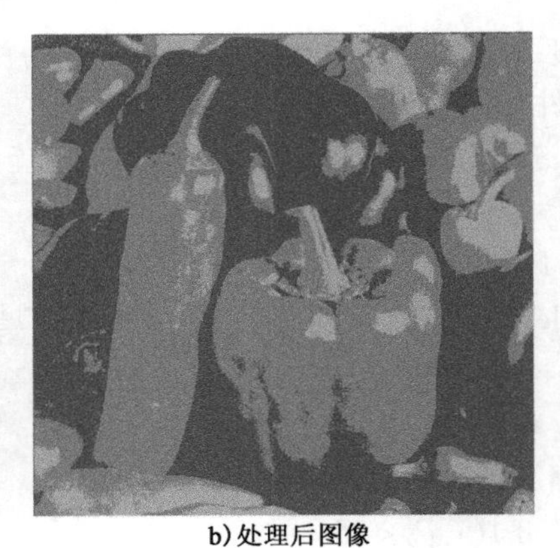

b)处理后图像

图 5-57　密度分割法

(3)频率滤波法的 M 文件及仿真结果

①M 文件代码

```
I =imread('G:\Peppers.tif');
figure;imshow(I);
xlabel('(a) 原始图像');
[M,N] =size(I);
F =fft2(I);
fftshift(F);
```

```
REDcut = 100;
GREENcut = 200;
BLUEcenter = 150;
BLUEwidth = 100;
BLUEu0 = 10;
BLUEv0 = 10;
for u = 1:M
    for v = 1:N
        D(u,v) = sqrt(u^2 + v^2);
        REDH(u,v) = 1/((1 + sqrt(2) - 1) * (D(u,v)/REDcut)^2);
        GREENH(u,v) = 1/((1 + sqrt(2) - 1) * (GREENcut/D(u,v))^2);
        BLUED(u,v) = sqrt((u - BLUEu0)^2 + (v - BLUEv0)^2);
        BLUEH(u,v) = 1 - 1/(1 + BLUED(u,v) * BLUEwidth/((BLUED(u,v))^2 -
(BLUEcenter)^2)^2);
    end
end
RED = REDH. * F;
REDcolor = ifft2(RED);
GREEN = GREENH. * F;
GREENcolor = ifft2(GREEN);
BLUE = BLUEH. * F;
BLUEcolor = ifft2(BLUE);
REDcolor = real(REDcolor)/256;
GREENcolor = real(GREENcolor)/256;
BLUEcolor = real(BLUEcolor)/256;
for i = 1:M
    for j = 1:N
        OUT(i,j,1) = REDcolor(i,j);
        OUT(i,j,2) = GREENcolor(i,j);
        OUT(i,j,3) = BLUEcolor(i,j);
    end
end
OUT = abs(OUT);
figure;imshow(OUT);
xlabel('(b) 频域伪彩色处理后的图像');
```

②处理结果

频率滤波法处理结果如图5-58所示。

a)原始图像

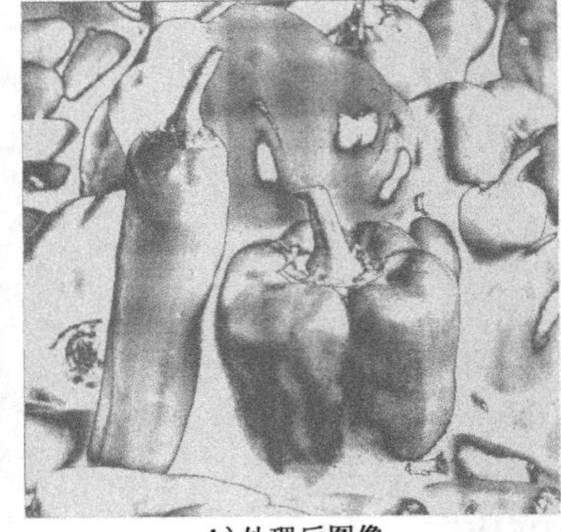

b)处理后图像

图 5-58　频率滤波法

2. DM642 的算法实现

这里基于 TMS320DM642 DSP 平台给出伪彩色增强算法的 C 语言实现。

(1)灰度级—彩色变换

①程序代码

```
#include <stdio.h>
#include <math.h>
#include <stdlib.h>
#define L   256
#define IMAGEWIDTH   512
#define IMAGEHEIGHT 384
#define Uint8   unsigned char
void ReadImage(char *cFileName);
void bmpDataPart(FILE * fpbmp);
void Grayscale_Color();
#pragma DATA_SECTION(grey,".my_sect")
#pragma DATA_SECTION(R,".my_sect")
#pragma DATA_SECTION(G,".my_sect")
#pragma DATA_SECTION(B,".my_sect")
unsigned char grey[IMAGEHEIGHT][IMAGEWIDTH];
unsigned char R[IMAGEHEIGHT][IMAGEWIDTH];
unsigned char G[IMAGEHEIGHT][IMAGEWIDTH];
unsigned char B[IMAGEHEIGHT][IMAGEWIDTH];
void main()
{
    /* 图像 */
    ReadImage("G:\\peppers.bmp");
    Grayscale_Color();
```

```
    while (1);
}
void ReadImage(char * cFileName)
{
    FILE * fp;
    if ( fp = fopen(cFileName,"rb" ) )
    {
        bmpDataPart(fp);
        fclose(fp);
    }
}
void bmpDataPart(FILE * fpbmp)
{
    int i, j = 0;
    unsigned char * pix = NULL;
    fseek(fpbmp, 1078L, SEEK_SET);
    pix = (unsigned char * )malloc(IMAGEWIDTH);
    for(j = 0;j < IMAGEHEIGHT;j + + )
    {
        fread(pix, 1, IMAGEWIDTH , fpbmp);
        for(i = 0;i < IMAGEWIDTH;i + + )
        {
            grey[IMAGEHEIGHT - 1 - j][i]    = pix[i];
        }
    }
}
void Grayscale_Color()
{
    int i,j;
    for(i = 0;i < IMAGEHEIGHT;i + + )
    {
        for(j = 0;j < IMAGEWIDTH;j + + )
        {
            if(grey[i][j] < L/4)
            {
                R[i][j] = 0;
                G[i][j] = 4 * grey[i][j];
                B[i][j] = L - 1;
```

```
            }
        else if(grey[i][j] < L/2)
            {
                R[i][j]=0;
                G[i][j]=L-1;
                B[i][j]= -4*grey[i][j]+2*L;
            }
        else if(grey[i][j] < 3*L/4)
            {
                R[i][j]=4*grey[i][j]-2*L;
                G[i][j]=L-1;
                B[i][j]=0;
            }
        else
            {
                R[i][j]=L-1;
                G[i][j]= -4*grey[i][j]+4*L;
                B[i][j]=0;
            }
        }
    }
}
```

②CCS 仿真设置

选择 CCS 设置中的 Tools→Image Analyzer 调出图像窗口，右键单击图像窗口选择 Properties进行图像显示配置，设置如图 5-9 所示。

③实验结果(图 5-59)

a)原始图像

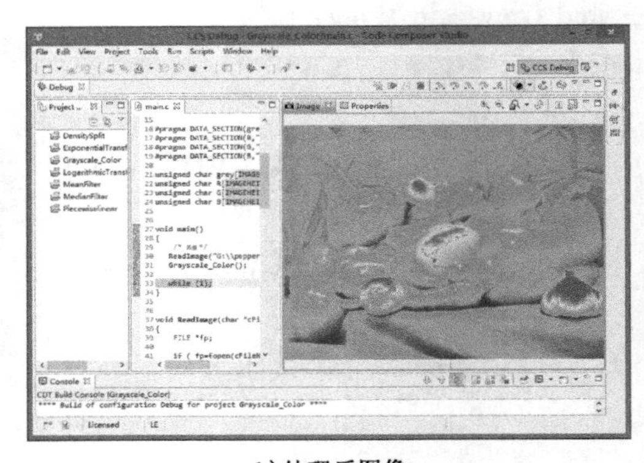

b)处理后图像

图 5-59　灰度级-彩色变换

(2)密度分割法

①程序代码

```
#include <stdio.h>
#include <math.h>
#include <stdlib.h>
#define IMAGEWIDTH   512
#define IMAGEHEIGHT 384
#define Uint8   unsigned char
void ReadImage(char  *cFileName);
void bmpDataPart(FILE *  fpbmp);
void DensitySplit();
#pragma DATA_SECTION(grey,".my_sect")
#pragma DATA_SECTION(R,".my_sect")
#pragma DATA_SECTION(G,".my_sect")
#pragma DATA_SECTION(B,".my_sect")
unsigned char grey[IMAGEHEIGHT][IMAGEWIDTH];
unsigned char R[IMAGEHEIGHT][IMAGEWIDTH];
unsigned char G[IMAGEHEIGHT][IMAGEWIDTH];
unsigned char B[IMAGEHEIGHT][IMAGEWIDTH];
void main()
{
   /* 图像 */
   ReadImage("G:\\Peppers.bmp");
   DensitySplit();
   while (1);
}
void ReadImage(char  *cFileName)
{
  FILE  *fp;
    if ( fp=fopen(cFileName,"rb" ) )
    {
      bmpDataPart(fp);
        fclose(fp);
    }
}
void bmpDataPart(FILE *  fpbmp)
{
```

```
    int i, j =0;
    unsigned char * pix = NULL;
    fseek(fpbmp, 1078L, SEEK_SET);
    pix = (unsigned char * )malloc(IMAGEWIDTH);
    for(j =0;j < IMAGEHEIGHT;j + + )
    {
      fread(pix, 1, IMAGEWIDTH , fpbmp);
        for(i =0;i < IMAGEWIDTH;i + + )
        {
          grey[IMAGEHEIGHT - 1 - j][i]     = pix[i];
        }
    }
}
void DensitySplit( )
{
    int i,j;
    for(i =0;i < IMAGEHEIGHT;i + + )
    {
      for(j =0;j < IMAGEWIDTH;j + + )
      {
        if(grey[i][j] < 85)
        {
          R[i][j] =255;
          G[i][j] =0;
          B[i][j] =0;
        }
        else if(grey[i][j] < 170)
        {
          R[i][j] =0;
          G[i][j] =255;
          B[i][j] =0;
        }
        else
        {
          R[i][j] =0;
          G[i][j] =0;
          B[i][j] =255;
```

```
            }
        }
    }
}
```

②CCS仿真设置

选择CCS设置中的Tools→Image Analyzer调出图像窗口，右键单击图像窗口选择Properties进行图像显示配置，设置与第5.2.3节中图5-9一致。

③实验结果(图5-60)

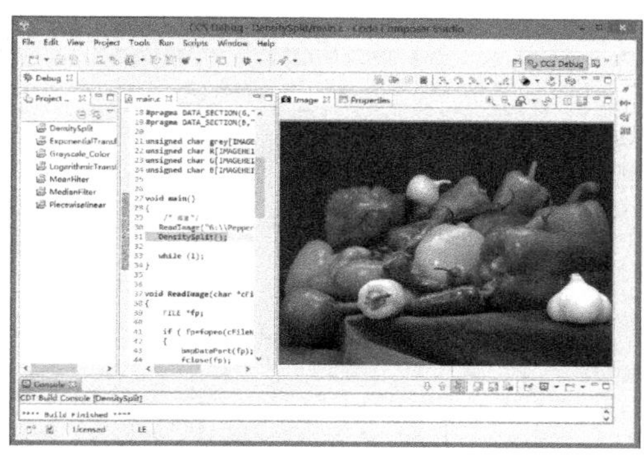

a)密度分割法原始图像

b)处理后图像

图5-60 密度分割法

## 5.8 本章小结

本章从经典的灰度变换入手，着重介绍了灰度线性、非线性变换和直方图修正、均衡化方法，对图像平滑和锐化的原理和方法进行了详细的说明，并给出了部分滤波算法代码，除此之外还介绍了彩色增强的基本概念和方法。

## 习题

1. 简述灰度变换的基本方法。

2. 令原图像$f(x,y)$的灰度范围为[50,80]，线性变换后图像$g(x,y)$的范围为[20,180]，写出$f(x,y)$与$g(x,y)$之间存在的变换公式。

3. 简述灰度统计直方图在数字图像处理中的应用。

4. 试自行设计一个加权平均滤波器，并讨论不同的权值对滤波效果的影响？

5. 试画出几种高通滤波器的特性曲线。

6. 试讨论用于图像平滑处理的滤波器和用于锐化处理的滤波器的联系和区别？若图像中有少量噪声(灰度值为255)，如下面的表格所示，是问该采取那种滤波器，不同的滤波器有哪些不同？

| | | | |
|---|---|---|---|
| 1 | 2 | 3 | 5 |
| 7 | 255 | 8 | 9 |
| 6 | 5 | 255 | 4 |
| 3 | 3 | 3 | 255 |
| 9 | 9 | 255 | 9 |

7. 简述平滑处理的基本方法。
8. 简述消除孤立黑像素点的基本方法。
9. 简述 $N \times N$ 均值滤波器的实现方法并编程实现。
10. 简述 $N \times N$ 中值滤波器的实现方法并编程实现。
11. 简述十字形中值滤波器的实现方法并编程实现。

# 第6章　图像分割

## 6.1　前言

图像分割是将采集到的图像分割成具有不同特征目标区域的过程,是图像处理的关键步骤,图像描述、特征提取、目标识别等都和图像分割质量的高低密切相关。图像分割将底层处理和高层处理联系到一起,其目的在于将图像划分为与真实世界相对应的互不重叠区域集合,实现图像中感兴趣目标和其他区域的分离,从而可以对感兴趣目标采用跟踪、检测、识别等处理。

目前,研究者提出了上千种的图像分割方法,其中,阈值分割以其简约和高度实用的特性得到长期广泛的应用。经过了几十年的发展,若干卓有成效的阈值分割算法被不断提出,采用不同数学模型从不同视角切入的方法在特定的图像处理任务中均取得了一定效果。然而,由于自然图像的复杂性和噪声干扰等问题,图像分割仍然是一个非常具有挑战性的课题。本章详细介绍了基于灰度阈值的方法、基于边缘的方法和基于区域的分割方法,来详细介绍典型的图像分割方法。

## 6.2　灰度阈值法

### 6.2.1　阈值分割的原理

灰度阈值分割方法是图像分割的一个研究热点。阈值分割方法广泛应用于目标和背景的像素灰度级存在明显差距的图像分析应用场合,典型应用包括提取文本图像中的字符与标记,提取地图图像中的标识,场景图像中的目标,材料质量检测过程中的缺陷部位标识,细胞图像处理,热图像处理,无损测试,视频时空图像分割等。

灰度阈值法是把图像的灰度分成不同的等级,然后用设置灰度阈值的方法确定有意义的区域或欲分割物体的边界,其基本思想是在图像最小灰度 $g_{min}$ 和最大灰度 $g_{max}$ 之间确定一个阈值 $T(g_{min} < T < g_{max})$,然后将图像中所有像素按其灰度级以该阈值为界进行分类。该方法中最简单的就是二值化的阈值分割。

一幅图像包括目标、背景和噪声,在不同的应用场合,图像处理任务感兴趣区域不同,一般将感兴趣的一类称之为目标。如在文档图像的二值化中目标一般是指灰度低于阈值的文字像素,而在红外目标检测中则相反。因此在各种阈值方法中,如何根据适当的法则确定合适的阈值,使得阈值分割后的目标背景分类符合图像分割定义准则,是这类方法的关键。如何从灰度图像中提取出有价值部分是本章要解决的问题。

设定某一阈值 $T$,可以将图像的数据分成两部分:大于 $T$ 的像素群和小于 $T$ 的像素群,例

如输入图像为 $f(x,y)$，输出图像为 $g(x,y)$，则：

$$g(x,y) = \begin{cases} 1 & f(x,y) \geq T \\ 0 & f(x,y) < T \end{cases} \tag{6-1}$$

或

$$g(x,y) = \begin{cases} 1 & f(x,y) \leq T \\ 0 & f(x,y) > T \end{cases} \tag{6-2}$$

选取单一的阈值 $T$，以此为依据将像素点的灰度值划分为两类，这就是图像二值化处理，也就是阈值分割，进而将图像 $f(x,y)$ 分成对象物和背景两个区域。

由于自然图像的复杂性，实际得到的图像目标和背景之间不一定单纯地分布在两个灰度范围内，此时需要两个或以上的阈值来提取目标。而通常所说的经典阈值分割一般是指单阈值分割。比如选择一个区间 $(T_1, T_2)$ 作为阈值，用下面两个公式进行经典图像二值化处理：

$$g(x,y) = \begin{cases} 1 & T_1 \leq f(x,y) \leq T_2 \\ 0 & \text{其他} \end{cases} \tag{6-3}$$

或

$$g(x,y) = \begin{cases} 1 & \text{其他} \\ 0 & T_1 \leq f(x,y) \leq T_2 \end{cases} \tag{6-4}$$

### 6.2.2 阈值选取

阈值选取是一种区域分割技术，对物体与背景有较强对比的景物分割非常有用。但由于图像信息本身的复杂性，分割结果满足所有分割定义且视觉效果良好的图像阈值选取目前仍是一大挑战，因此怎样进行阈值选择是一个比较难的问题。在数字化的图像数据中，无用的背景数据和对象物的数据常常混在一起。除此之外，在图像中还含有各种噪声。所以必须根据图像的统计性质，即从概率的角度来选择合适的阈值。下面介绍两种阈值选择方法。

*1. 迭代分析法*

迭代分析法首先选择一个近似阈值 $T$，将图像分割成两部分 $R_1$ 和 $R_2$，计算区域 $R_1$ 和 $R_2$ 的均值 $\mu_1$ 和 $\mu_2$，选择新的分割阈值 $T = (\mu_1 + \mu_2)/2$，重复上述步骤直到 $\mu_1$ 和 $\mu_2$ 不再变化为止。

迭代法是基于逼近的算法，其步骤如下：

(1)求出图像的最大灰度值和最小灰度值，分别记为 $G_{max}$ 和 $G_{min}$，令初始阈值 $T = G_{max}$ 和 $G_{min}$。

(2)根据阈值 $T$ 将图像分割为前景和背景，分别求出两者平均灰度 ForegroundMean 和 BackgroundMean。

(3)求出新阈值 $T = (\text{ForegroundMean} + \text{BackgroundMean})/2$。

(4)若阈值 $T$ 不再变化，则 $T$ 即为阈值，否则转(2)迭代计算。

*2. 最大方差阈值*

最大方差阈值也叫大津阈值(Otsu)，是 1980 年由日本的大津展之提出的。它是在判别与最小二乘法原理的基础上推导出来的，对于目标背景类的图像分割效果是比较好的，而且算法简单，具有一定的自适应能力，因此适用范围也较广。其阈值选取原则：把直方图在某一阈值处分割成两组，当被分成的两组间方差为最大时，确定阈值。现在，设一幅图像的灰度值为 $1\sim m$，灰度值 $i$ 的像素数为 $n_i$，此时得到：

像素总数

$$N=\sum_{i=1}^{m}n_i \tag{6-5}$$

各值的概率

$$p_i=\frac{n_i}{N} \tag{6-6}$$

然后用 $T$ 将其分成两组 $C_0=\{1\sim T\}$ 和 $C_1=\{T+1\sim m\}$，各组产生的概率如下：

$C_0$ 产生的概率

$$w_0=\sum_{i=1}^{T}p_i=w(T) \tag{6-7}$$

$C_1$ 产生的概率

$$w_1=\sum_{i=T+1}^{m}p_i=1-w_0 \tag{6-8}$$

$C_0$ 的平均值

$$\mu_0=\sum_{i=1}^{T}\frac{ip_i}{w_0}=\frac{\mu(T)}{w(T)} \tag{6-9}$$

$C_1$ 的平均值

$$\mu_1=\sum_{i=T+1}^{m}\frac{ip_i}{w_1}=\frac{\mu-\mu(T)}{1-w(T)} \tag{6-10}$$

式中，$\mu=\sum_{i=1}^{m}ip_i$ 是整体图像的灰度平均值；$\mu(T)=\sum_{i=1}^{T}ip_i$ 是阈值为 $T$ 时的灰度平均值。所以全部采样的灰度平均值为：

$$\mu=w_0\mu_0+w_1\mu_1 \tag{6-11}$$

两组间的方差用式(6-12)求出：

$$\delta^2(T)=w_0(\mu_0-\mu)^2+w_1(\mu_1-\mu)^2=w_0w_1(\mu_1-\mu_2)^2 \tag{6-12}$$

从 $1\sim m$ 改变 $T$，求上式为最大值时的 $T$，即求 $\max\delta^2(T)$ 时的 $T^*$ 值，此时，$T^*$ 便是阈值。$\delta^2(T)$ 是阈值选择函数。

在 Otsu 准则中，当类间的方差达到最大时，认为目标与背景的错分概率最小，因为方差是灰度分布均匀性的一种度量，方差越大说明构成图像的两部分差异就越大。Otsu 方法的优点是计算简单、效果稳定，不管直方图有无明显双峰都能得到较满意的分割结果，缺点是要求图像中目标与背景的面积相近。

### 6.2.3 灰度阈值法的实现

本节将结合上述的理论给出具体的实现方法，包括 Matlab 的仿真实现以及基于 C 语言的 DM642 代码，以便读者深入了解灰度阈值法的基本概念及其特点，掌握其实现方法。

1. Matlab 实现

(1)灰度阈值法的仿真及结果

①M 文件

```
A = imread('G:\Fig.bmp');
[height,width] = size(A);
B = zeros(height,width);
B = uint8(B);
uint8 t;
uint8 T;
uint8 Gmax;
uint8 Gmin;
t =0;
T =0;
Gmax =0;
Gmin =255;
uint8 flag;
flag =1;
double ForegroundNum;
double BackgroundNum;
double ForegroundSum;
double BackgroundSum;
double ForegroundMean;
double BackgroundMean;
for i =1:height
    for j =1:width
        temp = A(i,j);
        if temp < Gmin
            Gmin = temp;
        end
        if temp > Gmax;
            Gmax = temp;
        end
    end
end
T = (Gmax + Gmin)/2;

while(flag)
    ForegroundNum =0;
    BackgroundNum =0;
    ForegroundSum =0;
```

```
        BackgroundSum = 0;
        for i = 1:height
            for j = 1:width
                temp = A(i,j);
                if temp > T
                    ForegroundNum = ForegroundNum + 1;
                    ForegroundSum = ForegroundSum + double(temp);
                else
                    BackgroundNum = BackgroundNum + 1;
                    BackgroundSum = BackgroundSum + double(temp);
                end
            end
        end
        ForegroundMean = ForegroundSum/ForegroundNum;
        BackgroundMean = BackgroundSum/BackgroundNum;
        t = uint8((ForegroundMean + BackgroundMean)/2);
        if T == t
            flag = 0;
        else
            T = t;
        end
    end
    for i = 1:height
        for j = 1:width
            if A(i,j) < T
                B(i,j) = 0;
            else
                B(i,j) = 255;
            end
        end
    end
    figure(1);
    imshow(A);
    title('原始图像');
    figure(2);
    imshow(B);
    title('阈值分割后的图像');
```

②仿真结果

灰度阈值法仿真结果如图 6-1 所示。

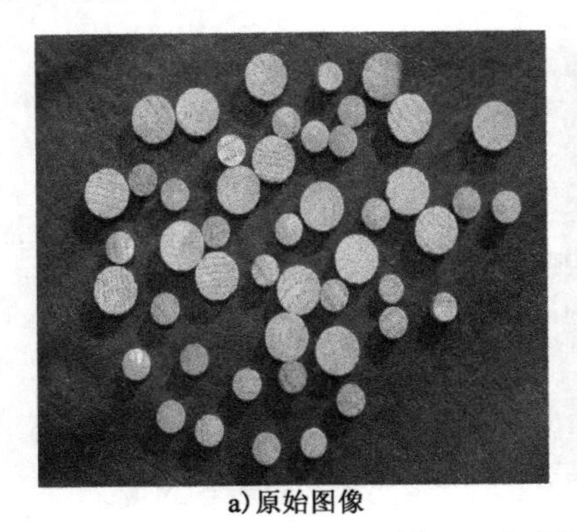

a)原始图像

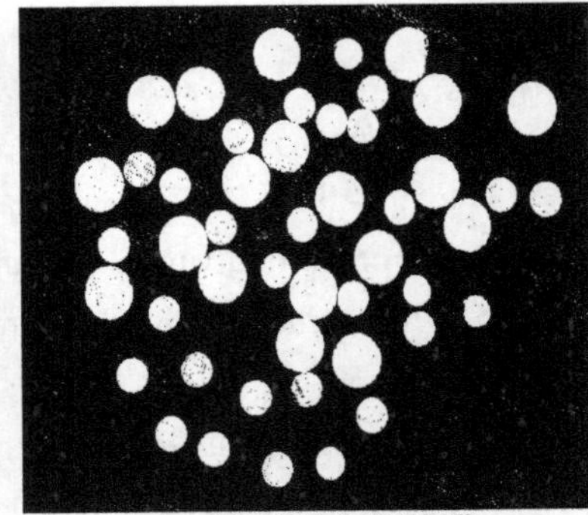

b)灰度阈值法处理后图像

图 6-1 灰度阈值法仿真结果

(2)最大方差阈值的仿真及结果

①M 文件

```
A = imread('G:\Fig. bmp');
[height,width] = size(A);
uint8 T;
uint8 deep;
double Rmax;
double wo;
double wi;
double uo;
double ui;
deep =256;
Rmax =0;
T =0;
B = zeros(height,width);
B = uint8(B);
P = zeros(1,deep);
P = double(P);
F = zeros(1,deep);
F = double(F);
for i =1:height
    for j =1:width
        temp = A(i,j) +1;
        F(temp) = F(temp) +1;
    end
end
```

```
for i = 1:deep
    P(i) = F(i)/(height * width);
end
for t = 1:deep
    wo = 0;
    wi = 0;
    uo = 0;
    ui = 0;
    for i = 1:t
        wo = wo + P(i);
        if wo > 0
            uo = uo + i * P(i)/wo;
        end
    end
    for i = t:deep
        wi = wi + P(i);
        if wi > 0
            ui = ui + i * P(i)/wi;
        end
    end
    R = wo * wi * (ui - uo) * (ui - uo);
    if R > Rmax
        Rmax = R;
        T = t;
    end
end
for i = 1:height
    for j = 1:width
        if A(i,j) < T
            B(i,j) = 0;
        else
            B(i,j) = 255;
        end
    end
end
figure(1);
imshow(A);
title('原始图像');
```

```
figure(2);
imshow(B);
title('阈值分割后的图像');
```

②仿真结果(图 6-2)

a)最大方差阈值原始图像　　b)最大方差阈值处理后图像

图 6-2　最大方差阈值法仿真结果

2. 基于 DM642 系统的实验

这里基于 TMS320DM642 DSP 平台给出灰度阈值分割算法的 C 语言实现。

(1)灰度阈值法的仿真及结果

①仿真设置

仿真设置如图 6-3 所示。

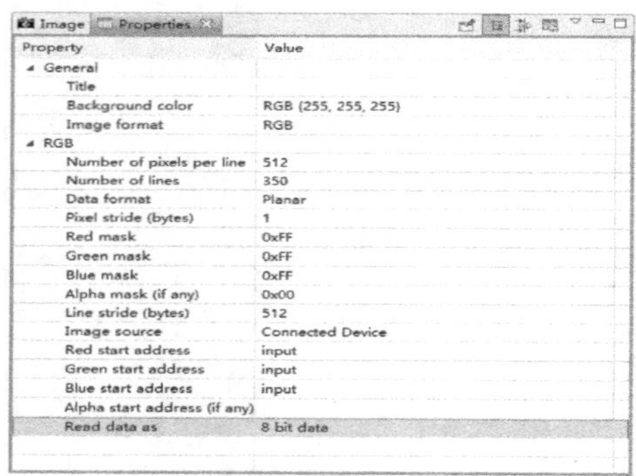


a)原始图像查看设置　　b)灰度阈值分割后图像查看设置

图 6-3　CCS 设置

②DM642 程序

```
#include <stdio.h>
#include <stdlib.h>
#include <math.h>
#define Width   512
#define Height 350
#define Deep    256
```

```
void ReadImage(char  * cFileName);
void bmpDataPart(FILE *  fpbmp);
void iteration();
#pragma DATA_SECTION(input,".my_sect")
#pragma DATA_SECTION(output,".my_sect")
unsigned char input[Height][Width];
unsigned char output[Height][Width];
void main()
{
  /* 图像 */
   ReadImage("G:\cargray512.bmp");
   iteration();
   while (1);
}
void ReadImage(char  * cFileName)
{
  FILE  * fp;
    if ( fp = fopen(cFileName,"rb") )
     {
       bmpDataPart(fp);
         fclose(fp);
     }
}
void bmpDataPart(FILE *  fpbmp)
{
  int i, j =0;
  unsigned char *  pix = NULL;
  fseek(fpbmp, 1078L, SEEK_SET);
  pix = (unsigned char * )malloc(Width);
  for(j =0;j < Height;j + + )
   {
     fread(pix, 1, Width , fpbmp);
       for(i =0;i < Width;i + + )
        {
          input[Height - 1 - j][i]     = pix[i];
        }
   }
}
```

```
void iteration( )
{
  int i,j;
  unsigned char T,t;
  unsigned char Gmax;
  unsigned char Gmin;
  unsigned char flag;
  unsigned char temp;
  double ForegroundNum;
  double BackgroundNum;
  double ForegroundSum;
  double BackgroundSum;
  double ForegroundMean;
  double BackgroundMean;
  t =0;
  T =0;
  Gmax =0;
  Gmin =255;
  flag =1;
  for(i =0;i < Height;i + + )
  {
    for(j =0;j < Width;j + + )
    {
      temp = input[i][j];
      if(temp < Gmin)
      {
        Gmin = temp;
      }
      if(temp > Gmax)
      {
        Gmax = temp;
      }
    }
  }
  T = (Gmin + Gmax)/2;
  while(flag)
  {
      ForegroundNum =0;
```

```
        BackgroundNum = 0;
        ForegroundSum = 0;
        BackgroundSum = 0;
        for(i = 0;i < Height;i + + )
        {
            for(j = 0;j < Width;j + + )
            {
                temp = input[i][j];
                if(temp > T)
                {
                    ForegroundNum = ForegroundNum + 1;
                    ForegroundSum = ForegroundSum + (double)temp;
                }
                else
                {
                    BackgroundNum = BackgroundNum + 1;
                    BackgroundSum = BackgroundSum + (double)temp;
                }
            }
        }
        ForegroundMean = ForegroundSum/ForegroundNum;
        BackgroundMean = BackgroundSum/BackgroundNum;
        t = (unsigned char)((ForegroundMean + BackgroundMean)/2);
        if(t = = T)
        {
            flag = 0;
        }
        else
        {
            T = t;
        }
    }
    for(i = 0;i < Height;i + + )
    {
        for(j = 0;j < Width;j + + )
        {
            temp = input[i][j];
            if(temp < T)
```

```
        {
            output[i][j]=0;
        }
        else
        {
            output[i][j]=255;
        }
    }
  }
}
```

③仿真结果

仿真结果如图 6-4 所示。

a)原始图像

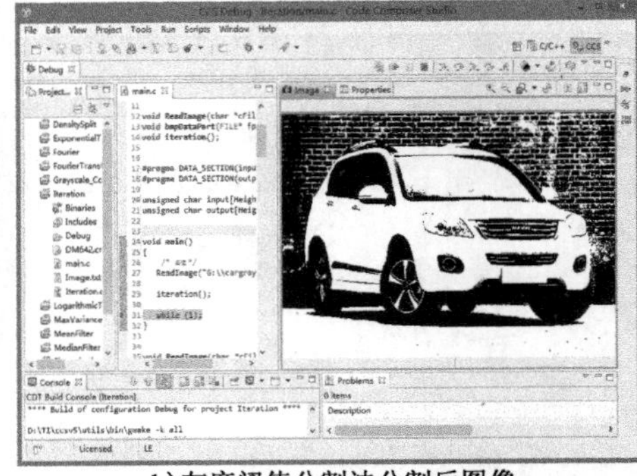

b)灰度阈值分割法分割后图像

图 6-4　仿真结果

(2)最大方差阈值法

①程序代码

```
#include <stdio.h>
#include <stdlib.h>
#include <math.h>
#define Width  512
#define Height 350
#define Deep   256
void ReadImage(char * cFileName);
void bmpDataPart(FILE * fpbmp);
void maxvariance();
#pragma DATA_SECTION(input,".my_sect")
#pragma DATA_SECTION(output,".my_sect")
#pragma DATA_SECTION(p,".my_sect"
unsigned char input[Height][Width];
```

```
unsigned char output[Height][Width];
double p[Deep];
void main()
{
  /* 图像 */
   ReadImage("G:\cargray512.bmp");
   maxvariance();
   while (1);
}
void ReadImage(char *cFileName)
{
  FILE *fp;
    if ( fp=fopen(cFileName,"rb" ) )
    {
      bmpDataPart(fp);
        fclose(fp);
    }
}
void bmpDataPart(FILE * fpbmp)
{
  int i, j=0;
  unsigned char* pix=NULL;
  fseek(fpbmp, 1078L, SEEK_SET);
  pix=(unsigned char*)malloc(Width);
  for(j=0;j<Height;j++)
  {
    fread(pix, 1, Width , fpbmp);
      for(i=0;i<Width;i++)
      {
        input[Height-1-j][i]    =pix[i];
      }
  }
}
void maxvariance()
{
  int t;
  int T;
  int i,j;
```

```
double N;
double R;
double Rmax;
double wo,uo;
double wi,ui;
unsigned char temp;
T=0;
R=0;
Rmax=0;
N=Height*Width;
for(i=0;i<Deep;i++)
{
  p[i]=0;
}
for(i=0;i<Height;i++)
{
  for(j=0;j<Width;j++)
  {
    temp=input[i][j];
    p[temp]=p[temp]+1;
  }
}
for(i=0;i<Deep;i++)
{
  p[i]=p[i]/N;
}
for(t=0;t<Deep;t++)
{
  wo=0;
  uo=0;
  wi=0;
  ui=0;
  for(i=0;i<t;i++)
  {
    wo=wo+p[i];
    uo=uo+i*p[i]/wo;
  }
  for(i=t;i<Deep;i++)
```

```
        {
            wi = wi + p[i];
            ui = ui + i * p[i]/wi;
        }
        R = wo * wi * (ui - uo) * (ui - uo);
        if(R > Rmax)
        {
            Rmax = R;
            T = t;
        }
    }
    for(i = 0;i < Height;i++)
    {
        for(j = 0;j < Width;j++)
        {
            output[i][j] = input[i][j];
            if(output[i][j] < T)
            {
                output[i][j] = 0;
            }
            else
            {
                output[i][j] = 255;
            }
        }
    }
}
```

②DM642 程序（图 6-5）

a）最大方差阈值分割原始图像

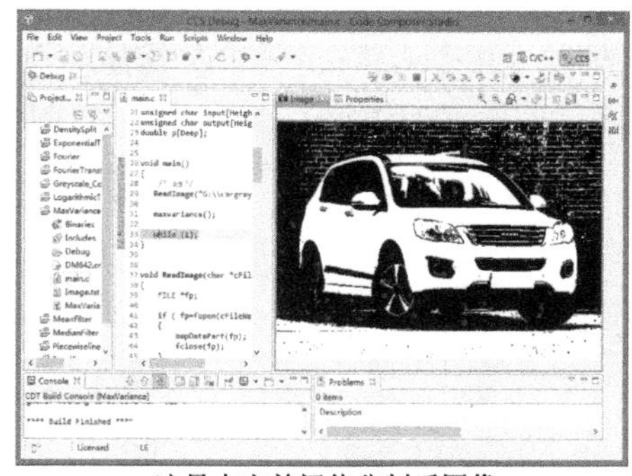

b）最大方差阈值分割后图像

图 6-5　最大方差阈值法仿真结果

## 6.3 边缘检测

边缘是图象最基本的特征，常常意味着一个区域的终结和另一个区域的开始，对图像识别和计算机分析十分有用。边缘能勾画出目标物体，使观察者一目了然，蕴含了丰富的内在信息（如方向、阶跃性质、形状等），是图像识别中抽取图像特征的重要属性。

所谓边缘是指其周围像素灰度发生阶跃变化或屋顶状变化的那些像素的集合，它存在于目标与背景、目标与目标、区域与区域，基元与基元之间，是图像局部特征不连续的结果。在数学上可利用灰度的导数来刻画边缘点的变化，因此常用一阶和二阶导数来检测边缘。下面来看一下3种常见的边缘剖面：①阶梯状如图6-6a）所示；②脉冲状如图6-6b）所示；③屋顶状如图6-6c）所示。阶梯状的边缘处于图像中2个具有不同灰度值的相邻区域之间，主要对应细条状的灰度值突变区域，二阶方向导数在边缘处呈零交叉脉冲状，而屋顶状的边缘上升下降都比较缓慢，二阶方向导数在边缘处取极值。由于采样的缘故，数字图像中的边缘总有一些模糊，所以这里垂直上下的边缘剖面都表示成有一定坡度。

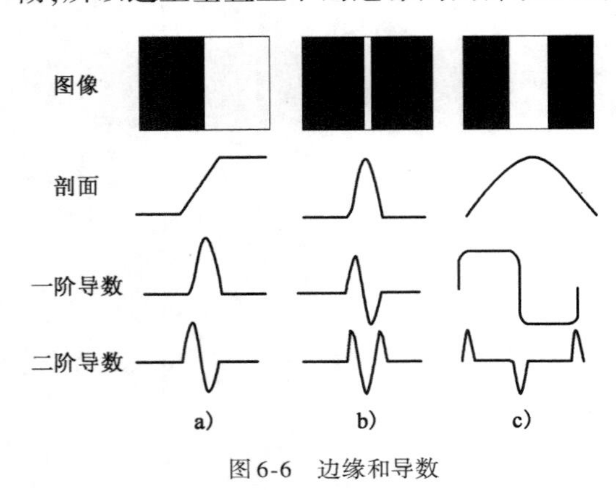

图6-6 边缘和导数

边缘的特性是沿边缘走向的像素变化平缓，而垂直于边缘方向的像素变化剧烈。所以，边缘检测的实质是采用某种算法来提取出图像中灰度发生急剧变化的的区域边界，首先检出图像局部特性不连续性，然后将这些不连续的边缘像素连成完备的边界。从这个意义上说，边缘检测方法就是对原始图像中像素的某小邻域来构造边缘检测算子。这里对几种经典的边缘检测算子进行理论分析，并对各自的性能特点作比较和评价。

### 6.3.1 梯度算子

图像边缘为两个强度明显不同区域之间的过渡，导数算子具有突出灰度变化的作用，对图像运用导数算子，图像梯度在这些过渡边界上将存在最大值，因此可将这些梯度值作为相应点的边界强度，通过设置门限的方法，提取边界点集。

梯度对应一阶导数，对于一个连续图像函数$f(x,y)$，它在点$f(x,y)$处的梯度值是一个矢量，定义为

$$\nabla f(x,y)=[G_x \quad G_y]^{\mathrm{T}}=\begin{bmatrix}\frac{\partial f}{\partial x} & \frac{\partial f}{\partial y}\end{bmatrix}^{\mathrm{T}} \tag{6-13}$$

式中，$G_x$和$G_y$分别为沿$x$方向和$y$方向的梯度。梯度的幅度和方向角分别为

$$|\nabla f(x,y)|=\mathrm{mag}(\nabla f(x,y))=[G_x^2+G_y^2]^{1/2} \tag{6-14}$$

$$\phi(x,y)=\arctan(G_y/G_x) \tag{6-15}$$

由式(6-14)可知，梯度的数值就是$f(x,y)$在其最大变化率方向上的单位距离所增加的

量。对于数字图像而言,梯度是由差分代替微分来实现的,式(6-14)可以写作

$$|\nabla f(x,y)| = \{[f(x,y)-f(x+1,y)]^2+[f(x,y)-f(x,y+1)]^2\}^{1/2} \tag{6-16}$$

为了简化运算,降低处理的工作量,通常在实际应用中将式(6-16)的梯度幅值简化为

$$|\nabla f(x,y)| = |f(x,y)-f(x+1,y)|+|f(x,y)-f(x,y+1)| \tag{6-17}$$

式中各像素的位置如图6-7a)所示,这种梯度法又称为水平垂直差分法。另一种梯度法如图6-7b)所示,是交叉地进行差分计算,称为 Robert 梯度算法,表示为

$$|\nabla f(x,y)| = \{[f(x,y)-f(x+1,y+1)]^2+[f(x+1,y)-f(x,y+1)]^2\}^{1/2} \tag{6-18}$$

同样可以近似为

$$|\nabla f(x,y)| = |f(x,y)-f(x+1,y+1)|+|f(x+1,y)-f(x,y+1)| \tag{6-19}$$

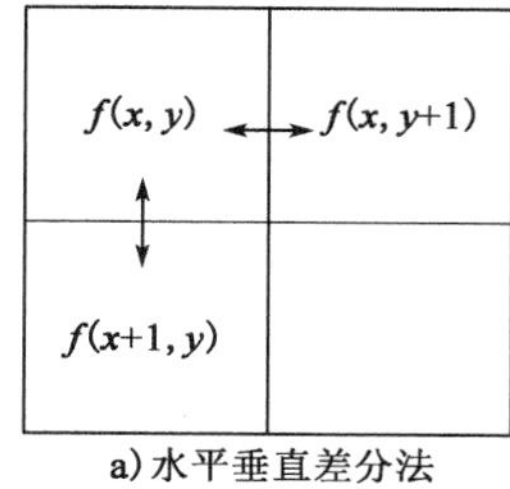

a)水平垂直差分法

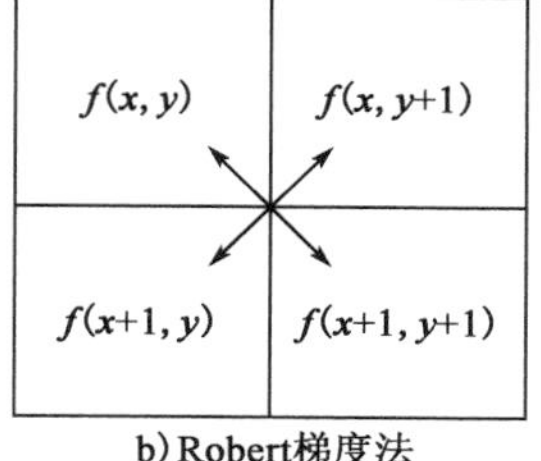

b)Robert梯度法

图6-7　求梯度的两种差分方法

在实际中常用小区域模板卷积来近似计算偏导数,对 $G_x$ 和 $G_y$ 各用一个模板,所以需要2个模板组合起来以构成1个梯度算子。如图6-8所示,其中,图6-8a)为 Robert 算子,图6-8b)为 Prewitt 算子,图6-8c)为 Sobel 算子。

在实际图像中,对应景象边缘的图像灰度变化有时并不十分陡峭,同时,图像中也存在噪声,因此直接运用微分算子提取边界后,边界往往表现为不连续或含有假边缘,还需做某些处理(如连接及细化等)才能形成有意义的边界。

a)Robert算子

| -1 | 0 | 1 |
|---|---|---|
| -1 | 0 | 1 |
| -1 | 0 | 1 |

| 1 | 1 | 1 |
|---|---|---|
| 0 | 0 | 0 |
| -1 | -1 | -1 |

b)Prewitt算子

| -1 | 0 | 1 |
|---|---|---|
| -2 | 0 | 2 |
| -1 | 0 | 1 |

| 1 | 2 | 1 |
|---|---|---|
| 0 | 0 | 0 |
| -1 | -2 | -1 |

c)Sobel算子

图6-8　几种常用的梯度算子

## 6.3.2　拉普拉斯算子

在阶跃边缘处灰度的变化速率最大,如图6-8a)所示,边缘点对应的二阶导数为过零点。拉普拉斯算子也是常用的边缘检测算子,它是各向同性的二阶导数,具有旋转不变性,对灰度突变敏感。

$$\nabla^2 f(x,y) = \frac{\partial^2 f(x,y)}{\partial x^2}+\frac{\partial^2 f(x,y)}{\partial y^2} \tag{6-20}$$

经边缘检测后的图像 $g(x,y)$ 为

$$g(x,y) = f(x,y) - k\nabla^2 f(x,y) \tag{6-21}$$

式中,系数 $k$ 与扩散效应有关。图像 $f(x,y)$ 经拉普拉斯运算后得到检测出边缘的图像 $g(x,y)$。需要注意的是,对系数 $k$ 的选择要合理,太大会使图像中轮廓边缘产生过冲,太小则边缘不明显。

对数字图像来讲，$f(x,y)$的二阶偏导数同样可以用差分近似微分来表示

$$\begin{cases} \dfrac{\partial^2 f(x,y)}{\partial x^2} = [f(x+1,y)-f(x,y)]-[f(x,y)-f(x-1,y)] \\ \qquad\qquad = f(x+1,y)+f(x-1,y)-2f(x,y) \\ \dfrac{\partial^2 f(x,y)}{\partial y^2} = f(x,y+1)+f(x,y-1)-2f(x,y) \end{cases} \tag{6-22}$$

对此拉普拉斯算子 $\nabla^2 f(x,y)$为

$$\begin{aligned} \nabla^2 f(x,y) &= \frac{\partial^2 f}{\partial x^2}+\frac{\partial^2 f}{\partial y^2} \\ &= f(x+1,y)+f(x-1,y)+f(x,y+1)+f(x,y-1)-4f(x,y) \\ &= -5\left\{f(x,y)-\frac{1}{5}[f(x+1,y)+f(x-1,y)+f(x,y+1)+f(x,y-1)+f(x,y)]\right\} \end{aligned} \tag{6-23}$$

可见数字图像在$(x,y)$点的拉普拉斯边缘检测值，可由$(x,y)$点的灰度值减去该点邻域的平均灰度值来求得。

对阶跃状边缘，二阶导数在边缘点处产生一个陡峭的过零点，即边缘点两边二阶导数取异号。Laplace 算子就是据此对$f(x,y)$的每个像素取它关于$x$方向和$y$方向的二阶差分之和，这是一个与边缘方向无关的边缘检测算子。而对屋顶状边缘，在边缘点的二阶导数取极小值，这时对$f(x,y)$每个像素取它关于$x$方向和$y$方向的二阶差分之和的相反数。

| 0 | 1 | 0 |
|---|---|---|
| 1 | -4 | 1 |
| 0 | 1 | 0 |

图 6-9 拉普拉斯运算模板

另外，式(6-23)还可以表示成模板的形式，如图 6-9 所示。从模板形式可以看出，拉普拉斯算子具有各向同性和旋转不变性。如果在图像中的一个较暗的区域中出现了一个亮点，那么用拉普拉斯运算就会使这个亮点变得更亮。因为在图像中的边缘就是那些灰度发生跳变的区域，所以拉普拉斯算子在边缘检测中很有用。但是，拉普拉斯算子也存在一些缺点：一是边缘方向信息易丢失；二是算子为二阶微分算子，与一阶微分比较对噪声更敏感，双倍加强了图像中噪声的影响。

在实际应用中，拉普拉斯算子进行边缘检测之前，为去除噪声的影响，首先要用高斯函数对图像进行滤波，称为拉普拉斯高斯算子法。

### 6.3.3 Canny 算子

1986 年，Canny 定义了边缘检测算子的三条评价准则，并提出了一种基于最优化算法的边缘检测算子。Canny 算子被认为是目前使用最广泛的边缘检测方法之一，具有很好的信噪比和检测精度。Canny 算子首先用高斯平滑滤波来抑制图像中的噪声，通过一阶差分算子计算图像梯度幅值的方向。然后对梯度幅值进行非极大值抑制，最后通过双阈值方法来提取边缘。一个边缘算子必须满足以下三个准则。

(1)低错误率：边缘算子应该只对边缘响应，不漏检真实边缘，也不把非边缘点作为边缘点检出，使输出的信噪比最大。

(2)定位精度:被边缘算子找到的边缘像素与真正的边缘像素间的距离应尽可能地小。

(3)单边响应:对于单个边缘点仅有一个响应。

以上就是边缘检测的三个准则,从理论上建立了最优边缘检测的理论基础,将边缘检测优劣评价的三个准则表达出来,将寻找给定条件下的最优算子工作转化为一个泛函最优问题。

在 Canny 的假设下,对于一个带有高斯白噪声的阶跃边缘,边缘检测算子是一个与图像函数 $g(x,y)$ 进行卷积的滤波器 $f$,这个卷积滤波器应该平滑掉白噪声并找到边缘位置。问题是怎样确定一个能够使三个准则都得到优化的滤波器函数。

根据第一个准则,滤波器函数 $f$ 对边缘 G 的响应由下面的卷积积分给出:

$$H = \int_{-w}^{w} G(-x)f(x)\,\mathrm{d}x \tag{6-24}$$

假设区域$[-w,w]$外函数 $f$ 的值为 0,则数学上三个准则的表达式为

$$\mathrm{SNR} = \frac{\left|\int_{-w}^{w} G(-x)f(x)\,\mathrm{d}x\right|}{\sqrt{\int_{-w}^{w} f^2(x)\,\mathrm{d}x}} \tag{6-25}$$

$$\mathrm{Localization} = \frac{\left|\int_{-w}^{w} G(-x)f'(x)\,\mathrm{d}x\right|}{n_o\lambda\sqrt{\int_{-w}^{w} f'^2(x)\,\mathrm{d}x}} \tag{6-26}$$

$$x_{\mathrm{ZC}} = \pi\left(\frac{\int_{-\infty}^{\infty} f'^2(x)\,\mathrm{d}x}{\lambda\int_{-\infty}^{\infty} f(x)\,\mathrm{d}x}\right)^{1/2} \tag{6-27}$$

信噪比 SNR 是输出信号与噪声的比值,由信号检测理论可知,它的值越大说明信号越强;Localization 是检测到的边缘到真正边缘距离的倒数,这个值越大说明所检测的边缘与真正边缘的距离越小,二者越接近;$x_{\mathrm{ZC}}$是一个约束条件,它代表 $f'$ 零交叉点间的平均距离,说明滤波器 $f$ 在小区域内对同一个边不会有太多的影响。Canny 把上面三个公式结合起来 SNR * Localization/$x_{\mathrm{ZC}}$,并试图找到能使之最大化的滤波器,但结果太复杂,最后 Canny 证明了该优化的边缘检测滤波器可以由高斯函数的一阶导数去最佳的逼近,并且使用高斯函数的一阶导数计算使问题变得简单化。

Gaussian 卷积得到的边缘图像中还存在一些较高梯度值的、非边缘的点,这对真正的边缘是一种干扰,为了精确定位边缘,必须细化梯度幅值图像中的屋脊带,只保留幅值局部变化最大的点,这一过程就是非极大值抑制。对于一个边缘像素,都会有一个与该点所在的边垂直的梯度方向,并且该像素的梯度值要大于该边两侧的像素的梯度值。Canny 根据这种思想用抑制非极大值点的算法对梯度图像做了后续处理,非极大值抑制通过抑制梯度方向上的所有非屋脊峰值的梯度幅值得到细化边缘。

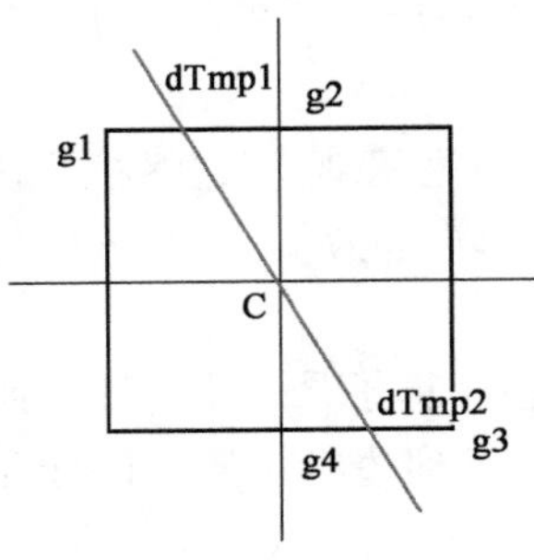

图 6-10　非极大值抑制示意图

图像梯度幅值矩阵中的元素值越大,说明图像中该点的梯度值越大,但这不能说明该点就是边缘(这仅仅是属于图像增强的过程)。在 Canny 算法中,非极大值抑制是进行边缘检测的重要步骤。

根据图 6-10 可知,要进行非极大值抑制,就首先要确定像素点 C 的灰度值在以其为中心的 8 值邻域内是否为最大。图 6-10 中红色的线条方向为 C 点的梯度方向,因为根据梯度定义在梯度方向上存在梯度最大值,那么可以确定其局部的最大值肯定分布在这条线上,也即除了 C 点外,梯度方向的交点 dTmp1 和 dTmp2 这两个点的值也可能会是局部最大值。因此,C 点灰度与这两个点灰度大小即可判断 C 点是否为其邻域内的局部最大灰度点。如果经过判断,C 点灰度值不比梯度方向的两个相邻点的梯度幅值大,那就说明 C 点不是局部极大值,标记为非边缘点并将其赋值为零。若在梯度方向 C 点灰度值最大,则将其标记为候选边缘点,且灰度值保持不变。这就是非极大值抑制的工作原理。

此外,为了减少假边缘,Canny 算子对非极大值抑制后的幅值图阵列进行阈值化,称之为双阈值法,即选择两个阈值 $T_h$ 和 $T_l$,$T_h$ 称为高阈值,$T_l$ 为低阈值。$T_h$ 是由求幅值图像的累计直方图得到的高阈值,且 $T_h = 0.4T_l$。根据高阈值 $T_h$ 得到一个边缘图像,认为该图像为真实的边缘图像含有很少的假边缘,但是由于阈值较高,产生的图像边缘可能不闭合,为解决这样一个问题采用了另外一个低阈值。在高阈值图像中把边缘连接成轮廓,当到达轮廓的端点时,该算法会在断点 8 的邻域点中寻找满足低阈值的点,再根据此点收集新的边缘进行连接,直到整个图像边缘闭合。

### 6.3.4　边缘检测算法的实现

#### 1. Matlab 仿真

下面是几种边缘检测算子的 Matlab 实现。为使代码简洁,本代码的测试图片选择灰度图像。

①M 文件代码

```
I = imread('D:\Administrator\My Pictures\Lenagray.bmp');
BW_sobel = edge(I,'sobel');
BW_prewitt = edge(I,'prewitt');
BW_roberts = edge(I,'roberts');
BW_canny = edge(I'canny');
figure(1);
subplot(2,3,1),imshow(I),xlabel('原始图像');
subplot(2,3,2),imshow(BW_sobel),xlabel('sobel 检测');
subplot(2,3,3),imshow(BW_prewitt),xlabel('prewitt 检测');
subplot(2,3,4),imshow(BW_roberts),xlabel('roberts 检测');
subplot(2,3,5),imshow(BW_canny),xlabel('canny 检测');
```

②仿真结果(图 6-11)

如图6-11所示,比较图6-11f)Canny处理结果与其他几个算子进行边缘检测的结果,可以看出Canny算子检测结果不单能清晰地提取图像的边缘,而且边缘连续性比较好,这就是Canny算子的优良之处。

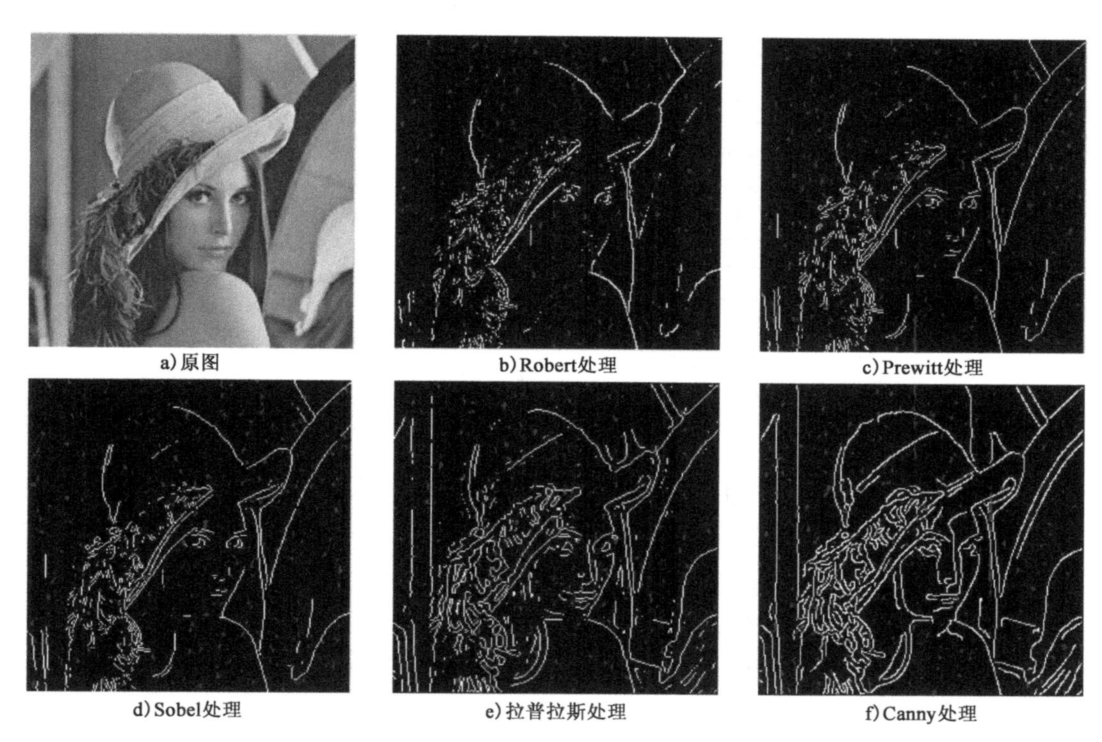

a)原图　b)Robert处理　c)Prewitt处理

d)Sobel处理　e)拉普拉斯处理　f)Canny处理

图6-11　几种边缘检测算子处理比较

2. 基于DM642系统的程序实现

这里基于TMS320DM642 DSP平台给出边缘检测算法的C语言实现,算法流程图如图6-12所示。

①流程图(图6-12)

②DM642程序源代码

a. 梯度算子和拉普拉斯算子

```
#include < stdio. h >
#include < stdlib. h >
#include < math. h >
#define IMAGEWIDTH   256
#define IMAGEHEIGHT 256
#define Uint8          unsigned char
#pragma DATA_SECTION(greyout,". my_sect")
void ReadImage(char  * cFileName);
void bmpDataPart(FILE *  fpbmp);
```

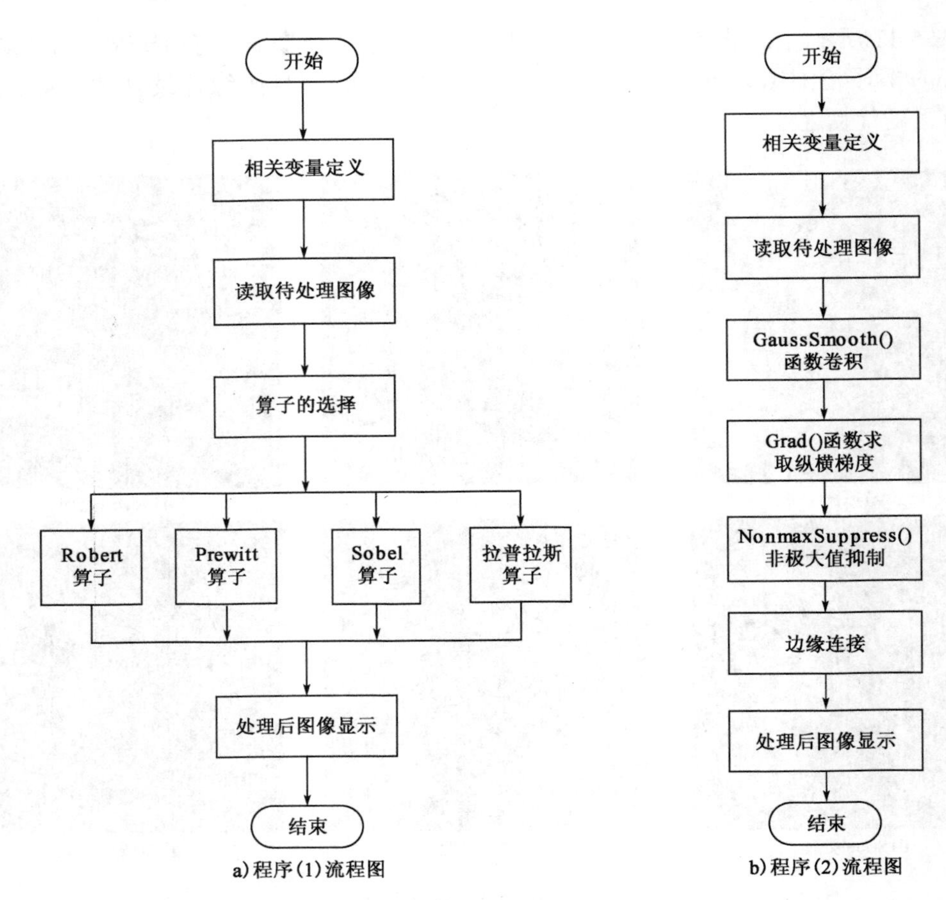


图 6-12　程序流程图

```
void EdgeDetection( );
unsigned char grey[ IMAGEHEIGHT ][ IMAGEWIDTH ];
unsigned char greyout[ IMAGEHEIGHT ][ IMAGEWIDTH ];
void main( )
{
   /* 图像 */
   ReadImage("D:\Administrator\My Pictures\Lenagray. bmp");
   EdgeDetection( );
      while (1) ;
}
void ReadImage( char * cFileName)
{
         FILE * fp;
         if ( fp = fopen( cFileName, "rb") )
         {
```

```
            bmpDataPart(fp);
            fclose(fp);
        }
}
void bmpDataPart(FILE * fpbmp)
{
  int i, j=0;
  unsigned char * pix = NULL;
  fseek(fpbmp, 1078L, SEEK_SET);
  pix = (unsigned char * )malloc(256);
  for(j=0;j<IMAGEHEIGHT;j++)
   {
     fread(pix, 1, 256, fpbmp);
     for(i=0;i<IMAGEWIDTH;i++)
        {
           grey[IMAGEHEIGHT-1-j][i]    =pix[i];
       greyout[IMAGEHEIGHT-1-j][i]    =pix[i];
        }
     }
}
/*
边缘检测
1. 梯度算子(Robert 算子、Prewitt 算子、Sobel 算子)
2. 拉普拉斯算子
 */
void EdgeDetection(int choose)
{
  int i,j;
     int greytemp_x,greytemp_y;
//  int Kx[2][2]={{1,0},{0,-1}};                 // Robert 算子
//  int Ky[2][2]={{0,1},{-1,0}};
//  int Kx[3][3]={{-1,0,1},{-1,0,1},{-1,0,1}};          //Prewitt 算子
//  int Ky[3][3]={{1,1,1},{0,0,0},{-1,-1,-1}};
//  int Kx[3][3]={{-1,0,1},{-2,0,2},{-1,0,1}};          // Sobel 算子
//  int Ky[3][3]={{1,2,1},{0,0,0},{-1,-2,-1}};
  int K[3][3]={{0,1,0},{1,-4,1},{0,1,0}};           //拉普拉斯算子
  for(i=1;i<IMAGEHEIGHT-1;i++)
  {
```

```
for(j = 1;j < IMAGEWIDTH - 1;j + + )
  {
                    // 测试 Robert 算子/Prewitt 算子/Sobel 算子
                   /*     greytemp_x  =   (
                                Kx[0][0] * grey[i - 1][j - 1]  +
                                Kx[0][1] * grey[i - 1][j]  +
                                Kx[0][2] * grey[i - 1][j + 1]  +
                              Kx[1][0] * grey[i][j - 1]  +
                                Kx[1][1] * grey[i][j] +
                                Kx[1][2] * grey[i][j + 1]  +
                                    Kx[2][0] * grey[i + 1][j - 1]  +
                                Kx[2][1] * grey[i + 1][j]  +
                                Kx[2][2] * grey[i + 1][j + 1]
                              );
                   greytemp_y  =   (
                                Ky[0][0] * grey[i - 1][j - 1]  +
                                Ky[0][1] * grey[i - 1][j]  +
                                Ky[0][2] * grey[i - 1][j + 1]  +
                              Ky[1][0] * grey[i][j - 1]  +
                                Ky[1][1] * grey[i][j] +
                                Ky[1][2] * grey[i][j + 1]  +
                                    Ky[2][0] * grey[i + 1][j - 1]  +
                                Ky[2][1] * grey[i + 1][j]  +
                                Ky[2][2] * grey[i + 1][j + 1]
                              ); */
                      /* 测试 Robert 算子
                      greytemp_x  =   (
                                Kx[0][0] * grey[i][j]  +
                                Kx[0][1] * grey[i][j + 1]  +
                                Kx[1][0] * grey[i + 1][j]  +
                              Kx[1][1] * grey[i + 1][j + 1]
                              );
                      greytemp_y  =   (
                                Ky[0][0] * grey[i][j]  +
                                Ky[0][1] * grey[i][j + 1]  +
                                Ky[1][0] * grey[i + 1][j]  +
                              Ky[1][1] * grey[i + 1][j + 1]
                                    );
```

```
                    */
            //测试拉普拉斯算子
            /**/  greytemp_x =  (
                            K[0][0] * grey[i-1][j-1] +
                            K[0][1] * grey[i-1][j] +
                            K[0][2] * grey[i-1][j+1] +
                          K[1][0] * grey[i][j-1] +
                            K[1][1] * grey[i][j] +
                            K[1][2] * grey[i][j+1] +
                          K[2][0] * grey[i+1][j-1] +
                            K[2][1] * grey[i+1][j] +
                            K[2][2] * grey[i+1][j+1]
                          );
              if(greytemp_x < 0)
                greytemp_x =0;
              if(greytemp_x > 255)
                greytemp_x =255;
              greyout[i][j] = greytemp_x;
      //greyout[i][j] = sqrt(greytemp_x * greytemp_x + greytemp_y * greytemp_y);
    }
  }
}
```

b. Canny 算子

```
#include <stdio.h>
#include <stdlib.h>
#include <math.h>
#define IMAGEWIDTH   256
#define IMAGEHEIGHT 256
#define Uint8   unsigned char
#pragma DATA_SECTION(outgrey,".my_sect")
#pragma DATA_SECTION(Gx,".my_sect")
#pragma DATA_SECTION(Gy,".my_sect")
void ReadImage(char  *cFileName);
void bmpDataPart(FILE *  fpbmp);
void GaussSmooth();
void Grad();
void NonmaxSuppress();
void trace(int low,int x,int y);
```

```
void Canny();
unsigned char grey[IMAGEHEIGHT][IMAGEWIDTH];
unsigned char outgrey[IMAGEHEIGHT][IMAGEWIDTH];
int Gx[256][256],Gy[256][256];
void main()
{
   /* 图像 */
   ReadImage("D:\Administrator\My Pictures\Lenagray.bmp");
   Canny();
   while (1);
}

void ReadImage(char * cFileName)
{
         FILE * fp;
         if ( fp=fopen(cFileName,"rb" ) )
         {
                  bmpDataPart(fp);
                  fclose(fp);
         }
}

void bmpDataPart(FILE * fpbmp)
{
  int i, j=0;
  unsigned char * pix=NULL;
  fseek(fpbmp, 1078L, SEEK_SET);
  pix=(unsigned char *)malloc(256);
  for(j=0;j<IMAGEHEIGHT;j++)
   {
   fread(pix, 1, 256, fpbmp);
     for(i=0;i<IMAGEWIDTH;i++)
         {
             grey[IMAGEHEIGHT-1-j][i]    =pix[i];
             outgrey[IMAGEHEIGHT-1-j][i]    =pix[i];
         }
     }
}
```

```
void Canny( )
{
int high =0,low =0;                          //定义高低阀值
int i,j, * nhist;
double sum =0,v =0;
//第一 利用高斯滤波器对图像卷积
  GaussSmooth( );
//第二 求纵横梯度图
  Grad( );
//第三步是进行非极大抑制
  NonmaxSuppress( );
//第四步是边缘连接
//(1)找到自适应高低阀值;
nhist = (int * ) malloc((400) * sizeof(int));
for(i =1;i <400;i + + )
    nhist[i] =0;
for(i =0;i <IMAGEHEIGHT;i + + )
    for(j =0;j <IMAGEWIDTH;j + + )
      if(outgrey[i][j] = =128)
       nhist[grey[i][j]] + + ;
sum =0;
for(i =1;i <400;i + + )
    sum + =nhist[i];
v =0;
for(i =1;i <400;i + + )
{
    v + =nhist[i];
    if(v > =0.70 * sum +0.5)
    {
      high =i;
      break;
    }
}
low =(int)(0.4 * ((float)high) +0.5);
free(nhist);
//(2)一定条件域内染色的嵌套函数
  for(i =0;i <IMAGEHEIGHT;i + + )
  {
```

```
    for(j =0;j < IMAGEWIDTH;j + + )
      {
          if( (outgrey[ i][ j] = =128) && (grey[ i][ j]  > = high))
          {
              outgrey[ i][ j]  = 255;
              trace(low,i,j);
          }
      }
   }
//(3)将还没有设置为边界的点设置为非边界点
   for(i =0;i < IMAGEHEIGHT;i + + )
   {
    for(j =0;j < IMAGEWIDTH;j + + )
      {
          if(outgrey[ i][ j] !  = 255)
          {
              outgrey[ i][ j]   = 0 ;   // 设置为非边界点
          }
      }
   }
}
/ * 平滑处理(高斯模板) * /
void GaussSmooth( )
{
   int i,j;
   float temp;
   int greytemp;
   for(i =1;i < IMAGEHEIGHT - 1;i + + )
   {
       for(j =1;j < IMAGEWIDTH - 1;j + + )
       {
              temp  =  (   grey[i -1][j -1]  +  2 * grey[i -1][j]  +  grey[i -1][j +1]  +
                         2 * grey[i][j -1]   +  4 * grey[i][j]   +2 * grey[i][j +1]  +
                           grey[i +1][j -1]  +  2 * grey[i +1][j]  +  grey[i +1][j +1]);
           greytemp  = (int)(temp/16  + 0.5);
           if(greytemp <0)
           {
             greytemp  = 0;
```

```
            }
            if(greytemp >255)
            {
              greytemp  = 255;
            }
            outgrey[i][j]  = greytemp;
        }
    }
}
void Grad()
{
   int i,j;
   int Kx[2][2] = {{1,0},{0, -1}};                    // Robert 算子
     int Ky[2][2] = {{0,1},{ -1,0}};
   for(i =1;i < IMAGEHEIGHT -1;i++)
   {
      for(j =1;j < IMAGEWIDTH -1;j++)
        {
                          /* 测试 Robert 算子   */
                    Gx[i][j]  =  (
                              Kx[0][0] * outgrey[i][j]  +
                              Kx[0][1] * outgrey[i][j +1]  +
                              Kx[1][0] * outgrey[i +1][j]  +
                          Kx[1][1] * outgrey[i +1][j +1]
                          );
                    Gy[i][j]  =  (
                              Ky[0][0] * outgrey[i][j]  +
                              Ky[0][1] * outgrey[i][j +1]  +
                              Ky[1][0] * outgrey[i +1][j]  +
                          Ky[1][1] * outgrey[i +1][j +1]
                          );
          grey[i][j]  = sqrt(Gx[i][j] * Gx[i][j] +Gy[i][j] * Gy[i][j]) ;
        }
   }
}
//非最大抑制
void NonmaxSuppress()
{
```

```
int gx,gy,greytemp;
int comp1,comp2;
int i,j;
double weight;
for(i=1;i<IMAGEHEIGHT-1;i++)
{
  for(j=1;j<IMAGEWIDTH-1;j++)
  {
     if(grey[i][j]==0)
     {
       outgrey[i][j]=0;
          continue;
    }
    else
    {
      gx=Gx[i][j];
    gy=Gy[i][j];
         greytemp=grey[i][j];
    if(abs(gx)>abs(gy))    //偏向 x 方向
         {
            weight=fabs(gy)/fabs(gx);
           if(gx*gy>0)            //在第一或第三象限
      {
        comp1 = grey[i][j+1]*(1-weight) + grey[i-1][j+1]*weight;
        comp2 = grey[i][j-1]*(1-weight) + grey[i+1][j-1]*weight;
      }
      else                         //在第二或第四象限
      {
        comp1 = grey[i][j+1]*(1-weight) + grey[i+1][j+1]*weight;
        comp2 = grey[i][j-1]*(1-weight) + grey[i-1][j-1]*weight;
      }
         }
    else                         //偏向 y 方向
    {
      weight=fabs(gx)/fabs(gy);
      if(gx*gy>0)            //在第一或第三象限
      {
        comp1 = grey[i-1][j]*(1-weight) + grey[i-1][j+1]*weight;
```

```
                comp2 = grey[i+1][j] * (1 - weight) + grey[i+1][j-1] * weight;
            }
            else                    //在第二或第四象限
            {
                comp1 = grey[i+1][j] * (1 - weight) + grey[i+1][j+1] * weight;
                comp2 = grey[i-1][j] * (1 - weight) + grey[i-1][j-1] * weight;
            }
        }
        if( (greytemp > comp1) && (greytemp > comp2) )
            outgrey[i][j] = 128;
        else
                outgrey[i][j] = 0;
        }
      }
    }
}
void trace(int low, int x, int y)
{
   int i,j;
if( (x - 1 >= 0) && (y - 1 >= 0) && (x + 1 <= 255) && (y + 1 <= 255))
{
      for(i = -1;i < 2;i++)
        for(j = -1;j < 2;j++)
         if((outgrey[x+i][y+j] == 128)&&(grey[x+i][y+j] >= low))
         {
           outgrey[x+i][y+j] = 255;
           trace(low, x+i, y+j);
         }
   }
}
```

③CCS 仿真设置

选择 CCS 设置中的“Tools→lmage Analyzer”调出图像窗口,右键单击图像窗口选择 Properties 进行图像显示配置,设置与第 6.2.3 节图 6-3 相同。

④实验结果

代码(1)梯度算子和拉普拉斯算子程序和代码(2)Canny 算子程序分别以 EdgeDetection()函数和 Canny()函数对一张图像进行边缘检测处理,得到如图 6-13 所示实验结果,图 6-13a)为处理前的原图像,图 6-13b)为 Robert 算子边缘检测,图 6-13c)为 Prewitt 算子边缘检测,图 6-13d)为 Sobel 算子边缘检测,图 6-13e)为拉普拉斯算子边缘检测,图 6-13f)为 Canny

算子边缘检测。

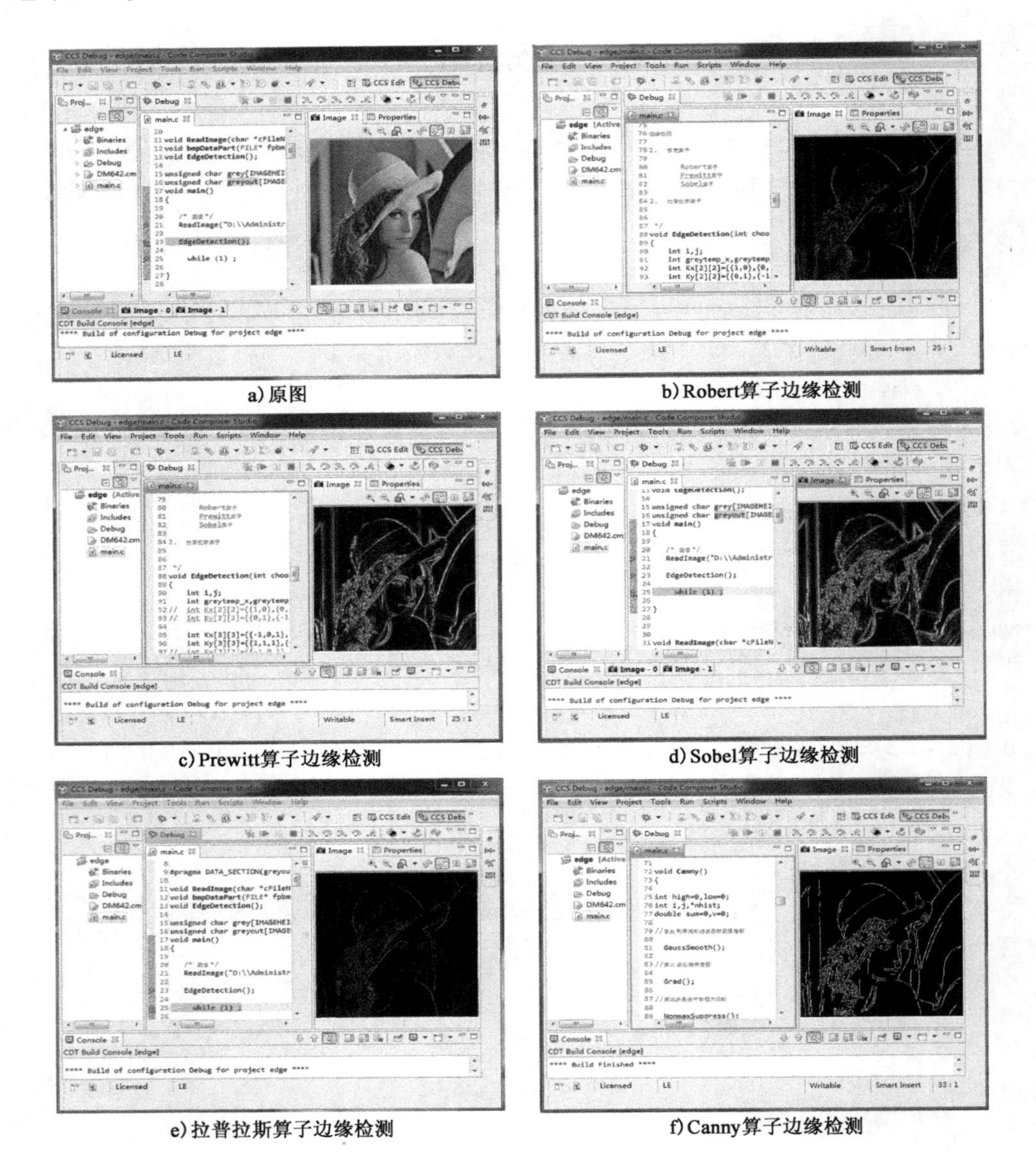


图 6-13　几种边缘检测算子处理结果

## 6.4　区域分割

### 6.4.1　区域生长

灰度阈值法都是按照单个像素点的灰度值在进行区域分割，这类方法分割的区域往往都是不连续的，相对的，区域分割的实质就是把具有某种相似性质的像素点连通起来，从而构成最终的分割区域。它利用了图像的局部空间信息，可有效的克服图像分割空间不连续的缺点，但是也会造成图像的过度分割。在此类方法中，如果从全图出发，按照区域属性特征一致的准则，决定每个像元的区域归属，形成区域图，称之为区域生长；如果从像元出发，按照区域属性特征一致的准则，将属性相似的连通像元聚集为区域，称之为区域增长；把上述两种方法综合起来，就称为分裂合并。这类方法不但考虑了像素的相似性，还考虑了空间上的邻接性，因此可以有效消除孤立噪声的干扰，具有很强的鲁棒性。而且，无论是合并还是分裂，都能够将分割深入到像素级，因此可以保证较高的分割精度。

区域生长法的基本思想是将具有相似性质的像素合起来构成区域，具体做法是选定图像中要分割目标内的一个小块作为种子区域，再在种子区域的基础上不断的将其周围的像素点以一定的准则加入到其中，将这些新像素点作为新的种子区域，继续上面的过程，最终将代表该物体的所有像素点结合成一个区域。

在实际应用区域生长法时需要考虑以下3个问题：

(1)如何选择一组能正确代表所需要区域的种子像素？一般来说，可以根据具体图像的特点来选取种子像素，比如，我们可以人工指定，也可以选取直方图中满足一定峰宽的峰值点。

(2)如何确定在生长的过程中能把相邻像素点包括进来的准则？生长准则常常与具体问题相关并且直接影响最终形成的区域，如果选择不恰当，将会造成过分割或欠分割的现象。一般来说，可以定义为：$|f(x,y)-m_R|<T$。其中$f(x,y)$表示当前像素的灰度值，$m_R$表示当前区域平均灰度值，$T$是所选定的阈值。

(3)如何确定生长终止的条件？一般情况下，当区域无法继续生长时，就停止。

区域生长的一个关键问题就是选择合适的生长准则，大部分区域生长的准则都是使用图像的局部特性，使用不同的生长准则会对区域生长的过程造成不同的影响。这里介绍2种常用的生长准则：

(1)区域形状准则

可以利用对目标形状的检测结果来决定区域是否应该合并，常用的方法有两种：

①把图像分割成灰度固定的区域，设两邻间区域的周长分别为$P_1$和$P_2$，将两区域间共同边界线两侧的灰度差小于给定值的那部分长度记为$L$，如果($T_1$为预定阈值)：

$$\frac{L}{\min(P_1,P_2)}>T_1 \tag{6-28}$$

则合并两区域；

②把图像分割成灰度固定的区域，设两邻间区域的共同边界长度为$M$，把两区域间共同边界线两侧的灰度差小于给定值的那部分长度设为$L$，如果($T_2$为预定闭值)：

$$\frac{L}{M}>T_2 \tag{6-29}$$

则合并两区域。

(2)灰度差准则

常用的区域灰度差准则主要由以下4个步骤组成。

①对图像进行一一扫描，找出还没有归属的像素点，以该像素点为中心检查它邻域中的像素点，将邻域中的像素点一一与它进行比较，如果灰度差小于预先确定的值，将它们合并，以新

合并的像素点为中心,检查新像素点的邻域,直到区域不能进一步扩张为止;

②设灰度差的阈值为零,用第①步的方法进行区域扩张,将灰度相同的像素点合并;

③求出所有邻接区域的平均灰度差,并合并具有最小灰度差的邻接区域;

④设定终止条件,通过反复第③步中的操作将区域依次合并直到终止条件满足为止。当图像中存在缓慢变化的区域时,将不同区域逐步合并有可能产生错误。为克服这个错误,可以不用新像素点的灰度值与邻域像素点的灰度值进行比较,而用新像素点所在区域的平均灰度值与各邻域像素点的灰度值进行比较。对一个含有 $N$ 个像素点的图像区域 $R$ 来说,其均值为:

$$m = \frac{1}{N}\sum_{R} f(x,y) \tag{6-30}$$

对像素点是否应该合并的比较测试表示为:

$$\max\left|\overline{f(x,y)} - m\right| < T \tag{6-31}$$

其中$\overline{f(x,y)}$为邻域像素的灰度值,$T$ 为给定的闭值。区域生长法的优点是计算简单并且对于较均匀的连通区域有较好的分割效果。它的缺点就是需要人为确定种子,并且对噪声比较敏感,有可能导致区域内有空洞。另外,它是一种串行算法,当目标较大时,分割速度比较慢,因此在设计算法的时候,要尽量提高效率。

### 6.4.2 分裂合并

区域分裂合并的基本思想是从整幅图像开始通过不断分裂得到各个区域,实际当中常常先把图像分成任意大小且不重叠的区域,然后再合并或者分裂这些区域以达到分割的要求。在这类方法中,最常见的方法是四叉树分解法。令 $R$ 代表整个正方形图像区域,如图 6-14 所示,$P$ 代表逻辑谓词。把 $R$ 连续的分裂成越来越小的 1/4 的正方形子区域 $R_i$,并且始终使 $P(R_i) = True$。换言之,如果 $P(R) = False$,就将图像分成 4 等分。如果 $P(R_i) = False$,就将 $R_i$ 分成 4 等分。如此类推,直到 $R_i$ 为单个像素。

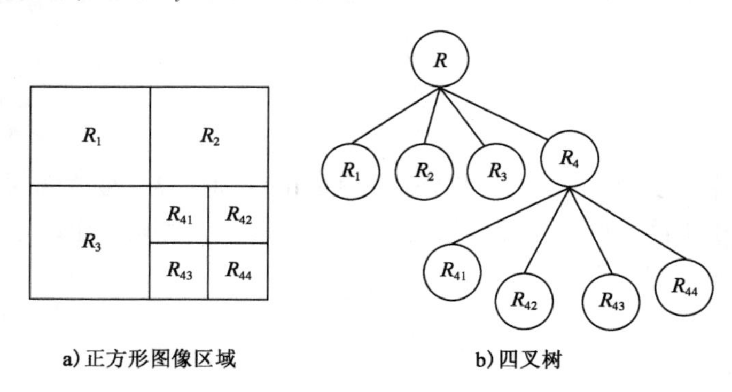


图 6-14　图像的四叉树分解示意图

如果仅仅使用分裂,有可能出现相邻两个区域具有相同的性质但并没有合成一体的情况。为了解决这个问题,在每次分裂后允许将其继续分裂或者合并。如果合并,则必须满足条件 $P(R_i \cup R_j) = True$,这样才能将 $R_i$ 和 $R_j$ 合并起来。

一般来说，分裂合并法有以下 3 个步骤组成：

(1) 对任何一个区域 $R_i$，如果 $P(R_i) = False$，就将其分裂成不重叠的四等分；

(2) 对相邻的两个区域 $R_i$ 和 $R_j$，如果 $P(R_i \cup R_j) = True$，就将它们合并起来；

(3) 如果进一步的分裂或者合并都不可能，则结束。

分裂合并法的关键是设计分裂合并准则，分裂合并准则的好坏直接影响着分割的效果。该方法对复杂图像的分割效果比较好，但也有自身的不足。一方面，分裂如果不能深达像素级就会降低分割精度；另一方面，深达像素级的分裂会增加合并的工作量，从而大大提高其时间复杂度。

### 6.4.3　分水岭算法

分水岭算法是一种较新的基于区域的图像分割算法，该算法的思想来源于洼地积水，如图 6-15所示，其具体过程如下：

(1) 求取梯度图像；

(2) 将梯度图像看成一个高低起伏的地形图，原图中较平坦的区域梯度值较小，构成盆地，原图中边界的区域梯度值较大，则构成分割盆地的山脊；

(3) 水从盆地最低洼的地方渗入，随着水位不断上涨，有的洼地可能将被连通，为了防止两块洼地被连通，就在分割两者的山脊上筑起水坝，水位越涨越高，水坝也越筑越高；

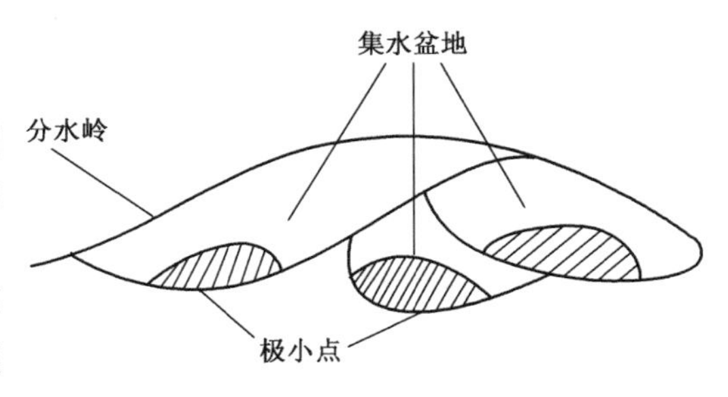

图 6-15　分水岭算法

(4) 当水坝达到最高山脊的高度时，算法结束，每一个孤立的集水盆地对应一个分割区域。

分水岭算法有多种实现方法，vincent 等人给出了一种新的实现方法，该方法由排序和淹没两个步骤组成，其优点是计算速度快、结果准确，且具有一定的实用价值。

近年来，基于分水岭算法的形态学分割方法受到极大关注，该方法计算速度快，并且能精确定位图像的边缘，但是它存在严重的过分割现象，应该如何克服过分割现象一直是图像分割技术研究中的热点。一般来说，克服过分割的方法可以分为两种：

(1) 在使用分水岭算法之前，先对图像滤波，进行标记提取，从而有效的抑制噪声引起的过分割现象；

(2) 在使用分水岭算法之后，通过一定的合并准则将小区域合并到相邻区域中。小区域合并准则可以分为三类：

①灰度闭值合并，认为分水岭算法后的各小区域的灰度值在同一个灰度范围内就属于同一个物体；

②结合灰度和面积信息的区域合并，在进行灰度闭值合并之前计算出各小区域所包含像素的大小，将小于设定的最小像素数的区域简单的合并到与其相邻的小区域中；

③结合灰度和空间拓扑关系的区域合并，考虑到各小区域的灰度和空间位置，效果比前两类方法明显，其中分级区域合并效果较为理想。

## 6.5 Hough 变换

Hough 变换是利用图像全局特性而将边缘像素连接起来组成区域封闭边界的一种方法。在预先知道区域形状的条件下，利用 Hough 变换可以方便地得到边界曲线而将不连续的边缘像素点连接起来。Hough 变换的主要优点是抗噪声能力强，能够在信噪比比较低的条件下，检测出直线或解析曲线。它的缺点是需要先做二值化以及边缘检测等图像预处理工作，使输入图像转变成宽度为一个像素的直线或曲线形式的点阵图。但是，在预处理之后，原始图像中的许多信息将损失，例如原始图像中的大部分灰度信息在做了处理后将丢失；又如原图经边缘检测后，像素之间的许多关系也将丢失。由于这个原因，应用价值带来了一定的局限性。

### 6.5.1 Hough 变换的原理

Hough 变换，把二值变换到 Hough 参数空间，在参数空间用极值点的检测来完成目标的检测。下面首先以直线为例，说明 Hough 变换的原理。

对一直角坐标系中的直线，其方程可以写成

$$\rho = x\cos\theta + y\sin\theta \tag{6-32}$$

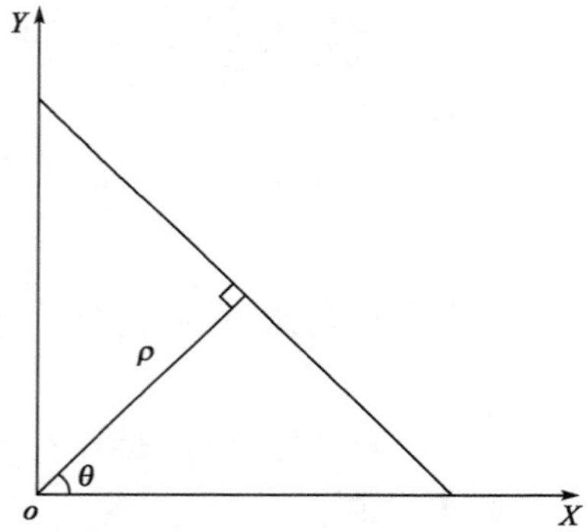

参数 $\rho$ 和 $\theta$ 可以唯一地确定一条直线，如图 6-16 所示。$\rho$ 是原点到直线的距离，$\theta$ 是直线的法线与 $X$ 轴的夹角，换句话说，$\rho$ 和 $\theta$ 是原点到直线的矢量长度和方向。现在，以式(6-32)作为 $X-Y$ 坐标向 $\rho-\theta$ 坐标变换的方程，进行 $X-Y$ 平面内点集的变换。对于 $X-Y$ 平面内的点 $(x_0, y_0)$，变换方程为：

$$\rho = x_0\cos\theta + y_0\sin\theta = A\sin(\alpha + \theta) \tag{6-33}$$

图 6-16 参数表示

式中，$\alpha = \arctan(x_0/y_0)$；$A = \sqrt{x_0^2 + y_0^2}$。这在 $\rho-\theta$ 平面内是一条正弦曲线，其初始角 $\alpha$ 和振幅 $A$ 随 $x_0$ 和 $y_0$ 的值而变。若将 $X-Y$ 平面内在同一条直线上的一个点序列变换到 $\rho-\theta$ 平面内，则所有正弦曲线都经过一点 $(\rho_0, \theta_0)$，$(\rho_0, \theta_0)$ 对应于这条直线到原点的距离和法线与 $X$ 轴的夹角。所有正弦曲线在 $\rho-\theta$ 平面内其他各处均不相交。因此，在极限情况下，将 $X-Y$ 平面内一条直线上的无数点变换到 $\rho-\theta$ 平面上时，经过 $(\rho_0, \theta_0)$ 的次数为无穷，经过其他各处次数都为 1。也就是说，该变换将 $X-Y$ 平面内的一条直线变成了 $\rho-\theta$ 平面的一个点，该点的坐标为 $X-Y$ 坐标原点到该直线的方向矢量的长度和方向。

因此，如果要检测图像中的直线，可以建立二维累加数组 $A$，其元素可以写成为 $A(\rho, \theta)$。对于二值图像上的每个目标点 $(x_0, y_0)$，让 $\theta$ 依次变化而根据式(6-33)计算 $\rho$，对于满足式(6-33)的 $(\rho, \theta)$，使 $A$ 中的对应元素累加，即 $A(\rho, \theta) = A(\rho, \theta) + 1$。所有的目标点计算完成后，累加数组中最大值的点就对应了直线的参数。因此，Hough 变换把直线检测问题转换到参数空间里对点的检测问题，通过在参数空间进行简单的累加统计完成检测任务。

对于圆，可以写其方程：

$$(x - a)^2 + (y - b)^2 = R^2 \tag{6-34}$$

这时参数空间增加到三维，由 $a$、$b$、$R$ 组成。如果仍然像直线那样直接计算，计算量和存储空间都将显著增大。

如果圆的边沿元已知，则可以简化为二维的问题。因为把式(6-34)对 $x$ 取导数，有：

$$2(x-a)+2(y-b)\frac{dy}{dx}=0 \tag{6-35}$$

这表示参数 $a$ 和 $b$ 不独立，利用这个关系，解式(6-34)只需 2 个参数组成参数空间，计算量减少了很多。在人为景物中圆形物体经常出现，经过透视成像后由圆变成椭圆。寻找椭圆的算法可以仿照寻找圆的算法来进行。

设椭圆方程为：

$$\frac{(x-x_0)^2}{a^2}+\frac{(y-y_0)^2}{b^2}=1 \tag{6-36}$$

取导数有：

$$\frac{x-x_0}{a^2}+\frac{y-y_0}{b^2}\frac{dy}{dx}=0 \tag{6-37}$$

可以看出这里有 3 个独立参数。如果椭圆主轴不平行于坐标轴，则可写为：

$$Ax^2+Bxy+Cy^2+Dx+Ey+1=0 \tag{6-38}$$

在利用过椭圆边沿的方向信息后，在映射空间的独立参数仍有四个之多，为了简化求椭圆的计算，还需要其他的特殊解法，这里就不多介绍了。

### 6.5.2　Hough 变换的实现

在本节中我们将结合上述的理论给出具体的实现方法，包括 Matlab 的仿真实现以及基于 C 语言的 DM642 代码，以便读者深入了解 Hough 变换的特点，掌握其实现方法。

下面我们来说明如何利用 Hough 变换来检测图像中最长的直线。检测的步骤如下：

(1)初始化一个变换域 $\rho$、$\theta$ 空间数组，$\rho$ 方向上的量化数目为图像对角线方向的像素数，$\theta$ 方向上的量化数目为 180(角度从 0°—180°，每格 2°)；

(2)顺序搜索图像中的所有黑点。对每一个黑点，在变换域的对应点上加 1；

(3)求出变换域中的最大值点记录；

(4)画出最大点对应的直线。

#### 1. Matlab 实现

(1)Hough 变换的 M 文件

```
A = imread('G:\linegray.bmp');
[height,width] = size(A);
uint16 SegmeMax;
uint16 SegmeNum;
uint16 AngleMax;
```

```
uint16 AngleNum;
uint16 LongSeg;
uint16 LongAng;
uint16 Long;
Long =0
SegmeMax = uint16(sqrt(height * height + width * width));
AngleMax = 180;
C = zeros(SegmeMax, AngleMax);
C = uint16(C);
D = zeros(height,width);
D = uint8(D);

for i =1:height
    for j =1:width
        D(i,j) =255;
    end
end
B = zeros(height,width);
B = uint8(B);
uint8 t;
uint8 T;
uint8 Gmax;
uint8 Gmin;
t =0;
T =0;
Gmax =0;
Gmin =255;
uint8 flag;
flag =1;
double ForegroundNum;
double BackgroundNum;
double ForegroundSum;
double BackgroundSum;
double ForegroundMean;
double BackgroundMean;
for i =1:height
    for j =1:width
        temp = A(i,j);
```

```
            if temp < Gmin
                Gmin = temp;
            end

            if temp > Gmax;
                Gmax = temp;
            end
        end
    end
    T = (Gmax + Gmin)/2;
    while(flag)
        ForegroundNum = 0;
        BackgroundNum = 0;
        ForegroundSum = 0;
        BackgroundSum = 0;
        for i = 1:height
            for j = 1:width
                temp = A(i,j);
                if temp > T
                    ForegroundNum = ForegroundNum + 1;
                    ForegroundSum = ForegroundSum + double(temp);
                else
                    BackgroundNum = BackgroundNum + 1;
                    BackgroundSum = BackgroundSum + double(temp);
                end
            end
        end
        ForegroundMean = ForegroundSum/ForegroundNum;
        BackgroundMean = BackgroundSum/BackgroundNum;
        t = uint8((ForegroundMean + BackgroundMean)/2);
        if T = = t
            flag = 0;
        else
            T = t;
        end
    end
    for i = 1:height
```

```
        for j = 1:width
            if A(i,j) < T
                B(i,j) = 0;
            else
                B(i,j) = 255;
            end
        end
    end
    for i = 1:height
        for j = 1:width
            pixel = B(i,j);
            if pixel == 0
                for AngleNum = 1:AngleMax
                    SegmeNum = uint16(abs(j * cos(AngleNum * pi/180.0) + i * sin(AngleNum * pi/180.0)) + 1);
                    C(SegmeNum, AngleNum) = C(SegmeNum, AngleNum) + 1;
                end
            end
        end
    end
    for SegmeNum = 1:SegmeMax
        for AngleNum = 1:AngleMax
            if C(SegmeNum, AngleNum) > Long
                Long = C(SegmeNum, AngleNum);
                LongSeg = SegmeNum;
                LongAng = AngleNum;
            end
        end
    end
    for i = 1:height
        for j = 1:width
            if B(i,j) == 0
                SegmeNum = uint16(abs(j * cos(LongAng * pi/180) + i * sin(LongAng * pi/180)));
                if SegmeNum - LongSeg == 0
                    D(i,j) = 0;
                end
            end
        end
    end
```

```
figure(1);
imshow(A);
title('原始图像');
figure(2);
imshow(B);
title('二值图像');
figure(3);
imshow(D);
title('最长直线');
```

(2)Hough 变换 Matlab 仿真结果(图 6-17)

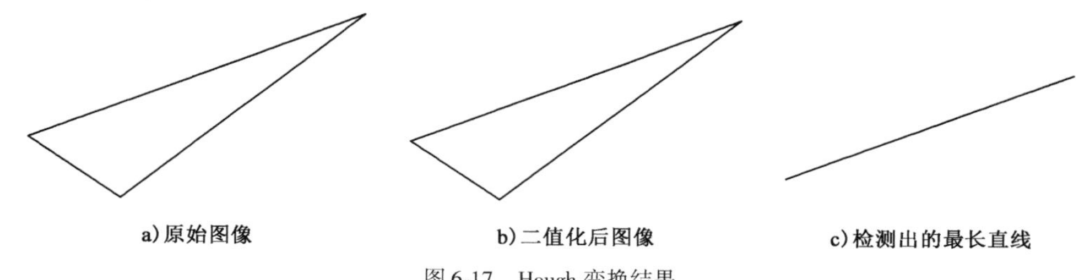

a)原始图像　　b)二值化后图像　　c)检测出的最长直线

图 6-17　Hough 变换结果

2. 基于 DM642 系统的 Hough 变换程序

这里基于 TMS320DM642 DSP 平台给出 Hough 变换算法的 C 语言实现。

(1)CCS 图像查看设置

CCS 图像查看设置如图 6-18 所示。

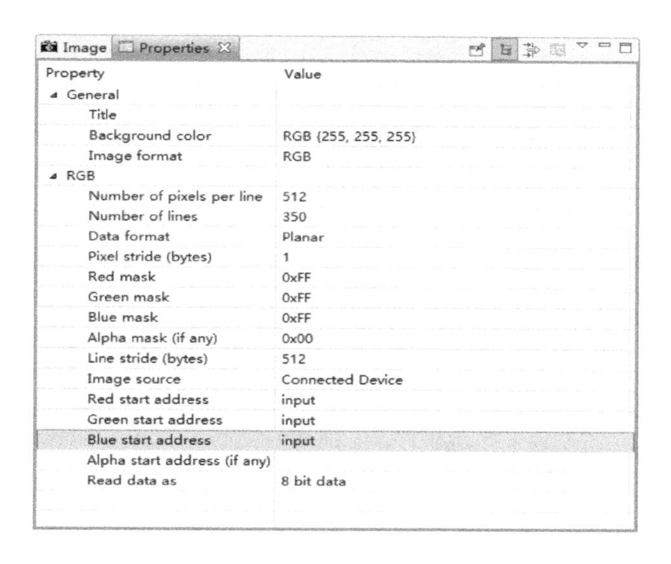


图 6-18　CCS 图像查看设置

(2)DM642 程序

```
#include <stdio.h>
#include <stdlib.h>
#include <math.h>
#define pi 3.14159
#define Width  512
#define Height 350
#define Deep   256
#define Segment 620
#define Angle 180
#pragma DATA_SECTION(input,".my_sect")
#pragma DATA_SECTION(binary,".my_sect")
#pragma DATA_SECTION(output,".my_sect")
#pragma DATA_SECTION(polar,".my_sect")
unsigned char input[Height][Width];
unsigned char binary[Height][Width];
unsigned char output[Height][Width];
long polar[Segment][Angle];
void ReadImage(char *cFileName);
void bmpDataPart(FILE * fpbmp);
void iteration();
void hough();
void main()
{
  /* 图像 */
   ReadImage("G:\linegray.bmp");
   iteration();
   hough();
   while (1);
}
void ReadImage(char *cFileName)
{
  FILE *fp;
    if ( fp=fopen(cFileName,"rb") )
    {
      bmpDataPart(fp);
        fclose(fp);
    }
}
```

```
void bmpDataPart(FILE * fpbmp)
{
  int i, j=0;
  unsigned char * pix=NULL;
  fseek(fpbmp, 1078L, SEEK_SET);
  pix=(unsigned char *)malloc(Width);
  for(j=0;j<Height;j++)
  {
    fread(pix, 1, Width , fpbmp);
      for(i=0;i<Width;i++)
      {
        input[Height-1-j][i]    =pix[i];
      }
  }
}
void iteration()
{
  int i,j;
unsigned char T,t;
  unsigned char Gmax;
  unsigned char Gmin;
  unsigned char flag;
  unsigned char temp;
  double ForegroundNum;
  double BackgroundNum;
  double ForegroundSum;
  double BackgroundSum;
  double ForegroundMean;
  double BackgroundMean;
  t=0;
  T=0;
  Gmax=0;
  Gmin=255;
  flag=1;
  for(i=0;i<Height;i++)
  {
    for(j=0;j<Width;j++)
    {
```

```
            temp = input[i][j];
            if(temp < Gmin)
            {
                Gmin = temp;
            }
            if(temp > Gmax)
            {
                Gmax = temp;
            }
        }
    }
    T = (Gmin + Gmax)/2;
    while(flag)
    {
        ForegroundNum = 0;
        BackgroundNum = 0;
        ForegroundSum = 0;
        BackgroundSum = 0;
        for(i = 0;i < Height;i++)
        {
            for(j = 0;j < Width;j++)
            {
                temp = input[i][j];
                if(temp > T)
                {
                        ForegroundNum = ForegroundNum + 1;
                        ForegroundSum = ForegroundSum + (double)temp;
                }
                else
                {
                        BackgroundNum = BackgroundNum + 1;
                        BackgroundSum = BackgroundSum + (double)temp;
                }
            }
        }
        ForegroundMean = ForegroundSum/ForegroundNum;
        BackgroundMean = BackgroundSum/BackgroundNum;
        t = (unsigned char)((ForegroundMean + BackgroundMean)/2);
```

```
        if(t == T)
        {
            flag = 0;
        }
        else
        {
            T = t;
        }
    }
    for(i = 0;i < Height;i++)
    {
        for(j = 0;j < Width;j++)
        {
            temp = input[i][j];
            if(temp < T)
            {
                binary[i][j] = 0;
            }
            else
            {
                binary[i][j] = 255;
            }
        }
    }
}
void hough()
{
    int i,j;
    int p,o;
    long Line;
    int LineSeg;
    int LineAng;
    unsigned char pixel;
    Line = 0;
    for(i = 0;i < Height;i++)
    {
        for(j = 0;j < Width;j++)
        {
```

```
            output[i][j] = 255;
        }
    }
    for(i = 0;i < Segment;i++)
    {
        for(j = 0;j < Angle;j++)
        {
            polar[i][j] = 0;
        }
    }
for(i = 0;i < Height;i++)
{
    for(j = 0;j < Width;j++)
    {
        pixel = binary[i][j];
        if(pixel == 0)
        {
            for(o = 0;o < Angle;o++)
            {
                p = (int)fabs(j * cos(o * pi/180.0) + i * sin(o * pi/180.0));
                polar[p][o] = polar[p][o] + 1;
            }
        }
    }
}
for(i = 0;i < Segment;i++)
{
    for(j = 0;j < Angle;j++)
    {
        if(polar[i][j] >= Line)
        {
            Line = polar[i][j];
            LineSeg = i;
            LineAng = j;
        }
    }
}
for(i = 0;i < Height;i++)
```

```
    {
      for(j = 0;j < Width;j + + )
      {
        if(binary[i][j]  = =  0)
        {
          p = (int)fabs(j * cos(LineAng * pi/180.0)  +  i * sin(LineAng * pi/180.0));
          if(p - LineSeg  = =  0)
          {
            output[i][j] =0;
          }
        }
      }
    }
}
```

(3)CCS 仿真结果(图6-19)

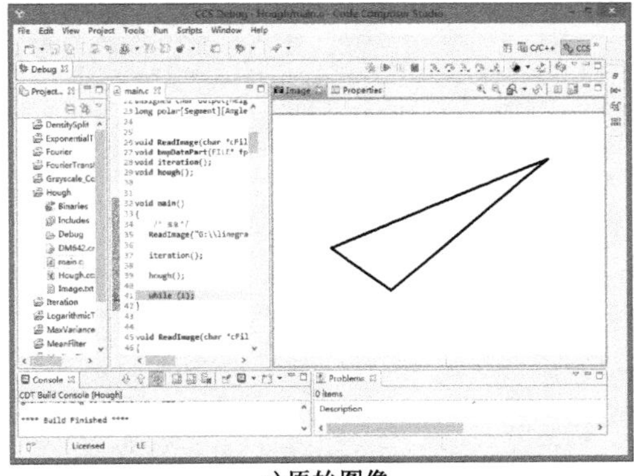

a)原始图像

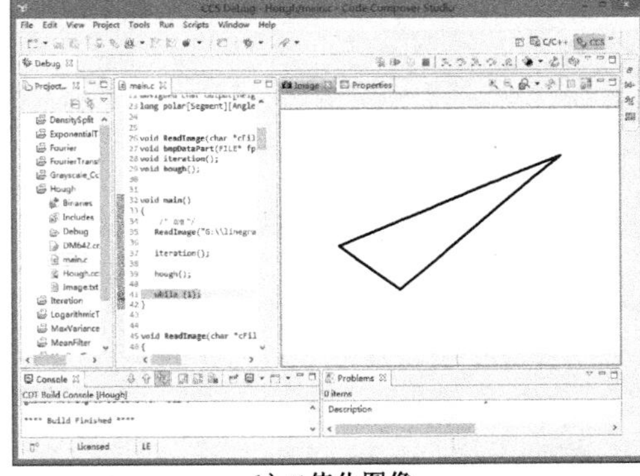

b)二值化图像

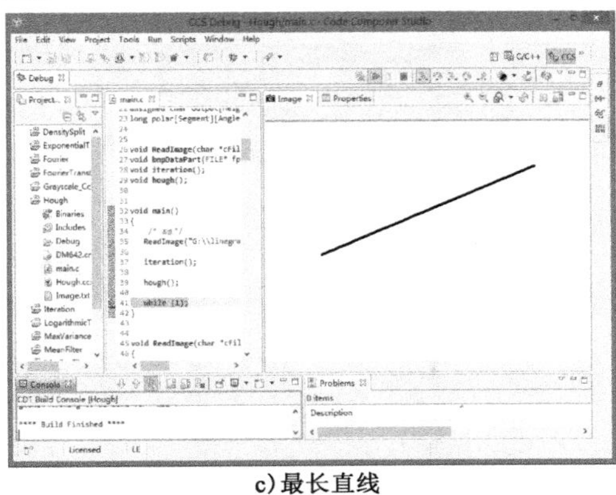

c)最长直线

图6-19　CCS 仿真结果

## 6.6 本章小结

图像分割是图像从预处理到图像识别和分析的重要步骤，本章着重介绍了基于阈值的分割法、基于边缘的分割法和基于区域的分割法，讨论分析了每种方法的优点和局限性，在每种方法中，都给出了相应的 Matlab 和 DM642 程序，便于读者学习、参考。

1. 解释为什么 Robert 算子、Sobel 算子和拉普拉斯算子进行边缘检测的效果是不同的？

2. Sobel 算子采用垂直和水平两个模板分别检测图像中水平和垂直两个方向的边缘，请按照这一思想，设计出一个模板，使其能检测图像中 45°方向的边缘。

3. 试证明拉普拉斯算子是各向同性(旋转不变性)的，即 $f(x,y)$ 旋转 $\theta$ 以后拉普拉斯算子的值不变。

4. 能否按照 Sobel 算子的原理自行改变权值设计一个边缘检测算子？能的话要注意哪些？请尝试用自行设计的边缘检测算子对图像进行边缘检测，并比较与其他算子效果的异同。

# 第7章　图像复原

## 7.1　前言

图像复原是图像处理重要的研究领域。在成像过程中，由于成像系统各种因素的影响，可使获得的图像不是真实景物的完整影像。图像在形成、传播和保存过程中使图像质量下降的过程称为图像的退化。图像复原就是重建退化的图像，使其最大限度恢复景物原貌的处理。

图像复原的概念与图像增强相似。但图像增强可以针对本来完善的图像，经过某一处理，使其适合某种特定的应用，是一个主观的过程。图像复原的目的也是改善图像质量，但图像复原更偏向于利用退化过程的先验知识使退化图像恢复本来面目，更多的是一个客观过程。引起图像退化的因素包括光学系统、运动图像模糊以及源自电路和光学因素的噪声等。图像复原是图像退化数学模型，复原方法也建立在比较严格的数学推导上。部分复原技术已经在空域公式化了，可以方便地套用；而另一些技术则适用于频域。

## 7.2　图像退化模型

图像复原处理的关键是建立退化模型，一个简单的通用图像退化模型可将图像退化过程模型转化为一个作用在原始图像$f(x,y)$上的退化系统$H$，作用结果与一个加性噪声$n(x,y)$的联合作用产生退化图像$g(x,y)$，如图7-1所示。

实际的成像系统在一定条件下可以近似地看作是线性移不变系统，所以图像恢复过程中往往使用线性移不变的系统模型。

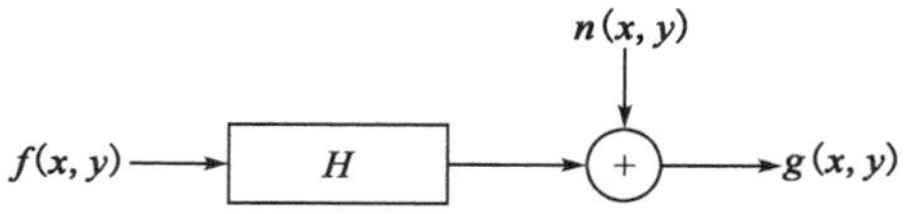

$$f(x,y) \longrightarrow \boxed{H} \longrightarrow \oplus \longrightarrow g(x,y), \quad n(x,y) \downarrow \oplus$$

图7-1　图像的退化模型

数字图像复原可以看成一个预测估计的过程，是要在给定$g(x,y)$和退化系统$H$的基础上得到对$f(x,y)$的某个近似过程，由退化图像$g(x,y)$估计出系统参数$H$，从而近似地恢复出$f(x,y)$，$n(x,y)$为一种统计性质的信息。我们希望复原数字图像最大可能接近原数字图像，如果对降质函数和加性噪声了解得越多，则复原的数字图像将越接近原数字图像。为了对处理结果做出某种最佳估计，一般还应首先确定一个质量标准。复原处理的基础在于对系统$H$的基本了解。系统是由某些元件或部件以某种方式构造而成的整体，系统本身所具有的某些特性就构成了通过系统输入信号与输出信号的某种联系，这种联系从数学上可以用算子或响应函数$h(x,y)$来描述。一般来说，对数字图像的一次复原操作可以看作是对图像的一次滤波。

这样图像退化过程的数学表达式就可以写为

$$g(x,y)=H[f(x,y)]+n(x,y) \tag{7-1}$$

$H[\cdot]$可理解为综合所有退化因素的函数或算子。

从上述降质模型可以看到，图像的降质过程是一个正问题，而图像的复原过程是一个反问题。在不考虑加性噪声$n(x,y)$时，图像退化的过程也可以看作是一个变换$H$，对此，可以采用算符理论加以描述。

$$H[f(x,y)]\rightarrow g(x,y) \tag{7-2}$$

由$g(x,y)$求得$f(x,y)$，就是寻求逆变换$H^{-1}$，使得$H^{-1}[f(x,y)]\rightarrow g(x,y)$。从数学意义上讲，图像复原问题就是讨论逆变换的存在性和唯一性问题。

由上述可知，图像复原的过程，就是根据退化模型及原图像的某些知识，设计一个恢复系统$p(x,y)$，以退化图像$g(x,y)$作为输入，该系统应使输出的恢复图像$\hat{f}(x,y)$，按某种准则最接近原图像$f(x,y)$，图像的退化及复原的过程如图7-2所示。

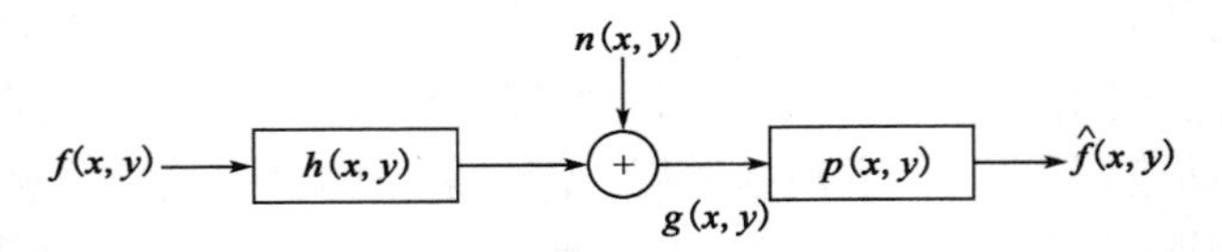


图7-2　图像退化及复原的过程

其中$h(x,y)$和$p(x,y)$分别是成像系统和恢复系统的冲激响应。

系统$H$的分类方法很多，可分为线性系统和非线性系统，时变系统和非时变系统，集中参数系统和分布参数系统，连续系统和离散系统等。

线性系统具有均匀性和相加性，这些特性为求解多个激励情况下的输出响应带来很大方便。当不考虑加性噪声$n(x,y)$时，即令$n(x,y)=0$，则图7-2所示的系统可表示为：

$$g(x,y)=H[f(x,y)] \tag{7-3}$$

两个输入信号$f_1(x,y)$、$f_2(x,y)$对应的输出信号为$g_1(x,y)$、$g_2(x,y)$，如果

$$H[k_1f_1(x,y)+k_2f_2(x,y)]=H[k_1f_1(x,y)]+H[k_2f_2(x,y)]=k_1g_1(x,y)+k_2g_2(x,y) \tag{7-4}$$

成立，则系统$H$是一个线性系统，$k_1$、$k_2$为常数。由式(7-4)可知，线性系统对两个输入信号之和的响应等于它对两个输入信号响应的和，线性系统对常数与任何输入乘积的响应等于常数与该输入的响应的乘积。

如果一个系统的参数不随时间变化，即称为时不变系统或非时变系统，否则，该系统为时变系统。与此相对应，对二维函数来说，如果

$$H[f(x-\alpha,y-\beta)]=g(x-\alpha,y-\beta) \tag{7-5}$$

则$H$是空间不变系统（或称位置不变系统）。式中，$\alpha$、$\beta$分别为空间位置的位移量，表示图像中的任意位置的响应只与在该位置的输入值有关，而与该点的位置本身无关。

在进行图像复原处理时，随着实际中的空间变化，非线性系统模型更具有准确性和普遍

性，但常常出现没有解或者很难通过计算机来处理的情况，给工作带来很大的困难，所以一般采用线性和空间不变的系统模型。

### 7.2.1　连续的退化模型

单位冲激函数 $\delta(t)$ 是一个振幅在原点之外所有时刻为零，而在原点处振幅为无穷大，宽度无限小，面积为 1 的窄脉冲，其时域表达式为：

$$\delta(t)=\begin{cases}\infty & t=0\\ 0 & t\neq 0\\ \int_{-\infty}^{+\infty}\delta(t)\,\mathrm{d}t=1\end{cases}\tag{7-6}$$

$\delta(t)$ 的卷积取样公式为：

$$f(x)=\int_{-\infty}^{+\infty}f(x-t)\delta(t)\,\mathrm{d}t\tag{7-7}$$

或

$$f(x)=\int_{-\infty}^{+\infty}f(t)\delta(x-t)\,\mathrm{d}t\tag{7-8}$$

上述一维时域冲激函数 $\delta(t)$ 可推广到二维空间域中，从而可把 $f(x,y)$ 写成下列形式：

$$f(x,y)=\int_{-\infty}^{+\infty}\int_{-\infty}^{+\infty}f(\alpha,\beta)\delta(x-\alpha,y-\beta)\,\mathrm{d}\alpha\mathrm{d}\beta\tag{7-9}$$

由于 $g(x,y)=H[f(x,y)]+n(x,y)$，如果令 $n(x,y)=0$，即不考虑加性噪声时，同时考虑到 $H$ 为线性算子，则

$$\begin{aligned}g(x,y)&=H[f(x,y)]\\&=H\left[\int_{-\infty}^{+\infty}\int_{-\infty}^{+\infty}f(\alpha,\beta)\delta(x-\alpha,y-\beta)\,\mathrm{d}\alpha\mathrm{d}\beta\right]\\&=\int_{-\infty}^{+\infty}\int_{-\infty}^{+\infty}H[f(\alpha,\beta)\delta(x-\alpha,y-\beta)]\,\mathrm{d}\alpha\mathrm{d}\beta\\&=\int_{-\infty}^{+\infty}\int_{-\infty}^{+\infty}f(\alpha,\beta)H[\delta(x-\alpha,y-\beta)]\,\mathrm{d}\alpha\mathrm{d}\beta\end{aligned}\tag{7-10}$$

令 $h(x,\alpha,y,\beta)=H[\delta(x-\alpha,y-\beta)]$，则有

$$g(x,y)=\int_{-\infty}^{+\infty}\int_{-\infty}^{+\infty}f(\alpha,\beta)h(x,\alpha,y,\beta)\,\mathrm{d}\alpha\mathrm{d}\beta\tag{7-11}$$

式中，$h(x,\alpha,y,\beta)$ 为系统 $H$ 的冲激响应，即 $h(x,\alpha,y,\beta)$ 是系统 $H$ 对坐标为 $(\alpha,\beta)$ 处冲击函数 $\delta(x-\alpha,y-\beta)$ 的响应。在光学中冲激为一光点，因此又将 $h(x,\alpha,y,\beta)$ 称为退化过程的点扩散函数(PSF)。

式(7-11)说明，当系统 $H$ 对冲击函数的响应为已知，则对任意输入 $f(x,y)$ 的响应均可由该公式求得，也就是说，线性系统 $H$ 完全可由其冲击响应来表征。

当系统 $H$ 空间位置不变时，则

$$h(x,\alpha,y,\beta)=H[\delta(x,\alpha,y,\beta)]\tag{7-12}$$

这样就有

$$g(x,y)=\int_{-\infty}^{+\infty}\int_{-\infty}^{+\infty}f(\alpha,\beta)h(x-\alpha,y-\beta)\,\mathrm{d}\alpha\mathrm{d}\beta\tag{7-13}$$

由式(7-13)可见,由于把退化过程看成一个线性空间不变系统,因此系统输出的降质图像 $g(x,y)$ 应为输入图像 $f(x,y)$ 和系统冲激响应的卷积。对式(7-13)两边进行傅立叶变换,并由卷积定理可得

$$G(u,v)=H(u,v)F(u,v) \tag{7-14}$$

式中,$G(u,v)$、$F(u,v)$ 分别为 $g(x,y)$、$f(x,y)$ 的二维傅立叶变换;函数 $H(u,v)$ 称作退化系统的传递函数,是退化系统冲激响应 $h(x,y)$ 的傅立叶变换。

考虑加性噪声 $n(x,y)$ 时,式(7-11)可写成

$$g(x,y)=\int_{-\infty}^{+\infty}\int_{-\infty}^{+\infty}f(\alpha,\beta)h(x,\alpha,y,\beta)\mathrm{d}\alpha\mathrm{d}\beta+n(x,y) \tag{7-15}$$

或

$$G(u,v)=H(u,v)F(u,v)+N(u,v) \tag{7-16}$$

式中,$N(u,v)$ 为噪声函数 $n(x,y)$ 的傅立叶变换,且 $n(x,y)$ 与图像中的位置无关。

大多数情况下都可以利用线性系统理论近似地解决图像复原问题。当然在某些特定的应用中,讨论非线性、空间可变性的退化模型更具普遍性,也更加精确,但在数学上求解困难。因此,本章只讨论线性空间不变的退化模型。

### 7.2.2 离散的退化模型

数字图像讨论的是离散的图像函数,因此需对连续模型离散化,即将连续模型中的积分用求和的形式表示。

在连续的退化模型中,把 $f(\alpha,\beta)$ 和 $h(x-\alpha,y-\beta)$ 进行均匀取样后就可引申出离散的退化模型。为更好地理解离散的退化模型,首先用一维函数来说明基本概念,然后再推广至二维情况。

在暂不考虑噪声项的情况下,设有函数 $f(x)$ 被均匀取样后形成具有 $A$ 个采样值的离散输入函数, $h(x)$ 被采样后形成具有 $B$ 个采样值的退化系统冲激响应,于是 $f(x)$ 变成在 $x=0,1,2,\cdots,A-1$ 范围内的离散变量,$h(x)$ 则变成在 $x=0,1,2,\cdots,B-1$ 范围内的离散变量;于是 $f(x)$ 和 $h(x)$ 的连续函数退化模型中连续卷积关系就变成离散卷积关系。

若 $f(x)$ 和 $h(x)$ 都是具有周期为 $N$ 的序列,那么,它们的时域离散卷积定义为

$$g(x)=\sum_{m}f(m)h(x-m) \tag{7-17}$$

显然,$g(x)$ 也为具有周期为 $N$ 的序列,周期卷积可以用常规卷积法计算,也可以用卷积定理进行快速卷积计算。

若 $f(x)$ 和 $h(x)$ 均为非周期性的序列,则可用添零延伸方法延拓为周期函数 $f_e(x)$ 和 $h_e(x)$,为避免折叠现象,可令周期 $M\geqslant A+B-1$,表示如下:

$$f_e(x)=\begin{cases}f(x) & 0\leqslant x\leqslant A-1\\ 0 & A-1<X\leqslant M-1\end{cases} \tag{7-18}$$

$$h_e(x)=\begin{cases}h(x) & 0\leqslant x\leqslant B-1\\ 0 & B-1<X\leqslant M-1\end{cases} \tag{7-19}$$

可得到离散卷积退化模型

$$g_e(x)=\sum_{m=0}^{M-1}f_e(m)h_e(x-m) \tag{7-20}$$

式中，$x=0,1,2,\cdots,M-1$；$g_e(x)$的也为周期为M的函数。经过这样的延拓处理，一个非周期的卷积问题就变成了周期卷积问题了，因此可以用快速卷积法进行运算。用矩阵形式表述离散退化模型，可写成：

$$\boldsymbol{g}=\boldsymbol{Hf} \tag{7-21}$$

其中：

$$\boldsymbol{f}=[f_e(0)\quad f_e(1)\quad \cdots\quad f_e(M-1)]^{\mathrm{T}}$$

$$\boldsymbol{g}=[g_e(0)\quad g_e(1)\quad \cdots\quad g_e(M-1)]^{\mathrm{T}}$$

$\boldsymbol{H}$是$M\times M$阶矩阵

$$\boldsymbol{H}=\begin{bmatrix} h_e(0) & h_e(-1) & h_e(-2) & \cdots & h_e(-M+1) \\ h_e(1) & h_e(0) & h_e(-1) & \cdots & h_e(-M+2) \\ h_e(2) & h_e(1) & h_e(0) & \cdots & h_e(-M+3) \\ \vdots & \vdots & \vdots & & \vdots \\ h_e(M-1) & h_e(M-2) & h_e(M-3) & \cdots & h_e(0) \end{bmatrix} \tag{7-22}$$

利用$h_e(x)$的周期性，$h_e(x)=h_e(\pm M+x)$，利用此性质上式可写成：

$$\boldsymbol{H}=\begin{bmatrix} h_e(0) & h_e(M-1) & h_e(M-2) & \cdots & h_e(1) \\ h_e(1) & h_e(0) & h_e(M-1) & \cdots & h_e(2) \\ h_e(2) & h_e(1) & h_e(0) & \cdots & h_e(3) \\ \vdots & \vdots & \vdots & & \vdots \\ h_e(M-1) & h_e(M-2) & h_e(M-3) & \cdots & h_e(0) \end{bmatrix} \tag{7-23}$$

可以看出，$\boldsymbol{H}$为一个循环矩阵，即一行中最右端的元素等于下一行中最左端的元素，并且此循环性一直延伸到最末一行的最右端元素，又回到第一行之首。

**[例7-1]**　设$A=4,B=3,M=A+B-1=6$，则有

$$\boldsymbol{f}_e(x)=\begin{cases} f(x) & 0\leqslant x\leqslant 4-1 \quad (x=0,1,2,3) \\ 0 & 4-1<x\leqslant 6-1 \quad (x=4,5) \end{cases}$$

$$\boldsymbol{h}_e(x)=\begin{cases} h(x) & 0\leqslant x\leqslant 3-1 \quad (x=0,1,2) \\ 0 & 3-1<x\leqslant 6-1 \quad (x=3,4,5) \end{cases} \tag{7-24}$$

在此情况下，$f_e(x)$和$h_e(x)$均为6维列向量，$\boldsymbol{H}$为$6\times 6$矩阵。其循环矩阵$\boldsymbol{H}$表示为

$$\boldsymbol{H}=\begin{bmatrix} h_e(0) & h_e(5) & h_e(4) & h_e(3) & h_e(2) & h_e(1) \\ h_e(1) & h_e(0) & h_e(5) & h_e(4) & h_e(3) & h_e(2) \\ h_e(2) & h_e(1) & h_e(0) & h_e(5) & h_e(4) & h_e(3) \\ h_e(3) & h_e(2) & h_e(1) & h_e(0) & h_e(5) & h_e(4) \\ h_e(4) & h_e(3) & h_e(2) & h_e(1) & h_e(0) & h_e(5) \\ h_e(5) & h_e(4) & h_e(3) & h_e(2) & h_e(1) & h_e(0) \end{bmatrix} \tag{7-25}$$

将式(7-24)带入式(7-25)则有

$$H=\begin{bmatrix} h_e(0) & 0 & 0 & 0 & h_e(2) & h_e(1) \\ h_e(1) & h_e(0) & 0 & 0 & 0 & h_e(2) \\ h_e(2) & h_e(1) & h_e(0) & 0 & 0 & 0 \\ 0 & h_e(2) & h_e(1) & h_e(0) & 0 & 0 \\ 0 & 0 & h_e(2) & h_e(1) & h_e(0)0 & \\ 0 & 0 & 0 & h_e(2) & h_e(1) & h_e(0) \end{bmatrix} \tag{7-26}$$

从上述一维模型可以推广到二维情况。如果给出 $A\times B$ 大小的数字图像,以及 $C\times D$ 大小的点扩散函数,可首先扩展成大小为 $M\times N$ 的周期延拓图像。为避免折叠,要求 $M\geqslant A+C-1$,$N\geqslant B+D-1$。

$$f_e(x)=\begin{cases} f(x) & 0\leqslant x\leqslant A-1 \quad 且 \quad 0\leqslant y\leqslant B-1 \\ 0 & A-1<x\leqslant M-1 \quad 或 \quad B-1<y\leqslant N-1 \end{cases} \tag{7-27}$$

$$h_e(x)=\begin{cases} h(x) & 0\leqslant x\leqslant C-1 \quad 且 \quad 0\leqslant y\leqslant D-1 \\ 0 & C-1<x\leqslant M-1 \quad 或 \quad D-1<y\leqslant N-1 \end{cases} \tag{7-28}$$

这样一来,$f_e(x,y)$ 和 $h_e(x,y)$ 分别成为二维周期函数,它们在 $x$ 和 $y$ 方向上的周期分别为 $M$ 和 $N$。由此得到二维退化模型为一个二维卷积形式:

$$g_e(x,y)=\sum_{m=0}^{M-1}\sum_{n=0}^{N-1}f_e(m,n)h_e(x-m,y-n)+n_e(x,y) \tag{7-29}$$

式中,$x=0,1,2,\cdots,M-1$;$y=0,1,2,\cdots,N-1$;$g_e(x,y)$ 也为周期函数,其周期与 $f_e(x,y)$ 和 $h_e(x,y)$ 完全相同。

上式也可以用矩阵表示为

$$\boldsymbol{g}=\boldsymbol{Hf}+n \tag{7-30}$$

式中,$\boldsymbol{g}$、$\boldsymbol{f}$、$\boldsymbol{n}$ 皆用行向量堆叠 $M\times N$ 维,它把各行顺时针转 $90^o$ 堆叠而成,都是 $M\times N$ 维列向量;$\boldsymbol{H}$ 为 $MN\times MN$ 的矩阵

$$\boldsymbol{H}=\begin{bmatrix} H_0 & H_{M-1} & H_{M-2} & \cdots & H_1 \\ H_1 & H_0 & H_{M-1} & \cdots & H_2 \\ H_2 & H_1 & H_0 & \cdots & H_3 \\ \vdots & \vdots & \vdots & \vdots & \\ H_{M-1} & H_{M-2} & H_{M-3} & \cdots & H_0 \end{bmatrix} \tag{7-31}$$

式中,每个分块 $\boldsymbol{H}_j$ 都是一个 $N\times N$ 的矩阵,是由延拓函数 $h_e(x,y)$ 的 $j$ 行构成的,即

$$\boldsymbol{H}_j=\begin{bmatrix} h_e(j,0) & h_e(j,N-1) & h_e(j,N-2) & \cdots & h_e(j,1) \\ h_e(j,1) & h_e(j,0) & h_e(j,N-1) & \cdots & h_e(j,2) \\ h_e(j,2) & h_e(j,1) & h_e(j,0) & \cdots & h_e(j,3) \\ \vdots & \vdots & \vdots & & \vdots \\ h_e(j,N-1) & h_e(j,N-2) & h_e(j,N-3) & \cdots & h_e(j,0) \end{bmatrix} \tag{7-32}$$

可见,$\boldsymbol{H}_j$ 是一个循环矩阵,而 $\boldsymbol{H}$ 是一个分块循环矩阵。

上述离散退化模型是在线性空间不变的前提下推出的。目的是在给定了 $g(x,y)$,并且知

道退化系统的冲激响应 $h(x,y)$ 和加性噪声 $n(x,y)$ 的情况下,估计出理想的原始图像 $f(x,y)$。但是,要想从式(7-30)直接求解得 $f(x,y)$,对于实际大小的图像来说,这一过程是十分繁琐的。例如,若 $M=N=512$ 时,$\boldsymbol{H}$ 矩阵的大小为:$MN\times MN=(512)^2\times(512)^2=262144\times262144$,求解 $f$ 需要解 262144 个联立线性方程组,计算量之大难以想象,因此需要研究一些算法以便简化复原运算的过程,利用 $\boldsymbol{H}$ 的循环性质,使简化运算得以实现。

根据有关的数学知识,由于 $\boldsymbol{H}$ 是分块循环矩阵,则 $\boldsymbol{H}$ 可对角化,即

$$\boldsymbol{H}=\boldsymbol{WDW}^{-1} \tag{7-33}$$

$\boldsymbol{W}$ 为一变换阵,大小为 $MN\times MN$ 维矩阵,它由 $M^2$ 个大小为 $N\times M$ 的子块的部分组成

$$\boldsymbol{W}=\begin{bmatrix} w(0,0) & w(0,1) & \cdots & w(0,M-1) \\ w(1,0) & w(1,1) & \cdots & w(1,M-1) \\ \vdots & \vdots & & \vdots \\ w(M-1,0) & w(M-1,1) & \cdots & w(M-1,M-1) \end{bmatrix} \tag{7-34}$$

其中:

$$\boldsymbol{w}(i,m)=\exp\left[j\frac{2\pi}{M}im\right]\boldsymbol{w}_{\mathrm{N}} \tag{7-35}$$

式中,$i,m=0,1,2,\cdots,M-1$;$\boldsymbol{w}_{\mathrm{N}}$ 为 $N\times N$ 的矩阵,其元素为

$$\boldsymbol{w}_{\mathrm{N}}(k,n)=\exp\left[j\frac{2\pi}{N}kn\right] \tag{7-36}$$

式中,$k,n=0,1,2,\cdots,N-1$。

实际上,对任意形如 $\boldsymbol{H}$ 的分块循环矩阵,$\boldsymbol{W}$ 都可使其对角化。$\boldsymbol{D}$ 是对角阵,其对角元素与 $h_{\mathrm{e}}(x,y)$ 的傅立叶变换有关,即如果

$$H(u,v)=\frac{1}{MN}\sum_{x=0}^{M-1}\sum_{y=0}^{N-1}h_{\mathrm{e}}(x,y)\exp\left[-j2\pi\left(\frac{ux}{M}+\frac{vy}{N}\right)\right] \tag{7-37}$$

则 $\boldsymbol{D}$ 的 $M\times N$ 个对角线元素按下面的形式给出,第一组 $N$ 个元素为 $H(0,0)$,$H(0,1)$,$\cdots$,$H(0,N-1)$;第二组为 $H(1,0)$,$H(1,1)$,$\cdots$,$H(1,N-1)$;以此类推,最后的 $N$ 个对角线元素为 $H(M-1,0)$,$H(M-1,1)$,$\cdots$,$H(M-1,N-1)$;由上述元素组成的整个矩阵再乘以 $MN$ 得到 $\boldsymbol{D}$,即有

$$D(k,i)=\begin{cases} MNH\left(\left[\dfrac{k}{n}\right],k\bmod N\right) & i=k \\ 0 & i\neq k \end{cases} \tag{7-38}$$

式中,$\left[\dfrac{k}{n}\right]$表示不超过$\dfrac{k}{n}$的最大整数;$k\bmod N$ 是以 $N$ 除以 $k$ 所得到的余数。从而退化模型可写成

$$\boldsymbol{g}=\boldsymbol{Hf}+\boldsymbol{n}=\boldsymbol{WDW}^{-1}f+n \tag{7-39}$$

$$\boldsymbol{W}^{-1}\boldsymbol{g}=d\boldsymbol{W}^{-1}\boldsymbol{f}+\boldsymbol{W}^{-1}n \tag{7-40}$$

可以证明

$$\boldsymbol{W}^{-1}\boldsymbol{g}=Vec[G(u,v)] \tag{7-41}$$

$$\boldsymbol{W}^{-1}\boldsymbol{f}=Vec[F(u,v)] \tag{7-42}$$

$$\boldsymbol{W}^{-1}\boldsymbol{n}=Vec[N(u,v)] \tag{7-43}$$

式中，$Vec[\quad]$是将矩阵拉伸为向量的算子，例如

$$Vec\begin{bmatrix}1 & 2\\3 & 4\end{bmatrix}=\begin{bmatrix}1\\2\\3\\4\end{bmatrix}$$

$G(u,v)$、$F(u,v)$和$N(u,v)$分别是$g(x,y)$、$f(x,y)$和$n(x,y)$的二维傅立叶变换。于是有

$$G(u,v)=MNH(u,v)F(u,v)+N(u,v) \tag{7-44}$$

这样就将求$f(x,y)$的过程转换为求解$F(u,v)$的过程，简化了计算，同时式(7-44)也是进行图像复原的基础。

## 7.3 图像复原的方法

图像复原的方法很多，这里我们主要介绍反向滤波复原法和维纳滤波复原法。

### 7.3.1 反向滤波复原法

反向滤波法又叫逆滤波复原法，其主要过程是：首先将要初始图像从空间域变换到傅立叶频率域当中，然后对得到的图像进行反向滤波，再由频域转换回到空间域，便可得到想要的复原图像。如果退化图像为$g(x,y)$，原始图像为$f(x,y)$，在不考虑噪声的情况下，其退化模型表示为：

$$g(x,y)=\int_{-\infty}^{+\infty}\int_{-\infty}^{+\infty}f(\alpha,\beta)h(x-\alpha,y-\beta)\mathrm{d}\alpha\mathrm{d}\beta \tag{7-45}$$

由傅立叶变换卷积定理可知：

$$G(u,v)=H(u,v)F(u,v) \tag{7-46}$$

式中，$G(u,v)$、$H(u,v)$、$F(u,v)$分别是退化图像$g(x,y)$、点扩散函数$h(x,y)$、原始图像$f(x,y)$的傅立叶变换。进一步有

$$F(u,v)=\frac{G(u,v)}{H(u,v)} \tag{7-47}$$

从以上可知如果已知退化图像的傅立叶变换和“滤波”传递函数，就可以求得原始图像的傅立叶变换，经傅立叶反变换就可以求得原始图像，这里$G(u,v)$除以$H(u,v)$起到了反向滤波的作用。在有噪声的情况下，反向滤波原理可以写为：

$$G(u,v)=H(u,v)F(u,v)+N(u,v) \tag{7-48}$$

$$F(u,v)=\frac{G(u,v)}{H(u,v)}-\frac{N(u,v)}{H(u,v)} \tag{7-49}$$

式中，$N(u,v)$为噪声$n(x,y)$的傅立叶变换。

对于离散的退化模型矩阵表示形式：$\boldsymbol{g}=\boldsymbol{Hf}+\boldsymbol{n}$，当对$\boldsymbol{n}$的统计特性并不了解时，希望能找到一个$\hat{\boldsymbol{f}}$，使$\boldsymbol{H}\hat{\boldsymbol{f}}$能在最小二乘意义上来说近似于$\boldsymbol{g}$，即希望找到一个$\hat{\boldsymbol{f}}$使

$$J(\hat{f})=\|\boldsymbol{g}-\boldsymbol{H}\hat{\boldsymbol{f}}\|=\|\boldsymbol{n}\|^2 \tag{7-50}$$

为最小。这里$\|\boldsymbol{n}\|^2=\boldsymbol{n}^T\boldsymbol{n}$，$\|\boldsymbol{g}-\boldsymbol{H}\hat{\boldsymbol{f}}\|^2=(\boldsymbol{g}-\boldsymbol{H}\hat{\boldsymbol{f}})^T(\boldsymbol{g}-\boldsymbol{H}\hat{\boldsymbol{f}})$。

这实际上是求 $J(\hat{f})$ 的最小值问题。由于除了要求 $\boldsymbol{J}(\hat{\boldsymbol{f}})$ 为最小外，不受任何其他条件约束，所以又称为非约束复原。

将 $\boldsymbol{H}\hat{\boldsymbol{f}}$ 对 $\hat{\boldsymbol{f}}$ 求导，并令其等于零，则有

$$\frac{\partial J(\hat{\boldsymbol{f}})}{\partial \hat{\boldsymbol{f}}} = -2\boldsymbol{H}^T(\boldsymbol{g} - \boldsymbol{H}\hat{\boldsymbol{f}}) = 0 \tag{7-51}$$

$$\boldsymbol{H}^T\boldsymbol{H}\hat{\boldsymbol{f}} = \boldsymbol{H}^T\boldsymbol{g} \tag{7-52}$$

$$\hat{\boldsymbol{f}} = (\boldsymbol{H}^T\boldsymbol{H})^{-1}\boldsymbol{H}^T\boldsymbol{g} \tag{7-53}$$

在 $M=N$ 的情况下，假设 $\boldsymbol{H}^{-1}$ 存在，于是有

$$\hat{\boldsymbol{f}} = \boldsymbol{H}^{-1}(\boldsymbol{H}^{-1})^T\boldsymbol{H}^T9 = \boldsymbol{H}^{-1}\boldsymbol{g} \tag{7-54}$$

由于 $\boldsymbol{H}$ 为分块循环矩阵，且有 $\boldsymbol{H} = \boldsymbol{W}\boldsymbol{D}\boldsymbol{W}^{-1}$，$\boldsymbol{D}$ 为对角矩阵，则

$$\hat{\boldsymbol{f}} = (\boldsymbol{W}\boldsymbol{D}\boldsymbol{W}^{-1})^{-1}\boldsymbol{g} = \boldsymbol{W}\boldsymbol{D}^{-1}\boldsymbol{W}^{-1}\boldsymbol{g} \tag{7-55}$$

$$\boldsymbol{W}^{-1}\hat{\boldsymbol{f}} = \boldsymbol{D}^{-1}\boldsymbol{W}^{-1}\boldsymbol{g} \tag{7-56}$$

由 $\boldsymbol{W}^{-1}$ 的性质，可得到

$$\hat{F}(u,v) = \frac{G(u,v)}{M^2H(u,v)} \tag{7-57}$$

式(7-57)说明如果知道了 $g(x,y)$ 和 $h(x,y)$，也就知道了 $G(u,v)$ 和 $H(u,v)$，进而可求的 $\hat{F}(u,v)$，再经傅立叶反变换就能求出 $\hat{F}(x,y)$。式(7-54)就是离散退化模型下的反向滤波法。

利用式(7-57)进行复原时，若 $H(u,v)$ 在 $uv$ 平面上的某些区域等于0或变得非常小，那么复原就会出现病态性质，即 $\hat{F}(u,v)$ 在 $H(u,v)$ 的零点附近变化剧烈，严重偏离实际值。若还存在噪声，则后果更加严重。因为

$$\hat{F}(u,v) = \frac{G(u,v)}{M^2H(u,v)} = \frac{M^2F(u,v) + N(u,v)}{M^2H(u,v)} = F(u,v) + \frac{N(u,v)}{M^2H(u,v)} \tag{7-58}$$

一般情况下有 $H(u,v)$ 的幅度随着离 $uv$ 平面原点的距离增加而迅速下降，但 $N(x,y)$ 幅度的变化是比较平缓的，在远离 $uv$ 平面的原点时，$\frac{N(u,v)}{M^2H(u,v)}$ 的值就会变得很大，甚至可能出现 $F(u,v) \leqslant \frac{N(u,v)}{M^2H(u,v)}$，噪声占优势，掩盖了真实信号 $F(u,v)$，使复原出来的图像面目全非。

解决病态问题的唯一方法就是避开 $H(u,v)$ 的零点及小数值的 $H(u,v)$ 进行修改，即仔细设置 $H(u,v)=0$ 的频谱点附近 $H^{-1}(u,v)$ 的值，然后在原点的有限的邻域内进行，以避免小数值的 $H(u,v)$，也即选择一个低通滤波器。

$$H_1(u,v) = \begin{cases} 1 & \sqrt{u^2+v^2} \leqslant D_0 \\ 0 & \sqrt{u^2+v^2} > D_0 \end{cases} \tag{7-59}$$

$D_0$ 的选择应将 $H(u,v)$ 的零点排除在此邻域之外，并进行如下的反向滤波复原：

$$\hat{F}(u,v) = \frac{G(u,v)H_1(u,v)}{M^2H(u,v)} \tag{7-60}$$

为避免振铃影响，还可以选择平滑的低通滤波器如巴特沃思滤波器等代替 $H_1(u,v)$。

逆滤波算法运算效率相对而言比较高，并且简单易实现，复原后得到的图像也比较清晰，不足之处是会出现明显的振铃效应。通过研究我们得到一种解决的方法，对逆滤波复原后的图像进行平滑处理，从复原图像质量以及客观评价标准来看，图像平滑能够有效地减弱振铃效应，更好地改善图像质量。

### 7.3.2 维纳滤波复原法

维纳(Wiener)滤波可以归于反卷积(或反转滤波)算法一类，它是由 Wiener 首先提出的，应用于一维信号，并取得很好的效果。以后算法又被引入二维信号处理，也取得相当满意的效果，尤其在图像复原领域，由于维纳滤波器的复原效果良好，计算量较低，并且抗噪性能优良，因而在图像复原领域得到了广泛的应用，并不断得到改进发展，许多高效的复原算法都是以此为基础形成的。

维纳滤波方法也就是最小二乘滤波。它是使得原始图像 $f(x,y)$ 以及其恢复图像 $\hat{f}(x,y)$ 之间的均方差最小的复原方法。

设原始图像、退化图像和噪声图像为 $f(x,y)$、$g(x,y)$、$n(x,y)$，关系如下：

$$g(x,y) = \iint h(x-\alpha,y-\beta)f(\alpha,\beta)\,\mathrm{d}\alpha\mathrm{d}\beta + n(x,y) \tag{7-61}$$

式中，$f(x,y)$、$g(x,y)$、$n(x,y)$ 都是随机场，并假定噪声的统计特性已知。因此，给定了 $g(x,y)$，仍然不能精确求解 $f(x,y)$，只能找出 $f(x,y)$ 的一个估计值 $\hat{f}(x,y)$，使得均方误差：

$$e^2 = E\{[f(x,y) - \hat{f}(x,y)]^2\} \tag{7-62}$$

最小。其中 $\hat{f}(x,y)$ 是给定 $g(x,y)$ 对 $f(x,y)$ 的最小二乘方估计。

假定 $\hat{f}(x,y)$ 是 $g(x,y)$ 灰度级的线性函数，则有：

$$\hat{f}(x,y) = \iint m(x,y,\alpha,\beta)g(\alpha,\beta)\,\mathrm{d}\alpha\mathrm{d}\beta \tag{7-63}$$

如果随机场均匀，权重 $m(x,y,\alpha,\beta)$ 只与 $(x-\alpha,y-\beta)$ 有关，式(7-63)可以写成：

$$\hat{f}(x,y) = \iint m(x-\alpha,y-\beta)g(\alpha,\beta)\,\mathrm{d}\alpha\mathrm{d}\beta \tag{7-64}$$

均方误差可以写成：

$$e^2 = E\left\{\left[f(x,y) - \iint m(x-\alpha,y-\beta)g(\alpha,\beta)\,\mathrm{d}\alpha\mathrm{d}\beta\right]^2\right\} \tag{7-65}$$

所以，最小二乘方估计的目的就是寻找点扩散函数 $m(x,y)$，使得均方误差最小。可以证明对于 $xy$ 平面上的所有位置向量 $(x,y)$ 和 $(\alpha,\beta)$ 都满足式(7-66)的要求：

$$E\left\{\left[f(x,y) - \iint m(x-\alpha,y-\beta)g(\alpha,\beta)\,\mathrm{d}\alpha\mathrm{d}\beta\right]\times g(\alpha',\beta')\right\} = 0 \tag{7-66}$$

可将式(7-66)改写为：

$$\iint m(x-\alpha,y-\beta)E\{g(\alpha,\beta)g(\alpha',\beta')\}\,\mathrm{d}\alpha\mathrm{d}\beta = E\{f(x,y)g(\alpha',\beta')\} \tag{7-67}$$

设随机场均匀，并且令：

$$E\{g(\alpha,\beta)g(\alpha',\beta')\} = R_{gg}(\alpha,\beta,\alpha',\beta') = R_{gg}(\alpha-\alpha',\beta-\beta')$$

$$E\{g(x,y)g(\alpha',\beta')\}=R_{fg}(x,y,\alpha',\beta')=R_{fg}(x-\alpha',y-\beta')$$

代入式(7-67)得：

$$\iint m(x-\alpha,y-\beta)R_{gg}(\alpha-\alpha',\beta-\beta')\mathrm{d}\alpha\mathrm{d}\beta=R_{fg}(x-\alpha',y-\beta') \tag{7-68}$$

对式(7-68)的变量进行替换，并对两边进行傅立叶变换，可得：

$$M(u,v)S_{gg}(u,v)=S_{fg}(u,v) \tag{7-69}$$

其中，$S_{gg}(u,v)$是退化图像$g(x,y)$的谱密度；$S_{fg}(u,v)$是退化图像与原始图像的互谱密度。如果图像$f(x,y)$与噪声$n(x,y)$不相关并且有零均值，则式(7-70)成立：

$$E\{f(x,y)n(x,y)\}=E\{f(x,y)\}E\{n(x,y)\}=0 \tag{7-70}$$

这种情况下的滤波器的形式可以通过如下的推导得出。考虑到随机场的均匀性有：

$$\begin{aligned}R_{fg}(x,y,\alpha',\beta')&=R_{fg}(x-\alpha',y-\beta')\\&=E\{f(x,y)g(\alpha',\beta')\}\\&=\iint h(\alpha-\alpha',\beta-\beta')E\{f(x,y)f(\alpha,\beta)\}\mathrm{d}\alpha\mathrm{d}\beta\\&=\iint h(\alpha-\alpha',\beta-\beta')R_{ff}(x-\alpha,y-\beta)\mathrm{d}\alpha\mathrm{d}\beta\end{aligned} \tag{7-71}$$

式(7-71)经过一系列的变量替换后可得：

$$R_{fg}(x,y)=\iint h(\alpha-x,\beta-y)R_{ff}(\alpha,\beta)\mathrm{d}\alpha\mathrm{d}\beta \tag{7-72}$$

对等式两边进行傅立叶变换有：

$$S_{fg}(u,v)=H^*(u,v)S_{gg}(u,v) \tag{7-73}$$

又因为：

$$S_{gg}(u,v)=S_{ff}(u,v)|H(u,v)|^2+S_{mn}(u,v) \tag{7-74}$$

联立式(7-69)、式(7-73)与式(7-74)可得：

$$M(u,v)=\frac{1}{H(u,v)}\frac{|H(u,v)|^2}{|H(u,v)|^2+[S_{mn}(u,v)/S_{ff}(u,v)]} \tag{7-75}$$

当$S_{mn}(u,v)=0$时，就是理想的滤波器。通常认为噪声是白噪声，即$S_{mn}(u,v)=$常数。如果有关的随机过程的统计特性都不知道，可以用下式近似的表示滤波器：

$$M(u,v)=\frac{1}{H(u,v)}\frac{|H(u,v)|^2}{|H(u,v)|^2+\tau} \tag{7-76}$$

维纳滤波因为效果较好而得到广泛应用，并且也受到更为深入的研究。以维纳滤波为基础，又出现了很多的改进算法，以适应不同的要求。维纳滤波通常适用于线性的空间不变模糊函数，并且噪声是加性非相关的情况。Andrews 和 Hunt 已经证明，在轻微的模糊和适量噪声影响下，维纳滤波并不能达到人眼所要求的最佳效果。

### 7.3.3 图像复原的实现

在本节中将结合上述的理论，分别给出具体的实现方法，设计了基于 Matlab 平台和 DM642 DSP 系统的 C 语言代码，可以帮助读者深入了图像复原特点，掌握其实现过程。

1. Matlab 仿真实现

(1)逆向滤波的 M 文件源代码及仿真结果

```
I = imread('G:\cargray512.bmp');
figure(1);
imshow(I);
title('原始图像');
LEN = 31;
THETA = 11;
PSF = fspecial('motion',LEN,THETA);
blurred = imfilter(I,PSF,'circular','conv');
wnr1 = deconvwnr(blurred,fspecial'motion',LEN,2 * THETA));
noise = 0.1 * randn(size(I));
blurredNoisy = imadd(blurred,im2uint8(noise));
figure(2);
imshow(blurredNoisy);
title('加入运动模糊和噪声的图像');
NSR = sum(noise(:).^2)/sum(im2double(I(:)).^2);
wnr = deconvwnr(blurredNoisy,PSF,NSR);
figure(3);
imshow(wnr);
title('Restored with NSR');
```

逆向滤波的仿真结果图 7-3 所示。

a)原始图像

b)加入运动模糊和噪声后的图像

c)逆向滤波处理后图像

图 7-3　逆向滤波仿真结果

(2)维纳滤波的 M 文件源代码及仿真结果

```
I = im2double(imread('G:\cargray512.bmp'));
figure(1);
imshow(I);
title('原始图像');
LEN = 21;
THETA = 11;
PSF = fspecial('motion', LEN, THETA);
blurred = imfilter(I, PSF, 'conv', 'circular');
figure(2);
imshow(blurred)
title('加入运动模糊的图像');
noise_mean = 0;
noise_var = 0.0001;
blurred_noisy = imnoise(blurred, 'gaussian', noise_mean, noise_var);
figure(3);
imshow(blurred_noisy);
title('加入运动模糊和高斯噪声的图像');
estimated_nsr = noise_var / var(I(:));
wnr = deconvwnr(blurred_noisy, PSF, estimated_nsr);
figure(4);
imshow(wnr);
title('维纳滤波后的图像');
```

维纳滤波仿真结果图 7-4 所示。

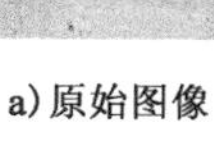

a)原始图像

b)加入运动模糊后的图像

图　7-4

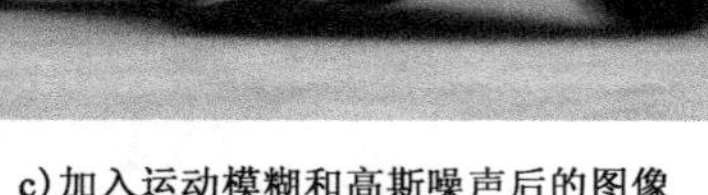

c)加入运动模糊和高斯噪声后的图像

d)维纳滤波后的图像

图 7-4　维纳滤波仿真结果

2. 逆向滤波的 DM642 DSP 系统的算法实现

本文基于 DM642 DSP 系统进行相应的 C 语言程序设计，由于代码较长本书仅以逆向滤波为例，进行图像复原 DSP 代码设计。至于维纳滤波，读者可以仿照逆向滤波，进行自行设计。

①DM642 的程序源代码

```
#include <stdio.h>
#include <stdlib.h>
#include <math.h>
#define pi   3.1415
#define Width   256
#define Height 256
void ReadImage(char *cFileName);
void bmpDataPart(FILE * fpbmp);
void inversefilter();
void fft();
void ifft();
void hfft();
#pragma DATA_SECTION(input,".my_sect")
#pragma DATA_SECTION(fdout,".my_sect")
#pragma DATA_SECTION(tdout,".my_sect")
#pragma DATA_SECTION(hfd,".my_sect")
#pragma DATA_SECTION(fd_re,".my_sect")
#pragma DATA_SECTION(fd_im,".my_sect")
#pragma DATA_SECTION(td_re,".my_sect")
#pragma DATA_SECTION(td_im,".my_sect")
#pragma DATA_SECTION(hd_re,".my_sect")
```

```
#pragma DATA_SECTION(hd_im,".my_sect")
#pragma DATA_SECTION(wx1_re,".my_sect")
#pragma DATA_SECTION(wx1_im,".my_sect")
#pragma DATA_SECTION(wx2_re,".my_sect")
#pragma DATA_SECTION(wx2_im,".my_sect")
#pragma DATA_SECTION(wco_re,".my_sect")
#pragma DATA_SECTION(wco_im,".my_sect")
#pragma DATA_SECTION(hx1_re,".my_sect")
#pragma DATA_SECTION(hx1_im,".my_sect")
#pragma DATA_SECTION(hx2_re,".my_sect")
#pragma DATA_SECTION(hx2_im,".my_sect")
#pragma DATA_SECTION(hco_re,".my_sect")
#pragma DATA_SECTION(hco_im,".my_sect")
unsigned char input[Height][Width];
unsigned char fdout[Height][Width];
unsigned char tdout[Height][Width];
unsigned char hfd[Height][Width];
double fd_re[Height][Width];
double fd_im[Height][Width];
double td_re[Height][Width];
double td_im[Height][Width];
double hd_re[Height][Width];
double hd_im[Height][Width];
double wx1_re[Width];
double wx1_im[Width];
double wx2_re[Width];
double wx2_im[Width];
double wco_re[Width];
double wco_im[Width];
double hx1_re[Height];
double hx1_im[Height];
double hx2_re[Height];
double hx2_im[Height];
double hco_re[Height];
double hco_im[Height];
void main()
{
  /* 图像 */
```

```
    ReadImage("G:\lenatuihua256.bmp");
    inversefilter();
    while (1);
}
void ReadImage(char *cFileName)
{
   FILE *fp;
     if ( fp = fopen(cFileName,"rb" ) )
     {
        bmpDataPart(fp);
          fclose(fp);
     }
}
void bmpDataPart(FILE * fpbmp)
{
   int i, j=0;
   unsigned char * pix = NULL;
   fseek(fpbmp, 1078L, SEEK_SET);
   pix = (unsigned char *)malloc(Width);
   for(j=0;j<Height;j++)
   {
      fread(pix, 1, Width , fpbmp);
        for(i=0;i<Width;i++)
        {
           input[Height-1-j][i]    =pix[i];
        }
   }
}
void inversefilter()
{
   int i,j;
   double a,b,c,d;
   fft();
   hfft();
   for(i=0;i<Height;i++)
   {
      for(j=0;j<Width;j++)
      {
```

```
            a = fd_re[i][j];
            b = fd_im[i][j];
            c = hd_re[i][j];
            d = hd_im[i][j];
            if(c * c + d * d > 0.001)
            {
                fd_re[i][j] = (a * c + b * d)/(c * c + d * d);
                fd_im[i][j] = (b * c - a * d)/(c * c + d * d);
            }
        }
    }
    ifft();
}
void fft()
{
    int i,j;
    int w,h;
    int wp,hp;
    int a,b,c;
    int p,bfsize;
    double angle;
    double dtemp;
    double x_re,x_im;
    double ta,tb,tc,td;
    unsigned char temp;
    w = 1;
    h = 1;
    wp = 0;
    hp = 0;
    while(2 * w <= Width)
    {
        w *= 2;
        wp++;
    }
    while(2 * h <= Height)
    {
        h *= 2;
        hp++;
```

```
}
for(i=0;i<h;i++)//沿x轴进行快速傅立叶变换
{
    for(j=0;j<w;j++)
    {
        temp=input[i][j];
        wx1_re[j]=(double)(temp);
        wx1_im[j]=0;
    }
    for(j=0;j<(Width/2);j++)
    {
        angle= -j*pi*2/Width;
        wco_re[j]=cos(angle);
        wco_im[j]=sin(angle);

    for(a=0;a<wp;a++)
    {
        for(b=0;b<(1<<a);b++)
        {
            bfsize=1<<(wp-a);
            for(c=0;c<(bfsize/2);c++)
            {
                p=b*bfsize;
                wx2_re[c+p]=wx1_re[c+p] + wx1_re[c+p+bfsize/2];
                wx2_im[c+p]=wx1_im[c+p] + wx1_im[c+p+bfsize/2];
                ta=wx1_re[c+p] - wx1_re[c+p+bfsize/2];
                tb=wx1_im[c+p] - wx1_im[c+p+bfsize/2];
                tc=wco_re[c*(1<<a)];
                td=wco_im[c*(1<<a)];
                wx2_re[c+p+bfsize/2]=ta*tc - tb*td;
                wx2_im[c+p+bfsize/2]=ta*td + tb*tc;
            }
        }
        for(c=0;c<Width;c++)
        {
            x_re=wx1_re[c];
            x_im=wx1_im[c];
            wx1_re[c]=wx2_re[c];
```

```
            wx1_im[c] = wx2_im[c];
            wx2_re[c] = x_re;
            wx2_im[c] = x_im;
        }
    }
    for(b = 0;b < Width;b++)
    {
        p = 0;
        for(c = 0;c < wp;c++)
        {
            if(b & (1 << c))
            {
                p += 1 << (wp - c - 1);
            }
        }
        fd_re[i][b] = wx1_re[p];
        fd_im[i][b] = wx1_im[p];
    }
}
for(j = 0;j < w;j++)//沿 y 轴进行快速傅立叶变换
{
    for(i = 0;i < h;i++)
    {
        hx1_re[i] = fd_re[i][j];
        hx1_im[i] = fd_im[i][j];
    }
    for(i = 0;i < (Height/2);i++)
    {
        angle = -i * pi * 2/Height;
        hco_re[i] = cos(angle);
        hco_im[i] = sin(angle);
    }
    for(a = 0;a < hp;a++)
    {
        for(b = 0;b < (1 << a);b++)
        {
            bfsize = 1 << (hp - a);
            for(c = 0;c < (bfsize/2);c++)
```

```
            {
              p = b * bfsize;
              hx2_re[c + p] = hx1_re[c + p]  + hx1_re[c + p + bfsize/2];
              hx2_im[c + p] = hx1_im[c + p]  + hx1_im[c + p + bfsize/2];
              ta = hx1_re[c + p]  - hx1_re[c + p + bfsize/2];
              tb = hx1_im[c + p]  - hx1_im[c + p + bfsize/2];
              tc = hco_re[c * (1 < < a)];
              td = hco_im[c * (1 < < a)];
              hx2_re[c + p + bfsize/2] = ta * tc  - tb * td;
              hx2_im[c + p + bfsize/2] = ta * td  + tb * tc;
            }
          }
          for(c = 0;c < Height;c + + )
          {
            x_re = hx1_re[c];
            x_im = hx1_im[c];
            hx1_re[c] = hx2_re[c];
            hx1_im[c] = hx2_im[c];
            hx2_re[c] = x_re;
            hx2_im[c] = x_im;
          }
        }
        for(b = 0;b < Height;b + + )
        {
          p = 0;
          for(c = 0;c < hp;c + + )
          {
            if(b & (1 < < c))
            {
              p + = 1 < < (hp - c - 1);
            }
          }
          fd_re[b][j] = hx1_re[p];
          fd_im[b][j] = hx1_im[p];
        }
      }
      for(i = 0;i < Height;i + + )
      {
```

```
        for(j = 0;j < Width;j + + )
        {
            dtemp = sqrt(fd_re[i][j] * fd_re[i][j]  + fd_im[i][j] * fd_im[i][j])/100;
            if(dtemp > 255)
            {
                dtemp = 255;
            }
            fdout[i][j] = (unsigned char)(dtemp);
        }
    }
}
void ifft()
{
    int i,j;
    int w,h;
    int wp,hp;
    int a,b,c;
    int p,bfsize;
    double angle;
    double dtemp;
    double x_re,x_im;
    double ta,tb,tc,td;
    w = 1;
    h = 1;
    wp = 0;
    hp = 0;
    while(2 * w  < =  Width)
    {
        w * = 2;
        wp + + ;
    }
    while(2 * h  < =  Height)
    {
        h * = 2;
        hp + + ;
    }
    for(i = 0;i < h;i + + )//沿 x 轴进行快速傅立叶变换
    {
```

```
for(j=0;j<w;j++)
{
    wx1_re[j]=fd_re[i][j];
    wx1_im[j]=fd_im[i][j];
}
for(j=0;j<w;j++)
{
    wx1_im[j]= -wx1_im[j];
}
for(j=0;j<(Width/2);j++)
{
    angle= -j*pi*2/Width;
    wco_re[j]=cos(angle);
    wco_im[j]=sin(angle);
}
for(a=0;a<wp;a++)
{
    for(b=0;b<(1<<a);b++)
    {
        bfsize=1<<(wp-a);
        for(c=0;c<(bfsize/2);c++)
        {
            p=b*bfsize;
            wx2_re[c+p]=wx1_re[c+p] + wx1_re[c+p+bfsize/2];
            wx2_im[c+p]=wx1_im[c+p] + wx1_im[c+p+bfsize/2];
            ta=wx1_re[c+p] - wx1_re[c+p+bfsize/2];
            tb=wx1_im[c+p] - wx1_im[c+p+bfsize/2];
            tc=wco_re[c*(1<<a)];
            td=wco_im[c*(1<<a)];
            wx2_re[c+p+bfsize/2]=ta*tc - tb*td;
            wx2_im[c+p+bfsize/2]=ta*td + tb*tc;
        }
    }
    for(c=0;c<Width;c++)
    {
        x_re=wx1_re[c];
        x_im=wx1_im[c];
        wx1_re[c]=wx2_re[c];
```

```
            wx1_im[c] = wx2_im[c];
            wx2_re[c] = x_re;
            wx2_im[c] = x_im;
        }
    }
    for(b = 0;b < Width;b + +)
    {
        p = 0;
        for(c = 0;c < wp;c + +)
        {
            if(b & (1 < <c))
            {
                p + = 1 < <(wp - c - 1);
            }
        }
        td_re[i][b] = wx1_re[p];
        td_im[i][b] = wx1_im[p];
    }
    for(j = 0;j < Width;j + +)
    {
        td_re[i][j] = td_re[i][j]/Width;
        td_im[i][j] = - td_im[i][j]/Width;
    }
}
for(j = 0;j < w;j + +)//沿 y 轴进行快速傅立叶变换
{
    for(i = 0;i < h;i + +)
    {
        hx1_re[i] = td_re[i][j];
        hx1_im[i] = td_im[i][j];
    }
    for(i = 0;i < h;i + +)
    {
        hx1_im[i] = - hx1_im[i];
    }
    for(i = 0;i < (Height/2);i + +)
    {
        angle = - i * pi * 2/Height;
```

```
        hco_re[i] = cos(angle);
        hco_im[i] = sin(angle);
    }
    for(a = 0;a < hp;a++)
    {
        for(b = 0;b < (1 << a);b++)
        {
            bfsize = 1 << (hp - a);
            for(c = 0;c < (bfsize/2);c++)
            {
                p = b * bfsize;
                hx2_re[c + p] = hx1_re[c + p] + hx1_re[c + p + bfsize/2];
                hx2_im[c + p] = hx1_im[c + p] + hx1_im[c + p + bfsize/2];
                ta = hx1_re[c + p] - hx1_re[c + p + bfsize/2];
                tb = hx1_im[c + p] - hx1_im[c + p + bfsize/2];
                tc = hco_re[c * (1 << a)];
                td = hco_im[c * (1 << a)];
                hx2_re[c + p + bfsize/2] = ta * tc - tb * td;
                hx2_im[c + p + bfsize/2] = ta * td + tb * tc;
            }
        }
        for(c = 0;c < Height;c++)
        {
            x_re = hx1_re[c];
            x_im = hx1_im[c];
            hx1_re[c] = hx2_re[c];
            hx1_im[c] = hx2_im[c];
            hx2_re[c] = x_re;
            hx2_im[c] = x_im;
        }
    }
    for(b = 0;b < Height;b++)
    {
        p = 0;
        for(c = 0;c < hp;c++)
        {
            if(b & (1 << c))
            {
```

```
            p+ =1<<(hp-c-1);
          }
        }
        td_re[b][j] =hx1_re[p];
        td_im[b][j] =hx1_im[p];
      }
      for(i =0;i<Height;i++)
      {
        td_re[i][j] =td_re[i][j]/Height;
        td_im[i][j] = -td_im[i][j]/Height;
      }
    }
    for(i =0;i<Height;i++)
    {
      for(j =0;j<Width;j++)
      {
        dtemp =td_re[i][j];
        if(dtemp >255)
        {
          dtemp =255;
        }
        tdout[i][j] =(unsigned char)(dtemp);
      }
    }
}
void hfft()
{
    int i,j;
    int w,h;
    int wp,hp;
    int a,b,c;
    int p,bfsize;
    double angle;
    double dtemp;
    double x_re,x_im;
    double ta,tb,tc,td;
    w =1;
    h =1;
```

```
wp = 0;
hp = 0;
while(2 * w <= Width)
{
  w *= 2;
  wp++;
}
while(2 * h <= Height)
{
  h *= 2;
  hp++;
}
for(i = 0;i < h;i++)//沿 x 轴进行快速傅立叶变换
{
  for(j = 0;j < w;j++)
  {
    if(i < 2 && j < 2)        //构造点扩展函数
    {
      wx1_re[j] = 0.04;
      wx1_im[j] = 0;
    }
    else
    {
      wx1_re[j] = 0;
      wx1_im[j] = 0;
    }
  }
  for(j = 0;j < (Width/2);j++)
  {
    angle = -j * pi * 2/Width;
    wco_re[j] = cos(angle);
    wco_im[j] = sin(angle);
  }
  for(a = 0;a < wp;a++)
  {
    for(b = 0;b < (1 << a);b++)
    {
      bfsize = 1 << (wp - a);
```

```
            for(c=0;c<(bfsize/2);c++)
            {
                p=b*bfsize;
                wx2_re[c+p]=wx1_re[c+p] + wx1_re[c+p+bfsize/2];
                wx2_im[c+p]=wx1_im[c+p] + wx1_im[c+p+bfsize/2];
                ta=wx1_re[c+p] - wx1_re[c+p+bfsize/2];
                tb=wx1_im[c+p] - wx1_im[c+p+bfsize/2];
                tc=wco_re[c*(1<<a)];
                td=wco_im[c*(1<<a)];
                wx2_re[c+p+bfsize/2]=ta*tc - tb*td;
                wx2_im[c+p+bfsize/2]=ta*td + tb*tc;
            }
        }
        for(c=0;c<Width;c++)
        {
            x_re=wx1_re[c];
            x_im=wx1_im[c];
            wx1_re[c]=wx2_re[c];
            wx1_im[c]=wx2_im[c];
            wx2_re[c]=x_re;
            wx2_im[c]=x_im;
        }
    }
    for(b=0;b<Width;b++)
    {
        p=0;
        for(c=0;c<wp;c++)
        {
            if(b & (1<<c))
            {
                p+=1<<(wp-c-1);
            }
        }
        hd_re[i][b]=wx1_re[p];
        hd_im[i][b]=wx1_im[p];
    }
}
```

```
for(j=0;j<w;j++)//沿y轴进行快速傅立叶变换
{
  for(i=0;i<h;i++)
  {
    hx1_re[i]=hd_re[i][j];
    hx1_im[i]=hd_im[i][j];
  }
  for(i=0;i<(Height/2);i++)
  {
    angle=-i*pi*2/Height;
    hco_re[i]=cos(angle);
    hco_im[i]=sin(angle);
  }
  for(a=0;a<hp;a++)
  {
    for(b=0;b<(1<<a);b++)
    {
      bfsize=1<<(hp-a);
      for(c=0;c<(bfsize/2);c++)
      {
        p=b*bfsize;
        hx2_re[c+p]=hx1_re[c+p] + hx1_re[c+p+bfsize/2];
        hx2_im[c+p]=hx1_im[c+p] + hx1_im[c+p+bfsize/2];
        ta=hx1_re[c+p] - hx1_re[c+p+bfsize/2];
        tb=hx1_im[c+p] - hx1_im[c+p+bfsize/2];
        tc=hco_re[c*(1<<a)];
        td=hco_im[c*(1<<a)];
        hx2_re[c+p+bfsize/2]=ta*tc - tb*td;
        hx2_im[c+p+bfsize/2]=ta*td + tb*tc;
      }
    }
    for(c=0;c<Height;c++)
    {
      x_re=hx1_re[c];
      x_im=hx1_im[c];
      hx1_re[c]=hx2_re[c];
      hx1_im[c]=hx2_im[c];
```

```
            hx2_re[c] = x_re;
            hx2_im[c] = x_im;
          }
        }
        for(b = 0;b < Height;b++)
        {
          p = 0;
          for(c = 0;c < hp;c++)
          {
            if(b & (1 << c))
            {
              p += 1 << (hp - c - 1);
            }
          }
          hd_re[b][j] = hx1_re[p];
          hd_im[b][j] = hx1_im[p];
        }
      }
      for(i = 0;i < Height;i++)
      {
        for(j = 0;j < Width;j++)
        {
          dtemp = sqrt(hd_re[i][j] * hd_re[i][j] + hd_im[i][j] * hd_im[i][j])/100;
          if(dtemp > 255)
          {
            dtemp = 255;
          }
          hfd[i][j] = (unsigned char)(dtemp);
        }
      }
    }
```

②CCS 仿真设置

选择 CCS 设置中的 Tools→Image Analyzer 调出图像窗口，右键单击图像窗口选择 Properties进行图像显示配置，如图 7-5 所示。

③实验结果

分段线性化处理的 CCS 实验结果如图 7-6 所示。

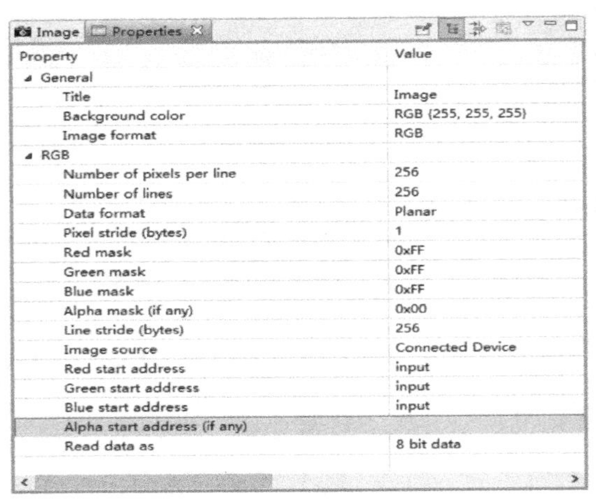


图 7-5　图像查看设置

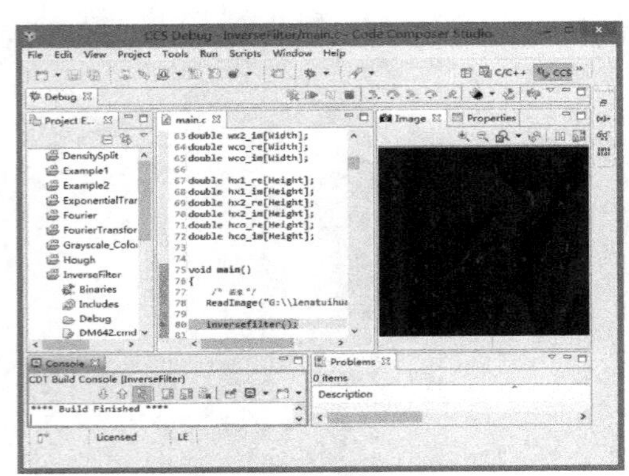

a) 原始图像

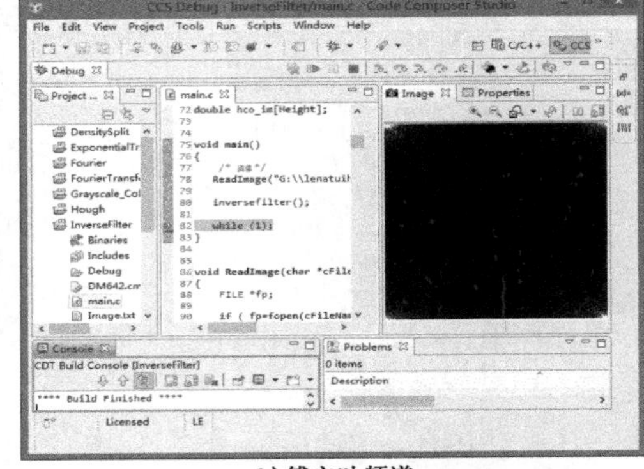

b) 傅立叶频谱

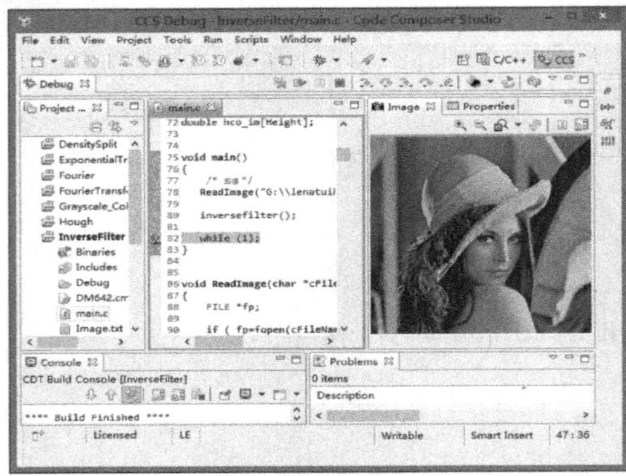

c) 滤波后图像

图 7-6　逆向滤波处理结果

## 7.4　运动模糊复原

在成像系统中，引起图像退化的原因有很多，其中最常见的就是由于摄像机和景物之间的相对运动导致图像模糊。这种模糊大多是由于相机与景物的相对速度快而导致同一时刻不同景物点在感光元件的同一点同时曝光而造成的。在实际图像复原中,很多变速的非直线的运动在一定条件下可以看成是均匀的直线运动合成的结果,因此对于由均匀直线运动所造成的模糊图像的复原更具有现实意义。

### 7.4.1　匀速直线运动模糊图像的退化模型

在由匀速直线运动造成的图像退化中,用 $h(x,y)$ 来表示退化过程中的点扩散函数 PSF,假设不受其他因素影响时,可以得到图像采集设备和目标之间存在相互运动而产生的退化模型可以用图 7-7 来表示。

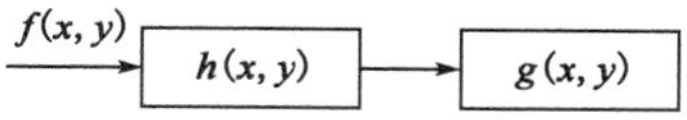

$f(x,y)$ → $h(x,y)$ → $g(x,y)$

图 7-7　匀速直线运动模糊退化模型

在该模型中假设图象 $f(x,y)$ 作平面匀速直线运动,令 $x_0(t)$ 和 $y_0(t)$ 分别为在 $x$ 和 $y$ 方向上运动的变化分量,$T$ 表示运动的时间。记录介质的总曝光量是在快门打开后到关闭这段时间的积分。设快门的开、关是瞬时的且成像过程是完善的,则模糊后的图象为:

$$g(x,y)=\int_0^T f[x-x_0(t),y-y_0(t)]\mathrm{d}t \tag{7-77}$$

对上式进行傅立叶变换

$$\begin{aligned}G(u,v)&=\int_{-\infty}^{+\infty}\int_{-\infty}^{+\infty}g(x,y)\exp[-j2\pi(ux+vy)]\mathrm{d}x\mathrm{d}y\\&=\int_{-\infty}^{+\infty}\int_{-\infty}^{+\infty}f[x-x_0(t),y-y_0(t)]\mathrm{d}t\exp[-j2\pi(ux+vy)]\mathrm{d}x\mathrm{d}y\end{aligned} \tag{7-78}$$

此处积分次序交换后得

$$\begin{aligned}G(u,v)&=\int_0^T\left[\int_{-\infty}^{+\infty}\int_{-\infty}^{+\infty}f[x-x_0(t),y-y_0(t)]\exp[-j2\pi(ux+vy)]\mathrm{d}x\mathrm{d}y\right]\mathrm{d}t\\&=\int_0^T\{F(u,v)\exp[-j2\pi(ux_0(t)+vy_0(t))]\}\mathrm{d}t\\&=F(u,v)\int_0^T\exp\{-j2\pi[ux_0(t)+vy_0(t)]\}\mathrm{d}t\end{aligned} \tag{7-79}$$

令

$$H(u,v)=\int_0^T\exp\{-j2\pi[ux_0(t)+vy_0(t)]\}\mathrm{d}t \tag{7-80}$$

可以得到

$$G(u,v)=H(u,v)F(u,v) \tag{7-81}$$

$$F(u,v)=\frac{G(u,v)}{H(u,v)} \tag{7-82}$$

因此,只要对 $F(u,v)$ 求傅立叶反变换就可以得到 $f(x,y)$。

### 7.4.2　匀速直线运动引起模糊的复原

在匀速直线运动造成的图像模糊中,如果模糊图像是由景物在 $x$ 方向作均匀直线运动造成的,则模糊后的图像任意点的值为:

$$g(x,y)=\int_0^T f[x-x_0(t),y]\mathrm{d}t \tag{7-83}$$

设图像总的位移量为 $a$,总的运动时间为 $T$,则运动时间为 $x_0(t)=\frac{a}{T}t$,于是有

$$H(u,v) = \int_0^T \exp\{-j2\pi u x_0(t)\}\mathrm{d}t = \int_0^T \exp\left\{-j2\pi u \frac{at}{T}\right\}\mathrm{d}t$$
$$= \frac{T}{\pi ua}\sin(\pi ua)\exp(-j2\pi ua) \tag{7-84}$$

由式(7-84)可见，只要对 $u=\frac{n}{a}$求傅立叶反变换（$n$ 为整数）时，$H(u,v)=0$，在这些点上无法用逆滤波法恢复原图像，因而采用其他方法。

由于只考虑 $x$ 方向，$y$ 方向是不变的，故可暂时忽略 $y$，式(7-83)可写成：

$$g(x,y) = \int_0^T f[x - x_0(t), y]\mathrm{d}t = \int_0^T f\left(x - \frac{at}{T}\right)\mathrm{d}t \tag{7-85}$$

图像的宽度为 $L$。令 $\tau = x - \frac{at}{T}$，则有：

$$g(x) = \frac{T}{a}\int_{x-a}^{x} f(\tau)\mathrm{d}(\tau) \tag{7-86}$$

对式(7-86)两边求导，有：

$$g'(x) = \frac{T}{a}[f(x) - f(x-a)]$$

$$f(x) = \frac{a}{T}g'(x) + f(x-a) \tag{7-87}$$

式(7-87)反映了 $f(x)$ 和 $f(x-a)$ 的递推关系。因为 $g'(x)$ 和 $T$、$a$ 是已知的，因而知道了长度为 $a$ 的区间上的原始图像就可以推得整幅图像，可设计一种递归方法来复原图像。

由于图像在 $x$ 方向上的定义域为 $0 \leqslant x \leqslant L$，多数情况下 $a \ll L$，因而可近似地认为：$L = Ka$，$K$ 为整数。这样将区间 $[0,L]$ 分成 $K$ 个长度为 $a$y 的子区间，令 $z \in [0,a]$，第 $m$ 段子区间中的 $x$ 值可以表示为：

$$x = z + ma \qquad (m = 0,1,2,\cdots,K-1) \tag{7-88}$$

又令 $\alpha = \frac{a}{T}$，于是有：

$$f(z+ma) = \alpha g'(z+ma) + f[z+(m-1)a] \tag{7-89}$$

当 $m=0$ 时，有 $f(z) = \alpha g'(z) + f(z-a)$。

令 $f(z-a) = \phi(z)$，则

(1) $m=0$ 时，令

$$f(z) = \alpha g'(z) + \phi(z) \tag{7-90}$$

(2) $m=1$ 时，有 $f(z+a) = \alpha g'(z+a) + \alpha g'(z) + \phi(z)$。

以此类推，得到：

$$f(z+ma) = \alpha\sum_{k=0}^{m} g'(z+ka)\phi(z) \tag{7-91}$$

由于 $g'(x)$、$\alpha$、$a$ 为已知，求 $f(x)$，只需估计出 $\phi(z)$。

式(7-89)对 $m=0,1,2,\cdots,K-1$ 共 $K$ 项累加得

$$\sum_{m=0}^{k-1} f(z+ma) = \alpha\sum_{m=0}^{m}\sum_{k=0}^{m} g'(z+ka) + K\phi(z) \tag{7-92}$$

则有：

$$\phi(z)=\frac{1}{K}\sum_{m=0}^{m} f(z+ma)-\frac{\alpha}{K}\sum_{m=0}^{k-1}\sum_{k=0}^{m} g'(z+ka) \tag{7-93}$$

式(7-93)中右边第一项虽然未知,但是当 $K$ 很大时,它趋于 $f(x)$ 的平均值,因此可以把第一项视为一个常量 $A$ 从而有:

$$\phi(z)=A-\frac{\alpha}{K}\sum_{m=0}^{K-1}\sum_{k=0}^{m} g'(z+ka) \tag{7-94}$$

恢复图像为:

$$f(z+ma)=A-\frac{\alpha}{K}\sum_{m=0}^{K-1}\sum_{k=0}^{m} g'(z+ka)+\alpha\sum_{k=0}^{m} g'(z+ka) \tag{7-95}$$

由于 $z+ka-ka+ma=x$,从而 $\sum_{k=0}^{m} g'(z+ka)=\sum_{k=0}^{m} g'(x-ma+ka)$。再利用关系:

$$\sum_{k=0}^{m} g'(x-ma+ka)=\sum_{k=0}^{m} g'(x-ka) \tag{7-96}$$

最后式(7-95)可以表示为:

$$f(x)=A+\alpha\sum_{k=0}^{m} g'(x-ka)-\frac{\alpha}{K}\sum_{m=0}^{K-1}\sum_{k=0}^{m} g'(x-ka) \tag{7-97}$$

再引入去掉了的变量 $y$,则

$$f(x)=A+\alpha\sum_{k=0}^{m} g'(x-ka,y)-\frac{\alpha}{K}\sum_{m=0}^{K-1}\sum_{k=0}^{m} g'(x-ka,y) \tag{7-98}$$

这就是去除由 $x$ 方向上均匀运动造成的图像模糊后恢复图像的表达式。

考虑到在计算机处理中,多用离散形式的公式,故将式(7-95)和式(7-97)改为离散形式:

$$g(x,y)=\sum_{t=0}^{T} f\left(x-\frac{at}{T}\right)\Delta x \tag{7-99}$$

$$f(x,y)=A+\alpha\sum_{k=0}^{m}\frac{g(x-ka,y)-g(x-ka-\Delta x,y)}{\Delta x}-\frac{\alpha}{K}\sum_{m=0}^{K-1}\sum_{k=0}^{m}\frac{g(x-ka,y)-g(x-ka-\Delta x,y)}{\Delta x} \tag{7-100}$$

## 7.5　图像的几何校正

在计算机视觉、模式识别等领域中,数字图像的质量是非常重要的。摄像机所获取的图像经常存在畸变现象,因此在对图像进行定量分析和处理之前,必须进行畸变校正。在实际的成像系统中,视频捕捉介质平面和物体平面之间不可避免地存在有一定的转角和倾斜角。转角使图像旋转,倾斜角使图像投影变形,产生透视畸变;另外一种情况就是由于摄像管、摄影机及阴极射线管显示器的扫描偏转系统有一定的非线性导致的镜头畸变,图像往往呈现桶形或枕形;此外还有由于物体本身平面不平整导致的曲面畸变如柱形畸变等。这些畸变统称为几何畸变。

几何畸变又可分为线性几何畸变和非线性几何畸变。通常情况下,线性几何畸变指缩放、平移、旋转等畸变,目前已经有很好的校正方法,而非线性几何畸变由成像面和物平面的倾斜、物平面本身的弯曲、光学系统的像差造成的畸变,表现为物体与实际的成像各部分比例失衡,非线性畸变图像的校正是由于其非线性的复杂度,到目前为止仍未能得到很好的解决。

几何校正是指从具有畸变的图像中消除畸变和还原正常图像的处理过程。由成像系统引起的几何失真的校正有两种方法：一种是预畸变法，即采用与畸变相反的非线性扫描偏转法，用来抵消预计的图像畸变；另一种是所谓的后验校正方法，是用多项式曲线在水平和垂直方向去拟合每一畸变的网线，然后求得反变换的校正函数，用这个校正函数即可校正畸变的图像。图像的几何畸变及其校正过程如图 7-8 所示。

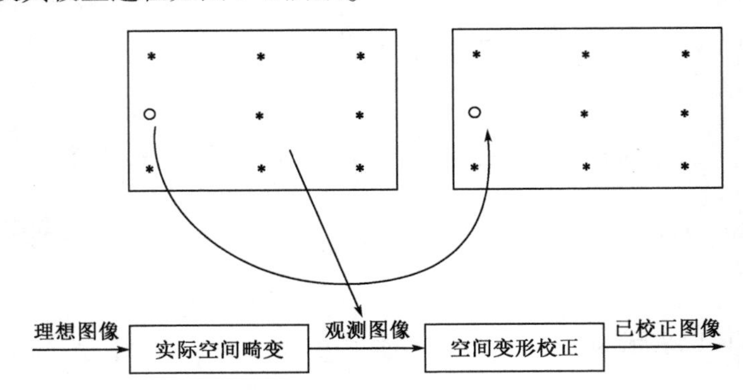


图 7-8　图像的几何畸变及其校正过程

几何畸变校正分两步：第一步对原图像的像素坐标空间进行几何变换，以使像素落在正确的位置上；第二步为插值，简要的说就是取得相应坐标位置上的像素值。因为一般校正后的图像某些像素点可能分布不均匀，有些像素点有时被挤压在一起，有时又被分散开，使校正后的像素不落在离散的坐标点上，因此需要重新确定这些像素点的灰度值。

### 7.5.1　几何畸变的描述

任何几何畸变都可由非失真坐标系 $(x,y)$ 变换到失真坐标系 $(x',y')$ 的方程来定义。方程的一般形式为：

$$\begin{cases} x' = h_1(x,y) \\ y' = h_2(x,y) \end{cases} \tag{7-101}$$

在透视畸变的情况下，变换是线性的，即：

$$\begin{cases} x' = ax + by + c \\ y' = \mathrm{d}x + ey + f \end{cases} \tag{7-102}$$

设 $f(x,y)$ 是无失真的原始图像，$g(x',y')$ 是 $f(x,y)$ 畸变的结果，这一失真的过程是已知的，并且用函数 $h_1(x,y)$ 和 $h_2(x,y)$ 定义，于是有：

$$\begin{cases} g(x',y') = f(x,y) \\ x' = h_1(x,y) \\ y' = h_2(x,y) \end{cases} \tag{7-103}$$

这是几何校正的基本关系式，这说明在图像中本来应该出现在像素 $(x,y)$ 上的灰度值由于畸变实际上却出现在 $(x',y')$ 上，这种失真的复原问题实际上是映射变换问题。

### 7.5.2　几何校正

#### 1. 几何变换

从几何校正的基本关系可见，已知畸变图像 $g(x',y')$ 的情况下要求原始图像 $f(x,y)$ 的关

键是要求得函数 $h_1(x,y)$ 和 $h_2(x,y)$。如果由先验知识知道 $h_1(x,y)$ 和 $h_2(x,y)$，则 $f(x,y)$ 的求取就较为简单了。其复原处理可按如下的方法进行。

(1)对于 $f(x,y)$ 中的每一个点 $(x_0,y_0)$，找出在 $g(x',y')$ 中相应的位置 $(\alpha,\beta)=[h_1(x,y)\ h_2(x,y)]$。由于 $\alpha$ 和 $\beta$ 不一定是整数，所以通常 $(\alpha,\beta)$ 不会和 $g(x',y')$ 中的任何点重合。

(2)找出 $g(x',y')$ 中与 $(\alpha,\beta)$ 最靠近的点 $(x',y')$，并且令 $f(x_0,y_0)=g(x'_1,y'_1)$，也就是把 $g(x',y')$ 点的灰度值赋予 $f(x_0,y_0)$。如此逐点做下去，直到整个图像，则几何畸变得到校正。

但实际中往往 $h_1(x,y)$ 和 $h_2(x,y)$ 未知，这时可以采用后验校正方法。通常 $h_1(x,y)$ 和 $h_2(x,y)$ 可用多项式来近似：

$$x'=\sum_{i=0}^{N}\sum_{j=0}^{N-i}a_{ij}x^iy^j \tag{7-104}$$

$$y'=\sum_{i=0}^{N}\sum_{j=0}^{N-i}b_{ij}x^iy^j \tag{7-105}$$

式中，$N$ 为多项式的次数；$a_{ij}$、$b_{ij}$ 为各项待定系数。

假设 $I(u,v)$ 为获取到的可能存在畸变的图像，$I(x,y)$ 为目标实际的图像或理想图像。那么存在一个非线性变换 $T$，使得两者的坐标满足 $I(u,v)=T(x,y)$。通过一些已知的正确像素点和畸变点间的对应关系，拟合出式(7-104)、式(7-105)多项式的待定系数 $a_{ij}$、$b_{ij}$。根据所求系数构造一个简单的变换函数 $G$，作为变换 $T$ 的近似表达式，使得变换 $T$ 和 $G$ 近似表达式之间的偏差最小，能够反映所给数据的总体趋势，这就是后验校正方法的思路。当 $N=1$ 时，变换是线性的：

$$\begin{cases}x'=\boldsymbol{a}x+\boldsymbol{b}y+c\\ y'=\boldsymbol{d}x+\boldsymbol{e}y+f\end{cases} \tag{7-106}$$

通常也可用这种线性畸变来近似较小的几何畸变。

可由基准图找出三个点 $(x_1,y_1)$、$(x_2,y_2)$、$(x_3,y_3)$ 与畸变图上三个点坐标 $(x'_1,y'_1)$、$(x'_2,y'_2)$、$(x'_3,y'_3)$ 一一对应，将对应点坐标代入上式，并写成矩阵形式

$$\begin{cases}x'_1=a_0+a_1x_1+a_2y_1\\ x'_2=a_0+a_1x_2+a_2y_2\\ x'_3=a_0+a_1x_3+a_2y_3\end{cases}\qquad \begin{bmatrix}x'_1\\ x'_2\\ x'_3\end{bmatrix}=\begin{bmatrix}1&x_1&y_1\\ 1&x_2&y_2\\ 1&x_3&y_3\end{bmatrix}\begin{bmatrix}a_0\\ a_1\\ a_2\end{bmatrix} \tag{7-107}$$

$$\begin{cases}y'_1=b_0+b_1x_1+b_2y_1\\ y'_2=b_0+b_1x_2+b_2y_2\\ y'_3=b_0+b_1x_3+b_2y_3\end{cases}\qquad \begin{bmatrix}y'_1\\ y'_2\\ y'_3\end{bmatrix}=\begin{bmatrix}1&x_1&y_1\\ 1&x_2&y_2\\ 1&x_3&y_3\end{bmatrix}\begin{bmatrix}b_0\\ b_1\\ b_2\end{bmatrix} \tag{7-108}$$

可用联立方程组或矩阵求逆，解出 $a_0$、$a_1$、$a_2$ 和 $b_0$、$b_1$、$b_2$ 6 个系数。这样 $h_1(x,y)$ 和 $h_2(x,y)$ 可确定，然后利用 $h_1(x,y)$、$h_2(x,y)$ 的变换复原此三点连线所包围的三角形部分区域内各点像素。由此每三个一组的点重复进行，即可实现全部图像的几何校正。

更精确一些可用二次型畸变来近似：

$$\begin{cases}x'=a_0+a_1x+a_2y+a_3x^2+a_4xy+a_5y^2\\ y'=b_0+b_1x+b_2y+b_3x^2+b_4xy+b_5y^2\end{cases} \tag{7-109}$$

有 12 个参数未知，需要 6 对已知坐标点 $(x_1,y_1)$、$(x'_1,y'_1)$、$(x_2,y_2)$、$(x'_2,y'_2)$，…，$(x_6,y_6)$、

$(x'_6,y'_6)$。写成矩阵形式有：

$$\begin{bmatrix} x'_1 \\ x'_2 \\ x'_3 \\ x'_4 \\ x'_5 \\ x'_6 \end{bmatrix} = \begin{bmatrix} 1 & x_1 & y_1 & x_1^2 & x_1y_1 & y_1^2 \\ 1 & x_2 & y_2 & x_2^2 & x_2y_2 & y_2^2 \\ 1 & x_3 & y_3 & x_3^2 & x_3y_3 & y_3^2 \\ 1 & x_4 & y_4 & x_4^2 & x_4y_4 & y_4^2 \\ 1 & x_5 & y_5 & x_5^2 & x_5y_5 & y_5^2 \\ 1 & x_6 & y_6 & x_6^2 & x_6y_6 & y_6^2 \end{bmatrix} \begin{bmatrix} a_0 \\ a_1 \\ a_2 \\ a_3 \\ a_4 \\ a_5 \end{bmatrix} \tag{7-110}$$

即

$$\varepsilon_1 = \sum_{e=1}^{L}(x'_e - \sum_{i=0}^{n}\sum_{j=0}^{n-i}a_{ij}x_e^iy_e^j)^2 \tag{7-111}$$

同理有

$$\varepsilon_2 = \sum_{e=1}^{L}(y'_e - \sum_{i=0}^{n}\sum_{j=0}^{n-i}b_{ij}x_e^iy_e^j)^2 \tag{7-112}$$

用联立方程组或矩阵运算可求出 $\boldsymbol{a}$ 和 $\boldsymbol{b}$ 向量，即可求出 $h_1(x,y)$ 和 $h_2(x,y)$。

然而由于实际情况的复杂多样，上面各式联立方程组或矩阵运算不一定有解或有多组解，或者不是全局的最优解等，这时就要采用最小二乘法作为拟合准则，以保证求得的 $h_1(x,y)$ 和 $h_2(x,y)$ 函数在全局上能最好地反映几何失真的情况。

设控制点的个数为 $L$，坐标对应关系如下：

$(x'_1,y'_1)\to(x_1,y_1)$、$(x'_2,y'_2)\to(x_2,y_2)$、…、$(x'_L,y'_L)\to(x_L,y_L)$。进行拟合时，应使拟合误差平方和最小，即令

$$\sum_{e=1}^{L}(\sum_{i=0}^{n}\sum_{j=0}^{n-i}a_{ij}x_e^iy_e^j)x_e^sy_e^t = \sum_{e=1}^{L}x'_ex_e^sy_e^t \tag{7-113}$$

$$\sum_{e=1}^{L}(\sum_{i=0}^{n}\sum_{j=0}^{n-i}b_{ij}x_e^iy_e^j)x_e^sy_e^t = \sum_{e=1}^{L}y'_ey_e^sy_e^t \tag{7-114}$$

为最小。

上式的极值条件为

$$\sum_{e=1}^{L}(\sum_{i=0}^{n}\sum_{j=0}^{n-i}a_{ij}x_e^iy_e^i)x_e^sy_e^t = \sum_{e=1}^{L}x'_ex_e^sy_e^t \tag{7-115}$$

$$\sum_{e=1}^{L}(\sum_{i=0}^{n}\sum_{j=0}^{n-i}b_{ij}x_e^iy_e^i)x_e^sy_e^t = \sum_{e=1}^{L}y'_ex_e^sy_e^t \tag{7-116}$$

式中，$s=0,1,2,\cdots,n$；$t=0,1,2,\cdots,n-s$。

通常为简化计算，在式中只取到二次（即 $n=2$），得到：

$$\boldsymbol{Ta}=\boldsymbol{x}' \tag{7-117}$$

$$\boldsymbol{Tb}=\boldsymbol{y}' \tag{7-118}$$

式中，$\boldsymbol{T}$ 为 $6\times6$ 矩阵；$\boldsymbol{a}$、$\boldsymbol{x}$、$\boldsymbol{b}$、$\boldsymbol{y}$ 都是 $6\times1$ 的列向量。

$$
\boldsymbol{T}=\begin{bmatrix}
\sum_{e=1}^{L}1 & \sum_{e=1}^{L}y_e & \sum_{e=1}^{L}y_e^2 & \sum_{e=1}^{L}x_e & \sum_{e=1}^{L}x_ey_e & \sum_{e=1}^{L}x_e^2 \\
\sum_{e=1}^{L}y_e & \sum_{e=1}^{L}y_e^2 & \sum_{e=1}^{L}y_e^3 & \sum_{e=1}^{L}x_ey_e & \sum_{e=1}^{L}x_ey_e^2 & \sum_{e=1}^{L}x_e^2y_e \\
\sum_{e=1}^{L}y_e^2 & \sum_{e=1}^{L}y_e^3 & \sum_{e=1}^{L}y_e^4 & \sum_{e=1}^{L}x_ey_e^2 & \sum_{e=1}^{L}x_ey_e^3 & \sum_{e=1}^{L}x_e^2y_e^2 \\
\sum_{e=1}^{L}x_e & \sum_{e=1}^{L}x_ey_e & \sum_{e=1}^{L}x_ey_e^2 & \sum_{e=1}^{L}x_e^2 & \sum_{e=1}^{L}x_e^2y_e & \sum_{e=1}^{L}x_e^3 \\
\sum_{e=1}^{L}x_ey_e & \sum_{e=1}^{L}x_ey_e^2 & \sum_{e=1}^{L}x_ey_e^3 & \sum_{e=1}^{L}x_e^2y_e & \sum_{e=1}^{L}x_e^2y_e^2 & \sum_{e=1}^{L}x_e^3y_e \\
\sum_{e=1}^{L}x_e^2 & \sum_{e=1}^{L}x_e^2y_e & \sum_{e=1}^{L}x_e^2y_e^2 & \sum_{e=1}^{L}x_e^3 & \sum_{e=1}^{L}x_e^3y_e & \sum_{e=1}^{L}x_e^4
\end{bmatrix} \tag{7-119}
$$

$$
\boldsymbol{a}=[a_{00}\quad a_{01}\quad a_{02}\quad a_{10}\quad a_{11}\quad a_{20}]^T \tag{7-120}
$$

$$
\boldsymbol{b}=[b_{00}\quad b_{01}\quad b_{02}\quad b_{10}\quad b_{11}\quad b_{20}]^T \tag{7-121}
$$

$$
\boldsymbol{x}'=\left[\sum_{e=1}^{L}x_e'\quad \sum_{e=1}^{L}x_e'y_e\quad \sum_{e=1}^{L}x_e'y_e^2\quad \sum_{e=1}^{L}x_e'x_e\quad \sum_{e=1}^{L}x_e'x_ey_e\quad \sum_{e=1}^{L}x_e'x_e^2\right]^T \tag{7-122}
$$

$$
\boldsymbol{y}'=\left[\sum_{e=1}^{L}y_e'\quad \sum_{e=1}^{L}y_e'y_e\quad \sum_{e=1}^{L}y_e'y_e^2\quad \sum_{e=1}^{L}y_e'x_e\quad \sum_{e=1}^{L}y_e'x_ey_e\quad \sum_{e=1}^{L}y_e'x_e^2\right]^T \tag{7-123}
$$

解出方程组,即可得到拟合参数。一旦得到拟合参数,得到非线性变换 $\boldsymbol{T}$,就可以对畸变的图像进行校正,需要指出的是变换矩阵的阶数和控制点数 $L$ 并没有直接的联系,但是选取的控制点越多,逼近的误差越小。对原图像中的每一坐标$(x,y)$按式(7-117)、式(7-118)计算出其在畸变图像上的坐标$(x',y')$,根据坐标$(x',y')$的灰度值情况给原始图像中坐标$(x,y)$的像素点赋值。这时有三种情况:

(1)如果这一坐标恰好落在畸变图像的像素点,直接取此坐标对应的像素值即可;

(2)如果这一坐标落在图像内而不是像素点,那么就需要参考$(x',y')$附近的像素值来对$(x,y)$点处的像素值做出定义,这便是下面介绍的内插法确定像素灰度值;

(3)如果坐标落在畸变图像的外边,则用最靠近它的图像的像素点的灰度值作为它的灰度值。

2. 内插法确定像素灰度值

众所周知,数字图像中的坐标$(x,y)$总是整数。由于失真图像是数字图像,其像素值仅在坐标为整数处有定义。非整数处的像素值就需要通过一定的手段来推断,用来完成该任务的技术称为灰度插值。常用的方法有最近邻法、双线性内插法和三次卷积法。

(1)最近邻插值

最近邻插值是一种简单的插值算法,也称为零阶插值。输出的像素灰度值就等于距离它映射到的位置最近的输入像素的灰度值。最近邻插值是工具箱函数默认使用的插值方法,而且这种插值方法的运算量非常小。对于索引图像来说,它是唯一可行的方法。其缺点是不能精确地反映实际情况的像素值,甚至经常产生不希望的人为疵点,如高分辨率图像直边的扭曲。

若原图像上坐标为$(x,y)$的像素经变换后落在畸变图像$g(x',y')$内的坐标为$(u,v)$，则最近邻插值的数学表达式为：

$$f(x,y)=g(x_k',y_t') \tag{7-124}$$

其中$x_k',y_t'$满足：

$$\begin{cases}\frac{1}{2}(x_{k-1}'+x_k')<u<\frac{1}{2}(x_k'+x_{k+1}')\\ \frac{1}{2}(y_{t-1}'+y_t')<u<\frac{1}{2}(y_t'+y_{t+1}')\end{cases} \tag{7-125}$$

(2)双线性内插法

双线性内插法是对最近邻插值法的一种改进，即用线性内插方法，根据点$P(x_0,y_0)$的4个相邻点的灰度值，通过两次插值计算出灰度值$f(x_0,y_0)$，能够得到一个像素值较为连贯的恢复图像，如图7-9所示。

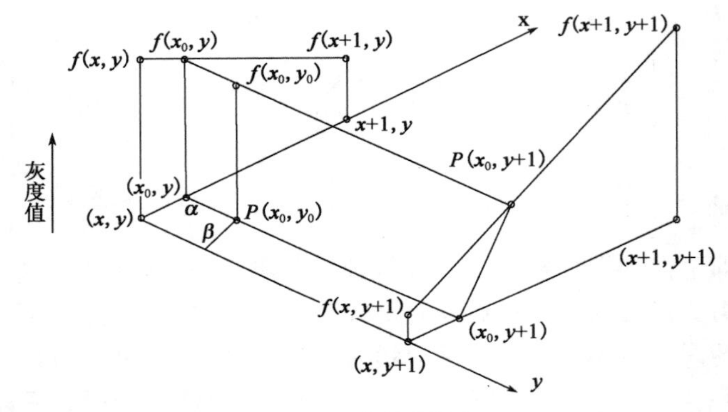


图7-9 双线性内插法

具体计算情况如下：

①计算出$\alpha$和$\beta$：

$$\begin{cases}\alpha=x_0-x\\ \beta=y_0-y\end{cases} \tag{7-126}$$

②根据$f(x,y)$，$f(x+1,y)$插值求$f(x_0,y)$：

$$f(x_0,y)=f(x,y)+\alpha[f(x+1,y)-f(x,y)] \tag{7-127}$$

③根据$f(x,y+1)$，$f(x+1,y)$插值求$f(x_0,y+1)$：

$$f(x_0,y+1)=f(x,y+1)+\alpha[f(x+1,y+1)-f(x,y+1)] \tag{7-128}$$

④根据$f(x_0,y)$及$f(x_0,y+1)$插值求$f(x_0,y_0)$：

$$\begin{aligned}f(x_0,y_0)&=f(x_0,y)+\beta[f(x_0,y+1)-f(x_0,y)]\\ &=(1-\alpha)(1-\beta)f(x,y)+\alpha(1-\beta)f(x+1,y)+(1-\alpha)\beta f(x,y+1)+\beta\alpha f(x+1,y+1)\\ &=f(x,y)+\alpha[f(x+1,y)-f(x,y)]+\beta[f(x+1,y)-f(x,y)]+\\ &\quad\beta\alpha[f(x+1,y+1)+f(x,y)-f(x,y+1)-f(x+1,y)]\end{aligned} \tag{7-129}$$

式中，$x=[x_0]$；$y=[y_0]$。

双线性灰度插值计算方法由于已经考虑到了点 $P(x_0, y_0)$ 的直接邻点对它的影响，因此一般可以得到令人满意的插值效果，缩放后图像质量较高并且消除了插值后像素值不连续的情况。但是双线性插值法计算量较零阶插值增大，而且这种方法具有低通滤波性质，使高频分量受到损失，使图像细节退化而变得轮廓模糊。在某些应用中，双线性灰度插值的斜率不连续还可能会产生一些不期望的结果。

在几何运算中，双线性灰度插值的平滑作用可能会使图像的细节产生退化，在进行放大处理时，这种影响将更为明显。而在其他应用中，双线性插值的斜率不连续性会产生不希望看到的结果。这两种情况都可通过高阶插值得到修正，当然这会增加计算量，这里就不详细介绍了。

## 7.6　本章小结

图像复原是图像处理重要的研究领域。本章介绍了图像退化模型的基本框架，并将其分为连续退化模型和离散退化模型分开详细描述。同时分析了图像复原方法、运动模糊复原方法以及图像几何校正方法。

1. 简述图像退化模型。
2. 常见的图像复原方法有哪些？
3. 图像复原与图像增强处理的目标和结果有哪些不同？
4. 什么是线性和空间位置不变系统？试写出其表达式。
5. 试简要介绍反向滤波的原理，分析其难点是什么，怎样来克服？
6. 试简要说明引起运动模糊的原因及如何恢复运动模糊图像？

# 第8章　图像特征描述与形态分析

## 8.1　前言

在图像处理过程中，图像特征描述与形态分析能够便于有效从图像中获取、分析所需的有效信息。图像特征描述是指用某些简单明确的数值、符号来表征图像中具有不同特征信息及已分割的区域。形态分析是指以图像的形态特征为研究对象，分析描述图像中元素与元素、部分与部分间的关系。高质量的图像描述能够便于图像处理系统从图像滤除无关信息，将目标信息从图像中分离出来。图像形态学处理能够用于获取图像边缘等重要信息，在工业和军事领域有着广泛的应用。本章将从灰度描述、边界描述、区域描述、纹理描述等来介绍几种经典的图像特征描述方法，通过对腐蚀、膨胀等常用方法来详细阐述图像形态学处理的有关定义、原理和方法。

## 8.2　灰度特征描述

在数字图像中，像素是最基本的表示单位，灰度图像中各个像素点值只代表该点的灰度即各点的亮暗程度。灰度图像与黑白图像不同，在计算机图像领域中黑白图像只有黑色与白色两种颜色。灰度图像在黑色与白色之间还有许多级的颜色深度，每个像素的灰度值用[0, 255]区间的整数表示，即图像分为256个灰度等级。对于彩色图像，每个像素都是由$R$、$G$、$B$三个单色调配而成。如果每个像素的$R$、$G$、$B$完全相同，也就是$R=G=B=Y$，该图像就是灰度图像，其中$Y$被称为各个像素的灰度值。由彩色转化为灰度的过程叫做灰度化处理；由灰度化转为彩色的过程称为伪彩色处理。

但是，由于人眼对$R$、$G$、$B$三个分量亮度的敏感度不一样，可以使用亮度作为图像灰度化的依据。图像灰度化的主要方法如下所述。

（1）最大值法：使$R$、$G$、$B$的值等于3值中最大的一个，即

$$R=G=B=\max(R,G,B) \tag{8-1}$$

（2）平均值法：使$R$、$G$、$B$的值求出平均值，即

$$R=G=B=(R+G+B)/3 \tag{8-2}$$

（3）加权平均值法：等量的$R$、$G$、$B$混合不能得到白色，故其混合比例需要调整。大量的试验数据表明，当采用0.299份的红色、0.587份的绿色和0.114份的蓝色混合后可以得到白色，因此彩色图像可以根据以下公式变为灰度图像：

$$Y = 0.299 \times R + 0.587 \times G + 0.114 \times B \tag{8-3}$$

### 8.2.1　幅度特征

在所有的图像特征中,最基本的是图像的幅度特征。图像特征可以是人类视觉能够识别的自然特征;也可以是人为定义的某些特征。可以在某一像素点或其邻域内做出幅度的测量。

灰度图像的平均幅度是指一幅图像所有像素点灰度值的平均值,通过计算一幅图像的平均幅度可以推断出该图像是否偏暗或偏亮。如果计算出一幅图像的平均幅度比较小,可能这幅图像给我们的直观感觉是偏暗的。反之,幅度越大则表明该灰度图像整体颜色偏亮。例如在 $N \times N$ 区域内的平均幅度,即:

$$\hat{f}(x,y) = \frac{1}{N \times N}\sum_{i=0}^{N}\sum_{j=0}^{N} f(i,j) \tag{8-4}$$

可以直接从图像像素的灰度值,或从某些线性、非线性变换后构成新的图像幅度的空间来求得各式各样图像的幅度特征图。图像的幅度特征对于分离目标物的描述等具有十分重要的作用。如图 8-1 所示,其中,图 8-1a)是原图,图 8-1b)是利用幅度特征将背景中的汽车分割出来的结果。

a)原图

b)利用幅度特征将目标分割出来

图 8-1　利用灰度信息将目标分割出来

### 8.2.2　直方图特征

数字图像在本质上可以看作二维或者多维的数组,数组中的值按照不同的定义表征不同的信息。通过统计图像各像素幅度值可以设法估计出图像的概率分布,进而在坐标系中表示出来,从而形成直方图特征。灰度直方图的横坐标是灰度级,纵坐标是该灰度级出现的频率,是图象的重要的统计特征。

图像灰度的一阶概率分布定义为:

$$P(b) = P\{f(x,y) = b\} \qquad (0 \leqslant b \leqslant L-1) \tag{8-5}$$

式中,$b$ 为量化值;$L$ 为量化值范围。

$$P(b) \approx \frac{N(b)}{M} \tag{8-6}$$

其中,$M$ 为围绕$(x,y)$点被测窗口内的像素点总数;$N(b)$为该窗口内灰度值为 $b$ 的像素总数。

通过分析图像的直方图,可以获取与图像信息有关的许多特征。例如若直方图密集地分布在很窄的区域之内,说明图像的对比度很低;若直方图有两个峰值,则说明存在着两种不同亮度的区域;若一幅图像其像素占有全部可能的灰度级并且分布均匀,则这样的图像有高对比度和多变的灰度色调。

一阶直方图的特征参数以下。

(1)平均值:

$$\bar{b}=\sum_{b=0}^{L-1}bP(b) \tag{8-7}$$

(2)方差:

$$\sigma_b^2=\sum_{b=0}^{L-1}(b-\bar{b})^2P(b) \tag{8-8}$$

(3)倾斜度:

$$b_{\mathrm{n}}=\frac{1}{\sigma_b^3}\sum_{b=0}^{L-1}(b-\bar{b})^3P(b) \tag{8-9}$$

(4)峭度:

$$b_{\mathrm{k}}=\frac{1}{\sigma_b^4}\sum_{b=0}^{L-1}(b-\bar{b})^4P(b)-3 \tag{8-10}$$

(5)能量:

$$b_{\mathrm{N}}=\sum_{b=0}^{L-1}[P(b)]^2 \tag{8-11}$$

(6)熵:

$$b_{\mathrm{N}}=-\sum_{b=0}^{L-1}P(b)\log_2[P(b)] \tag{8-12}$$

二阶直方图特征是以像素对的联合概率分布为基础得出的。若两个像素$f(i,j)$及$f(m,n)$分别位于$(i,j)$点和$(m,n)$点,两者的间距为$|i-m|$、$|j-n|$,并可用极坐标$\rho$、$\theta$表达,那么其幅度值的联合分布为:

$$P(a,b)\triangleq P_k\{f(i,j)-a,f(m,n)-b\} \tag{8-13}$$

式中,$a$、$b$为量化的幅度值。因此直方图估计的二阶分布为:

$$P(a,b)\approx\frac{N(a,b)}{M} \tag{8-14}$$

式中,$N(a,b)$表示图像在$\theta$方向上、径向间距为$\rho$的像素对$f(i,j)=a,f(m,n)=b$出现的频数;$M$为测量窗口中像素的总数。

假设图像的各像素对都是相互关联的,则$P(a,b)$将在阵列的对角线上密集起来。以下列出一些度量,用来描述围绕$P(a,b)$对角线能量扩散的情况。

(1)自相关:

$$B_{\mathrm{A}}=\sum_{a=0}^{L-1}\sum_{b=0}^{L-1}abP(a,b) \tag{8-15}$$

(2)协方差:

$$B_{\mathrm{C}}=\sum_{a=0}^{L-1}\sum_{b=0}^{L-1}(a-\bar{a})(b-\bar{b})P(a,b) \tag{8-16}$$

(3)惯性矩:

$$B_{\mathrm{I}}=\sum_{a=0}^{L-1}\sum_{b=0}^{L-1}(a-b)^{2}P(a,b) \tag{8-17}$$

(4)绝对值:

$$B_{\mathrm{V}}=\sum_{a=0}^{L-1}\sum_{b=0}^{L-1}|a-b|P(a,b) \tag{8-18}$$

(5)能量:

$$B_{\mathrm{N}}=\sum_{a=0}^{L-1}\sum_{b=0}^{L-1}[P(a,b)]^{2} \tag{8-19}$$

(6)熵:

$$B_{\mathrm{E}}=-\sum_{a=0}^{L-1}\sum_{b=0}^{L-1}P(a,b)\log_{2}[P(a,b)] \tag{8-20}$$

### 8.2.3　变换系数特征

傅立叶变换是数字图像处理技术的基础,图像从空间域到频率域变换的系数反映了变换后图像在频率域的分布情况,二维的傅立叶变换作为图像变换的常用方法,可以用来表征图像在频域的特征信息。通过在时域和频域来回切换图像,按照一定的图像处理算法对图像的信息特征进行提取和分析。例如:

$$F(u,v)=\iint f(x,y)e^{-j2\pi(ux+vy)}\mathrm{d}x\mathrm{d}y \tag{8-21}$$

设 $M(u,v)$ 是 $F(u,v)$ 的平方值,即

$$M(u,v)=|F(u,v)|^{2} \tag{8-22}$$

在图像变换中,由傅立叶级数的性质,当 $f(x,y)$ 相对原点平移时,$F(u,v)$ 的幅值不发生变换,则 $M(u,v)$ 的值保持不变,因此 $M(u,v)$ 与 $f(x,y)$、$F(u,v)$ 不是唯一对应的,这种性质称为位移不变性。在某些应用中可利用这一特点。

如果把 $M(u,v)$ 在某些规定区域内的累计值求出,也可以把图像的某些特征突出,这些规定的区域如图 8-2 所示,其中图 8-2a)为水平切口,图 8-2b)为垂直切口,图 8-2c)为环形切口。

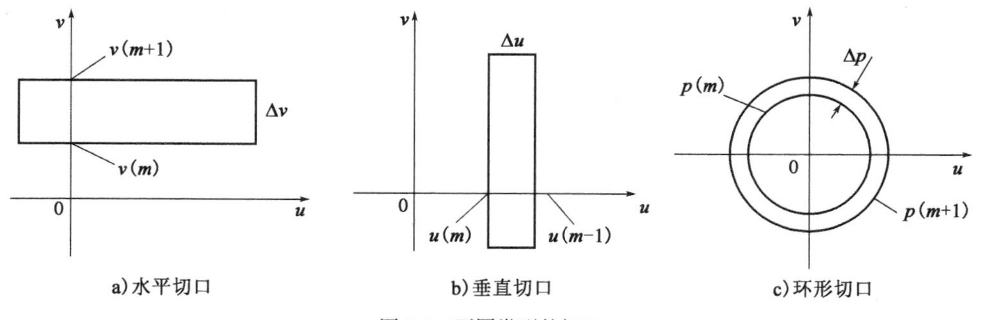


图 8-2　不同类型的切口

由各种不同切口规定的特征度量可由下面各式来定义。

(1)水平切口:

$$S_{1}(m)=\int_{v(m)}^{v(m+1)}M(u,v)\mathrm{d}v \tag{8-23}$$

(2)垂直切口:

$$S_2(m) = \int_{u(m)}^{u(m+1)} M(u,v)\mathrm{d}u \tag{8-24}$$

(3)环状切口：

$$S_3(m) = \int_{\rho(m)}^{\rho(m+1)} M(\rho,\theta)\mathrm{d}\rho \tag{8-25}$$

式中，$M(\rho,\theta)$为$M(u,v)$的极坐标形式。

这些特征说明了图像中含有这些切口的频谱成分的含量。把这些特征提取出来以后，可以作为模式识别或分类系统的输入信息。这种方法已经成功地运用到大地特征分类、放射照片病情诊断。

图像不同的特征都能表示和鉴别图像，但反映的是图像不同的特性，因此，不同的特征用途也不同，用于检测和鉴别时的性能也会不同，应用背景也不同。针对不同的应用场合和需求，要选择不同的特征用于图像检测和图像识别。

## 8.3 边界描述

图像边缘是图像局部特性不连续的反应，包含了大量的图像内在信息，是图像最基本的特征。同时是图像分析和图像识别提取目标物体轮廓的一个重要环节。为了描述目标物的二维形状，通常采用的方法是利用目标物的边界来表示物体，即边界描述。当一个目标区域边界上的点已被确定时，就可以利用这些边界点来区别不同区域的形状。这样做既可以节省存储空间，又可以准确的确定物体。下面介绍两种常用的边界描述方法。

### 8.3.1 链码描述

在数字图像中，边界或者曲线是由一系列离散的像素点组成，其最简单的表示方法是由美国学者 Freeman 提出的链码方式。

链码的基本思想是先用某种规则的单元格将平面铺满，然后对目标图像边界上的每一个像素根据与之相连的像素的情况进行编码。从图像边界上的任意一个像素开始，按一定的方向顺时针方向或逆时针方向沿着图像边界走一圈，依次将所有像素点的编码记录下来，所形成的序列就是该图像的链码。链码可以由所标定对象边界上每个像素的边所对应的码依序组成，也可以由边界上每个像素的顶点所对应的码组成，利用像素点的边进行标定的链码称为边界链码，利用顶点标定的称为顶点链码。

链码实质上是一串指向符的序列，有4向链码、8向链码等。图8-3为4向链码和8向链码。

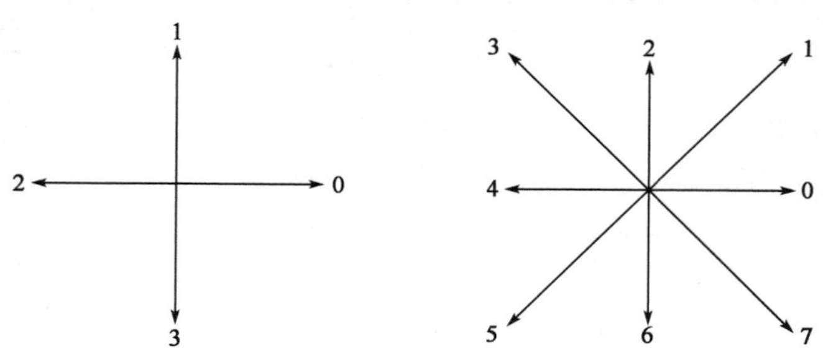


图8-3　4向链码和8向链码

对任一像素点 $P$，考虑它的 8 个临近像素，指向符共有 8 个方向，分别用 0、1、2、3、4、5、6、7 表示。链码表示就是从某一起点开始沿曲线观察每一段的走向并用相应的指向符来表示，结果形成一个数列。因此可以用链码来描述任意曲线或者闭合边界。如图 8-4 中，选取像素 $A$ 作为起点，形成的链码为 0112223310000755666770。

从上面的定义方法中可以看到，利用链码来表示和存储物体信息，是很方便和节省空间的。

链码描述符的缺点为：链码描述符本身不具有旋转不变性，当目标图像发生旋转或起点发生改变时，链码的描述结果也会随之改变。另外，该方法对噪声十分敏感，当噪声影响或边界片段有缺陷时，链码也会发生变化。利用链码表示给定目标的边界时，如果目标平移，链码不会发生变化，而如果目标旋转，链码也会发生变化。为解决这个问题，可利用链码的一阶差分来重新构造一个表示原链码各段之间方向变化的新序列，这相当于把链码进行旋转归一化。差分链码可用相邻两个方向数按反方向相减（后一个减去前一个），并对结果作模 8 运算得到。例如：图 8-4中曲线的链码为 0112223310000755666770，其差分链码为 101001067000760100101；图 8-5 是图 8-4中曲线顺时针旋转 90° 后得到的，曲线的链码为 6770001176666533444556，其差分链码为 101001067000760100101。

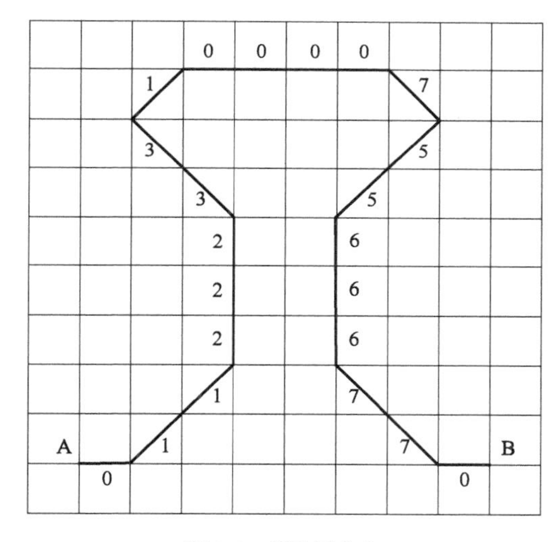

图 8-4　原链码方向

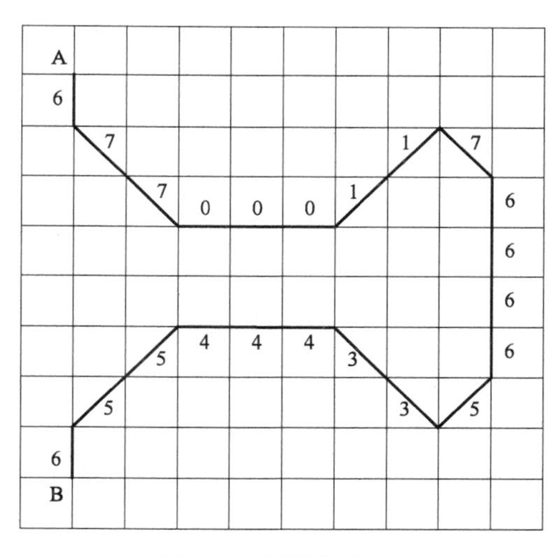


图 8-5　顺时针旋转 90°

由此可见，一条曲线旋转到不同位置将对应不同的链码，但其差分链码不变，即差分链码关于曲线旋转式不变。近年来，由于链码可以使用较少的数据存储较多的信息，被广泛应用于图像处理、计算机图形学、模式识别等领域。

### 8.3.2　傅立叶描述

傅立叶形状描述符是对图像边缘信息频域分析处理得到的傅立叶变换系数。对边界的离散傅立叶变换表达，可以作为定量描述边界形状的基础。采用傅立叶描述的一个优点是将二维的问题化简为一维问题。即将 $x-y$ 平面中的曲线段转化为一维函数 $f(r)$ [在 $r-f(r)$ 平面上]，也可将 $x-y$ 平面中的曲线段转化为复平面上的一个序列。具体就是将 $x-y$ 平面与复平面 $u-v$ 重合，其中实部 $u$ 轴与 $x$ 轴重合，虚部 $v$ 轴与 $y$ 轴重合。这样可用复数 $u+jv$ 的形式来表示给定边界上的每个点$(x,y)$。这两种表示在本质上是一致的,是点对应点。

现考虑一个由 $N$ 点组成的封闭边界,从任一点开始绕边界一周就得到一个复数序列,即:

$$s(k)=u(k)+jv(k) \qquad (k=0,1,\cdots,N-1) \tag{8-26}$$

$s(k)$的离散傅立叶变换是:

$$S(w)=\frac{1}{N^2}\sum_{k=0}^{N-1}s(k)\exp\left(-j\frac{2\pi wk}{N}\right) \qquad (w=0,1,\cdots,N-1) \tag{8-27}$$

$S(w)$可称为边界的傅立叶描述,它的傅立叶逆变换是:

$$s(k)=\sum_{w=0}^{N-1}S(w)\exp\left(-j\frac{2\pi wk}{N}\right) \qquad (k=0,1,\cdots,N-1) \tag{8-28}$$

可见,离散傅立叶变换是可逆线性变换,在变换过程中信息没有任何增减,这为我们有选择地描述边界提供了方便,只取 $S(w)$的前 $M$ 个系数即可得到 $s(k)$的一个近似:

$$\bar{s}(k)=\sum_{w=0}^{M-1}S(w)\exp\left(-j\frac{2\pi wk}{N}\right) \qquad (k=0,1,\cdots,N-1) \tag{8-29}$$

式(8-29)中 $k$ 的范围不变,即在近似边界上的点数不变,但 $w$ 的范围缩小了,即重建边界点所需的频率阶数减少了。傅立叶变换的高频分量对应一些细节而低频分量对应总体形状,因此用一些低频分量的傅立叶系数足以近似描述边界形状。

经过长时间的研究发现,傅立叶形状描述对形状特征有着极强的描述与识别能力,通过与其他经典算法相比,傅立叶形状描述符拥有计算简单、速度较快、描述准确等优势,目前该算法已成为基于形状描述方法中最为常用的算法之一。

## 8.4 纹理描述

纹理一般是指人们所观察到的图像像素(或子区域)的灰度变化规律。习惯上把图像中这种局部不规则而宏观有规律的特性称之为纹理。由于物体表面的物性不同,反映在图像上,表现为亮度、颜色的变化。因此,纹理是由于物体表面的物理属性不同所引起的能够表示某个特定表面特征的灰度或者颜色信息,图像纹理可以定性地用以下一种或几种特征来描述粗糙的、细致的、粒状的、平滑的、线状的、波浪状的或斑驳的,不同的图像对应着不同的纹理特征,而且很容易被人所感知,我们可以从纹理上获得非常丰富的视觉场景信息,并能通过纹理分析方法来完成计算机视觉和图像理解研究领域的一些研究任务。

一般来说纹理图像中的灰度分布具有周期性,即使灰度变化是随机的,也具有一定的统计特性。纹理的标志有三个要素:一是一些局部的“序”在一个相对于序的尺寸足够大的区域中重复;二是序列由基本部分非随机排列组成;三是在纹理区域内任何地方都具有近似同样维数的均一实体部分。当然,以上这些从感觉上看是合理的,并不能得出定量的纹理测定。正因为如此,对纹理特性的研究方法也是多种多样的。

根据纹理的局部统计特征可以将纹理大致分为人工纹理和自然纹理,人工纹理往往是确定性的结构型纹理,多由线条、三角形、矩形、圆、多边形等有规律地排列组成。自然纹理通常是随机的。通过对实际图片的观察,可以看到,由种子或草地之类构成的图片,表现的是自然纹理图像;由组织或砖墙等构成的图片,表现的是人工纹理图像。如图 8-6 所示。具有独立基本结构与明显周期性的纹理为结构型纹理(如裂纹、砖墙),反之称为随机型纹理(如气象云图、天空白云)。从纹理图中可看到纹理是一种有组织的区域现象。

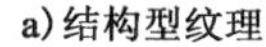

a)结构型纹理

b)随机型纹理

图8-6 结构型纹理和随机型纹理比较

特征提取是纹理分析的基础,好的纹理特征具有四个主要用途:纹理分类、纹理分割、纹理检索以及纹理形状抽取。用于纹理分析的算法很多,这些方法可大致分为统计分析和结构分析两大类,前者从图像有关属性的统计分析出发,后者则着力找出纹理基元,再从结构组成上探索纹理的规律。为了强化分类,可以从灰度图像计算灰度共生矩阵、能量、相关以及熵等纹理特性。当纹理基元很小并成为微纹理时,统计方法特别有用,它广泛应用于纹理分析中;相反,当纹理基元很大时,应使用结构化方法,即首先确定基元的形状和性质,然后,再确定控制这些基元位置的规则,这样就形成了宏纹理。本节将介绍一些常用的纹理分析方法。

### 8.4.1 矩分析法

统计方法基于图像的灰度空间分布情形来描述粗细、均匀性、方向性等纹理信息。纹理分析的最简单方法是基于图像灰度直方图的矩分析法,例如均值、方差、扭曲度和峰值等纹理特征。令 $k$ 为一代表灰度级的随机变量,并令 $f(k_i)$,$i=0,1,2,\cdots,N-1$,为对应的灰度直方图,这里 $N$ 是可区分的灰度级数目,则常用的矩评价参数可采用如下公式表示。

(1)均值

$$\mu=\sum_{i=0}^{N-1}k_i f(k_i) \tag{8-30}$$

均值给出了该图像区域平均灰度水平的估计值,一般不反映什么具体纹理特征,但可以反映纹理的"光密度值"。

(2)方差

$$\sigma^2=\sum_{i=0}^{N-1}(k_i-\mu)^2 f(k_i) \tag{8-31}$$

方差则表明区域灰度的离散程度,它一般反应图像纹理的幅度。

(3)扭曲度

$$\mu_3=\frac{1}{\sigma^3}\sum_{i=0}^{N-1}(k_i-\mu)^3 f(k_i) \tag{8-32}$$

扭曲度反映直方图的对称性,它表示偏离平均灰度像素的百分比。

(4)峰度

$$\mu_4 = \frac{1}{4}\sum_{i=0}^{N-1}(k_i - \mu)^4 f(k_i) - 3 \tag{8-33}$$

峰度反映直方图是倾向于聚集在均值附近还是散布在尾端。式(8-4)减3的目的是为保证峰度的高斯分布为零。

(5)熵

$$H = -\sum_{i=0}^{N-1} f(k_i)\log_2 f(k_i) \tag{8-34}$$

虽然图像灰度直方图的矩分析法非常简单,并且易于计算,然而,由图像灰度直方图的不唯一性可知,图像纹理相差很大的两幅图像其直方图可能相同。因此,基于灰度直方图的矩分析法并没有充分利用图像的纹理信息,不能完全反映这两幅图像的纹理差异,难以完整表达纹理的空间域特征信息。

### 8.4.2 灰度差分统计法

灰度差分指的是图像中某点与其只有微小距离的点的灰度差值,即 $g_\Delta(x,y) = f(x,y) - f(x+\Delta x, y+\Delta y)$,其中 $g_\Delta$ 表示灰度差分。设灰度差分值共有 $m$ 级,点 $(x,y)$ 在整幅图像上移动,统计出 $g(x,y)$ 取各个数值的次数,既可以知道 $g(x,y)$ 取值的概率 $p_\Delta(i)$。当取较小 $i$ 值概率 $p_\Delta(i)$ 较大时,说明纹理较粗糙;当概率较小时,说明纹理较细。

通常利用如下5个参数描述纹理图像的特征。

(1)对比度

$$CON = \sum_{i=0}^{255} i^2 p_\Delta(i) \tag{8-35}$$

对比度($CON$)是差分直方图 $p_\delta$ 关于 $i=0$ 的惯性矩,它是灰度差分对比度的度量;对比度反映纹理沟纹深浅,$CON$ 大,纹理深。

(2)能量

$$E = \sum_{i=0}^{255}[p_\Delta(i)]^2 \tag{8-36}$$

能量($E$)是灰度差分均匀性的度量,当 $p_\Delta(i)$ 值比较平坦时,$E$ 值较小,而当 $p_\Delta(i)$ 大小不均时,$E$ 值较大。

(3)熵

$$ENT = -\sum_{i=0}^{255} p_\Delta(i)\log_2 p_\Delta(i) \tag{8-37}$$

熵($ENT$)表示图像中纹理的非均匀程度和复杂程度,反映差分直方图的一致性,对于均匀分布的直方图,熵有最大值。

(4)角度方向二阶矩

$$ASM = -\sum_{i=0}^{m-1} p_\Delta(i) \tag{8-38}$$

角度方向二阶矩($ASM$)反映图像灰度分布的均匀程度,$ASM$ 值越大,说明纹理越粗糙。

(5)均值

$$MEAN = \sum_{i=0}^{255} i p_\Delta(i) \tag{8-39}$$

均值（$MEAN$）较小，说明 $p_\delta(i)$ 值集中于 $i=0$ 附近，纹理较粗糙，反之，$p_\delta(i)$ 远离原点分布，均值较大，纹理较细致。

如果图像纹理有方向性，则 $p_\delta(i)$ 值的分布会随着 $\delta$ 方向适量的变化而变化。可以通过比较不同方向上 $p_\delta(i)$ 的统计量来分析纹理的方向性。例如，一幅图像在某一方向上灰度变化很小，则在该方向上得到的 $f_\delta(x,y)$ 值较小，$p_\delta(i)$ 值多集中于 $i=0$ 附近，它的均值较小，熵值也较小，$ASM$ 值较大。

可见，差分直方图分析方法不仅计算简单，而且能够反映纹理的空间组织情况，克服了基于灰度直方图的矩分析法不能完整表达纹理空间域特征信息的不足。

### 8.4.3　游程长度分析方法

游程长度统计方法同样可以揭示纹理的空间性质。游程在图像中定义为具有相同灰度的在一条直线上连续点的集合。每个游程中所含点数的数目则定义为游程长度。游程长度统计既反映纹理的粗糙程度，也反映纹理的方向性。具有方向性的纹理在某一角度有较长的游程。同理，粗糙的纹理也趋于具有较长的游程。长度为 $l$ 个像素，具有相同灰度 $f$，方向为 $\theta$ 的事件记为 $(l,f,\theta)$，令 $N(l,f,\theta)$ 表示大小为 $N_1\times N_2$ 的图像中游程 $(l,f,\theta)$ 的数目，$N_{\mathrm{R}}$ 为所有游程的总数，双重和式 $T_{\mathrm{R}}$ 记为：

$$T_{\mathrm{R}}=\sum_{k=1}^{N}\sum_{l=1}^{N_{\mathrm{R}}}N(l,f_{\mathrm{R}},\theta) \tag{8-40}$$

根据灰度游程得到下列纹理特征信息。

（1）短游程优势

$$SRE=\frac{1}{T_{\mathrm{R}}}\sum_{k=1}^{N}\sum_{l=1}^{N_{\mathrm{R}}}\frac{1}{l^2}N(l,f_k,\theta) \tag{8-41}$$

短游程优势是图像中短游程的度量。

（2）长游程优势

$$LRE=\frac{1}{T_{\mathrm{R}}}\sum_{k=1}^{N}\sum_{l=1}^{N_{\mathrm{R}}}l^2N(l,f_k,\theta) \tag{8-42}$$

长游程优势是图像中长游程的度量。当行程长时，$LRE$ 较大。

（3）灰度分布

$$GLD=\frac{1}{T_{\mathrm{R}}}\sum_{k=1}^{N}\left[\sum_{l=1}^{N_{\mathrm{R}}}N(l,f_k,\theta)\right]^2 \tag{8-43}$$

$\sum_{l=1}^{N_{\mathrm{R}}}N(l,f_k,\theta)$ 表示在 $\theta$ 方向上灰度为 $f_k$ 的游程的总数。灰度分布是图像中游程灰度分布的一种度量。当灰度行程等分布时，$GLD$ 最小；若某些灰度出现多，即灰度较均匀，则 $GLD$ 大。

（4）游程长度分布

$$RLD=\frac{1}{T_{\mathrm{R}}}\sum_{l=1}^{N_{\mathrm{R}}}\left[\sum_{k=1}^{N}N(l,f_k,\theta)\right]^2 \tag{8-44}$$

$\sum_{k=1}^{N}N(l,f_k,\theta)$ 表示在 $\theta$ 方向上长度为 $f_k$ 的游程的总数。长度分布是图像中游程长度分布的一种度量。如果当灰度各行程均匀，则 $RLD$ 的值较小，反之像素灰度行程长短不均匀，则 $RLD$ 的值较大。

(5)游程百分率

$$RPC=\frac{1}{N_1\times N_2}\sum_{k=1}^{N}\sum_{l=1}^{N_R}N(l,f_k,\theta) \tag{8-45}$$

当所有游程都较短时,$RPC$ 的值比较大。在计算图像的游程长度矩阵时,一般选取 $\theta=0°$、$45°$、$90°$和 $135°$四个方向,灰度段可根据需要来划分。

### 8.4.4 灰度共生矩阵法

灰度共生矩阵是由 Haralick 提出的一种用来分析图像纹理特征的重要方法,是常用的纹理统计分析方法之一,从一定程度上刻画了邻域中灰度值的空间分布情况,反映了纹理模式内灰度的空间内在联系,能较精确地反映纹理粗糙程度和重复方向,从而有效地描述纹理。灰度共生矩阵是建立在图像的二阶组合条件概率密度函数的基础上,即通过计算图像中特定方向和特定距离的两像素间从某一灰度过渡到另一灰度的概率,反映图像在方向、间隔、变化幅度及快慢上的综合信息。

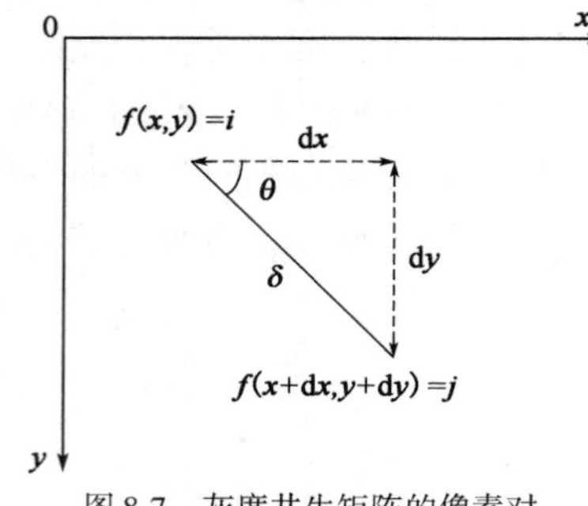


图 8-7 灰度共生矩阵的像素对

设$f(x,y)$为一幅 $N\times N$ 的灰度图像,$\boldsymbol{d}=(\mathrm{d}x,\mathrm{d}y)$是一个位移矢量,其中 $\mathrm{d}x$ 是行方向上的位移,$\mathrm{d}y$ 是列方向上的位移,$L$ 为图像的最大灰度级数。灰度共生矩阵定义为从$f(x,y)$的灰度为 $i$ 的像素出发,统计与距离为 $\delta=(\mathrm{d}x^2,\mathrm{d}y^2)^{\frac{1}{2}}$,灰度为$j$的像素同时出现的概率 $\boldsymbol{P}(i,j|\mathrm{d},\theta)$,如图 8-7 所示。数学表达式为:

$$\boldsymbol{P}(i,j|\mathrm{d},\theta)=\{(x,y)|f(x,y)=i,f(x+\mathrm{d}x,y+\mathrm{d}y)=j\} \tag{8-46}$$

根据这个定义,灰度共生矩阵的第 $i$ 行第 $j$ 列元素表示图像上两个相距为 $\delta$、方向为 $\theta$、分别具有灰度级 $i$ 和 $j$ 的像素点对出现的次数。其中,$(x,y)$是图像中的像素坐标,$x$、$y$ 的取值范围为$[0,N-1]$,$i$、$j$ 的取值范围为$[0,L-1]$。一般而言,$\theta$ 需要考虑四个方向:0°、45°、90°、135°。对于不同的 $\theta$,矩阵元素的定义如下:

$$\boldsymbol{P}(i,j|d,0°)=\{(x,y)|f(x,y)=i,f(x+\mathrm{d}x,y+\mathrm{d}y)=j,|\mathrm{d}x|=d,\mathrm{d}y=0\} \tag{8-47}$$

$$\boldsymbol{P}(i,j|d,45°)=\{(x,y)|f(x,y)=i,f(x+\mathrm{d}x,y+\mathrm{d}y)=j,(\mathrm{d}x=d,\mathrm{d}y=-d)\mathrm{or}(\mathrm{d}x=-d,\mathrm{d}y=d)\} \tag{8-48}$$

$$\boldsymbol{P}(i,j|d,90°)=\{(x,y)|f(x,y)=i,f(x+\mathrm{d}x,y+\mathrm{d}y)=j,\mathrm{d}x=0,|\mathrm{d}y|=d\} \tag{8-49}$$

$$\begin{aligned}\boldsymbol{P}(i,j|d,135°)=\{&(x,y)|f(x,y)=i,f(x+\mathrm{d}x,y+\mathrm{d}y)=j,\\&(\mathrm{d}x=d,\mathrm{d}y=d)\mathrm{or}(\mathrm{d}x=-d,\mathrm{d}y=-d)\}\end{aligned} \tag{8-50}$$

显然 $\boldsymbol{P}(i,j|d,\theta)$为一个对称矩阵,其维数由图像中的灰度级数决定。若图像的最大灰度级数为 $L$,则灰度共生矩阵为 $L\times L$ 矩阵。这个矩阵是距离和方向的函数,在规定的计算窗口或图像区域内统计符合条件的像素对数。

空间灰度依赖矩阵描述了图像中灰度值的空间依赖性,反映了图像灰度分布关于方向、邻域和变化幅度的综合信息,但它并不能直接提供区别纹理的特性。因此,有必要进一步从灰度共生矩阵中提取描述图像纹理的特征,用来定量描述纹理特性。Haralick 定义了 14 个能从空间灰度依赖矩阵上计算出的二阶统计函数,这些纹理特征中,并不是每一个纹理特征都非常有效果,而且有些特征计算杂度高。设在取定 $d$、$\theta$ 参数下将灰度共生矩阵 $\boldsymbol{P}(i,j|d,\theta)$归一化记

为 $\hat{\boldsymbol{P}}(i,j|d,\theta)$，则最常用的三种特征量计算公式如下。

(1)对比度

$$CON = \sum_i \sum_j \boldsymbol{P}(i,j|d,\theta) \tag{8-51}$$

对比度通常可以理解为图像的清晰程度。在图像中，纹理的沟纹越深，其对比度越大，图像的视觉效果越清晰。

(2)能量

$$ASM = \sum_i \sum_j \boldsymbol{P}(i,j|d,\theta)^2 \tag{8-52}$$

能量是图像灰度分布均匀性的度量。从图像的整体来观察，纹理较粗，$ASM$ 较大，即粗纹理含有较多的能量；反之，细纹理则 $ASM$ 较小，含有较少的能量。

(3)熵

$$ENT = -\sum_i \sum_j \boldsymbol{P}(i,j|d,\theta)\log_2 \boldsymbol{P}(i,j|d,\theta) \tag{8-53}$$

熵是图像所具有信息量的度量，纹理信息也属于图像的信息。若图像有较多的细小纹理，则灰度共生矩阵中的数值近似相等，图像的熵值最大；若图像中分布着较少的纹理，则该图像的熵值较小。

共生方法描述了二阶图像统计特征，从一定程度上刻画了邻域中灰度值的空间分布情况，反映了纹理模式内灰度的空间内在联系，适合大量的纹理种类。共生方法的良好性质是对色调像素间的空间关系的描述，且它对于单调的灰度级变换是不变量。它的缺点是不能抓住纹理基元形状方面的信息，因而对由大块区域基元组成的纹理效果欠佳。对存储的需求是其另一个大的缺点。灰度级的数目可以设为 32 或 64，这样就减小了共生矩阵的大小，但是灰度级精度的损失是其产生的一个负面影响。

### 8.4.5　纹理的结构分析

纹理结构分析方法认为纹理是由结构基元按某种规则重复分布所构成的模式。为了分析纹理结构，必须提取结构基元，并描述其特性和分布规则。一般可做如下两项工作。

(1)从输入图像中提取结构基元并描述其特征。

(2)描述结构基元的分布规则。

纹理基元可以是一个像素，也可以是若干灰度上比较一致的像素点集合。纹理的表达可以是多层次的，如图 8-8a)所示，它可以从像素或小块纹理一层一层地向上拼合。当然，基元的排列可有不同规则，如图 8-8b)所示，第一级纹理排列为 YXY，第二级排列为 XYX 等，其中 X、Y 代表基元或子纹理。

下面给出一个例子。如果纹理基元 a 表示一个圆，如图 8-9a)所示，$aaa\cdots$表示“向右排布的圆”的含义，假设有形如 $S\rightarrow aS$ 的规则，这种形式的规则表示字符 $S$ 可以被重新写为 $aS$(例如，三次应用此规则可生成字串 $aaaS$)，则规则 $S\rightarrow aS$ 可以生成如图 8-9b)所示的纹理图像。

假设下一步给这个方案增加一些新的规则：$S\rightarrow bA$，$A\rightarrow cA$，$A\rightarrow c$，$A\rightarrow bS$，$S\rightarrow a$，这里 $b$ 表示“向下排布的圆”，$c$ 表示“向左排布的圆”。现在可以生成一个形如 $aaabccbaa$ 的串，这个串对应一个圆的 $3\times3$ 评价矩阵。用相同的方式可以很容易地生成更大的纹理图像模式。

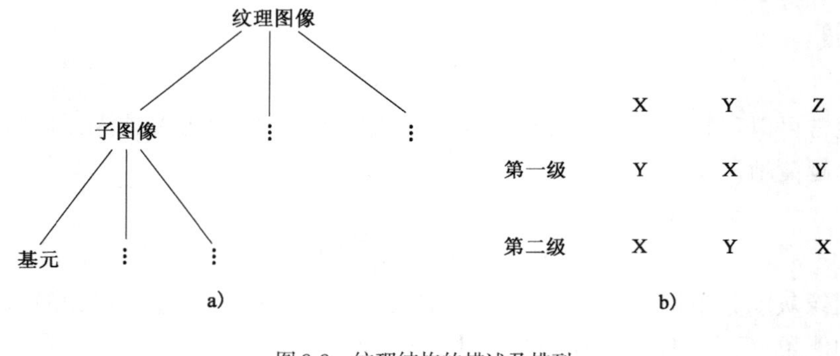


图 8-8　纹理结构的描述及排列

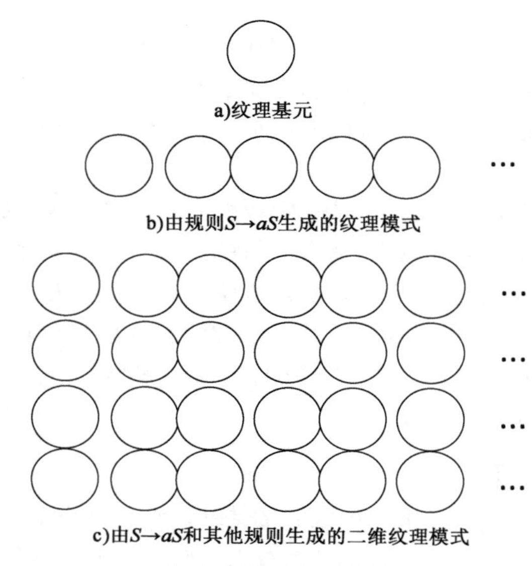

a)纹理基元
b)由规则S→aS生成的纹理模式
c)由S→aS和其他规则生成的二维纹理模式


图 8-9　纹理结构分析图例

## 8.5　形态分析

数学形态学(Mathematical)是分析几何形状和结构的数学方法,通过对目标图象的形态变换实现结构分析和特征提取。它建立在集合代数基础上,用集合论方法定量描述集合结构的科学。1985 年后,它逐渐成为分析图像几何特征的工具。腐蚀、膨胀和细化属于数学形态学范畴内的运算。

数学形态学是由一组形态学的代数运算子组成。最基本的形态学运算子有:腐蚀(Erosion)、膨胀(Delation)、开(Opening)和闭(Closing)。用这些运算子及其组合来进行图像形状和结构的分析及处理,包括图像分割、特征抽取、边界检测、图像滤波、图像增强和恢复等方面的工作。

由于形态学具有完备的数学基础,为形态学应用于图像分析和处理、形态滤波器的特性分析和系统设计奠定了坚实的基础。尤其形态学分析和处理算法的并行,大大提高了图像分析和处理的速度，近年来，在图像分析和处理中，形态学的研究和应用在国外得到不断的发展。例如在医学和生物学中应用数学形态学对细胞进行检测、研究心脏的运动过程及对脊椎骨癌图像进行自动数量描述；在工业控制领域应用数学形态学进行视频检验和电子线路特征分析；在交通管制中检测汽车的运动情况等等。另外，数学形态学在金相学、指纹检测、经济、地理、合成音乐和断层 X 光照等领域也有良好的应用前景。

形态学的理论基础是集合论。在图像处理中形态学的集合代表着黑白和灰度图像的形状，如黑白二值图像中所有黑色像素点的集合组成了此图像的完全描述。在一个集合中，将进行形态变换的像素点是被选择的集合 $X$，而此集合的补 $X^c$ 是没有选择的集合。通常选择的集合是图像的前景，而未被选择的集合是图像的背景。

### 8.5.1　腐蚀

腐蚀表示用某种“探针”即某种形状的基元或结构元素对一个图像进行探测，以便找出图像内部可以放下该基元的区域。它是一种消除边界点，使边界向内部收缩的过程，可以用于消除小且无意义的物体。腐蚀的实现同样是基于填充结构元素的概念。利用结构元素填充的过程，取决于一个基本的欧氏空间概念——平移。

将一个集合 $A$ 平移距离 $\boldsymbol{b}$ 可以表示为 $A+\boldsymbol{b}$，其定义为：

$$A+\boldsymbol{b}=\{\boldsymbol{a}+\boldsymbol{b} \mid \boldsymbol{a}\in A\} \tag{8-54}$$

从几何上看，$A+\boldsymbol{b}$ 表示 $A$ 沿矢量 $\boldsymbol{b}$ 平移了一段距离。探测的目的，就是要标记出图像内部那些可以将结构元素填入的位置。

集合 $A$ 被 $B$ 腐蚀，表示为 $A\Theta B$，其定义为：

$$A\Theta B=\{\boldsymbol{a}: B+\boldsymbol{a}\subset A\} \tag{8-55}$$

其中 $A$ 称为输入图像，$B$ 称为结构元素。

$A\Theta B$ 由将 $B$ 平移 $\boldsymbol{b}$ 仍包含在 $A$ 内的所有点 $\boldsymbol{b}$ 组成。如果将 $B$ 看作模板，那么，$A\Theta B$ 则由在模板平移的过程中，所有可以填入 $A$ 内部的模板的原点组成，如图 8-10 所示。

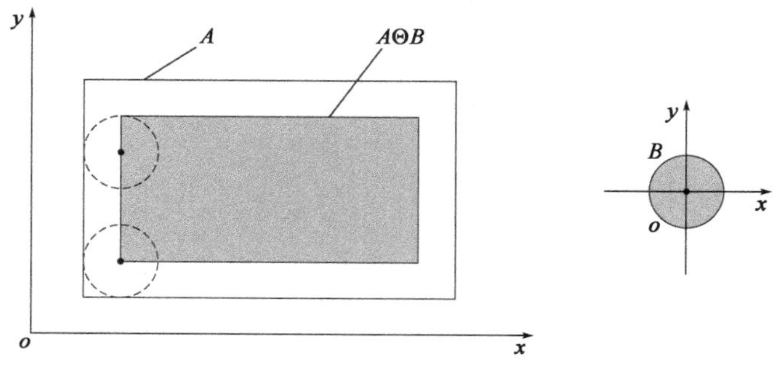


图 8-10　腐蚀类似于收缩

一般而言，如果原点在结构元素内部，则腐蚀后的图像为输入图像的子集，如果原点不在结构元素的内部，则腐蚀后的图像可能不在输入图像的内部，但输出形状不变，如图 8-11 所示。

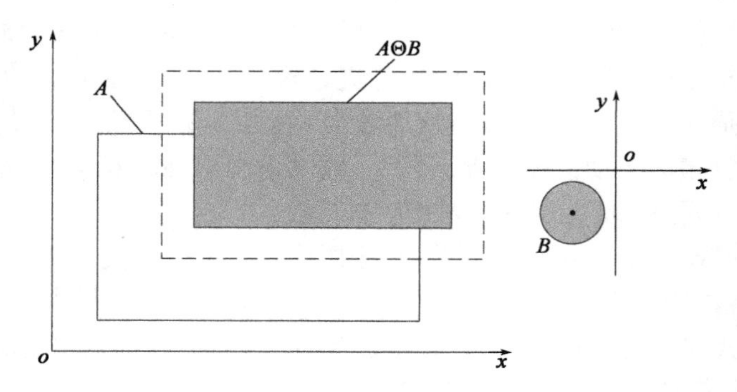


图 8-11　腐蚀不是输入图像的子图像

### 8.5.2　膨胀

膨胀是腐蚀运算的对偶运算,可以通过对补集的腐蚀来定义。

设有一幅图像 $A$,将 $A$ 中所有元素相对原点转 180°,即令 $(x_0,y_0)$ 变成 $(-x_0,-y_0)$,所得到的新集合称为 $A$ 的对称集合,记为 $-A$。

以 $A^c$ 表示集合 $A$ 的补集,$-B$ 表示 $B$ 关于坐标原点的反射(对称集)。那么,集合 $A$ 被 $B$ 膨胀,表示为 $A\oplus B$,其定义为:

$$A\oplus B=[A^c\Theta(-B)]^c \tag{8-56}$$

为了利用结构元素 $B$ 膨胀集合 $A$,可将 $B$ 相对原点旋转 180°,得到 $-B$,再利用 $-B$ 对 $A^c$ 进行腐蚀,腐蚀结果的补集就是所求的结果,如图 8-12 所示。

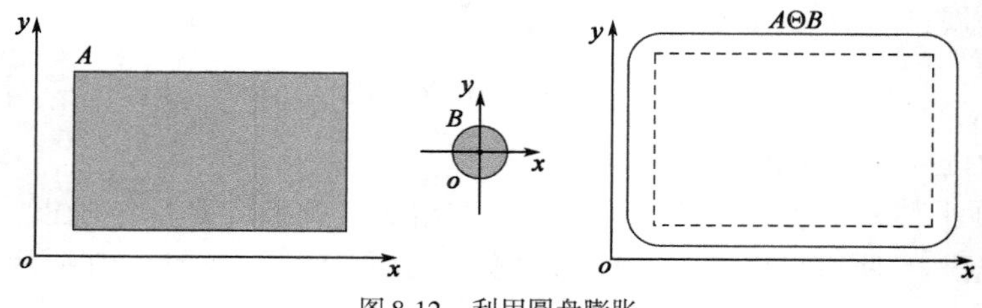


图 8-12　利用圆盘膨胀

腐蚀具有收缩图像的作用,膨胀具有扩大图象的作用。利用腐蚀和膨胀运算的特点可以完成一些特殊的图像处理。选择不同的结构对图像进行腐蚀运算,可以不同程度的去除噪声,但对图像的形状也有不同程度的改变。

### 8.5.3　腐蚀和膨胀的滤波性质

数学形态学中的腐蚀和膨胀运算与基本的集合运算之间存在着一种代数运算对应关系。下面讨论与形态学滤波有关的一些性质。

(1)平移不变性

腐蚀和膨胀都具有平移不变性。对于膨胀,意味着,首先平移图像,然后利用一个给定的结构元素对其做膨胀处理,和先用一个给定的结构元素对图像做膨胀处理,然后做平移处理所得结果是一样的,即

$$(A+x)\oplus B=(A\oplus B)+x \tag{8-57}$$

对于腐蚀，平移不变性具有下面的形式：

$$(A+x)\Theta B=(A\Theta B)+x \tag{8-58}$$

在考虑平移不变性的时候，必须注意，平移不变性针对的是平移图像，而不是结构元素。

(2)递增性

腐蚀和膨胀都具有递增性，如果 $A_1$ 为 $A_2$ 的子集，则 $A_1\oplus B$ 为 $A_2\oplus B$ 的子集，$A_1\Theta B$ 为 $A_2\Theta B$ 的子集。另外，腐蚀的递增性是相对结构元素及输入图像的次序，即包含关系而言的。如果 $A$ 是一个固定的图像，$B_1$ 是 $B_2$ 的一个子集，那么，$B_1$ 比 $B_2$ 更容易填入 $A$ 的内部，因而，$A\Theta B_1$ 包含 $A\Theta B_2$。

(3)对偶性

前面指出，膨胀是腐蚀的对偶运算。因为膨胀可以通过对图像的补集作腐蚀运算求得，腐蚀也可以通过对图像的补集作膨胀运算求得，即：

$$A\oplus B=[A^C\Theta \check{B}]^C \tag{8-59}$$

$$A\Theta B=[A^C\oplus \check{B}]^C \tag{8-60}$$

### 8.5.4 开运算

在形态学图像处理中，除了腐蚀和膨胀两种基本运算外，还有两种由腐蚀和膨胀定义的运算，即开运算和闭运算。这两种运算是数学形态学中最主要的运算或变换。从结构元素填充的角度看，具有更为直观的几何形式，同时提供了一种手段，可以在复杂的图像中选择有意义的子图像。

假定 $A$ 仍为输入图像，$B$ 为结构元素，利用 $B$ 对 $A$ 作开运算，用 $A\circ B$ 表示，其定义为：

$$A\circ B=(A\Theta B)\oplus B \tag{8-61}$$

因此，开运算实际上是 $A$ 先被 $B$ 腐蚀，然后再被 $B$ 膨胀的结果。开运算通常用来消除小对象物、在纤细点处分离物体、平滑较大物体边界的同时并不明显的改变其体积。图 8-13 是利用圆盘对矩形开运算的例子。

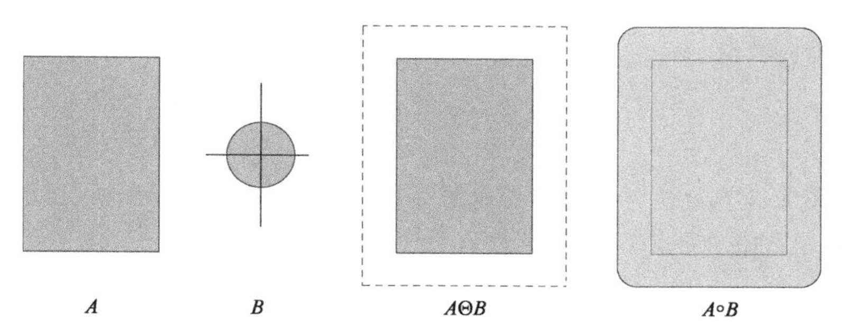


图 8-13　圆盘对输入图像开运算的结果

### 8.5.5 闭运算

闭运算是开运算的对偶运算，定义为先做膨胀运算然后再做腐蚀运算。利用 $B$ 对 $A$ 作闭运算表示为 $A\cdot B$，其定义为：

$$A\cdot B=[A\oplus(-B)]\Theta(-B) \tag{8-62}$$

即用 $-B$ 对 $A$ 进行膨胀，将其结果再利用 $-B$ 进行腐蚀。闭运算通常用来填充目标内细小孔洞、连接断开的邻近目标、平滑其边界的同时并不明显改变其面积。图 8-14 描述了闭运算的过程及结果。显然，用闭运算对图像的外部做滤波，仅仅磨光了凸向图像内部的边角。

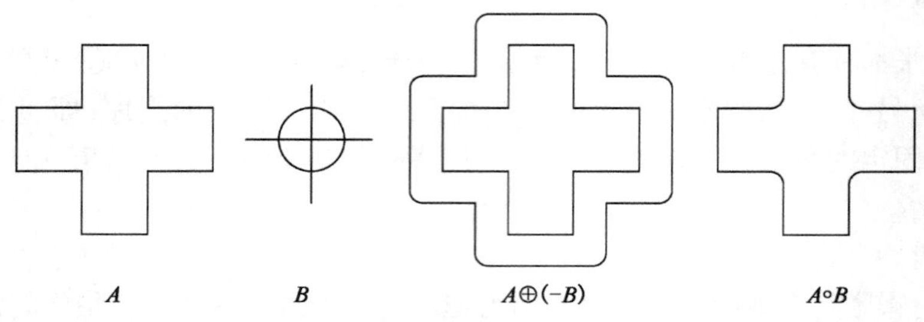


图 8-14　圆盘对输入图像进行闭运算

显然，用闭运算对图形的外部做滤波，仅仅磨光了凸向图像内部的边角。

### 8.5.6　开、闭运算的滤波性质

经过上面的讨论，我们可以得出开闭运算的滤波性质。

(1)平移不变性

$$(A+x)\circ B=(A\circ B)+x \tag{8-63}$$

$$(A+x)\cdot B=(A\cdot B)+x \tag{8-64}$$

(2)递增性

若 $A_1\subseteq A_2$，则：

$$A_1\circ B\subseteq A_2\circ B \tag{8-65}$$

$$A_1\cdot B\subseteq A_2\cdot B \tag{8-66}$$

(3)延伸性

开运算是非延伸的，$A\circ B$ 是 $A$ 的子集；而闭运算是延伸的，$A$ 是 $A\cdot B$ 的子集。由此可得：

$$A\circ B\subseteq A\subseteq A\cdot B \tag{8-67}$$

(4)幂等性

在对一个图像 **A** 用结构元素进行开运算后，若再用同一结构元素进行又一次开运算，则所得结果不变，这种性质叫做幂等性。同样，闭运算也具有幂等性。

$$A\circ B\circ B=A\circ B \tag{8-68}$$

$$A\cdot B\cdot B=A\cdot B \tag{8-69}$$

(5)对偶性

开、闭运算互为对偶运算：

$$A\circ B=(A^C\cdot B)^C \tag{8-70}$$

$$A\cdot B=(A^C\circ B)^C \tag{8-71}$$

### 8.5.7　形态分析的实现

在本节中我们将结合上述的理论给出具体的实现方法，包括 Matlab 的仿真实现以及基于 C 语言的 DM642 代码，以便读者深入了解数学形态学的基本概念及其特点，掌握其实现方法。

(1) Matlab 实现

①图像腐蚀 M 文件

```
A = imread('G:\changan.bmp');
[height,width] = size(A);
B = [1,0,1;0,0,0;1,0,1];
B = uint8(B);
C = zeros(height,width);
C = uint8(C);
for i = 2:height - 1
    for j = 2:width - 1
        temp1 = i;
        temp2 = j;
        C(i,j) = 255;
        for m = 1:3
            for n = 1:3
                if B(m,n) = = 1
                    continue;
                end
                temp3 = temp1 + (2 - m);
                temp4 = temp2 + (2 - n);
                if A(temp3,temp4) < 128
                    C(i,j) = 0;
                    break;
                end
            end
        end
    end
end
figure(1);
imshow(A);
title('原始图像');
figure(2);
imshow(C);
title('腐蚀处理图像');
```

图像腐蚀 Matlab 仿真结果如图 8-15 所示。

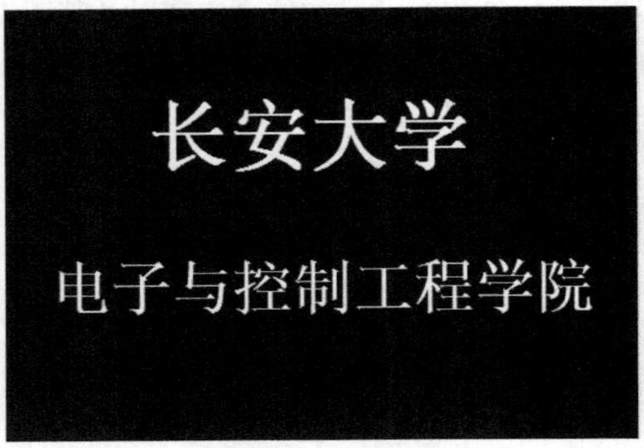

a)原始图像 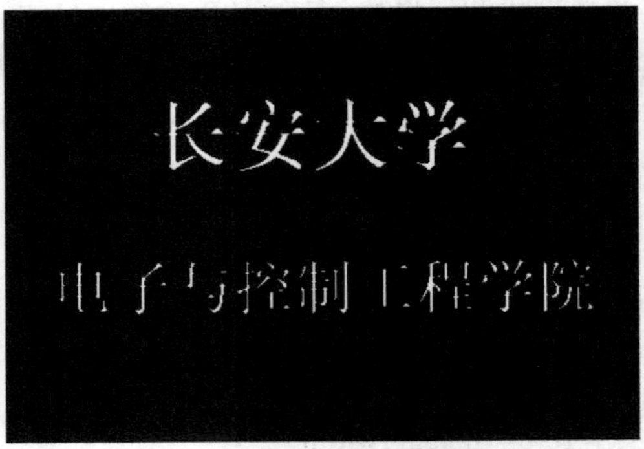　　b)腐蚀处理图像

图 8-15　图像腐蚀结果

②图像膨胀的 M 文件

```
A = imread('G:\changan.bmp');
[height,width] = size(A);
B = [1,0,1;0,0,0;1,0,1];
B = uint8(B);
C = zeros(height,width);
C = uint8(C);
for i = 2:height - 1
    for j = 2:width - 1
        temp1 = i;
        temp2 = j;
        C(i,j) = 0;
        for m = 1:3
            for n = 1:3
                if B(m,n) = =1
                    continue;
                end
                temp3 = temp1 + (2 - m);
                temp4 = temp2 + (2 - n);
                if A(temp3,temp4) > 128
                    C(i,j) = 255;
                    break;
                end
            end
        end
```

```
        end
    end
    figure(1);
    imshow(A);
    title('原始图像');
    figure(2);
    imshow(C);
    title('膨胀处理结果图');
```

图像膨胀 Matlab 仿真结果如图 8-16 所示。

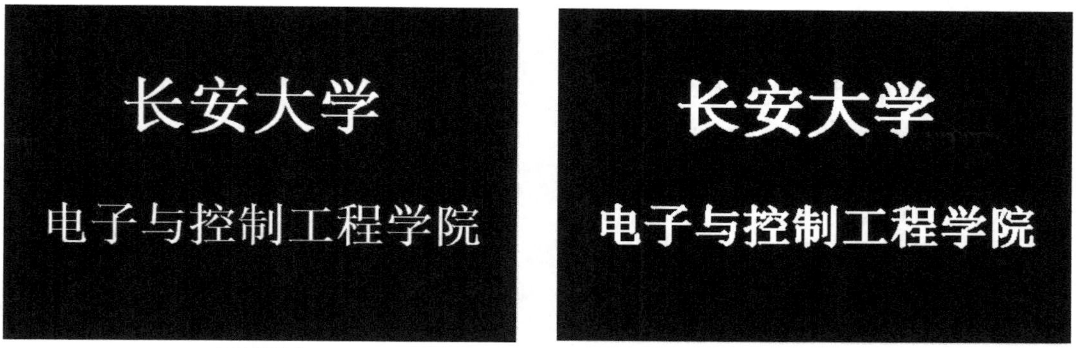

a)原始图像

b)膨胀处理图像

图 8-16　膨胀处理图像

③图像开运算的 M 文件

```
A = imread('G:\circles.bmp');
[height,width] = size(A);
B = [1,0,1;0,0,0;1,0,1];
B = uint8(B);
C = zeros(height,width);
C = uint8(C);
D = zeros(height,width);
D = uint8(D);
for i = 2:height - 1          %腐蚀
    for j = 2:width - 1
        temp1 = i;
        temp2 = j;
        C(i,j) = 255;
        for m = 1:3
            for n = 1:3
                if B(m,n) == 1
                    continue;
```

```
                    end
                    temp3 = temp1 + (2 - m);
                    temp4 = temp2 + (2 - n);
                    if A(temp3,temp4) <128
                        C(i,j) =0;
                        break;
                    end
                end
            end
        end
    end
    for i =2:height - 1    %膨胀
        for j =2:width - 1
            temp1 =i;
            temp2 =j;
            D(i,j) =0;
            for m =1:3
                for n =1:3
                    if B(m,n) = =1
                        continue;
                    end
                    temp3 = temp1 + (2 - m);
                    temp4 = temp2 + (2 - n);
                    if C(temp3,temp4) >128
                        D(i,j) =255;
                        break;
                    end
                end
            end
        end
    end
    figure(1);
    imshow(A);
    title('原始图像');
    figure(2);
    imshow(C);
    title('腐蚀图像');
    figure(3);
```

```
imshow(D);
title('开运算图像');
```

图像开运算 Matlab 仿真结果如图 8-17 所示。

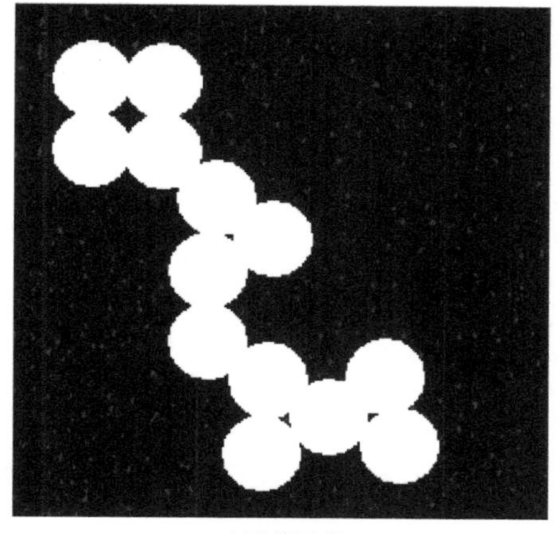

a)原始图像　　b)开运算图像

图 8-17　开运算结果

④图像闭运算 M 文件

```
A = imread('G:\circles.bmp');
[height,width] = size(A);
B = [1,0,1;0,0,0;1,0,1];
B = uint8(B);
C = zeros(height,width);
C = uint8(C);
D = zeros(height,width);
D = uint8(D);
for i = 2:height - 1          % 膨胀
    for j = 2:width - 1
        temp1 = i;
        temp2 = j;
        C(i,j) = 0;
        for m = 1:3
            for n = 1:3
                if B(m,n) = = 1
                    continue;
                end
                temp3 = temp1 + (2 - m);
                temp4 = temp2 + (2 - n);
                if A(temp3,temp4) > 128
```

```
                    C(i,j) =255;
                    break;
                end
            end
        end
    end
end
for i =2:height -1     %腐蚀
    for j =2:width -1
        temp1 =i;
        temp2 =j;
        D(i,j) =255;
        for m =1:3
            for n =1:3
                if B(m,n) = =1
                    continue;
                end
                temp3 =temp1 +(2 -m);
                temp4 =temp2 +(2 -n);
                if C(temp3,temp4) <128
                    D(i,j) =0;
                    break;
                end
            end
        end
    end
end
figure(1);
imshow(A);
title('原始图像');
figure(2);
imshow(C);
title('膨胀图像');
figure(3);
imshow(D);
title('闭运算图像');
```

图像闭运算的 Matlab 仿真结果如图 8-18 所示。

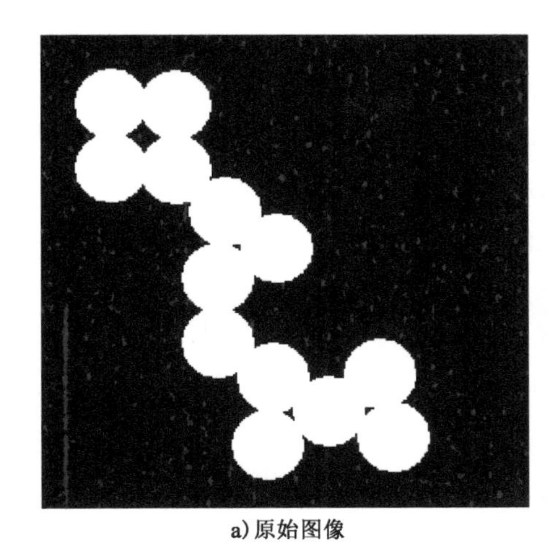
a) 原始图像

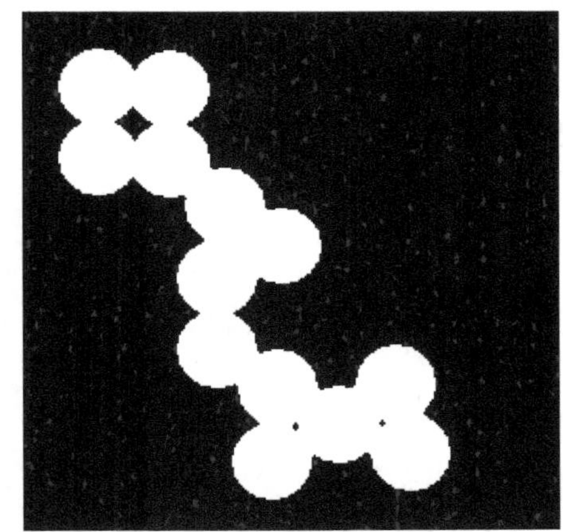
b) 闭运算图像

图 8-18　闭运算结果

(2)基于 DM642 系统的程序

这里基于 TMS320 DM642 DSP 处理平台给出了数学形态学算法的 C 语言实现。

①图像腐蚀 DM642 程序

```
#include < stdio. h >
#include < stdlib. h >
#include < math. h >
#define width   512
#define height 350
#pragma DATA_SECTION(input,". my_sect")
#pragma DATA_SECTION(output,". my_sect")
unsigned char input[height][width];
unsigned char output[height][width];
void ReadImage(char  * cFileName);
void bmpDataPart(FILE *  fpbmp);
void erosion();
void main()
{
  /* 图像 */
  ReadImage("G:\changan. bmp");
  erosion();
  while (1);
}
void ReadImage(char  * cFileName)
{
  FILE  * fp;
```

```
        if (fp = fopen(cFileName,"rb") )
        {
            bmpDataPart(fp);
                fclose(fp);
        }
    }
    void bmpDataPart(FILE * fpbmp)
    {
        int i, j = 0;
        unsigned char * pix = NULL;
        fseek(fpbmp, 1078L, SEEK_SET);
        pix = (unsigned char * )malloc(width);
        for(j = 0;j < height;j++)
        {
            fread(pix, 1, width , fpbmp);
                for(i = 0;i < width;i++)
                {
                    input[height - 1 - j][i]      = pix[i];
                }
        }
    }
    void erosion()
    {
        int i,j;
        int m,n;
        unsigned char B[3][3] = {{1,0,1},{0,0,0},{1,0,1}};
        for(i = 1;i < height - 1;i++)
        {
            for(j = 0;j < width;j++)
            {
                output[i][j] = 255;
                for(m = 0;m < 3;m++)
                {
                    for(n = 0;n < 3;n++)
                    {
                        if(B[m][n] == 1)
                        {
                            continue;
```

```
                }
                if(input[i+1-m][j+1-m] < 128)
                {
                    output[i][j]=0;
                }
            }
        }
    }
}
}
```

②图像膨胀的 DM642 程序

```
#include <stdio.h>
#include <stdlib.h>
#include <math.h>
#define width  512
#define height 350
#pragma DATA_SECTION(input,".my_sect")
#pragma DATA_SECTION(output,".my_sect")
unsigned char input[height][width];
unsigned char output[height][width];
void ReadImage(char *cFileName);
void bmpDataPart(FILE * fpbmp);
void delation();
void main()
{
  /* 图像 */
   ReadImage("G:\changan.bmp");
   delation();
   while (1);
}
void ReadImage(char *cFileName)
{
   FILE *fp;
     if ( fp=fopen(cFileName,"rb") )
     {
        bmpDataPart(fp);
           fclose(fp);
     }
```

```
}
void bmpDataPart(FILE * fpbmp)
{
  int i, j=0;
  unsigned char * pix=NULL;
  fseek(fpbmp, 1078L, SEEK_SET);
  pix=(unsigned char *)malloc(width);
  for(j=0;j<height;j++)
  {
    fread(pix, 1, width , fpbmp);
      for(i=0;i<width;i++)
      {
        input[height-1-j][i]    =pix[i];
      }
  }
}
void delation()
{
  int i,j;
  int m,n;
  unsigned char B[3][3]={{1,0,1},{0,0,0},{1,0,1}};
  for(i=1;i<height-1;i++)
  {
    for(j=0;j<width;j++)
    {
      output[i][j]=0;
      for(m=0;m<3;m++)
      {
        for(n=0;n<3;n++)
        {
          if(B[m][n] == 1)
          {
            continue;
          }
          if(input[i+1-m][j+1-m] > 128)
          {
            output[i][j]=255;
          }
```

```
            }
         }
      }
   }
}
```

③图像开运算的 DM642 程序

```
#include <stdio.h>
#include <stdlib.h>
#include <math.h>
#define width   512
#define height 350
#pragma DATA_SECTION(input,".my_sect")
#pragma DATA_SECTION(output,".my_sect")
#pragma DATA_SECTION(temp,".my_sect")
unsigned char input[height][width];
unsigned char output[height][width];
unsigned char temp[height][width];
void ReadImage(char *cFileName);
void bmpDataPart(FILE * fpbmp);
void opening();
void main()
{
  /* 图像 */
   ReadImage("G:\changan.bmp");
   opening();
   while (1);
}
void ReadImage(char *cFileName)
{
  FILE *fp;
    if ( fp=fopen(cFileName,"rb") )
     {
       bmpDataPart(fp);
         fclose(fp);
     }
}
void bmpDataPart(FILE * fpbmp)
{
```

```
    int i, j =0;
    unsigned char * pix = NULL;
    fseek(fpbmp, 1078L, SEEK_SET);
    pix = (unsigned char *)malloc(width);
    for(j =0;j < height;j + + )
    {
      fread(pix, 1, width , fpbmp);
        for(i =0;i < width;i + + )
        {
          input[height -1 -j][i]      =pix[i];
        }
    }
}
void opening()
{
    int i,j;
    int m,n;
    unsigned char B[3][3] = {{1,0,1},{0,0,0},{1,0,1}};
    for(i =1;i < height -1;i + + )   //腐蚀
    {
      for(j =0;j < width;j + + )
      {
        temp[i][j] =255;
        for(m =0;m <3;m + + )
        {
          for(n =0;n <3;n + + )
          {
            if(B[m][n]  = = 1)
            {
              continue;
            }
            if(input[i +1 -m][j +1 -m]  < 128)
            {
              temp[i][j] =0;
            }
          }
        }
      }
```

```
    }
    for(i = 1;i < height - 1;i + + )   //膨胀
    {
      for(j = 0;j < width;j + + )
      {
        output[i][j] =0;
        for(m =0;m <3;m + + )
        {
          for(n =0;n <3;n + + )
          {
            if(B[m][n]  = =  1)
            {
              continue;
            }
            if(temp[i +1 - m][j +1 - m]  > 128)
            {
              output[i][j] =255;
            }
          }
        }
      }
    }
}
```

④图像闭运算的 DM642 程序

```
#include < stdio. h >
#include < stdlib. h >
#include < math. h >
#define width   512
#define height 350
#pragma DATA_SECTION(input,". my_sect")
#pragma DATA_SECTION(output,". my_sect")
#pragma DATA_SECTION(temp,". my_sect")
unsigned char input[height][width];
unsigned char output[height][width];
unsigned char temp[height][width];
void ReadImage(char  * cFileName);
void bmpDataPart(FILE *  fpbmp);
void closing();
```

```
void main( )
{
  /* 图像 */
   ReadImage( "G:\changan. bmp") ;
   closing( ) ;
   while (1) ;
}
void ReadImage( char  * cFileName)
{
  FILE  * fp;
    if ( fp = fopen( cFileName, "rb") )
    {
      bmpDataPart( fp) ;
        fclose( fp) ;
    }
}
void bmpDataPart( FILE *  fpbmp)
{
  int i,  j =0;
  unsigned char *  pix = NULL;
  fseek( fpbmp, 1078L, SEEK_SET) ;
  pix = ( unsigned char * ) malloc( width) ;
  for( j =0;j < height;j + + )
  {
    fread( pix, 1, width , fpbmp) ;
      for( i =0;i < width;i + + )
      {
        input[ height -1 -j] [ i]      = pix[ i] ;
      }
  }
}
void closing( )
{
  int i,j;
  int m,n;
  unsigned char B[3][3] = { {1,0,1} ,{0,0,0} ,{1,0,1} } ;
  for( i =1;i < height -1;i + + )  //膨胀
  {
```

```
    for(j=0;j<width;j++)
    {
        temp[i][j]=0;
        for(m=0;m<3;m++)
        {
            for(n=0;n<3;n++)
            {
                if(B[m][n]==1)
                {
                    continue;
                }
                if(input[i+1-m][j+1-m] > 128)
                {
                    temp[i][j]=255;
                }
            }
        }
    }
}
for(i=1;i<height-1;i++)   //腐蚀
{
    for(j=0;j<width;j++)
    {
        output[i][j]=255;
        for(m=0;m<3;m++)
        {
            for(n=0;n<3;n++)
            {
                if(B[m][n]==1)
                {
                    continue;
                }
                if(temp[i+1-m][j+1-m] < 128)
                {
                    output[i][j]=0;
                }
            }
        }
```

```
            }
        }
    }
```

⑤CCS 仿真结果

选择 CCS 设置中的 Tools→Image Analyzer 调出图像窗口，右键单击图像窗口选择 Properties进行图像显示配置，设置如图 8-19、图 8-20 所示。

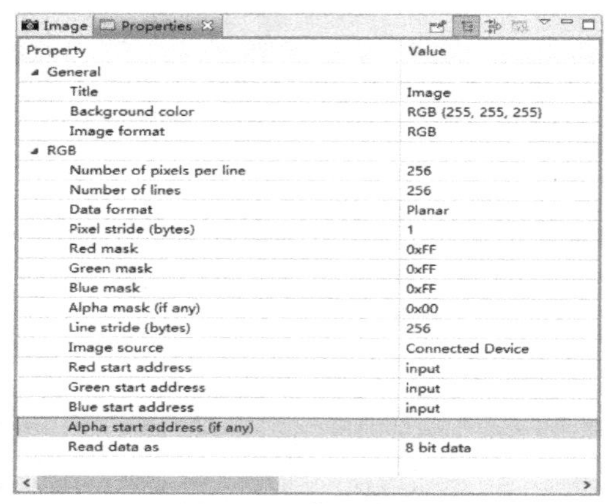

| Property | Value |
|---|---|
| ◢ General | |
| Title | Image |
| Background color | RGB (255, 255, 255) |
| Image format | RGB |
| ◢ RGB | |
| Number of pixels per line | 256 |
| Number of lines | 256 |
| Data format | Planar |
| Pixel stride (bytes) | 1 |
| Red mask | 0xFF |
| Green mask | 0xFF |
| Blue mask | 0xFF |
| Alpha mask (if any) | 0x00 |
| Line stride (bytes) | 256 |
| Image source | Connected Device |
| Red start address | input |
| Green start address | input |
| Blue start address | input |
| Alpha start address (if any) | |
| Read data as | 8 bit data |

图 8-19　图像查看设置

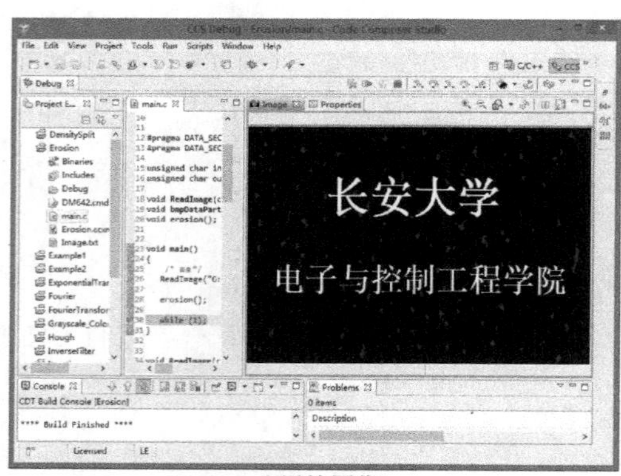


a) 原始图像

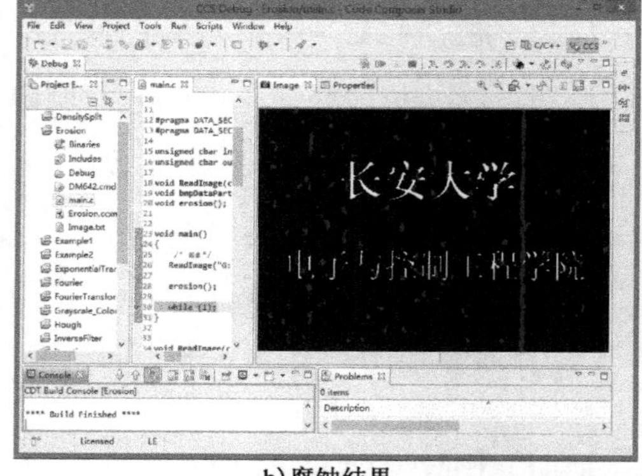


b) 腐蚀结果

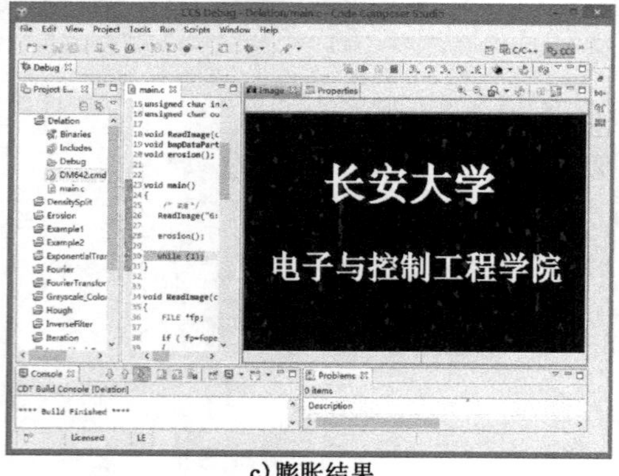


c) 膨胀结果

d) 开运算结果

图　8-20

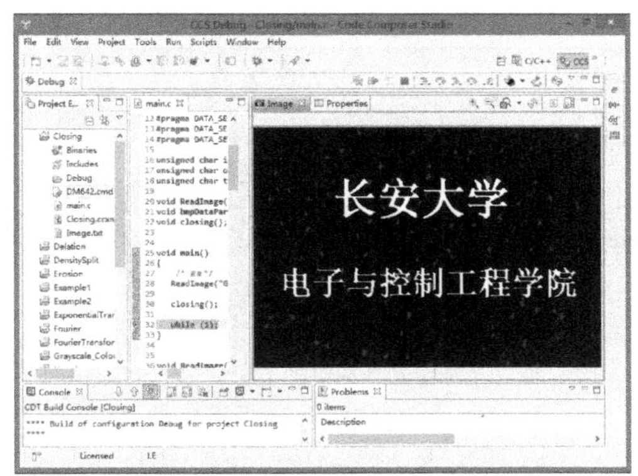


e) 闭运算结果

图 8-20　DM642 处理结果

## 8.6　本章小结

图像描述和形态学处理是获取图像中目标信息、分析目标信息的重要步骤,恰当的图像描述和形态学处理能够便于图像处理系统对图像中有效信息的后续处理。本章着重介绍了图像灰度描述、边界描述、区域描述和纹理描述的几种常见方法。在图像形态学处理部分,以腐蚀和膨胀运算为基础,介绍了图像形态学处理的基本思想和方法,并给出了部分参考案例供读者学习。

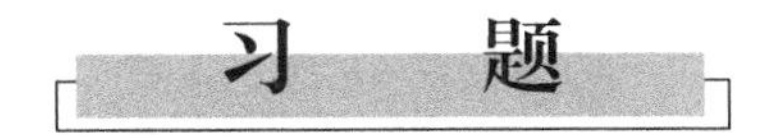


1. 图像都有哪些特征？简要说明这些特征,它们在图像分析中有何用途？

2. 什么是傅立叶描述？它有何特点？试编写计算图像区域傅立叶描述的程序。

3. 分别用方形和圆形两种结构元素实现二值图像的腐蚀运算,改变结构元素大小,观察分析腐蚀结果。

4. 已知一幅 4 * 4,灰度级为 4 的数字图像如下图所示,取 $d=1$,分别求 $\theta=0°$、45°、90°、135°时的灰度共生矩阵 $\boldsymbol{p}(i,j|d,\theta)$,分析它在不同方向上的纹理分布情况,并计算图像的三个纹理特征量。

$$\begin{matrix} 0 & 0 & 1 & 1 \\ 0 & 0 & 1 & 1 \\ 2 & 2 & 2 & 2 \\ 2 & 2 & 3 & 3 \end{matrix}$$

5. 编程求二值图像的形态边界。

# 第9章　图像压缩编码

## 9.1　前言

图像压缩编码技术是在保证图像质量的前提下,用尽可能少的比特数来表示数字图像中所包含信息的技术。从信息论的角度来看,又称为“信源编码”。图像信息之所以能够压缩,在于原始图像中存在着大量的信息冗余,如时间冗余、空间冗余、信息熵冗余、谱间冗余、几何结构冗余、视觉冗余和知识冗余等。图像编码是在信道容量有限的条件下,解决由于图像数据量庞大带来的存储和传输困难等问题的主要措施,在军事和民用的许多领域中都具有重要的研究价值。本章将对图像压缩编码的基本知识、常见的图像压缩编码方式及静止图像压缩编码实例进行详细阐述。

## 9.2　图像压缩基础知识

### 9.2.1　图像压缩原理

数字化后的图像数据量十分庞大,这给存储器的存储、通信干线信道的带宽和图像处理系统带来巨大的挑战。例如,一幅分辨率为640×480的24位真彩色图像的数据量约为900KB,在1GB的硬盘中只能存储1000多幅这样的静止图像画面。以一般彩色电视信号为例,若各分量均被数字化为8个比特,则数据量约为100Mb/s,因而采用一个容量为1GB(=1000MB=8000Mb)的CD—ROM(只读光盘)仅能存约1min的原始数据(每字节后带2位校验位)。单纯的增加存储器容量、增加带宽、提高计算机硬件配置将会导致图像传输、图像存储的困难和成本急剧增高,这是不现实的。研究发现,图像数据表示中存在较大的冗余。这给图像压缩编码提供了理论依据。

图像压缩实际上就是在保证重建图像质量的前提下,用尽可能少的数据来描述图像所包含的信息。在信息论上,图像压缩属于信源编码,利用了原始图像中存在的大量冗余如空间冗余、时间冗余和编码冗余等。

空间冗余:空间冗余又称像素间冗余或几何冗余,是指视频图像中各像素的值可以比较方便的由临近像素的值预测或者估计出来,每个像素中所含的独立信息较少。即图像中灰度、色彩相近的块之间的联系。

时间冗余:时间冗余又称时域冗余,是指视频图像由于每秒连续播放数帧图像,在图像变化缓慢时,这些相邻帧的图像之间一般差别很小,存在着较大的相关性。这种相关性就表现为时间冗余。

编码冗余:为表达图像数据需要使用一系列符号(如数字和字母等),这些符号的集合就构成一个码本。用码本中的符号根据一定的规则来表达图像数据就是对图像编码。对同一幅图像使用不同的编码方法,编码的长度可能不同,会产生与编码方法有关的冗余。例如采用固定 8 位长编码来控制每个像素可能的 256 种颜色变化。实际的图像或图像中有些部分往往并没有这样多的颜色层次,也就是并非所有像素点都需要 8 位长编码来表示,这种冗余就称为编码冗余。

### 9.2.2　图像压缩编码的分类

图像压缩编码有多种方法,这些方法大致可以分成两类:无失真编码(lossless coding)和限失真编码(lossy coding)。无失真编码是指压缩与解压缩都没有任何数据损失的技术,解压图像完全等于原图像,达到理想状态。对于某些情形,如数据库文件、源程序或可执行文件代码,无失真压缩显然是必须的。但是,无失真压缩的主要缺点是不能达到很高的压缩比(通常 2∶1 左右)。对于大多数图像,无失真压缩技术可以达到的最高压缩比也只有 10∶1。无失真编码是利用图像的统计特性进行数据压缩的方法,主要思想是对图像数据中出现概率大的字符以短字节编码,对图像数据中出现概率小的字符以长字节编码。在无失真编码方法中,Huffman 编码和行程编码(run-length)是两种较有效的编码方法。有限失真压缩技术的重构图像仅仅看起来与原图像相像、实际并不是原图像的准确复制。这方面的编码方法有很多,最著名的有预测编码(也称 DPCM)、变换编码、矢量量化编码、小波与子带编码、3D 模型编码以及分形编码等。

### 9.2.3　图像压缩编码的流程

前一节中已经介绍过图像中存在信息冗余,而图像压缩编码的主要目的就是减少这些冗余信息。典型的图像信源编码的过程如图 9-1 所示。

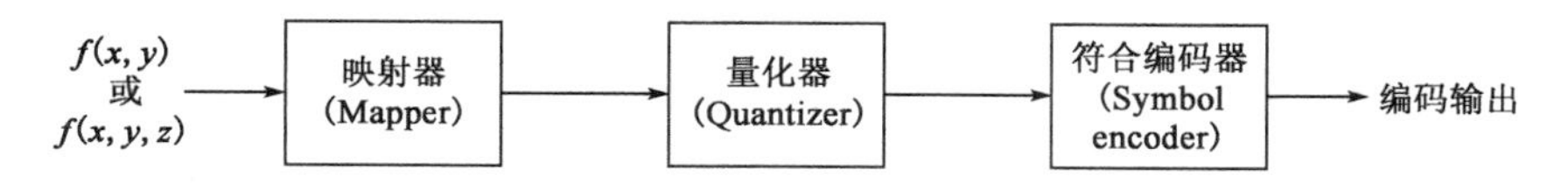


图 9-1　典型的图像信源编码过程

整个编码过程一般由以下三个步骤组成:

(1)映射

映射器把 $f(x,y)$ 或者 $f(x,y,z)$ 进行某种映射,以此来削弱图像信号内部的相关性,降低空间和时间冗余。其中,$f(x,y)$ 指静止图像,$f(x,y,z)$ 是视频应用。

(2)量化

量化器根据预先设定的对图像质量的要求,来降低映射器输出的精度。采用复合主观视觉特性的量化来实现,这一操作是不可逆的,在无损压缩中这一步需略去。

(3)符号编码

利用统计编码消除最终被编码的符号所含的统计冗余度。经过以上三个步骤,输入图像中的三种冗余都被去除了。

解码过程则包括符号解码器和逆映射器,它们以相反的顺序执行编码过程中的符号编码器和映射器的反操作。

### 9.2.4 图像压缩编码的评价指标

评价图像压缩性能,并不是数据被压缩得越小越好,常常需要考虑以下 3 个关键参数。

1. 压缩量或压缩比

通常是压缩过程中输入数据量与输出数据量之比,但这种度量方法还必须指明输入输出的显示形式,否则是不可靠的。例如,压缩系统的输入可能是 512 ×480 的分辨率,每像素 24 位,输入数据是 737280 字节。而若输出为 15000 个字节的位流,则压缩比大约为 49:1,但如果输出图像只有 256 ×240 个像素,其分辨率只有输入图像的 1/4,因而,在分辨率是相等的情况下,压缩比应为 12:1。因此,衡量压缩量的一个更好的方法是在压缩位流中确定每个显示像素所需的位数。如在上述例子中输入为每像素 24 位,输出的 15000 字节位流是要再现一个 256 ×240 像素的图像,则压缩结果定义为:(15000 ×8 ) 15000M /(256 ×240) =2 位,压缩比为 12:10。

2. 图像质量

图像质量与压缩的类型有关。压缩方法可以分为无损压缩和有损压缩。无损压缩是指压缩及解压过程中没有损失原来的图像信息,所以对无损系统不必担心图像质量。有损压缩则要对原来图像作一些改变,这样就使得压缩前、后的图像不完全相同,但人眼难以察觉。对有损压缩结果的评价方式主要是主观评价。

3. 压缩和解压的速度

在许多应用中,压缩和解压将在不同时间、地点,不同的系统中,因而必须分别地评价压缩和解压速度。在存储回放应用中,解压速度比压缩速度更重要,因为压缩只是一次,而解压则面对大多数用户的实时需要。但在采集摄像机的实时动态视频时,对动态视频的压缩速度要求较快。无论哪种情形,压缩和解压速度都比较易于规定和测量。除了这些指标之外,还要考虑软件和硬件的开销。有些数据的压缩和解压可以在标准个人电脑硬件条件下使用软件实现,有些则因为算法的复杂和质量要求高而必须采用专门的硬件。

## 9.3 预测编码

### 9.3.1 预测编码的基本原理

预测编码是根据数据在时间和空间上的相关性,利用已有的样本得到新样本的预测值,将样本的实际值与其预测值相减得到误差值,再对误差值进行编码,降低传输码率,达到压缩的目的。具体编码过程可以根据相邻像素点之间的相关性,用相邻像素点预测当前像素点得到当前像素点的预测值,然后用当前点的实际像素值减去其预测值得到误差值,对其预测误差进行编码的过程。预测编码作为图像无损压缩的基本理论框架,在预测编码的算法中,将整个预测编码过程分为去相关和编码两个部分。

(1)去相关:去相关又称为解相关,根据字面意思可以理解为去除或者降低像素点之间的相关性。由于每幅图像像素点之间存在的相关性,使图片存在一定的冗余,去相关的过程也就是消除冗余的过程。预测器可以实现图像的去相关,通过预测器计算当前像素点的预测值,然后将当前点的实际值与预测值相减便可以得到编码用到的预测误差。而预测器模型又包含两部分，即用来参与预测的相邻像素点（即训练集）和预测函（可以理解为参与预测的预测系数），确定了参与预测的相邻像素和预测系数便可计算出当前的预测值，实现对当前点的预测。如果预测器理想，预测得到的预测值将和当前像素点的实际值相同，但是一般不可能实现。

（2）编码：所谓编码就是预测误差的另一种表达方式，其可以用更少的比特进行表示。如果在编码之前没有对预测误差进行量化，那么进行编码后的数据通过解码可以还原为预测误差，这样整个预测编码实现的压缩为无损压缩。相反，如果在编码之前，对预测误差进行量化，虽然可以减少比特数，但是进行编码后的预测误差即使进行了解码也不能获得原始的预测误差，也就无法还原原始图像，这样的预测编码实现的是有损压缩。

在一幅图像中局部区域内，相邻像素之间灰度值的差别可能很小。如果按行扫描进行编码时，只记录第一个像素的灰度，而其他像素的灰度都用其与前一个像素灰度的差来表示，就能达到压缩的目的。例如，用 284、2、1、0、1、3 表示 6 个相邻像素的灰度，实际上这 6 个像素的灰度是 248、250、251、251、252、255；表示第二个像素 250 需要 8bit，而表示差值 2 只需要 2bit，这样就实现了压缩。

预测编码方法简单直接，编码效率较高，在图像数据压缩和语音信号数据压缩中都得到了广泛应用。经典的编码方法有差分脉冲编码调制（DPCM）和增量调制（ΔM 或 DM）。

### 9.3.2　DPCM 编码

#### 1. DPCM 编码系统的基本原理

最常用的预测编码方法是差分脉冲编码调制，即 DPCM。DPCM 系统的基本原理是基于图像中相邻像素之间具有较强的相关性。每个像素可以根据前几个已知的像素值来作预测。因此在预测编码中，编码与传输的值并不是像素取样值本身，而是这个取样值的预测值与实际值之间的差值，这样在很大程度上降低了图像的空间冗余度，可达到压缩信息的目的，计算证明差值的相关性很小，某种情况下甚至为零。

DPCM 编码系统的原理框图如图 9-2 所示。

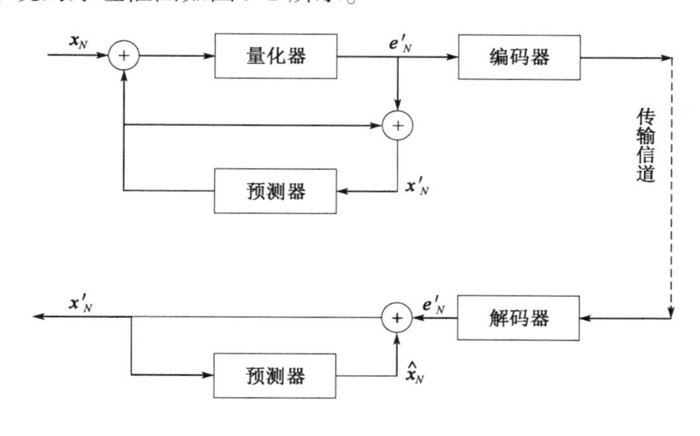


图 9-2　DPCM 编码系统的原理框图

这一系统对实际像素值与其估计差值进行量化和编码，然后输出。图中 $x_N$ 为 $t_N$ 时刻的亮度取样值。预测器根据先于当前像素 $x_N$ 的样本值 $x_1,x_2,\cdots,x_{N-1}$ 进行预测，得到预测值 $\hat{x}_N$。$x_N$ 和 $\hat{x}_N$ 之间的误差为：

$$e_N = x_N - \hat{x}_N \tag{9-1}$$

量化器对 $e_N$ 进行量化得到 $e_N'$，编码器对 $e_N'$ 进行编码发送。接收端解码时的预测过程与发送端相同，所用预测器也相同。接收端恢复的输出信号 $x_N'$ 和发送端输入的信号 $x_N$ 的误差是：

$$\Delta x_N = x_N - x_N' = x_N - (\hat{x}_N + e_N') = e_N - e_N' \tag{9-2}$$

可见，输入输出信号之间的误差主要是由量化器引起的，即整个预测编码系统的失真完全由量化器产生，不会再产生其他附加误差。当 $\Delta x_N$ 足够小时，输入信号 $x_N$ 和 DPCM 编码系统的输出信号 $x_N'$ 几乎一致。假设在发送端去掉量化器，直接对预测误差进行编码、传送，那么 $e_N = e_N'$，则 $x_N - x_N' = 0$，这就表明：不带量化器的 DPCM 系统可以完全不失真地恢复原始信号 $x_-$，从而实现信息保持编码。若系统中包含量化器，且存在量化误差时，输入信号 $x_N$ 和恢复信号输出 $x_N'$ 之间一定存在误差，从而影响接收图像的质量，则为非信息保持编码。因此，在这样的系统中就存在一个如何能使误差尽可能减小的问题。

2. 预测编码的类型

若 $t_N$ 时刻之前的样本值 $x_1,x_2,\cdots,x_{N-1}$ 与预测值之间的关系呈现某种函数形式，则该函数一般分为线性和非线性两种，预测编码器也就有线性预测编码器和非线性预测编码器两种。

若预测值 $\hat{x}_N$ 与各样本值 $x_1,x_2,\cdots,x_{N-1}$ 呈现线性关系：

$$\hat{x}_N = \sum_{i=1}^{N-1} a_i x_i \tag{9-3}$$

式中，$a_i(i=1,2,\cdots,N-1)$ 为固定不变的常数，称为线性预测。$a_1,a_2,\cdots,a_{N-1}$ 为预测系数。用于预测器的像素数 $N-1$ 称为预测阶数，它对预测性能有直接影响。

若预测值 $\hat{x}_N$ 与各样本值 $x_1,x_2,\cdots,x_{N-1}$ 不呈现如式(9-3)所示的线性组合关系，而是非线性关系，则称为非线性预测。

在图像数据压缩中，常用如下几种线性预测方案。

(1)前值预测，当前像素的预测值用与当前像素最邻近的像素来表示，即 $\hat{x}_N = ax_{N-1}$。

(2)一维预测，即采用 $\hat{x}_N$ 同一扫描行中前面已知的若干个样本值来预测 $\hat{x}_N$。

(3)二维预测，即不但用 $\hat{x}_N$ 的同一扫描行以前的几个样值($x_1,x_5$)，还要用以前几行的样值($x_2,x_3,x_4$)来预测 $\hat{x}_N$，是帧内 DPCM 预测中最常用的一种方案，如图 9-3 所示。例如：$\hat{x}_N = a_1x_1 + a_2x_2 + a_3x_3 + a_4x_4 + a_5x_5$。

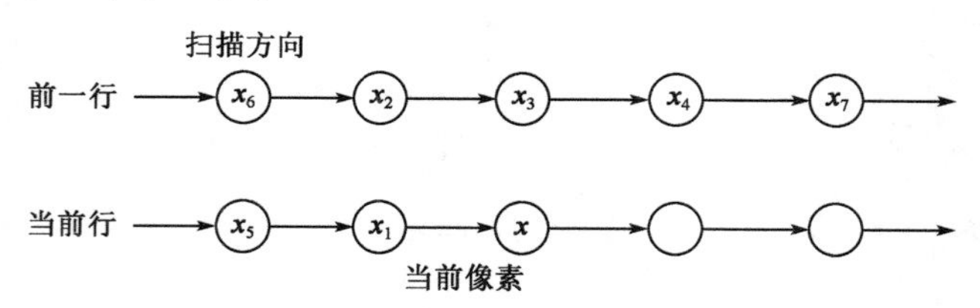


图 9-3　二维预测示意图

上述都是一幅图像中像素点之间的预测，统称为帧内预测。

(4)三维预测(帧间预测)。为了进一步压缩,常采用三维预测,即预测时不但要用到同一行和前几行的像素值,而且还要利用上一帧或前几帧的临近像素值作预测。由于连续图像(如电视、电影)相邻两帧之间的时间间隔很小,通常相邻帧间细节的变化很少,即相对应像素的灰度变化较小,存在极强的相关性。帧间预测编码利用连续图像帧之间的相关性,去除图像帧的相同部分,仅预测编码差异部分,可以获得更大的压缩比。例如可视电话,相邻帧之间通常只有人的口、眼等少量区域有变化而图像中多数区域没什么变化,采用三维预测可使图像数据压缩到电话话路的频带之内。帧间预测在序列图像的压缩编码中起着很重要的作用。

3. 最佳线性预测

采用均方误差(MSE)为极小值的准则来获得的线性预测,称为最佳线性预测,亦即此时预测误差最小。对于图像来说,最佳线性预测的关键就是求出各个预测系数,使得预测误差最小,这是一个求解最佳线性预测的问题。下面给出一个简单的例子,讲述求解最佳线性预测的过程。

一幅图像中空间相邻的像素点,一般来说,其灰度值、颜色值都很接近,即有很强的相关性,因此可用已知的前面几个扫描行邻近的像素对当前值进行预测。例如对图9-4中$f(m,n)$点编码,利用与其最近的三个像素来预测,可写为:

$$\hat{f}(m,n)=a_1 f(m-1,n)+a_2 f(m-1,n-1)+a_3 f(m,n-1) \tag{9-4}$$

| | | | | |
|---|---|---|---|---|
| | $f(m-1,n-1)$ | $f(m,n-1)$ | $f(m+1,n-1)$ | |
| | $f(m-1,n)$ | $f(m,n)$ | | |
| | | | | |

图9-4　预测位置

预测误差:

$$e(m,n)=f(m,n)-\hat{f}(m,n) \tag{9-5}$$

线性预测器中,$a_1$、$a_2$和$a_3$是待定参数,当$a_1$、$a_2$、$a_3$满足使预测误差的方均值最小且保持固定不变的条件时,便构成最佳线性预测器。

现在我们应用均方误差最小准则,求出预测系数$a_1$、$a_2$、$a_3$,以获得$f(m,n)$的最佳线性预测值$\hat{f}(m,n)$。

方均误差表达式为:

$$\begin{aligned}E\{[e(m,n)]^2\}&=E\{[f(m,n)-\hat{f}(m,n)]^2\}\\&=E\{[f(m,n)-a_1 f(m-1,n)-a_2 f(m-1,n-1)-a_3 f(m,n-1)]^2\}\end{aligned} \tag{9-6}$$

为使$E\{[e(m,n)]^2\}$最小,令

$$\begin{cases}\dfrac{\partial}{\partial a_1}E\{[e(m,n)]^2\}=0\\[2ex]\dfrac{\partial}{\partial a_2}E\{[e(m,n)]^2\}=0\\[2ex]\dfrac{\partial}{\partial a_3}E\{[e(m,n)]^2\}=0\end{cases}\tag{9-7}$$

解方程式(9-7),求得 $a_1$、$a_2$、$a_3$,即为最佳线性预测系数。先求出:

$$\begin{aligned}\frac{\partial}{\partial a_1}E\{[e(m,n)]^2\} &= \frac{\partial}{\partial a_1}E\{[f(m,n)-a_1f(m-1,n)-a_2f(m-1,n-1)\\&\quad -a_3f(m,n-1)]^2\}\\&=-2E\{[f(m,n)-a_1f(m-1,n)-a_2f(m-1,n-1)\\&\quad -a_3f(m,n-1)]^2\cdot f(m-1,n)\}\end{aligned}\tag{9-8}$$

同理,可求出$\dfrac{\partial}{\partial a_2}E\{[e(m,n)]^2\}$和$\dfrac{\partial}{\partial a_3}E\{[e(m,n)]^2\}$,将结果代入式(9-7)中,得下列方程组:

$$\begin{cases}E\{[f(m,n)-a_1f(m-1,n)-a_2f(m-1,n-1)-a_3f(m,n-1)]\cdot f(m-1,n)\}=0\\E\{[f(m,n)-a_1f(m-1,n)-a_2f(m-1,n-1)-a_3f(m,n-1)]\cdot f(m-1,n-1)\}=0\\E\{[f(m,n)-a_1f(m-1,n)-a_2f(m-1,n-1)-a_3f(m,n-1)]\cdot f(m,n-1)\}=0\end{cases}$$

令相关系数 $R(m,n;p,q)=E\{f(m,n)f(p,q)\}$,上式变为:

$$\begin{cases}R(m,n;m-1,n)=a_1R(m-1,n;m-1,n)+a_2R(m-1,n-1;m-1,n)+\\\qquad a_3R(m,n-1;m-1,n)\\R(m,n;m-1,n-1)=a_1R(m-1,n;m-1,n-1)+a_2R(m-1,n-1;m-1,n-1)+\\\qquad a_3R(m,n-1;m-1,n-1)\\R(m,n;m,n-1)=a_1R(m-1,n;m,n-1)+a_2R(m-1,n-1;m,n-1)+\\\qquad a_3R(m,n-1;m,n-1)\end{cases}\tag{9-9}$$

对于平稳随机场,相关函数只与时间差有关,而与取样时刻无关,即满足:

$$R(m,n;p,q)=R(m-p,n-q)=R(\alpha,\beta)\tag{9-10}$$

因此式(9-9)可写为:

$$\begin{cases}R(1,0)=a_1R(0,0)+a_2R(0,1)+a_3R(1,1)\\R(1,1)=a_1R(0,1)+a_2R(0,0)+a_3R(1,0)\\R(0,1)=a_1R(1,1)+a_2R(1,0)+a_3R(0,0)\end{cases}\tag{9-11}$$

对于 $f(m,n)$ 为平稳的一阶马尔可夫过程,有:

$$R(\alpha,\beta)=R(0,0)\exp(-c_1|\alpha|-c_2|\beta|)\tag{9-12}$$

可推导得:

$$R(1,1)=\frac{R(1,0)R(0,1)}{R(0,0)}\tag{9-13}$$

因此可以解得：

$$\begin{cases} a_1 = \dfrac{R(1,0)}{R(0,0)}; \\ a_2 = -\dfrac{R(1,1)}{R(0,0)}; \\ a_3 = \dfrac{R(0,1)}{R(0,0)}; \end{cases} \tag{9-14}$$

可以证明预测误差的方均值为：

$$E\{[e(m,n)]^2\} = R(0,0) - [a_1R(1,0) + a_2R(1,1) + a_3R(0,1)] \tag{9-15}$$

由相关函数的性质可知 $R(1,0)$、$R(1,1)$ 和 $R(0,1)$ 都小于 $R(0,0)$，因此 $a_1$、$a_2$ 和 $a_3$ 都是绝对值小于 1 的值。将式(9-14)代入式(9-15)，可以推导出：

$$E\{[e(m,n)]^2\} < R(0,0) \tag{9-16}$$

由式(9-16)可知，误差序列的方差与信号序列相比，总是要小一些，甚至可能小很多，即误差序列的相关性比原始信号序列的相关性要弱一些，甚至弱很多。因此，传送已经消去了大部分相关性的误差序列有利于数据压缩。各样本间相关性越大，差值的方差就越小，所能达到的压缩比也就越大。

预测值的选取还可以扩充到更大的邻域，使用更多的邻近像素进行预测，邻域越大，所选的像素数越多，则预测器越复杂，预测器设计得越好，对输入的数据压缩就越多。由于图像像素的相关性随距离的增大呈指数衰减，通常对于实际的图像进行预测时，所选邻域像素数一般不超过 4 个。

4. 自适应预测编码

上述最佳线性预测编码是在原图像为一平稳的随机过程、其相关函数与像素位置无关的前提下得出的结论，DPCM 编码系统采用固定的预测系数和量化器参数，然而实际图像虽然在总体上一般可以看做是平稳的，但在局部范围内一般是不平稳的，所以要求信号在平坦区和边缘处量化器的输出差别很大，否则会导致信号噪声。为了尽可能提高压缩比并且得到较高的图像质量，要求预测器和量化器的参数能够根据图像的局部区域分布特点而自动调整，这就是自适应预测和自适应量化。

(1) 自适应预测

由式(9-4)可知一个三阶预测器的预测值计算公式为：

$$\hat{f}(m,n) = a_1 f(m-1,n) + a_2 f(m-1,n-1) + a_3 f(m,n-1)$$

现增加一个可变参数“$k$”，得：

$$\hat{f}(m,n) = k[a_1 f(m-1,n) + a_2 f(m-1,n-1) + a_3 f(m,n-1)] \tag{9-17}$$

式中，$k$ 是一个自适应参数，$k$ 的取值根据量化误差的大小自适应调整。

设量化器最大输出为 $e_{\max}$，最小输出为 $e_{\min}$，某一个预测误差的量化输出为 $e'$。

①当 $e_{\min} < |e'| < e_{\max}$ 时，$k$ 不变；

②当 $|e'| = e_{\max}$ 时，$k$ 自动增大；

③当 $|e'| = e_{\min}$ 时，$k$ 自动减小。

随着编码区间的不同,预测参数自适应地变化,对图像中的黑白边沿部分,由于$|e'|$最大,即在$|e'|=e_{max}$时,$k$ 自动增大,使$\hat{f}(m,n)$随之增大,预测误差将减小,这样可以减轻由斜率过载而引起的图像物体边沿模糊;相反,在$|e'|=e_{min}$时,$k$ 自动减小,使$\hat{f}(m,n)$随之减小,预测误差加大,使量化器输出不致正负跳变,减轻图像灰度平坦区的颗粒噪声。要注意的是,这里所定义的预测系数已不再是一个常数,而是一个变量。因此这样的预测编码不是线性预测编码,而是非线性预测编码。

(2)自适应量化

在一定量化级数下减小量化误差或在同样的误差条件下压缩数据,根据信号分布不均匀的特点,系统具有自适应地修改和调整量化器参数的能力,包括量化器输出的动态范围,量化器判决电平(量化步长)等,以保持输入量化器的信号基本均匀,系统的这种能力叫自适应量化。实际上是在量化器分层确定后,即总的量化级数确定后,当预测误差值小时,将量化器的输出动态范围减小,量化步长减小;当预测误差大时,将量化器的输出范围扩大,量化步长扩大。

### 9.3.3 ΔM 编码

#### 1. ΔM 编码的基本原理

增量调制简称 ΔM 或增量脉码调制方式(DM),ΔM 编码是一种简单的预测编码方法,1946 年由法国工程师 De Loraine 提出,目的在于简化模拟信号的数字化方法。ΔM 编码的基本原理框图如图 9-5 所示,其中图 9-5a)为编码原理框图,图 9-5b)为译码原理框图。ΔM 编码器包括比较器、本地译码器和脉冲形成器三个部分。接收端译码器比较简单,它只有一个与译码器中的本地译码一样的译码器及一个低通滤波器。

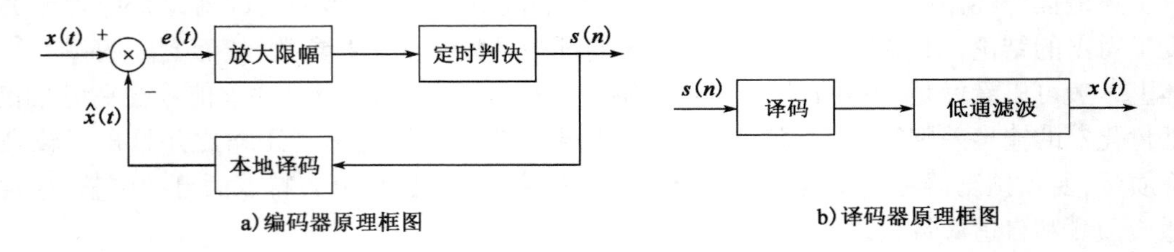


图 9-5 ΔM 编码、译码的原理框图

ΔM 编码器实际上就是 1bit 编码的预测编码器,它用一位码字来表示 $e(t)$:

$$e(t)=x(t)-\hat{x}(t) \tag{9-18}$$

式中,$x(t)$为输入视频信号;$\hat{x}(t)$是$x(t)$的预测值。ΔM 编码器是采用一位二进制数码来表示信号此时刻的值相对于前一个取样时刻的值是增大还是减小,当差值 $e(t)$为一个正值时,用“1”来表示;当差值$e(t)$为一个负值时,用“0”来表示。在接收端,当译码器收到“1”时,信号则产生一个正跳变;收到“0”时,信号则产生一个负跳变,由此即可实现译码,当收到连“1”码时,表示信号连续增长。当收到连“0”码时,表示信号连续下降。

假定“1”的电压值为$+E$,“0”的电压值为$-E$,ΔM 编码过程如图 9-5 所示。图像信号$x(t)$送入相减器,输出码经本地译码后产生的预测值$\hat{x}(t)$也送入相减器,相减器输出就是误差信

号 $e(t)$。$e(t)$送入脉冲形成器以控制脉冲的形成，脉冲形成器一般由放大限幅和双稳判决电路组成，脉冲形成器的输出就是所需要的码字。码率由取样脉冲决定，当取样脉冲到达时，$e(t)>0$则发"1"，$e(t)<0$则发"0"。发"0"还是发"1"完全由 $e(t)$的极性来控制，而与 $e(t)$的大小无关。在 $t=t_0$ 时，输入一模拟信号 $x(t)$，此时 $x(t_0)>\hat{x}(t_0)$，即 $e(t)>0$，脉冲形成电路输出"1"。从 $t_0$ 开始本地译码器将输出正的斜变电压，使 $\hat{x}(t)$上升，以便跟踪上 $x(t)$。由于$x(t)$变化缓慢，$\hat{x}(t)$上升较快，所以在 $t_1$ 时刻 $x(t_0)-\hat{x}(t_0)<0$，因此第二个时钟脉冲到来时便输出"0"。以此类推，在 $t_2$、$t_3$、…、$t_n$ 等时刻码字的产生原理相同。图 9-6 分别给出了编出的码流和时钟信号的波形。

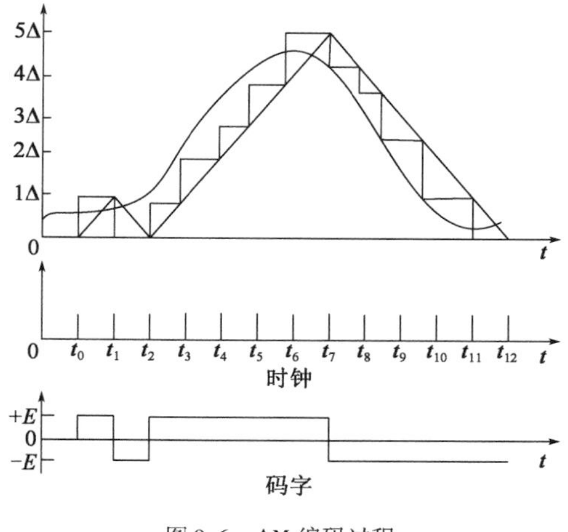


图 9-6　ΔM 编码过程

2. ΔM 编码的基本问题

ΔM 编码存在的基本问题是斜率过载误差和颗粒误差现象。

(1)斜率过载误差

由 ΔM 编码的原理可知，$\hat{x}(t)$应很好地跟踪 $x(t)$，跟踪得越好，误差越小。斜率过载，主要是因为输入信号的斜率较大，调制器跟踪不上而产生的。因为在 ΔM 中每个抽样间隔内只容许有一个量化电平的变化，所以当输入信号的斜率比抽样周期决定的固定斜率大时，$\hat{x}(t)$很难跟踪上 $x(t)$的变化，这时就会产生较大的误差，因而产生斜率过载失真。斜率过载现象将使图像中原本陡峭的轮廓变为缓变的轮廓，从而引起图像边缘的模糊，并且整个图像产生纹状表面。

产生这种现象的原因是由于量化台阶的大小是固定不变的，自适应增量编码法的基本思想则是根据信号变化快慢相应的调整量化台阶大小，这种改变可由系统自动控制，由于出现斜率过载现象时，编码输出将是连续"1"或连续"0"码，因此通过监测编码输出中连续"1"或连续"0"的个数，可检测出输入信号的变化趋势，及时调整量化台阶，以便较好地跟踪输入信号，所以自适应增量编码法可以较好地解决这个问题。

(2)颗粒误差

在输入信号缓慢变化的部分，即输入信号与预测信号的差值接近零的区域，输出会出现随机交变的"0"和"1"，颗粒误差是信号平坦区反复量化产生的，如图 9-7 所示。这种跳变在图像中表现为胡椒状颗粒噪声。

为了尽可能减小颗粒误差，就要减小量化台阶，但减小量化台阶就不能精确地跟上快速上升信号的变化，这样做又会加大斜率过载；相反，如果要尽量避免斜率过载，就要增大量化台阶，因此两者应折中考虑。现在最好的解决办法就是利用自适应技术，不再采用固定的量化台阶，而是根据输入信号情况的不同，自适应地调整量化台阶，这种系统就是自适应增量编码系统(ADM)。这种系统有效地解决了斜率过载现象，减小了颗粒误差。

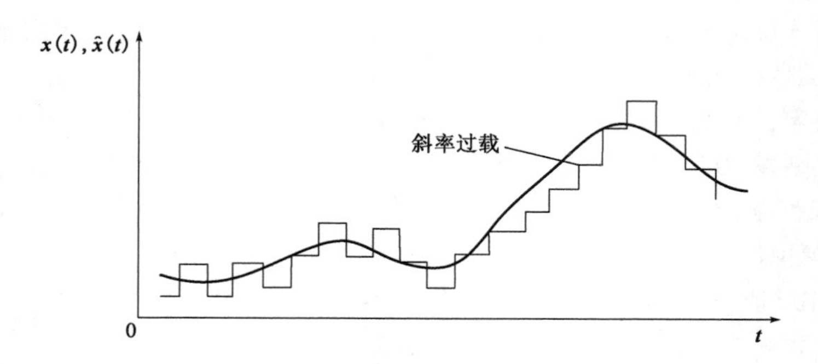


图 9-7　斜率过载和颗粒误差

预测编码实现技术简单,但压缩能力不高而且抗干扰能力较差,对传输中误差有积累现象,因此一般不单独使用,而是与其他方法结合使用。例如在 IPEG 标准中,采用的直流(DC)预测算法,就是对离散余弦变换后的直流系数进行帧内预测编码。

## 9.4　统计编码

统计编码是指建立在图像统计特征基础之上的一类压缩编码方式,根据信源的频率分布特性,分配不同长度的码字,降低平均码字长度,以提高传输速度,节省存储空间。

### 9.4.1　游程长度编码

游程长度编码(Run Length Encoding)又叫行程编码,是一种基于统计的变长编码方式,是相对比较简单的无损压缩编码,在早期被广泛使用。其原理很简单,就是将一行中灰度值相同的相邻像素用一个计数值和灰度值来代替,进而减少符号个数达到压缩的效果。例如:

$$\underline{aaaa}\ \underline{bbb}\ \underline{cc}\ \underline{d}\ \underline{eeeee}\ \underline{fffffff}$$

假设每个像素用 8bit 编码,共需 22 × 8bit = 176bit。若表示为 4a3b2c1d5e7f,只需12 × 8bit = 96bit。

把具有相同灰度值相邻像素组成的序列称为一个游程,游程中像素的个数称为游程长度,简称游长。游程编码的思想主要源于栅格图像中的扫描,在栅格图像中相同的行或列中常常会存在若干具有相同属性值的像素点,对于这些大量的重复信息,游程编码规定只有在行或列中数据代码发生变化时,才记录下其数据的具体值和数据连续的个数,这样就起到了一个消去冗余信息的作用,从而实现数据压缩。

对于黑、白二值图像,由于图像的相关性,在每一扫描行上,总是可以分割成若干个白像素(白长)和黑像素段(黑长)之和,如图 9-8 所示。

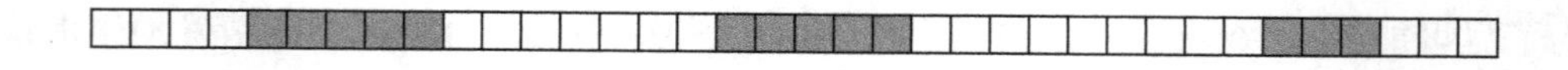

图 9-8　白长和黑长

因为白长和黑长是交替出现的,所以在编码时,只需对每一行的第一个像素做一个标志,以区分该行是以白长还是以黑长开始,后面就只写游长即可。实际上,行程编码是分两步进行的,首先对每一行交替出现的白长和黑长进行统计,图9-8可写成:4个白,5个黑,7个白,5个黑,7个白,5个黑,9个白,3个黑,3个白。然后,再对游长进行变长编码,即根据其不同的出现概率分配以不同长度的码字。在进行变长变码时,经常采用霍夫曼编码,关于霍夫曼,后面讲述。

一般来说,如果游程编码中游程的长度越长,那么编码效率会越高。对于灰度图像或彩色图像,也可以采用游程编码。如果一幅图像由很多块灰度相同的大面积区域组成,那么采用行程编码的压缩效率是惊人的,但是,如果图像中每两个相邻点的灰度都不同,用这种算法不但不能压缩,反而数据量会增加一倍,所以现在单纯采用行程编码的压缩算法并不多。

### 9.4.2　霍夫曼编码

霍夫曼编码由霍夫曼于1952年提出,是一种无失真压缩技术,也是一种变长编码方式,根据香农定理和范若编码思想为压缩文本文件提出的方法。它的基本原理是按照所对应信号出现概率大小顺序排列信源信号,并设法按逆顺序分配码字字长,使编码的码字是可辨识的。霍夫曼编码相对于游程编码要更为复杂一些,且具有更强的统计特性。

假设一个文件中出现了8种消息 *S0*、*S1*、*S2*、*S3*、*S4*、*S5*、*S6*、*S7*,那么每种消息要编码,至少需要3比特。假设编码成000、001、010、011、100、101、110、111(称做码字),那么符号序列 *S0S1S7S0S1S6S2S2S3S4S5S0S0S1* 编码完成后就变成了000001111000001110010010011100101000000001,公用了42比特。但是 *S0*、*S1*、*S2* 这三个消息出现的频率比较大,其他消息出现的频率比较小,如果采用一种编码方案使得 *S0*、*S1*、*S2* 的码字短,其他消息码字长,这样就能够减少占用的比特数。

将上述的编码方案进行改进:*S0* 到 *S7* 的码字分别为01,11,101,0000,0001,0010,0011,100,那么上述消息序列变成011110001110011101101000000010010010111,共用39比特,尽管有些字码如 *S3*、*S4*、*S5*、*S6* 变长了(由3位变成4位),但使用频繁的几个码字如 *S0*、*S1* 变短了,所以实现了压缩。

可以用下面的步骤得到霍夫曼编码的码表。

(1)把信源 $X$ 中的消息按照出现的概率从大到小的顺序进行排列,即

$$P_1 \geqslant P_2 \geqslant P_3 \geqslant \cdots \geqslant P_M \tag{9-19}$$

(2)把最后两个出现概率最小的消息合并成一个消息,从而使信源的消息数减少一个,并同时再次将信源中消息的概率从大到小排列一次。

$$X_1 = \begin{Bmatrix} u_1' & u_2' & u_3' & \cdots & u_{M-1}' \\ P_1' & P_2' & P_3' & \cdots & P_{M-1}' \end{Bmatrix} \tag{9-20}$$

(3)重复上述步骤,直到信源最后合并为 $X^0$ 的形式为止。$X^0$ 的形式如下:

$$X^0 = \begin{Bmatrix} u_1^0 & u_2^0 \\ P_1^0 & P_2^0 \end{Bmatrix} \tag{9-21}$$

(4)将合并的消息分别赋以1和0或者0和1。最后的 $X^0$ 也对相应的 $u_1^0$ 和 $u_2^0$ 赋以1和0或者0和1。

图9-9所示以包含 *S0*-*S7* 的信源为例,说明得到霍夫曼编码表的过程。

其中信源的各个消息从 *S0*-*S7* 出现的概率分别为0.30、0.21、0.14、0.07、0.07、

0.07、0.07、0.07。下面计算图 9-9 中的编码效率。

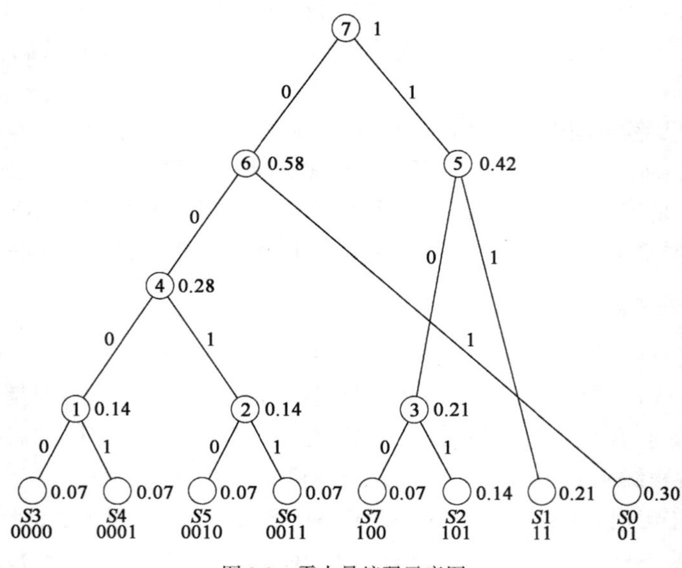


图 9-9 霍夫曼编码示意图

$$
\begin{aligned}
H &= -\sum_{i=0}^{n} P(b_i)\log P(b_i) \\
&= -5\times 0.07\log_2 0.07 - 0.14\log_2 0.14 - 0.21\log_2 0.21 - 0.30\log_2 0.30 \\
&= 2.73
\end{aligned}
\tag{9-22}
$$

$$
\begin{aligned}
L_{\text{avg}} &= \sum_{i=0}^{7} L_i P_i \\
&= 0.07\times 4\times 4 + 0.07\times 3 + 0.14\times 3 + 0.21\times 2 + 0.30\times 2 \\
&= 2.77
\end{aligned}
\tag{9-23}
$$

编码效率为：

$$
\eta = \frac{H(u)}{L_{\text{avg}}}\times 100\% = \frac{2.73}{2.77}\times 100\% = 98.5\% \tag{9-24}
$$

编码的冗余只有 1.5%，可见霍夫曼编码的效率很高。然而霍夫曼编码仍是基于统计的变长编码，故需要较大的缓冲和优质的信道。

产生霍夫曼编码需要对原始数据扫描两遍：第一遍扫描要精确地统计出原始数据，每个值出现的频率；第二遍是建立霍夫曼树进行编码。由于需要建立二叉树并遍历二叉树生成编码，因此数据压缩和还原速度都较慢，但简单有效，因而得到广泛应用。

### 9.4.3 算术编码

压缩编码的目的是用尽可能短的码字来表示单个或连续多个事件发生时所包含的所有信息，设计理念就是用尽可能短的码字来表示大概率事件，而对于小概率事件则用较长的码字表示。而算术编码的平均码长在理论上接近理想熵值，被广泛推崇，在多种编码标准中都令其作为熵编码方式。和霍夫曼编码相比，算术编码对源字母进行编码不如霍夫曼编码好，但对源字母序排列编码，算术编码比霍夫曼编码好，不需要在 $N$ 改变时重新计算和分配比特数。可以用分数比特编码,获得较高的压缩率。算术编码算法同符号概率统计是相互独立的,不像霍夫曼编码那样,符号概率统计的改变需要重新建立霍夫曼树,并改变码表,算术编码更易于实现自适应。

1. 编码过程

算术编码的方法是将被编码的消息或者符号串表示成0和1之间的一个间隔,即将其编码成[0,1)之间的浮点小数。符号序列越长,编码的间隔也就越小,表示这一间隔所需的位数也就越多。由于信源的符号序列需要根据某种编码模式生成概率的大小来减少间隔,出现概率大的符号 $F$ 要比出现概率小的符号减少范围小,因此,只要增加减少的比特位就可以对新增加的信息进行编码。

在编码任何消息之前,符号串的完整范围被设定为[0,1]。当一个符号被处理时,这一范围就根据分配给这一符号的范围变窄。算术编码过程实际上就是根据信号源发生概率对区间[0,1)进行分割的过程。

现以二值信源的算术编码为例来说明编码过程,多值信源的编码方法可以类推。

设信源有两种符号0和1,它们出现的概率分别是1/4和3/4。区间[0,1]被分割成两个概率范围[0,1/4]、[1/4,1]。其中,0是符号0的rangelow,1/4是符号0的rangehigh,同时1/4还是符号1的rangelow,1是符号1的rangehigh。这时区间的范围(range)为1,范围的下限(low)为0,上限(high)为1。

对于消息 $S$ 的符号序列 $\{a_k\}$ 的算术编码过程可以概括成以下几步。

(1)初始化时,low = 0,high = 1,被分割的范围 range = high-low = 1。

(2)下一个范围high和low可以根据输入的不同符号 $a_k$($a_k$ 的取值是1或者0),由式(9-25)计算:

$$\begin{cases} \text{low} = \text{low} + \text{range} \times \text{rangelow} \\ \text{high} = \text{low} + \text{range} \times \text{rangehigh} \end{cases} \tag{9-25}$$

其中,等号右侧的low为上一个被编码字符 $a_{k-1}$ 所在区间的下限,high为上限。rangehigh为当前编码字符 $a_k$ 概率范围的下限,rangelow为下限。通过上式的计算,左侧的low得到当前编码字符区间的下限,high为上限。

(3)重复过程(2)直到所有的符号都被编码为止。

编码结果就是消息落在的区间范围。从上面的编码过程可知,对于不同的消息,编码过程是唯一的。所以选取区间中任何一点,都可以表示这个区间,也就是被编码的消息S,且不会有冲突。

下面来讨论如何选取这个点,令:

$$L = \left\lceil \log_2 \frac{1}{p(s)} \right\rceil \tag{9-26}$$

其中,$L$ 代表码字长度 $p(s)$ 在编码消息出现的概率,可以由每个字符的概率 $p(a_k)$ 相乘得到:

$$p(s) = p(a_1) \times p(a_k) \times \cdots \times p(a_{n-1}) \times p(a_n) \tag{9-27}$$

最后把得到的编码结果的区间下限rangelow写成二进制的小数,取其前 $L$ 位,如果后面尚有位数,就进位到第 $L$ 位,这样得到一个数 $C$,用 $C$ 就可以为消息 $S$ 的算术编码码字。

如果消息为0010,具体的计算如下:

从[0,1]开始,一个符号一个符号地迭代分解区间。

第1个字符0,取[0,1]区间的前1/4,即区间[0,1/4]。

第2个字符0,取[0,1/4]区间的前1/4,即区间[0,1/16]。

第3个字符1,取[0,1/16]区间的前3/4,即区间[1/64,1/64]。

第4个字符0,取[1/64,1/64]区间的前1/4,即区间[4/256,7/256],其二进制表示为[0.000000100,0.00000111]。

消息0010的出现概率 $p(s)$ 为:

$$p(s)=0.25^3\times 0.75=0.01171875 \tag{9-28}$$

码字的长度为:

$$L=\left\lceil \log_2 \frac{1}{p(s)} \right\rceil=7 \tag{9-29}$$

由于 rangelow = 0.00000100,码字长度为7,且没有余数,因此 $C$ 为0.0000010。最后输出的二进制码字为0000010。

上述编码过程若用数轴上的点来表示,将更加清楚,如图9-10所示。

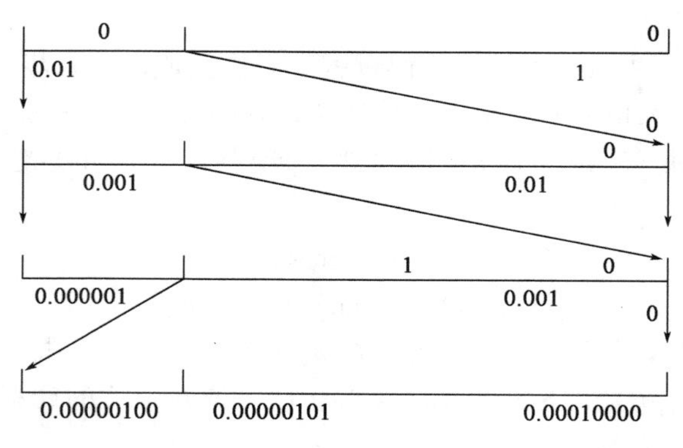


图9-10 算术编码过程

综上所述,算术编码从全局出发,是采用递推形式的一种连续编码。不同的输入符号一定落入不同的区间,不会互相重叠,因此编码结果是唯一的。不同信息组合映射到不同的实数区间,信息中所用符号出现的概率愈大,对应的区间也愈大,就愈有机会选择较短的码字来表示该信息。当编码的符号数目足够多时,编码效率趋向于这些信息的熵值。

算术编码本身虽然有很多优点,但并不是在所有情况下都是最优选择。例如在概率等分布的编码中等长编码依旧是最好的选择,又如对于较大的符号表在给定概率的情况下,霍夫曼编码要优于算术编码。

2. 解码过程

解码是编码的逆过程,理解了编码过程,解码过程的操作就容易多了。由于编码的结果0.0000010是消息0010的唯一编码,因此在解码的时候只需要判断当前的解码值落在哪一个符号的概率范围,就能正确解出符号,进行输出。

例如二进制0.0000010落在区间[0,1/4)之中,所以第1个符号就是0。解出第1个符号以后,由0的rangehigh和rangelow,以及当前区间的范围(range)1,首先减去符号0的rangelow(0.0),得到二进制0.0000010,然后用0.0000010除以符号0的概率1/4得到二进制0.0001。0.001落在[0,1/4)之中,所以第2个符号也为0。按照上述的方法,就可以得到编码时全部符号。

解码过程可以综合如下:

$$\begin{cases} 0:\dfrac{0.0000010}{1}=0.0000010 \\ 0:\dfrac{0.0000010-0}{0.01}=0.0001 \\ 1:\dfrac{0.0001-0}{0.01}=0.01 \\ 0:\dfrac{0.01-0.01}{0.11}=0 \end{cases} \tag{9-30}$$

解码公式可以概括为:

$$\frac{\text{number}-\text{rangelow}}{\text{range}}=\text{number} \tag{9-31}$$

## 9.5 位平面编码

位平面编码将多灰度值图像分解成一系列二值图,然后对每一幅二值图再用二元压缩方法进行压缩。其基本思想是经过小波变换和量化后,图像矩阵变成一个系数均为整数的子带矩阵。每个子带又要划分为固定大小的独立代码块,即为位平面编码的最小单元。这种算法除既能减少编码冗余,又能降低图像中像素之间的空域冗余。位平面编码主要分为两个步骤:位平面分解和位平面编码。

### 9.5.1 位平面分解

位平面分解是指将一幅具有 $m$ bit灰度级的图像分解成 $m$ 幅1bit的二值图像。可以采用如下多项式:

$$a_{m-1}2^{m-1}+a_{m-2}2^{m-2}+\cdots+a_1 2^1+a_0 2^0 \tag{9-32}$$

来表示具有 $m$ bit灰度级的图像中像素的灰度值。根据上述多项式把一幅灰度图分解成一系列二值图集合的一种简单方法就是把上述多项式的 $m$ 个系数分别分到 $m$ 个1bit的位平面中,将每个像素的第一个比特集合在一起就得到图像的第一个位平面。但是这种分解码法有一个固有缺点,即像素点灰度值的微小变化有可能对位平面的复杂度产生明显的影响。比如,当空间相邻的两个像素点分别是127(0111 1111)和128(1000 0000)时,图像的每个位平面上在这个位置处都将有从0→1(或1→0)的过渡。

为减少这种灰度值微小变化的影响,可用1个 $m$ bit灰度码来表示图像。灰度码可由下式计算:

$$g_i=\begin{cases} a_1 \otimes a_{i+1} & 0\leqslant i\leqslant m-2 \\ a_i & i=m-1 \end{cases} \tag{9-33}$$

用灰度码表达的位平面复杂度较低，但具有视觉意义信息的位面图数量更多，其中⊗代表异或操作。这种码的独特性质是相邻的码字只有 1 个比特位的区别，从而像素点的微小变化就不容易影响到所有位平面。比如，还是以 127 和 128 为例，如果用式(9-2)计算的话，这里只有一个平面有从 0→1 的过渡，因为此时的 127 和 128 的灰度码已经计算为 0100 0000 和 1100 0000。

### 9.5.2 位平面编码方法

位平面分解之后，每个位平面都是二值图像，编码方法有 1-D 游程编码、2-D 游程编码、常数块编码和边界跟踪编码等。常数块编码和边界跟踪编码都是对位平面中大片相同值（全为 1 或者全为 0）的区域（称之为常数区域）进行编码。

压缩位平面图的一种简单而有效的方法是用专门的码字表达全是 1 或 0 的区域。它将图像分成全黑、全白或者混合的 $m \times n$ 尺寸的块。出现频率最高的赋予 1bit 码字 0，其他两类分别赋予 2bit 的 11 和 10 码字。这样，原来某个位平面需要 $m \times n$bit 表示的常数块现在只用 1bit 或者 2bit 的码字表示，从而达到了压缩的目的。

1-D 游程编码的基本思路是对一组从左向右扫描得到的连续 0 或 1 游程用他们的长度来编码。这里需要确定游程值的协定，常用的方法是：指出每行第一个游程的值或者设定每行都由白色游程开始。

2-D 游程编码的一种常用的方法称为相对地址编码，它的基本原理是跟踪各个黑色和白色游程的起始和终结过渡点。

通过跟踪二值图中的区域边界进行编码也可以达到对常数区域编码的目的。预测差异量化就是一种面向扫描线的边界跟踪方法，详细介绍可参考有关文献。

## 9.6 静止图像压缩编码实例

现代计算机建立在数字化的基础上，用离散的数字表示模拟量时，如果要很高的精确度，会产生非常庞大的数据量。另外，由于互联网的发展，信息“爆炸”的时代已经到来。互联网一天产生的信息量需要 1.68 亿张 DVD 进行存储。图像数据远比文本更占空间，1MB 空间可以存放一部百万字的小说，却只能存放大约 20 张 256×256 大小的灰度 BMP 图片。与存储空间相比，信息传输上对数据压缩提出了更高的要求。一路标准清晰度彩色电视对亮度分量 Y 和色度分量 R-Y、B-Y 的取样频率分别为 13.5MHz、6.75MHz、6.75MHz，每个数采用 8bit 量化，因此码率为：

$$(13.5 + 6.75 + 6.75) \times 8 = 216(\text{Mbit/s}) \tag{9-34}$$

这么大的数据量，是不可能不经过压缩直接传输的。因此，对图像进行压缩，就成了当务之急。本节以静止图像压缩编码国际标准 JPEG 为例，讲述压缩编码技术在静止图像压缩中是如何应用的。

JPEG 是联合图像专家组（Joint Photographic Expeerts Group）的简称，它是一个由国际标准化组织和国际电报电话咨询委员会所建立的，从事静态图像压缩标准制定的委员会。它于 20 世纪 80 年代末 90 年代初制定出了第一套国标静态图像压缩标准 ISO 10918.1，也就是我们所说的 JPEG。由于 JPEG 算法复杂度低，压缩性能较好，使得它在 短短的几年内就获得极大的成功,目前网站上 80% 的图像都是采用 JPEG 的压缩标准。

JPEG 静止图像压缩标准虽然在中高速率上压缩效果较好,但在低比特速率的情况下,重构图像存在严重的方块效应,不能很好的适应网络传输图像的需要。

### 9.6.1　JPEG 基本系统

JPEG 标准主要采用了基于块的 DCT 变换编码,同时综合应用了以上讲述的游程编码、霍夫曼编码等方法。JPEG 基本系统是一种顺序 DCT 算法,这类算法在量化过程中引入误差,压缩后图像是失真的。利用人的视觉系统的生理特性,使用量化和无损压缩编码去掉视觉的冗余信息和数据本身的冗余信息。JPEG 编码的处理过程,对于一幅图像首先将其分成许多个 8×8的小块,也就是每个小块有 8×8=64 个像素;分成多少个小块要看图像的分辨率,分辨率高,分的块就越多,分辨率小,分的块就越少。然后对每一个 8×8 的块进行二维 DCT 变换,经过 DCT 变换后就得到频域的 64 个离散余弦变换系数,然后要对这 64 个系数进行量化,DCT 系数量化中所必需的量化表及熵编码中所必需的表的具体值,根据进行编码的图像不同而不同,一般取 JPEG 标准推荐的量化表,量化是根据量化表进行的,量化表是 JPEG 组织根据人的眼睛视觉的特性规定好的,直接用量化表去除得到的 64 个系数就是量化,量化后得到的仍是一个 64(8×8)个系数,而这一系数己是低频集中在左上角的一个(8×8)系数。最后再利用熵编码表对其进行熵编码,熵编码后得到的就是已压缩的图像数据。JPEG 有损压缩算法编码的大致流程如图 9-11 所示。

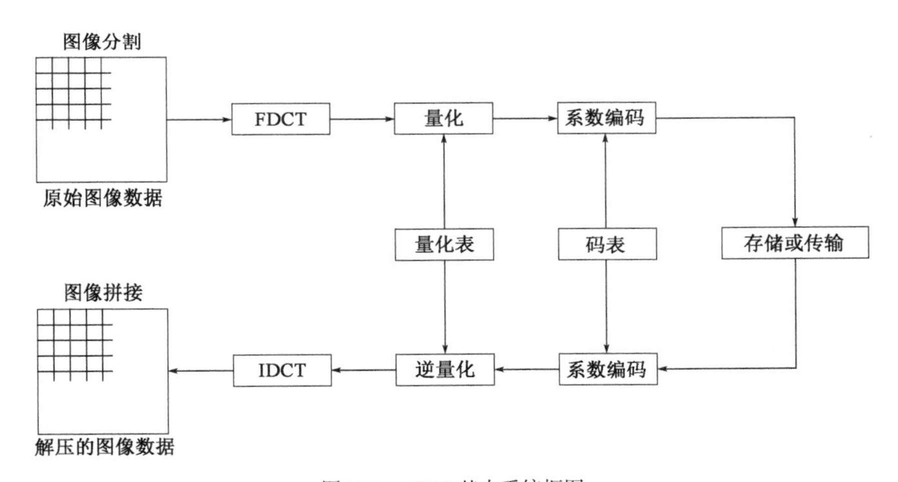


图 9-11　JPEG 基本系统框图

第一步,对图像块(把整个图像分成多个 8×8 子块)进行 DCT 变换,得到 DCT 系数;第二步,根据量化表对 DCT 系数进行量化;第三步,对 DCT 系数中的直流(DC)系数进行差分预测,对交流(AC)系数按 Zig-Zag 顺序重新排列;第四步,对第三步得到的系数进行霍夫曼(Huffman)编码。

1. FDCT 和 IDCT

JPEG 基本系统以 DCT 变换为基础,采用固定的 8×8 方块,所以标准中采用 8×8 点的二维 DCT 变换。正向 DCT(FDCT)和反向 DCT(IDCT)的表达式分别为:

$$F(u,v)=\frac{1}{4}C(u)C(v)\sum_{i=0}^{7}\sum_{j=0}^{7}f(i,j)\cos\left[\frac{(2i+1)u\pi}{16}\right]\cos\left[\frac{(2j+1)u\pi}{16}\right] \tag{9-35}$$

和

$$f(i,j)=\frac{1}{4}\sum_{i=0}^{7}\sum_{j=0}^{7}F(u,v)C(u)C(v)\cos\left[\frac{(2i+1)u\pi}{16}\right]\cos\left[\frac{(2j+1)u\pi}{16}\right] \tag{9-36}$$

其中:

$$C(u)、C(v)=\begin{cases}1/\sqrt{2} & u,v=0\\ 1 & 其他\end{cases} \tag{9-37}$$

$$\{f(i,j)\}=\begin{bmatrix}f(0,0) & f(0,1) & \cdots & f(0,7)\\ f(1,0) & f(1,1) & \cdots & f(1,7)\\ \vdots & \vdots & & \vdots\\ f(7,0) & f(7,1) & \cdots & f(7,7)\end{bmatrix} \tag{9-38}$$

$$\{F(u,v)\}=\begin{bmatrix}F(0,0) & F(0,1) & \cdots & F(0,7)\\ F(1,0) & F(1,1) & \cdots & F(1,7)\\ \vdots & \vdots & & \vdots\\ F(7,0) & F(7,1) & \cdots & F(7,7)\end{bmatrix} \tag{9-39}$$

在 JPEG 基本系统中,$f(x,y)$为 8bit 像素,即取值范围为 0 ~ 255,由 DCT 变换可求得 DC 系数 $F(0,0)$的取值范围为 0 ~ 2040,实际上,同样可以求出 $F(0,0)$是图像均值的 8 倍,除 $F(0,0)$的取值范围为 AC 系数。关于二维 DCT 的具体实现,已有一些快速算法。

为什么图像处理中不用 DFT 而用 DCT 呢?原因一是实时图像处理时,每秒钟要处理数百万乃至数千万的数据,而 DFT 要求复数运算,所以运算量大,难以满足实时图像处理的要求。但是 DCT 是一种实数域的变换,运算量比 DFT 少。原因之二是 DCT 的变换矩阵的基向量很接近托波列兹(Toeplitz)矩阵的特征向量,而语音信号和图像信号的协方差矩阵都是托波列兹矩阵,就这是为什么 DCT 变换接近最佳变换,即 KLH(Karhunen loeve Hoteling)变换,这种变换产生非相关变换系数(即频率系数),非相关变换系数对压缩极为重要。

2. 量化与逆量化

在编码之前先对变换系数进行量化,量化降低了用以表示每一个 DCT 系数。在量化过程中可以根据人类视觉的生理和心理特点分别作不同策略的量化处理。例如,对低频系数细量化,对高频系数粗量化,使大部分幅值较小的系数在量化后变为零,然后只剩下一小部分系数需要存储,从而大大压缩了数据量。量化的过程就是每个 DCT 系数除以各自的量化步长并取整,然后得到量化后的系数:

$$\widetilde{F}(u,v)=\mathrm{INT}\left[\frac{F(u,v)}{S(u,v)}\pm 0.5\right] \tag{9-40}$$

在 JPEG 标准中采用线性均匀量化器,均匀量化的定义为,对 64 个 DCT 变换系数,除以对应的量化步长,四舍五入取整。

逆量化是在解码器中由量化系数恢复 DCT 变换系数的过程:

$$\widehat{F}(u,v)=\widetilde{F}(u,s)S(u,v) \tag{9-41}$$

由前面的学习了解到,人眼视觉系统的频率响应,随空间频率的增加而下降,且对于色度分量的下降比亮度分量要快。为此,JPEG 为亮度分量和色度分量分别推荐了量化表,提高压缩比的同时减少图像失真。量化器步长是量化的关键,量化步长最佳的值是由输入图像及图像显示设备的特性来决定的,JPEG 标准给出了一个参考标准量化表,如表9-1和表9-2所示。

**亮度量化表**　　表9-1

| | | | | | | | |
|---|---|---|---|---|---|---|---|
| 16 | 11 | 10 | 16 | 24 | 40 | 51 | 61 |
| 12 | 12 | 14 | 19 | 26 | 58 | 60 | 55 |
| 14 | 13 | 16 | 24 | 40 | 57 | 69 | 56 |
| 14 | 17 | 22 | 29 | 51 | 87 | 80 | 62 |
| 18 | 22 | 37 | 56 | 68 | 109 | 103 | 77 |
| 24 | 35 | 55 | 64 | 81 | 104 | 113 | 92 |
| 49 | 64 | 78 | 87 | 103 | 121 | 120 | 101 |
| 72 | 92 | 95 | 98 | 112 | 100 | 103 | 99 |

**色度量化表**　　表9-2

| | | | | | | | |
|---|---|---|---|---|---|---|---|
| 17 | 18 | 24 | 47 | 99 | 99 | 99 | 99 |
| 18 | 21 | 26 | 66 | 99 | 99 | 99 | 99 |
| 24 | 26 | 56 | 99 | 99 | 99 | 99 | 99 |
| 47 | 66 | 99 | 99 | 99 | 99 | 99 | 99 |
| 99 | 99 | 99 | 99 | 99 | 99 | 99 | 99 |
| 99 | 99 | 99 | 99 | 99 | 99 | 99 | 99 |
| 99 | 99 | 99 | 99 | 99 | 99 | 99 | 99 |
| 99 | 99 | 99 | 99 | 99 | 99 | 99 | 99 |

3. 对量化系数的编码

对于由量化器输出的量化系数,JPEG 采用定常和变长相结合的编码方法,对于 DC 系数和 AC 系数的编码,由于两者的统计性质上有很大的不同,所以要分开进行。

(1)直流(DC)系数

由于图像中相邻的两个图像块的 DC 系数一般很接近,所以 JPEG 对量化后的 DC 系数采用无失真 DPCM 编码,即对当前块的 DC 系数 $F_i(0,0)$ 和已编码的相邻块 DC 系数 $F_{i-1}(0,0)$ 的差值进行编码。

$$\Delta F(0,0) = F_i(0,0) - F_{i-1}(0,0) \tag{9-42}$$

按照其取值范围,JPEG 将差值分为12类,如表9-3所示。

DC 系数差值的熵编码结构　　表 9-3

| 类　别 | 取　值 | 类　别 | 取　值 |
|---|---|---|---|
| 0 | 0 | 6 | -63 ~ -32,32 ~ 63 |
| 1 | -1,1 | 7 | -127 ~ -64,64 ~ 127 |
| 2 | -3, -2,2,3 | 8 | -255 ~ -128,128 ~ 255 |
| 3 | -7 ~ -4,4 ~ 7 | 9 | -511 ~ -256,256 ~ 511 |
| 4 | -15 ~ -8,8 ~ 15 | 10 | -1023 ~ -512,512 ~ 1023 |
| 5 | -31 ~ -16,16 ~ 31 | 11 | -2047 ~ -1024,1024 ~ 2047 |

(2)交流(AC)系数

Z 型扫描(系数的重新排列):因为经过量化以后,AC 系数中出现较多的 0,所以 JPEG 采用对 0 系数的游程长度编码,即将所有 AC 系数表示为:

$$00\cdots0X,00\cdots0X,\cdots,00\cdots0X,\cdots \tag{9-43}$$

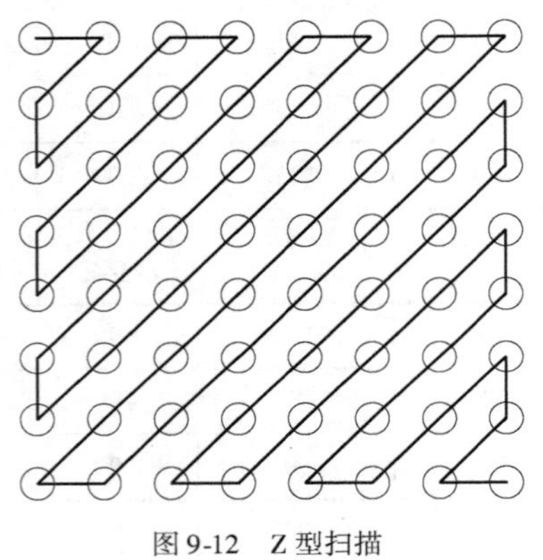
图 9-12　Z 型扫描

其中,$X$ 表示非 0 值。若干个 0 和一个非 0 值 $x$ 组成一个编码的基本单位,连续零的个数越多,编码效率就越高。因此,根据 DCT 系数量化后的分布特点,对 DCT 系数采取如图 9-12 所示的 Z 型扫描方式,以使大多数出现在右下角的 0 值能够连起来,出现更多的连零。

熵编码:对于连零,可以用其游程即个数表示。同 DC 系数差值编码类似,JPEG 将 AC 系数中非 0 值也分为表 9-4 所示的 10 类,即用自然二进制码表示非 0 值所需的最小比特数。

AC 系数符号 2 的熵编码结构　　表 9-4

| 类　别 | 取　值 | 类　别 | 取　值 |
|---|---|---|---|
| 1 | -1,1 | 6 | -63 ~ 32,32 ~ 63 |
| 2 | -3, -2,2,3 | 7 | -127 ~ -64,64 ~ 127, |
| 3 | -7 ~ -4,4 ~ 7 | 8 | -255 ~ -128,128 ~ -255 |
| 4 | -15 ~ -8,8 ~ 15 | 9 | -511 ~ -256,256 ~ 511 |
| 5 | -31 ~ -16,16 ~ 31 | 10 | -1023 ~ -512,512 ~ 1023 |

于是,可将一个基本编码单位表示为:

$$(\text{符号 }1,\text{符号 }2) \tag{9-44}$$

其中符号 2 为实际非 0 值,它表示的是非零的 AC 系数的幅值;符号 1 为游程/类别,即游程和类别的组合,"游程"表示"Z"字形排列顺序的非零系数前的零值系数的个数。"类别"表示对非零系数编码的比特数,即对符号 2 编码的比特数。

与 DC 系数的编码类似,对符号 1 编码方法采用霍夫曼编码,JPEG 同样为亮度和色度分量推荐了霍夫曼码表,对符号 2 也是采用自然二进制码。JPEG 还另外设了两个专用符号:一个是“ZRL”，作为符号 1 的一种，表示游程为 16，在游程大于或等于 16 时，可使用一个或多个“ZRL”，外加一个普通的符号 1；另一个为“EOB”，即块结束标志，表示该图像块中剩余系数都为 0。

随着网络的发展，JPEG 出现了如下问题；

(1)在码率低于 0.25bit/像素时，图像会出现明显的方块效应。

(2)不能在单一码流中实现有损和无损压缩，从而实现从有损到无损的累进式传输。

(3)不适用于计算机图形和二值文本的压缩。

(4)抗噪能力差。

为了弥补这些不足，JPEG2000 标准于 2000 年正式推出。JPEG2000 使用离散小波变换(DWT)作为变换编码方法，对变换后的 DWT 系数进行量化，再做熵编码，最后根据需求将熵编码后的数据组织成压缩流码输出。整形的离散小波变换可以实现图像从有损到无损的渐进传输，且离散小波变换针对整幅图像操作，不存在方块效应的问题。

在熵编码阶段，JPEG2000 采用基于上下文的自适应算术编码取代霍夫曼编码，增强了压缩效率。算术编码形成的嵌入式码流不仅可对图像进行目标码率的压缩，还可提高信噪比，可分级传输。因此可以预见，随着网络的发展，JPEG2000 将逐渐成为主流的压缩格式。

### 9.6.2　应用举例

以下是取自图像“Lena”的一个 8×8 的方块：

$$\{f(i,j)\} = \begin{bmatrix} 139 & 144 & 149 & 153 & 155 & 155 & 155 & 155 \\ 144 & 151 & 153 & 156 & 159 & 156 & 156 & 156 \\ 150 & 155 & 160 & 163 & 158 & 156 & 156 & 156 \\ 159 & 161 & 162 & 160 & 160 & 159 & 159 & 159 \\ 159 & 160 & 161 & 162 & 162 & 155 & 155 & 155 \\ 161 & 161 & 161 & 161 & 160 & 157 & 157 & 157 \\ 162 & 162 & 161 & 163 & 162 & 157 & 157 & 157 \\ 162 & 162 & 161 & 161 & 163 & 1158 & 158 & 258 \end{bmatrix} \tag{9-45}$$

1. 编码

对这块图像进行 JPEG 标准的编码过程如下。

(1)FDCT

经过 FDCT 后，得到其变换系数矩阵为：

$$\{F(u,v)\} = \begin{bmatrix} 1260 & -1 & -12 & -5 & 2 & -2 & -3 & 1 \\ -23 & -17 & -6 & -3 & -3 & 0 & 0 & -1 \\ -11 & -9 & -2 & 2 & 0 & -1 & -1 & 0 \\ -7 & -2 & 0 & 1 & 1 & 0 & 0 & 0 \\ -1 & -1 & 1 & 2 & 0 & -1 & 1 & 1 \\ 2 & 0 & 2 & 0 & -1 & 1 & 1 & -1 \\ -1 & 0 & 0 & -1 & 0 & 2 & 1 & -1 \\ -3 & 2 & -4 & -2 & 2 & 1 & -1 & 0 \end{bmatrix} \tag{9-46}$$

(2)量化

按照式(9-40)可得：

$$\tilde{F}(u,v) = INT\left[\frac{F(u,v)}{S(u,v)} \pm 0.5\right] \tag{9-47}$$

进行量化，其中 $S(u,v)$ 等于表 9-1 给出的量化表，得到量化后系数矩阵为：

$$\{\tilde{F}(u,v)\} = \begin{bmatrix} 79 & 0 & -1 & 0 & 0 & 0 & 0 & 0 \\ -2 & -1 & 0 & 0 & 0 & 0 & 0 & 0 \\ -1 & -1 & 0 & 0 & 0 & 0 & 0 & 0 \\ 0 & 0 & 0 & 0 & 0 & 0 & 0 & 0 \\ 0 & 0 & 0 & 0 & 0 & 0 & 0 & 0 \\ 0 & 0 & 0 & 0 & 0 & 0 & 0 & 0 \\ 0 & 0 & 0 & 0 & 0 & 0 & 0 & 0 \\ 0 & 0 & 0 & 0 & 0 & 0 & 0 & 0 \end{bmatrix} \tag{9-48}$$

(3)对量化系数的编码

对以上结果做 Z 型扫描，得到表 9-5 中的第一行，其中左边第一个数字为 DC 分量。假设上一个编码块的 DC 系数为 77，则 DC 系数差值为 2，DC 和 AC 系数都可以表示为(符号 1，符号 2)的形式，如表中第二行所示。然后，对符号 1 分别查霍夫曼码表(亮度信号的 DC 系数差值霍夫曼码表，亮度分量的 AC 系数霍夫曼码表)，并用自然二进制码表示符号 2，得到编码输出码为表中第三行。

编码实例　　表 9-5

| 79 | 0　−2 | −1 | −1 | −1 | 0　0　−1 | 0　0 |
|---|---|---|---|---|---|---|
| 2,2 | 1/2, −2 | 0/1, −1 | 0/1, −1 | 0/1, −1 | 2/1, −1 | EOP |
| 011 10 | 11011 01 | 00 0 | 00 0 | 00 0 | 11100 0 | 1010 |

对于该图像块，其编码的压缩比为：

$$r = \frac{\text{编码前比特数}}{\text{编码后比特数}} = \frac{8 \times 64}{31} = 16.5 \tag{9-49}$$

比特率为：

$$b = \frac{\text{总比特率}}{\text{总像素数}} = \frac{31}{64}\text{bit} = 0.5\text{bit} \tag{9-50}$$

2. 解码

解码时，首先按照相应的霍夫曼码表对接收到的比特流进行熵解码，得到和编码器完全相同的 DC 量化系数的差值和 AC 量化系数，再综合上一个图像块的解码结果，得到 DC 量化系数，并经过逆 Z 型扫描，恢复原来的排列方式。解码后的量化系数与编码器中的一样，仍为：

$$\{\widetilde{F}(u,v)\}=\begin{bmatrix}79 & 0 & -1 & 0 & 0 & 0 & 0 & 0\\ -2 & -1 & 0 & 0 & 0 & 0 & 0 & 0\\ -1 & -1 & 0 & 0 & 0 & 0 & 0 & 0\\ 0 & 0 & 0 & 0 & 0 & 0 & 0 & 0\\ 0 & 0 & 0 & 0 & 0 & 0 & 0 & 0\\ 0 & 0 & 0 & 0 & 0 & 0 & 0 & 0\\ 0 & 0 & 0 & 0 & 0 & 0 & 0 & 0\\ 0 & 0 & 0 & 0 & 0 & 0 & 0 & 0\end{bmatrix} \tag{9-51}$$

然后,利用与编码器中相同的量化表,对量化系数进行逆量化,恢复出以下 DCT 系数:

$$\{\hat{F}(u,v)\}=\begin{bmatrix}1261 & 0 & -10 & 0 & 0 & 0 & 0 & 0\\ -24 & -12 & 0 & 0 & 0 & 0 & 0 & 0\\ -14 & -13 & 0 & 0 & 0 & 0 & 0 & 0\\ 0 & 0 & 0 & 0 & 0 & 0 & 0 & 0\\ 0 & 0 & 0 & 0 & 0 & 0 & 0 & 0\\ 0 & 0 & 0 & 0 & 0 & 0 & 0 & 0\\ 0 & 0 & 0 & 0 & 0 & 0 & 0 & 0\\ 0 & 0 & 0 & 0 & 0 & 0 & 0 & 0\end{bmatrix} \tag{9-52}$$

再经过 IDCT 后,最终得到解码输出的图像块:

$$\{\hat{f}(i,j)\}=\begin{bmatrix}144 & 146 & 149 & 152 & 154 & 156 & 156 & 156\\ 148 & 150 & 152 & 154 & 156 & 156 & 156 & 156\\ 155 & 156 & 157 & 158 & 158 & 157 & 156 & 155\\ 160 & 161 & 161 & 162 & 161 & 159 & 157 & 155\\ 163 & 163 & 164 & 163 & 162 & 160 & 158 & 156\\ 163 & 163 & 164 & 164 & 162 & 160 & 158 & 157\\ 160 & 161 & 162 & 162 & 162 & 161 & 159 & 158\\ 158 & 159 & 161 & 161 & 162 & 161 & 159 & 158\end{bmatrix} \tag{9-53}$$

与原始图像块相比较,两者数据大小非常接近,其误差系数主要是量化造成的。对恢复的图像块,我们也可采用对整幅图像评价的方法计算其质量指标,例如,可得到其峰值信噪比为:

$$PSNP=10\lg\frac{255^2}{\frac{1}{64}\sum_{i=0}^{7}\sum_{j=0}^{7}[f(i,j)-\hat{f}(i,j)]^2}=41.0(\mathrm{dB}) \tag{9-54}$$

## 9.7　本章小结

图像压缩编码对于图像传输、处理过程具有重要的意义,高质量的图像压缩编码能够在有效反映图像信息的同时,通过分析图像中信息的相关性,压缩图像中的重复信息,减少图像数据存储空间,减轻图像传输和处理的压力。本章详细介绍了图像压缩编码的原理、预测编码、统计编码、位平面编码的基本原理及方法。

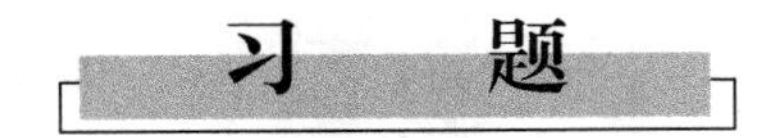


1. 如何评价一个图像压缩系统？

2. 试简述预测编码的基本原理，并画出原理框图。

3. 640×480×8bit 的数字化电视帧图像，每帧有 1024B 的描述结构，请问 220M 存储空间可以存 30 帧/S 的电视图像多少秒？如果用压缩比为 4.25 的无损压缩算法结果又如何？

4. 图像编码有哪些国际标准？

5. 简述算术编码及其过程。

# 第 10 章　机器视觉应用算法实例

## 10.1　前言

通过前几章的学习,对数字图像处理与机器视觉已经有了一些了解。在当今信息时代,无论是生活中常见的手机美图,还是交通信息监控系统,又或者是军事领域的目标识别与跟踪,都离不开图像处理与机器视觉技术的应用。这些技术改变着人类社会的生活和生产方式。本章以图像去雾和图像融合技术、运动目标识别、目标跟踪技术为例,介绍当前数字图像处理与机器视觉技术研究热点和应用实例。

## 10.2　图像去雾

雾和霾是两种常见的天气现象。根据国际气象组织的定义:雾是由大量贴近地表面空气中悬浮的小水滴或冰晶组成气溶胶,能使大气水平能见度小于 1000m 的天气现象。根据相关研究,雾滴半径一般在 1 ~ 60μm 范围内,雾的浓度取决于雾的含水量和大气中的雾滴个数。霾又称灰霾,是大量极细微的干微尘等均匀地悬浮在空气中,使水平能见度小于 10km 的天气现象。霾大都是由矿物灰尘、硫酸或硝酸盐、有机化合物、碳等微粒构成,因而出现霾这种天气状况时,空气相对湿度并不大,且空气表现多为微带黄或者黑色。

近年来,频繁发生的雾霾天气不仅影响到了人们的身体健康,也给户外图像采集设备带来了极大挑战。以交通信息监控设备为例,如图 10-1 中所示,雾霾天气下图像采集设备受空气中的粉尘、雾珠对光线的折射和散射影响,获得图像往往质量不高,这些图像中含有大量噪声,图像边缘不突出,且整体偏暗,图像对比度低,难以获取图像中的有效信息。为了提高雾霾天气下采集到的图像质量,图像去雾技术应运而生。

图像去雾是数字图像处理技术中最重要的应用之一,在提高卫星遥感图像和交通监控图像质量等方面有着重要意义。特别是在交通监控领域,图像去雾技术能够提高雾霾天气下监控设备采集到交通图像的质量,这对于提高交通信息监控系统的稳定性,提高道路运输的安全性等级,提高交通管理水平的信息化程度有着重要的作用。

### 10.2.1　数字图像去雾概述

在天气状况良好的情况下,空气中以半径微小的氮、氧、水蒸气和极少的固体悬浮物为主,各种微粒对光线影响非常小,因而图像采集设备获取的图像质量也比较高。由雾霾的定义可以看出,雾和霾这两种天气现象都是由空气中出现较多半径相对较大的悬浮微粒造成的。大气中这些悬浮的微粒,对光线传输有很大的影响,根据 Nayar 和 Narasimhan 等人对成像模型的研究,其中对光线影响最大的为散射作用。

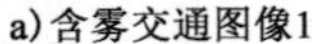

b)含雾交通图像2

图 10-1　雾霾天气下图像

雾霾天气下空气中悬浮的颗粒物密度很大,即悬浮颗粒物之间的距离很近,但是相对于颗粒物来说间隔还是足够大的,因此,可以认为悬浮颗粒物都是独立的散射体。每个颗粒物在散射过程中,接受直射光的同时,也会对经过其他微粒二次或多次散射后的光线再次散射。雾霾天气下,空气中悬浮颗粒物对成像的影响过程如图 10-2 中所示。

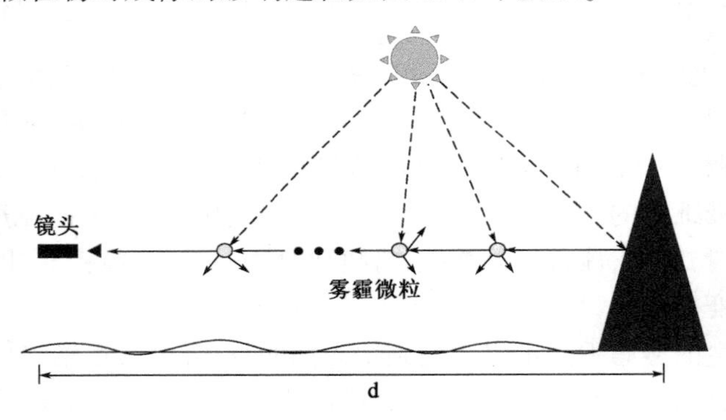


图 10-2　雾霾对成像的影响过程

因此,受空气中的小水滴、固体颗粒物影响,图像采集设备采集到的光线是衰减之后的,而光线的衰减程度与物体到图像采集设备的距离有关,不依赖其他设备的情况下,图像中深度信息是未知的。因而,在依托单幅图像实现去雾时,已知的信息实在太少,图像去雾是一项非常有挑战性的问题。

### 10.2.2　常见的图像去雾方法

随着图像去雾技术的发展,目前国内外图像去雾的主流方法从原理上大致可分为两类:一类是图像增强的方法,一类是图像复原的方法。

#### 1. 基于图像增强的方法

基于图像增强的去雾方法忽略了图像降质过程,通过提升含雾图像的对比度和色彩饱和程度,或通过边缘锐化来突出场景中物体的边缘信息,进而提高图像在可见光频段的感官效果。常见方法有基于直方图均衡化的去雾算法，基于同态滤波的去雾算法，基于小波变换的去雾算法，基于 Retimex 增强的去雾方法，这里对这几种方法进行简单介绍。

（1）基于直方图均衡化的的图像去雾

基于直方图均衡化的去雾算法是通过统计原含雾图像中像素的分布，得到原始直方图分布图，根据去雾需要，选择灰度变换区间，通过将区间内的灰度映射到某一目标区间，改变图像原来的灰度分布，从而提高图像对比度。其中代表算法就是全局直方图均衡化算法。由于该算法并没有针对图像中的不同区域的信息，而是对整幅图像统一进行均衡化操作，在场景较为单一的雾霾图像中能取得比较好的去雾效果，但是对于场景复杂的雾霾图像，这一方法因为在局部区域缺少针对性而往往会丢失很多细节信息，因此得到的去雾图像并不能有效突出有用的信息。为了解决这一问题，T. K. Kim 等人基于传统的全局直方图均衡化算法提出了局部直方图均衡化及其改进的算法，这一方法的思路与原有的全局灰度变换不同，它只对某些特殊区域进行灰度的拉伸变换，同时在对某一像素点进行操作时还考虑了周围像素的关联性，因而这一算法也称为块重叠直方图均衡化算法。该算法较好的保留了图像细节信息，但该算法的计算量可能是原来的数倍，在处理尺寸较大的图像时往往难以满足时间要求。为了提高算法的时效性，将之前算法设计成子块不重叠算法，但这一算法没有考虑各个子块之间的连贯性，处理后的图像往往斑块比较明显，即“块效应”，视觉效果不好，但是这种“块操作”能够显著减少计算量，在某些要求不高的场合下也是能够使用的。随后，J. Y. Kim 等人结合上述两种方法提出了部分子块重叠的算法，其结合了子块重叠算法处理效果较好和子块不重叠算法处理速度较快的优点，同时又减少了两种算法之前的缺点，从效果和实时性上来讲这种方法都有比较好的优势。此外，还有 Zimmerman 等人提出的插值图像均衡化算法，只要对少量固定子块采用直方图均衡化处理，大大减少了由于子块重叠带来的计算量较大的问题，而且在计算图像中的每一个像素点的直方图变换时，可以使用周围其他子块的变换函数来代替。Reza A. 等人在前面提到的直方图均衡化算法的基础上，提出了对比度受限的算法。这一算法首先将对比度受限直方图进行灰度变换，在各个子块边缘，通过用图像插值的方法来实现滤波平滑操作，进而突出图像中的信息。直方图均衡化算法是早期图像增强的基本算法之一，衍生出了一系列的图像去雾算法，如图 10-3 所示，对数字图像去雾研究的发展有着巨大的推动作用。

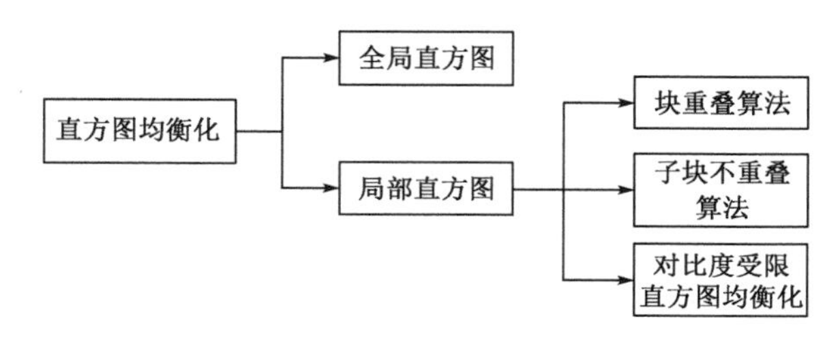


图 10-3　直方图均衡化去雾方法分类

（2）基于同态滤波的图像去雾

同态滤波是一种对图像在频域进行操作的非线性滤波。其理论基础是：照度和反射率构成了像素的灰度信息，在同一幅图片中，与反射率的变化程度相比，照度的变化程度一般较小，可以视作图像中的低频成份。反射率受物体表面对光线反射不同等因素的影响，一般差异比较大，可视作高频成份，进而分别对像素点的照度和反射率进行处理。从同态滤波的定义可以看出,滤波操作时,这种方法能够结合频率过滤和灰度变换。用图像的照度或反射率模型作为在频域操作的基础,将图像中的像素分为低频区域的照射分量和高频区域的反射分量两个部分。这样提高对比度的同时可以尽量保存图像在亮和暗区域的细节信息,从而实现对图像的增强。同态滤波器的基本处理流程如图 10-4 所示。同态滤波要进行傅立叶变换和傅立叶逆变换,计算耗时较高,而且只能针对单一频率滤除,对于多频率的干扰很难去除,在实际应用中具有较大的局限性。

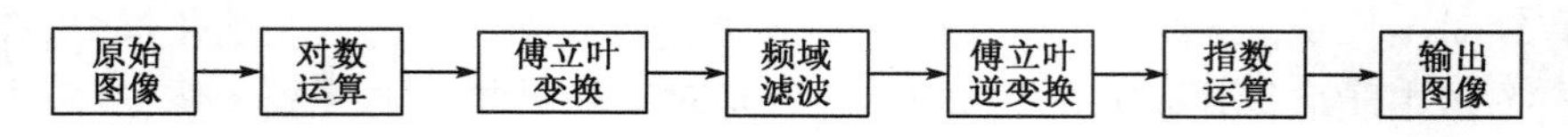


图 10-4　同态滤波器处理流程

(3)基于小波变换的图像去雾

在基于小波变换的图像去雾中,普遍认为图像中含雾区域主要在图像的低频部分,高频相对较少,根据这一论断,可以对图像的高频和低频分别增强或者减弱来处理图像。小波变换是在局部窗口对时间域和频率域进行操作,能够从信号中对信息进行有效的提取。通过小波变换我们可以得到某一区域的频谱信息,而且自身有能高效描述图像的平滑区域(低频区域),又能有效的描述图像中突变的区域(高频区域)的多分辨率特性。那么就可以通过小波变换来锐化细节信息,进而实现使图像清晰或者去雾的目的。此外,马云飞等人也提出了一种基于小波变换的雾天图像阈值确定模型,图像失真度有很大地降低,在视觉效果上有很大地提高。这些方法取得了一定的、效果略有差异的去雾效果。

(4)基于 Retinex 理论的图像去雾

1963 年 Edwin Land 等人提出了 Retinex 理论。该理论用于描述颜色不变的特性,认为色彩与照度无关,只由光线反射性质决定,忽略了周围环境光照的成份变化。这一算法有高动态压缩、细节增强、颜色恒定和保真等优点,对因光照不均而引起的低对比度图像的增强有不错的效果。在这一理论的基础上又衍生出很多改进的算法,如 Frankle 等人结合迭代思想提出了改进的 Retinex 算法;1997 年 Jobson 等人提出了单尺度 Retinex 算法,后来又提出了多尺度 Retinex 算法。这些都是目前常见的基于这一理论的算法,都取得了较好的去雾效果。后来,国内学者黄黎红提出在 HSV 亮度空间采用中心用可自适应调节的 S 型双曲正切函数来代替 Retinex 的对数函数进行对比度增强的方法,也同样取得了不错的效果。

*2. 基于图像复原的去雾方法*

虽然基于图像增强的去雾方法有时能取得不错的效果,但是这类方法的普适性和稳定性并不好。同时,由于这类方法忽略了导致雾霾天气下采集到的图像降质的原因和过程,只是改善了含雾图像的视觉效果,从本质上来说并没有真正的去雾。在基于图像复原的去雾方法中,图像去雾是从退化的原因和过程出发,建立图像退化过程的模型,如图 10-5 中所示。这个降质模型可被描述为无雾的图像 $f(x)$ 在受降质函数 $h(x)$ 卷积后和噪声 $n(x)$ 的影响,进而产生了退化后的图像 $g(x)$。

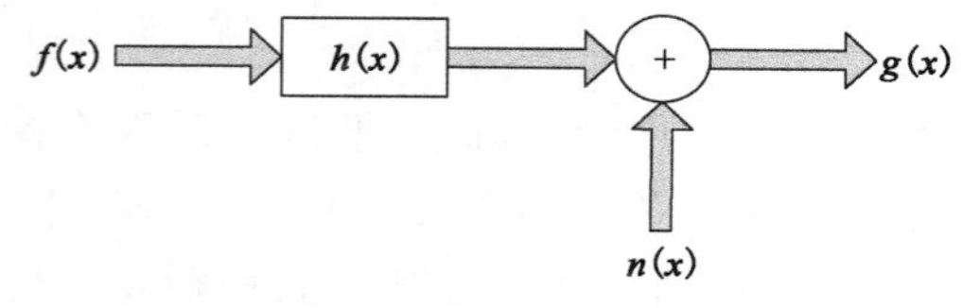


图 10-5　图像退化的一般模型

具体思路是根据雾霾天气下图像降质的原因建立图像退化的模型,反演图像退化过程,以此来补偿由图像采集设备采集到的雾霾天气下的降质图像,进而恢复出没有受到雾霾干扰的图像。从理论上讲。这类方法能够有效的得到去雾图像,而且复原出的图像与真实场景相似度较高,然而从前面的过程可以明显看出,实现图像复原的难点和重点在于对降质的退化函数和噪声函数的估计,一旦针对图像退化建立的模型不准确,得到的复原图像效果就难以满足要求。

目前,对基于图像复原的去雾方法,国内外常见的有以下几类。

(1)已知场景信息的复原方法

在雾霾天气下,空气中悬浮的小水滴和固体颗粒物对光线的散射作用,使得物体反射光传播到图像采集设备过程中光线发生衰减,而且周围的环境光由于散射也进入图像采集设备,这些因素造成了图像采集设备采集到的图像对比度下降,一般情况下图像对比度下降的程度和场景深度呈指数相关。Oakley 等人建立了一个有多个参数的统计退化模型,模型中考虑了外界的天气条件对图像成像的影响,通过图像数据来估计模型参数,对灰度场景进行可见性复原。后来 Tan 等人对上述统计退化模型进行了改进,将其用于彩色雾天图像的可见性复原,并且分析了在雾霾天气下光的波长与图像对比度降低之间的关系。这些方法都建立在已知图像场景深度的基础上,一般都需要用高精度测距设备来获取雾霾天气图像场景的详细深度信息,这也限制了这些方法在实际中的使用。

(2)利用辅助信息获取深度信息的复原方法

1999 年以来,Nayar 和 Narasimhan 等人通过获取图像的辅助信息,从多个角度研究了场景深度的获取方法,进而恢复出图像。如 Narasimhan 等人提出了一种二色大气散射模型,用模型描述了输入光衰减和空气光成像的过程,用场景深度、大气光和颜色的函数描述了雾霾天气下大气散射作用下的成像过程。这种方法需要通过几幅不同天气条件下拍摄的图片,而且需要一张同样场景下比较清晰的图像,而后用二值散射模型来获取场景信息。这类方法在大气散射模型的基础上,将不同天气条件下的相同场景的退化图像作为辅助信息,因而,在使用中必须有多幅同样场景的图片,但是在实际中,很多场景下,例如实时监控等,就无法获得在不同天气条件下的同样场景的图像,因而,受这些限制条件的影响,这种方法的可操作性并不高。

(3)基于先验信息的复原方法

为了获得场景深度等信息,前面所述的方法,使用距离传感器或是利用同一场景不同天气条件的图像,都有较大的局限性。最近几年,很多学者将目光投向了依托先验知识或者假设的单幅图像去雾的研究。例如,按照雾霾天气下图像的对比度是低于不含雾霾图像的这一理论,可以通过尽量增大图像中部分目标区域的对比度,从而实现对含雾图像的可见性复原,然后利用马尔可夫随机场,对所得结果归一化处理。这种方法有时能够很好的突出图像细节,但是由于单纯提高对比度,会使结果图像的饱和度偏高,而且在景深突变的边缘区域效果并不理想,但是这一假设却为后来其他算法的提出提供了研究基础。

Fattal 提出了通过估计雾天图像场景辐射率独立分量分析的可见度复原方法。这种方法假设局部窗口的反射率是常数,目标场景的表面反射率和传输率在局部窗口中是独立的,使用马尔可夫随机场推断图像的颜色,一般情况下能够得到较为准确的复原图像,但是这种方法以颜色统计为基础,由于非常依赖颜色信息,所以对雾比较浓、色彩偏暗的图像恢复出的清晰度难以满足需要。

何恺明等人在以上研究基础上,通过大量图像统计分析,发现在对不含有天空的清晰图像的区域中，取像素 R、G、B 的最小值，总是趋向于 0，称其为图像中的暗通道。那么，将这一信息作为先验信息来估计大气光和透射率，再通过软抠图对得到的透射率的粗估计来进行滤波，得到精确的透射率，这样就可以利用雾霾天气下成像模型来恢复出清晰图像。一般情况下，这一方法能够取得不错的去雾效果，但如果图像中没有暗通道，这种方法就不能使用了，而且软抠图的计算量十分巨大，限制了这一方法的使用。后来又有人提出用双边滤波来代替软抠图优化透射率的方法，取得了不错的效果。

### 10.2.3 基于暗通道先验的图像去雾算法

基于图像增强的去雾算法，通常是通过增强局部的对比度，增强或者抑制图像中某些信息从而实现去雾。这种算法只是对图像中有用信息进行增强，从本质上来说并没有去雾，而在基于大气散射模型的图像去雾算法中，通过对光线在大气中传播和衰减过程建立图像退化模型，再根据图像的退化模型推出原始图像。显然后者更加可靠，去雾效果更加稳定。本节将以基于暗通道先验理论的去雾算法为例来介绍基于图像退化模型的图像复原方法。

（1）雾霾天气下图像的退化模型

Nayar 和 Narasimhan 等人根据光线成像过程中的输入光衰减和空气光成像过程造成雾霾天气下图像对比度低、模糊不清等问题，利用这两个过程的数学模型，用场景深度、大气光和颜色的函数描述雾霾天气下大气的散射作用的成像过程，建立雾霾天气下图像退化模型。

雾霾天气下图像采集设备端接受到的光线强度可以等效为目标场景中光线发生衰减之后到达镜头的光的强度和散射的大气光在经过衰减后到达镜头的光强度叠加，那么雾霾天气下图像采集设备采集到的光线数学模型，即图像退化模型可以表示为：

$$I(x)=J(x)t(x)+A[1-t(x)] \tag{10-1}$$

式中，$J(x)$代表图像采集设备端采集到的光线；$t(x)$称为传播率（透射率）反映光线穿透雾霾的能力，含有景深信息，一般取值在 0 到 1 之间；$I(x)$代表物体表面的反射光强，即未衰减的光线；$A$ 代表大气光强，即无穷远处的光照强度。

（2）暗通道先验理论

暗通道先验理论是何恺明等人于 2009 年率先提出的。在图像去雾研究时，何恺明等人在收集了大量的无雾图像后发现，绝大部分室外无雾图像在任意的局部小块中，总存在一些像素，他们的某一个或者几个颜色通道的值都很小，即图像中存在暗通道。以 RGB 颜色空间的图像为例，暗通道可以用以下数学式表示。

$$J^{\text{dark}}(x)=\min_{y\in\Omega(x)}\left(\min_{c\in\{r,g,b\}}J^{c}(y)\right) \tag{10-2}$$

式中，$c$ 代表某一颜色通道；$x$ 为某局部区域；$y$ 是局部区域内某一点的位置；$J^{dark}(x)$是这一局部区域的暗通道值，由此得到原图像的暗通道图像。如图 10-6 中所示，图 10-6a）为不含雾霾的清晰图像，图 10-6b）为相应的暗通道图像。

通过进一步统计发现，不含雾霾的清晰图像的暗通道图像中亮度为 0 的像素点占所有像素的 80% 以上，而且像素的亮度分布随着亮度的增大而急剧减少，也就是说，统计规律表明无雾图像中的暗通道基本趋向于 0，这个统计结果说明了暗通道的客观存在性。

含雾图像及其对应的暗通道图像如图 10-6c）、d）所示，与清晰图像的暗通道整体趋于 0

不同,含雾图像由于受到雾霾影响,图像整体偏灰白,暗通道图像中这些像素点的亮度也会变高,整体比不含雾霾的暗通道图像中像素点的亮度更高,且雾越浓的区域,对应的暗通道图像越亮。由此得到图像的景深信息,将平面图像中的信息还原为立体的,有深度的信息,这对于单幅图像去雾是十分有价值的。

a)不含雾图像
b)对应暗通道图像
c)含雾图像
d)对应暗通道图像


图 10-6　图像及其暗通道图像

(3)透射率及大气光的参数估计

根据前面图像退化模型的描述,可知去雾的重点就是估计出大气光强 $A$ 及透射率 $t(x)$,利用已含有雾的图像 $I(x)$,根据式(10-1)变形,可以得到去雾后图像为:

$$J(x)=\frac{I(x)-A[1-t(x)]}{t(x)} \tag{10-3}$$

显然,只凭借一幅图像求取三个未知数,是不可能的。此时,可以使用暗通道理论来作为求解的约束条件,估计所需的参数。主要思路是:通过求解含有雾霾图像的暗通道,依靠暗通道图像中反映的雾的浓度和景深变化的信息,由此估计出透射率 $t(x)$,和大气光强 $A$,进而求解出复原图像。

其中,大气光强 $A$ 采用暗通道图像中亮度较高的一部分像素的值作为其估计值,透射率 $t(x)$ 的估计为式(10-4),其中为 $\omega$ 常系数,$c$ 为 RGB 的某一颜色通道,$y$ 为属于区域 $x$ 的某一像素点。

$$t(x)=1-\omega\min_{c\in\{r,g,b\}}\left[\min_{y\in\Omega(x)}\left[\frac{I_c(y)}{A^c}\right]\right] \tag{10-4}$$

具体步骤如下：

a. 求取图像的暗通道。利用前面所述的暗通道求取公式求解各个像素块内的暗通道值，首先将含雾图像 $I(x)$ 分为小块的局部图像，这里以 15 ×15 像素块为例来计算；

b. 使用透射率估计公式求得整幅图像的透射率的粗估计；

c. 利用暗通道图中的明亮点估计出大气光强 $A$；

d. 用软抠图方法（或者其他滤波方法，如双边滤波、引导滤波等）对得到的图像透射率的粗估计精细化；

e. 利用建立的图像退化过程模型恢复出去雾后的图像 $J(x)$。

基于暗通道先验原理的去雾流程如图 10-7 中所示。

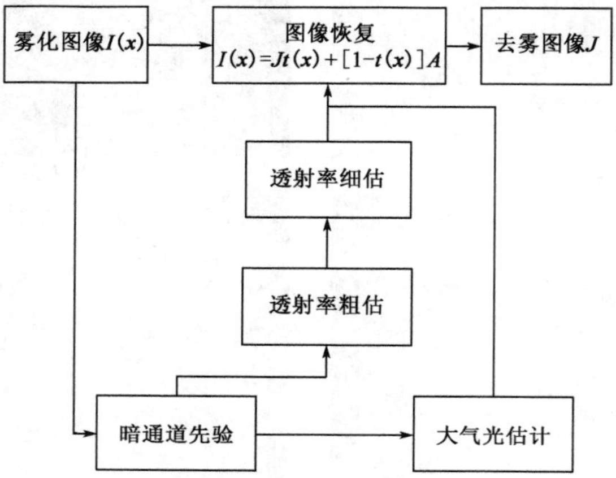

雾化图像 $I(x)$

图像恢复 $I(x)=Jt(x)+[1-t(x)]A$

去雾图像 $J$

透射率细估

透射率粗估

暗通道先验

大气光估计

图 10-7　暗通道先验去雾算法流程

（4）基于暗通道先验的去雾算法 Matlab 实现及去雾结果

鉴于滤波算法种类繁多，且有大量的参考资料，以下我们只给出图像暗通道求取方法的 Matlab 实现。

①暗通道求取 Matlab 实现

```
function dark = darkChannel(imRGB)
r = imRGB(:,:,1);                  % 分别提取图像的三个通道
g = imRGB(:,:,2);
b = imRGB(:,:,3);
[m,n] = size(r);                   % 获取图像的尺寸
a = zeros(m,n);
for i = 1:m                        % 计算图像的暗通道
    for j = 1:n
        a(i,j) = min(r(i,j),g(i,j));
        a(i,j) = min(a(i,j),b(i,j));
    end
end
d = ones(15,15);  % 块操作
```

```
fun = @(block_struct)min(min(block_struct.data)) * d;
dark = blockproc(a, [15 15],fun);
dark = dark(1:m, 1:n);
```

②去雾效果分析

实验中采用的是基于暗通道先验的双边滤波去雾算法,按照图 10-7 中所述的图像去雾流程进行处理,效果如图 10-8 所示。图 10-8a)为雾霾天气下采集到的降质图像,显然图像色彩饱和度、对比度比较低,图像边缘不够清晰。对图 10-8a)进行去雾处理,图 10-8b)为原图像的暗通道图像,图 10-8c)为去雾后所得的图像。对比去雾前后图像可以发现,去雾后图像清晰度和色彩饱和度有了很大提升。

a)原图

b)原图像的暗通道图像

c)去雾后图像

图 10-8　图像去雾结果

## 10.3　图像融合

图像融合技术是信息融合技术的重要分支,结合了传感器、图像处理、信号处理、计算机和人工智能等高新技术。它主要是指将两个或两个以上的传感器在同一时间或不同时间获取的关于某个具体场景的图像或图像序列信息加以综合,以生成新的有关此场景的解释信息。通过图像融合技术可以有效地综合各传感器的互补优势,最大限度地获取对目标或场景信息的完整描述,从而有利于目标定位、识别和解释。在医学、测量、地理信息系统、工业、智能机器人以及军事等领域都起着重要的作用。

### 10.3.1 图像融合技术概述

1. 图像融合的定义

Pohl 和 Genderen 等人将图像融合定义为："图像融合就是通过一种特定算法将两幅或多幅图像合成为一幅新图像。"，主要思想是采用一定的算法，把工作于不同波长范围、具有不同成像机理的各种图像传感器对同一个场景成像的多个图像的信息融合成一个新的图像，从而使融合的图像具有更高的可信度、较少的模糊、更好的可理解性，更适合人的视觉或者计算机检测、分类、识别、理解等处理。多源图像融合比单源图像具有更多优势，这是因为多源图像具有冗余性，具有单源图像无法捕捉的信息，即多源图像之间具有互补性，因此多源图像融合能够从多个视点获取信息，扩大时空的传感范围，提高观测的准确性和鲁棒性。

2. 多源图像融合的层次分类

多源图像融合与经典的单一图像处理方法有本质的区别，多源图像融合信息处理与单图像信息处理相比有着更复杂的形式，依据融合在处理流程中所处的阶段以及信息的抽象程度，多源图像融合可分为三个层次：像素级(Pixel-level)、特征级(Feature-level)和决策级图像融合(Decision-level)。融合的层次不同，所采用的算法、适用的范围也不相同。图 10-9 给出了图像融合的三个层次示意图。

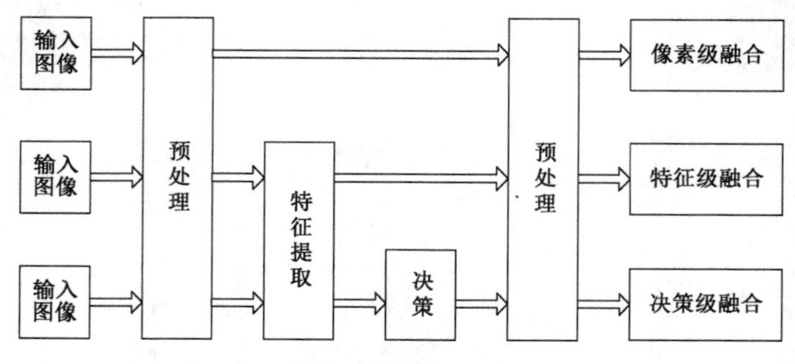


图 10-9 图像融合的三个层次

(1)像素级融合

像素级融合是直接在原始数据层上进行的融合，在各种传感器的原始数据未经预处理之前进行数据的综合和分析，这是最低层次的融合。像素级图像融合是在严格配准的条件下，对各传感器输出的图像信号，直接进行信息的综合与分析，是在基础层面上进行的信息融合，其主要完成的任务是对多传感器目标和背景要素的测量结果进行融合处理。在融合的三个级别中，像素级融合尽可能多地保留了场景的原始信息，提供其他融合层次所不能提供的丰富、精确、可靠的信息，有利于图像的进一步分析、处理与理解，进而提供最优的决策和识别性能。像素级图像融合是目前在实际中应用最广泛的图像融合方式，也是特征级图像融合和决策级图像融合的基础。

(2)特征级融合

特征级融合属于中间层次，它先对来自各传感器的原始信息进行特征提取(特征可以是目标的边缘方向、形状、区域等等)，然后对特征信息进行综合分析和处理。一般来说提取的特征信息应是像素信息的充分统计量，然后按特征信息对多传感器数据进行分类、汇集和综合;传感器获得的数据是图像数据,而特征是从图像像素数据中抽象提取出来的,所谓“主要特征”是通过对图像数据进行空间/时间上的分割等处理获得的,而“复合特征”通过对现有各特征的综合得到的。一般从源图像中提取的典型特征信息有:线型、边缘、角、纹理、光谱、相似亮度区域、相似景深区域等。在特定环境下的特定区域内,多传感器图像均具有相似的特征,说明这些特征实际存在的可能性极大,对该特征的检测精度也可大大提高。特征级融合的优点在于既保留了足够数量的重要信息,又可对信息进行压缩,有利于实时处理,适合在机器视觉中广泛使用。

(3)决策级融合

决策级融合是一种高层次融合,其结果为指挥控制决策提取依据。决策级图像融合采用大型数据库和专家决策系统,模拟人的分析、推理过程,是建立在图像理解基础上的融合。它首先对源图像进行目标特征提取,再对其中有价值的信息运用判决准则加以判断、识别和分类,然后在一个更为抽象的层次上,将这些有价值的信息进行融合获得综合的决策结果。

决策级图像融合具有实时性好的优点,而且当一个或几个传感器失效时,其仍能给出最终的正确决策,因此具有良好的容错性。但其预处理代价较高,图像中原始信息的损失最多。决策级图像融合处理的数据信息量大大地减少,对通信及传输要求低,例如遥感图像决策级融合只要求源图像中具有地物的数据信息,不需要传感器是同质的。在决策级融合的过程中,能够对一个或若干个传感器数据的干扰通过适当的融合方法予以消除,而且由于前期在数据选择的时候进行了充分的分析,能够全方位的反映目标及环境的信息,满足不同应用的需要。决策级融合方法主要是基于认知模型的方法,需要大型数据库和专家决策系统,进行分析、推理、识别和判决。

上述三个层次的图像融合与多传感器信息融合的三个层次有一定的对应关系,在实际应用中,要根据具体的需要并结合不同层次融合的特点进行选择,以获得最优的融合结果。已有的理论和研究表明,以上三个图像融合的层次中,像素级图像融合在预处理、信息损失、分类性方面性能最优,特征级和决策级融合性能较差。但像素级图像融合对传感器的依赖性最高、系统容错性差、处理过程最复杂,容易受噪声的影响。像素级图像融合是最基本的图像融合方法,其融合图像包含的信息量最多、目标辨识性好,在下面几节着重介绍。三种融合层次比较见表10-1。

**三种融合层次比较**　　表10-1

| 融合层次 | 信息损失 | 实时性 | 容错性 | 精度 | 抗干扰能力 | 工作量 | 融合水平 |
|---|---|---|---|---|---|---|---|
| 像素级 | 小 | 差 | 差 | 高 | 差 | 大 | 低 |
| 特征级 | 中 | 中 | 中 | 中 | 中 | 中 | 中 |
| 决策级 | 大 | 好 | 优 | 低 | 优 | 小 | 高 |

目前,图像融合技术的研究虽然有了一定的发展,但总的来说依然刚刚起步,还有许多问题需要解决。首先,图像融合技术还没有形成一个统一的数学模型框架,因此建立一个统一的理论框架是图像融合的一个发展方向;其次,许多图像融合的应用都在实时的环境中,这就要求提高图像融合的处理速度,虽然目前有很多针对不同应用的融合处理技术,但这些算法的处理速度都无法达到实时标准。因此,在机器视觉系统中设计高效实时的处理算法是图像融合

技术未来的发展方向。

### 10.3.2 像素级图像融合技术的流程

图像融合的步骤大致可分为两个阶段:预处理阶段和融合阶段。预处理阶段包括滤波、配准。融合阶段包括按照不同的融合规则对图像进行融合处理。基本步骤如图 10-10 所示。

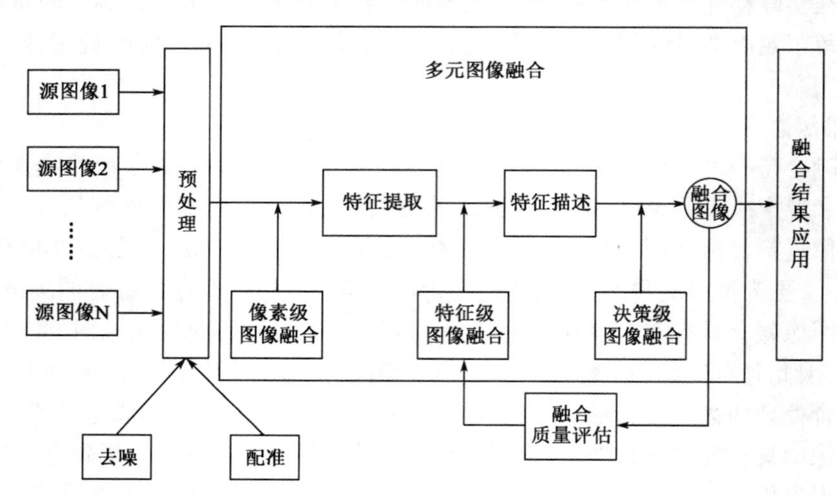


图 10-10 图像融合的基本流程

1. 图像融合预处理

在图像采集过程中,由于受到各种因素(如传感器的位置速度、光照强度、随机噪声等)的影响,实际获得的图像往往包含上述影响因素的特征。因此在实现图像融合之前,往往需要对通过不同传感器获得的图像进行预处理。常见的图像融合预处理方法主要有图像去噪、边缘提取、图像配准等。

(1)图像去噪

对受污染的图像直接进行融合,会降低图像的主观和客观质量,给后续的图像处理和应用带来诸多不利的影响,因此图像去噪问题在图像预处理中起着至关重要的作用。首先分析和研究所处理图像的特点,然后针对各自的特点采用合适的方法进行图像的噪声去除(滤波),在尽可能保留原始图像信息的前提下最大程度地剔除图像噪声,即要把每一幅经过污染的图像数据通过预处理恢复到一个比较好的结果。

(2)图像边缘提取

在第 6 章讲过,边缘表示信号的突变,包含了图像中大量的信息,边缘检测是图像分析的重要内容,图像边缘具有能表征区域的形状,能被局部定义以及能传递大部分图像信息等许多优点,因而边缘检测可以看作是处理许多问题的关键。图像的边缘是图像的特征之一,边缘提取是图像配准的前期工作。

(3)图像配准

来自不同传感器的图像,虽然描述的是同一场景,但由于传感器之间存在着角度以及视景范围的不同,因此会产生一些差异,造成这些图像并不是完全对准的,也就是说一幅图像的第一行像素(或第一列)对应到另外一幅图像中并不是相同的行(或列)。就好比我们人的眼睛,左眼和右眼看到的视景范围其实是不同的，也就是说我们大脑在处理两只眼睛捕获的图像时也有一个配准的过程。图像配准就是利用图像中的共有景物，通过比较和匹配，将两幅图像中对应于空间同一位置的点联系起来。图像配准的目标就是找到把一幅图像中的点映射到另一幅图像中的点的最佳变换。因此说图像配准是图像融合技术中很重要的一个环节，只有经过配准后的图像才能进行有效的融合。

2. 图像的融合

图像经过除噪、边缘检测、配准等预处理工作之后，就可以进行融合处理了，这一步是图像融合的核心。像素级图像融合是最基础的图像融合，它直接对各传感器输出的图像信号进行信息的综合与分析，其主要完成的任务是对多传感器目标和背景要素的测量结果进行融合处理。在融合的过程中，关键点是如何确定融合策略，因此如何针对不同图像的特点、不同应用领域，设计合理有效的融合算法是本领域研究的方向。

### 10.3.3　像素级图像融合算法

像素级融合是特征级融合和决策级融合的基础，也是目前研究的重点。像素级融合的基本思路是通过求取两幅图像对应像素信息或频率信息的组合，获得融合图像。从融合技术发展的历史过程来看，是由简单到复杂、初级到高级的过程。

多源图像像素级融合大致可以分为两类：基于空间域的图像融合和基于变换域的图像融合。基于空间域的图像融合一般指的是直接在图像的像素灰度空间上进行融合处理，简单的加权方法、主成分分析法和基于HVS（Human Vision System）的图像融合方法就是空间域上的图像融合技术；基于变换域的图像融合是先要对待融合的多源图像进行图像变换以得到各图像分解后的系数，然后将变换后的系数进行组合得到一组新的变换系数，再进行反变换得到融合图像。

1. 空间域融合方法

（1）加权平均法

加权平均法是图像空间域融合的最常见方法。加权平均方法将源图像对应像素的灰度值进行加权平均，生成新的图像，它是最直接的融合方法。其中平均方法是加权平均的特例，使用平均方法进行图像融合，提高了融合图像的信噪比，但削弱了图像的对比度，尤其对于只出现在其中一幅图像上的有用信号。设参加融合的两个源图像分别为 $A$、$B$，大小为 $M\times N$，经过融合后得到的图像为 $F$。那么，对 $A$、$B$ 两个源图像的灰度值加权平均融合方法可以表示为：

$$F(i,j)=\omega_1 A(i,j)+\omega_2 B(i,j) \tag{10-5}$$

加权平均法的优点是简单直观，适合实时处理，通过这种融合可以提高融合目标检测的可靠性。但是，简单的像素值叠加融合图像往往难以满足要求，特别是当融合图像的灰度值差异很大时，就会出现明显的拼接痕迹，不利于人眼识别和后续的目标识别过程。

（2）基于HVS的融合方法

由于人眼通常对中等灰度等级最为敏感，向低灰度和高灰度两个方向呈非线性下降；对图像平滑区域的噪声敏感，而对纹理区域的噪声不敏感；对边缘信息敏感。基于HVS的融合方法根据人眼视觉特性对灰度具有的敏感性，HVS融合图像保持了边缘信息和目标的光谱特点,适用于相关性较弱、互补性明显的多光谱图像的融合,但融合图像中包含噪声。

2. 基于变换域的图像融合方法

基于变换域图像融合算法的基本思想是首先将源图像进行图像变换(如 DCT 变换、小波变换)得到各图像分解后的系数表示,按一定的融合规则处理这组系数从而得到一组新的系数表示,最后将新的系数表示经过反变换得到融合图像。在这一节,着重介绍基于小波变换的图像融合方法。

基于小波变换的图像融合是将原始图像进行小波分解,得到一系列不同频段的子图像,这些子图像能够反映图像的局部特征,然后用不同的融合规则对子图像进行处理,最后利用小波逆变换得到融合图像,如图 10-11 中所示。

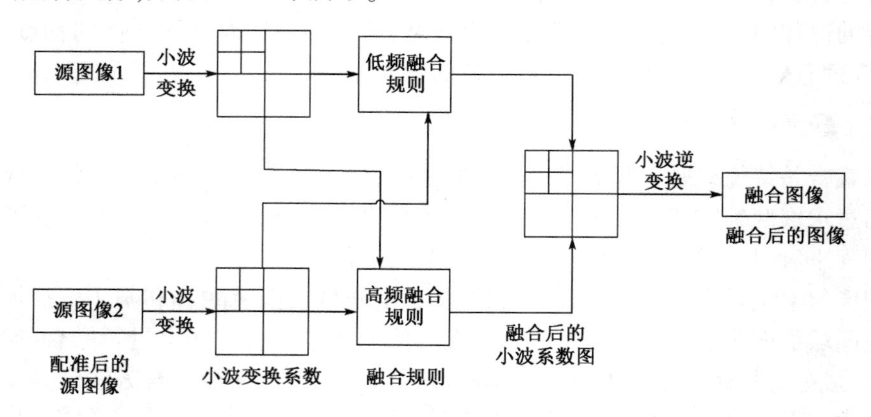


图 10-11　基于小波变换的图像融合算法流程

基于小波变换的图像融合基本步骤如下:

a. 对原始图像进行预处理和图像配准;

b. 对处理过的图像分别进行小波分解,得到低频和高频分量;

c. 对低频和高频分量采用不同的融合规则进行融合;

d. 进行小波逆变换;

e. 得到融合图像。

可以把图像融合的整个过程按如下的模型来描述:

$$R = W^{-1}[F(W\{I_K\})] \tag{10-6}$$

式中,$I_K$ 表示第 $K$ 幅图像;$W$ 表示小波变换算子;$F$ 表示融合算子;$W^{-1}$表示小波变换逆算子;$R$ 表示最后得到的融合图像。在小波变换算子部分,Matlab 工具箱提供了几种常用的如 Harr 小波、Mexican 草帽小波、Morlet 小波等,这里对这几种小波做简单介绍。

Harr 小波:Harr 函数是由数学家 A. Harr 在 1909 年提出的,它满足正交性和紧支撑性,是所有已知小波中最简单的小波基。定义为:

$$\phi(t) = \begin{cases} 1, & 0 \leqslant t \leqslant 1/2 \\ -1, & 1/2 \leqslant t < 1 \\ 0, & \text{else} \end{cases} \tag{10-7}$$

Mexican 草帽小波:也称 Marr 小波,是 Gauss 函数的二阶导数。定义为:

$$\phi(t)=(1-t^2)e^{-\frac{t^2}{2}} \tag{10-8}$$

$$\phi(t)=\sqrt{2\pi}\omega^2 e^{-\frac{\omega^2}{2}} \tag{10-9}$$

Mexican 草帽小波在时域和频域都具有很好的局部化特性。该小波在计算机视觉领域具有很重要的作用,适用于图像边缘提取、视觉分析和基因检测等领域。

Morlet 小波:Morlet 小波是最常用的复值小波。定义如下:

$$\phi(t)=Ce^{-\frac{t^2}{2}}\cos(5x) \tag{10-10}$$

$C$ 是重构时的归一化常数。由于该小波的时域和频域局部性能较好,因此是一种比较有用的小波。

### 10.3.4　图像融合算法结果分析

为了更直观体现不同算法的融合效果,原始图像分别采用左、右聚焦的两幅图像,如图 10-12中 a)、b)所示,图 10-12c)和 d)则分别表示采用加权平均和小波变换得到的融合图像(实验中使用的是 Harr 小波)。观察这两幅图像可以发现,这两种算法的图像细节重构都比较好,图像整体上比较清晰。从图像细节重构的效果上来看,基于小波变换的图像融合方法所得的图像边缘更加突出,效果更好。

a)聚焦右侧的图像

b)聚焦左侧的图像

c)加权均值融合结果

d)小波变换融合结果

图 10-12　图像融合效果对比

附部分 Matlab 程序清单如下。

a. 加权均值融合:

```
clc;
clear all;
I_origin = im2double(imread('1.bmp'));
I_origin2 = im2double(imread('2.bmp'));
w1 =0.5,w2 =0.5;        %定义权值
I_result = w1 * I_origin + w2 * I_origin2;
imwrite(I_result, 'f.jpg');
subplot(2,2,3);
imshow(I_result);
title(['融合图象']);
```

b. 小波变换图像融合:

```
clc;
clear all;
clear
I_origin = imread('1.bmp');
I1 = double( I_origin) / 256;
I_origin2   = imread('2.bmp');
I2 = double(I_origin2 ) / 256;
lever = 2; %分解层数
type = 'haar';%小波类型
[I1_w,s0] = wavedec2(I1, lever, type);%小波分解
[I2_w,s1] = wavedec2(I2, lever, type);
length = size(I2_w);
Coef_Fusion = zeros(1,length(2));
Coef_Fusion(1:s1(1,1)) = (I1_w(1:s1(1,1)) + I2_w(1:s1(1,1)))/2;  %小波变换
低频系数处理,求均值
MM1 = I1_w(s1(1,1) +1:length(2)); %小波变换高频系数处理,取绝对值较大的
MM2 = I2_w(s1(1,1) +1:length(2));
mm = (abs(MM1)) > (abs(MM2));
Y   = (mm. * MM1) + (( ~mm). * MM2);
Coef_Fusion(s1(1,1) +1:length(2)) = Y;
Y = waverec2(Coef_Fusion,s0,type);   %重构
subplot(2,2,1);
imshow(I1); %输出图像
colormap(gray);
title('input2');
subplot(2,2,2);
imshow(I2);
```

```
colormap(gray);
title('input2');
%axis square
subplot(223);imshow(Y,[]);
colormap(gray);
title('融合图像');
```

## 10.4　运动目标检测

运动目标检测是指从序列图像中将变化区域(目标)从背景中分割出来的技术方法,是目标识别与跟踪、运动图像编码、安全监控等视频分析和处理等应用的关键步骤。检测的质量直接关系到后续处理的效果。完整、迅速、准确的提取出运动目标,能有效提高后续的目标跟踪和行为理解的精度。运动目标检测在智能监控、视频压缩、自动导航、人机交互、虚拟现实等许多领域中有广泛的应用前景。

在实际中,视频分帧图像的背景常常受到光照、阴影、天气的影响,使得检测运动目标的困难加大。一个好的运动目标检测算法通常要具有以下特征:

a. 对目标所在的环境中的缓慢变化如光照、阴影、天气变化等不敏感;

b. 能较好的排除运动目标所在运动场景中的某些干扰(如摇摆的树枝、湖面上的水纹波动);

c. 在复杂的运动背景中能检测并提取出运动目标,而且对复杂目标同样生效;

d. 在检测目标的的过程中排除物体阴影的干扰;

e. 检测出的结果具有较高的精度。

### 10.4.1　常见运动目标检测算法概述

目前,运动目标检测算法通常大致可分为两类:一类是静态背景下的目标检测,即图像背景相对摄像机静止;另一类是动态背景下的目标检测,即图像背景与摄像机存在着相对运动。其中,静态背景下的目标检测比较容易,通常运用帧间差分法或背景减除法即可获得运动目标的信息。动态背景下的目标检测则相对比较复杂,因为它包含了两种运动:目标的运动和摄像机运动造成的全局图像运动。动态背景下的目标检测方法研究更具有挑战性和实际意义,光流法以及全局运动补偿是动态背景下目标检测的主要手段。

1. 帧间差分法

帧间差分法是在运动目标检测中最常用的方法,当背景静止时能够取得较好的检测结果。由于差分往往是在相邻两帧或三帧间进行的,因此称为帧间差分法。其基本思想是在视频序列中的相邻两帧或者三帧间利用他们之间的目标运动的差异差分计算,并对其差分结果阈值化提取出目标所在图像上的运动区域,图像帧相减可以去掉灰度没有发生变化的部分。该方法的最大特点就是速度快,背景不积累、更新速度快,而且对整体光照变化不是很敏感,比光流法计算量小,程序设计相对简单,容易实时监控。不足之处是对环境噪声较敏感,但既要抑制住图像噪声又要留住图像中的有用变化就增加了阈值选取的难度。当遇到颜色相近、较大的运动目标时很可能在目标内部产生空洞现象以致不能完整的提取出运动目标。帧间差分法的原理图如图 10-13 中所示。

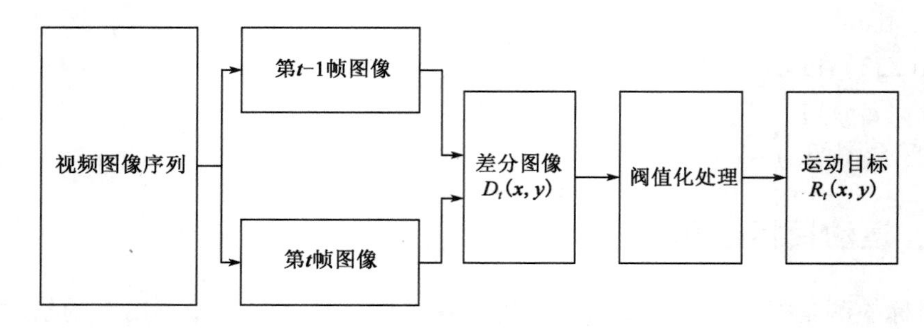


图 10-13　帧间差分法原理图

帧间差分法的表达式为：

$$D_t(x,y)=|I_t(x,y)-I_{t-1}(x,y)| \tag{10-11}$$

$$B_t(x,y)=\begin{cases}1,D_t(x,y)>T\\0,D_t(x,y)\leqslant T\end{cases} \tag{10-12}$$

其中，$I_t(x,y)$和$I_{t-1}(x,y)$分别表示像素点$(x,y)$处第 $t$ 帧和第 $t-1$ 帧图像；$D_t(x,y)$表示相邻两帧图像差分后的图像；$B_t(x,y)$表示经过闭值判断后，差分图像的二值化图像；$T$ 为阈值。

由于帧间差法反映的运动目标运动状态的像素点偏少，而且连续两帧图像的帧间差检测出的运动目标有时会比实际的运动目标大很多，为了改进帧间差法的效果，有文献提出了利用三帧图像检测运动目标的思想。设视频图像序列中相邻三帧图像分别为 $I_{t+1}(x,y)$、$I_t(x,y)$、$I_{t-1}(x,y)$，$T$ 为阈值，则此时的帧间差分法的表达式为：

$$D_{\mathrm{n}}(x,y)=|I_{t+1}(x,y)-2I_t(x,y)+I_{t-1}(x,y)| \tag{10-13}$$

$$B_t(x,y)=\begin{cases}1,D_t(x,y)>T\\0,D_t(x,y)\leqslant T\end{cases} \tag{10-14}$$

由于利用了三帧图像信息，提高了运动目标检测的质量与精度。但是因为该算法涉及相邻的三帧图像，所以会产生一帧的时间停滞。在视频图像满足帧间隔时，一帧的时间停滞一般不会对实时运动目标检测产生较大的影响。

此外，阈值的选取对目标检测精度有很大的影响，常量定值的阈值往往只能适用于特定的场合，为了提高运动检测的鲁棒性，可以采用一种自适应的阈值选择方法。由于运动区域内像素的灰度变化要大于整个图像灰度变化的平均值，因而通常可以选取差分图像的均值作为阈值。假设 $d(x,y)$ 为差分图像中点$(x,y)$处的灰度值，$N$ 和 $M$ 分别表示图像的宽度和高度，则差分图像的均值 $aver$ 为：

$$aver=\frac{1}{MN}\sum_{x=0,}^{M-1}\sum_{y=0,}^{N-1}d(x,y) \tag{10-15}$$

2. 背景减除法

背景减除法是将当前图像和固定背景图像进行“相减”运算，通过比较两幅图像的差异情况，可以获取一个运动物体在此背景下运动的信息。背景图像是指一幅没有运动目标的图像，

“相减”所得区域即为需要检测的运动目标的区域。背景减除法与帧间差分法有相似的地方，可以说背景差分法是一种将帧间差分改为当前帧与背景帧进行差分的特殊的帧间差分法。

背景差分的基本原理如图 10-14 所示。

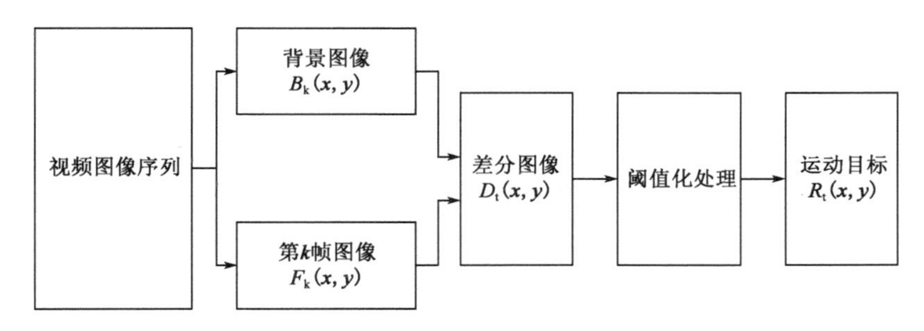


图 10-14　背景差分法原理图

设 $I(x,y)$ 为背景图像中某一像素点，$I_n(x,y)$ 是含有目标的图像中的某一像素点，则背景减除法如下所示：

$$D_n(x,y) = |I(x,y) - I_n(x,y)| \tag{10-16}$$

$$B_n(x,y) = \begin{cases} 1, D_n(x,y) > T \\ 0, D_n(x,y) \leqslant T \end{cases} \tag{10-17}$$

显然背景减除法的重点是能够在理想情况下获取一幅“纯净”的图像做背景，但是实际中获得一幅“纯净”的没有任何目标出现的背景图像是极其困难时，背景的轻微扰动及外界光线的变化都会增加背景获取的难度，按照获取图像背景以及更新算法的差异，可以分为统计方法、自适应背景更新算法、背景法等。其中统计平均方法是实际中较常用的自适应背景修正的方法，对多幅背景图像取平均，在场景内目标停留的时间较短且不频繁时可以取得很好的效果。其背景修正方法公式如下：

$$I(x,y) = \frac{1}{k}[I_{n-k}(x,y) + \cdots + I_{n-1}(x,y)] \tag{10-18}$$

3. 光流法

光流的概念是 Gibso 在 1950 年首次提出的，指的是时间变化过程中图像亮度模式的变化速度，是利用图像序列中像素在时间域上的变化以及相邻帧之间的相关性来找到上一帧跟当前帧之间存在的对应关系，从而计算出相邻帧之间物体的运动信息的一种方法。

光流法作为一种目标检测方法，基本思想是把亮度恒定作为约束假设或以灰度梯度基本不变为基础，该方法首次是被学者 Horn 和 Schunck 在 20 世纪 80 年代初提出的，所谓的光流法就是将目标在连续的两帧图片上的前后移动对应的像素用向量来表示，增加速度矢量给图形中的每一个像素点，建立图像运动场，由投影关系得到某一时刻图像像素点与三维目标上的点的对应关系，通过分析像素点的速度矢量，获取运动目标区域。当图像运动场中没有运动目标时，则光流矢量变化平滑；当运动目标在图像运动场中发生相对运动时，则运动目标的速度矢量一定不同于相邻背景区域的速度矢量，从而将运动目标从图像中分离出来。光流不等同于运动场，有光流不一定有目标运动产生，目标运动也不一定会产生光流。但一般情况下，可以忽略表观运动和物体真实运动之间的差异，用光流场来代替运动场，分析图像中的运动目标及其运动参数。其流程如图 10-15 所示。

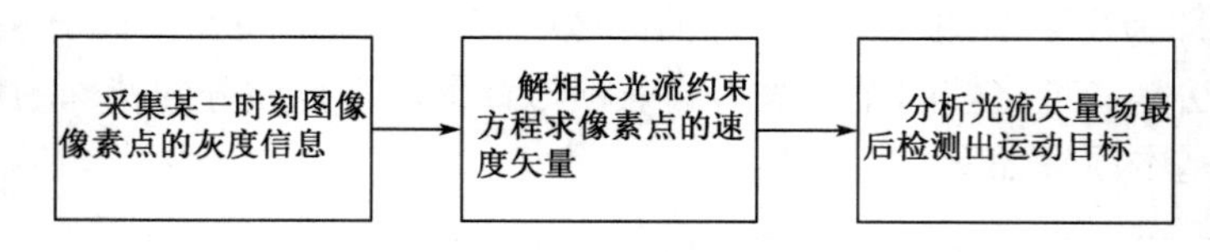


图 10-15　光流法流程图

光流法大致可分为全局光流法和局部光流法。全局是对整幅图像来讲的,而局部指的是图像的部分区域。局部光流法能很好的反映出运动目标边缘上的光流信息,缺点是对其中的噪声较敏感,其光流方程在灰度平坦的区域上无解。相比下,全局光流法更稳定,但是它只能求得整幅图像移动产生的光流,相对运动区域的光流方程无解。全局光流场运动参数在有噪声、数据稀疏、光流数据不准确的环境中需要进一步研究。因此很多研究人员慢慢开始对局部光流场展开研究。具体求解过程如下:

假设像素点 $n$ 在 $(x,y)$ 处 $t$ 时刻的灰度为 $E(x,y,t)$,$E(x+V_x\mathrm{d}t,y+V_y\mathrm{d}t,t+\mathrm{d}t)$ 为点 $(x,y)$ 在 $t+\mathrm{d}t$ 时刻运动到 $(x+V_x\mathrm{d}t,y+V_y\mathrm{d}t)$ 的灰度,运动前后为同一点,故得到光流约束方程为:

$$E(x,y,t)=E(x+V_x\mathrm{d}t,y+V_y\mathrm{d}t,t+\mathrm{d}t) \tag{10-19}$$

把式(10-19)的右边泰勒级数展开,令 $\mathrm{d}t\to 0$ 有:

$$E(x,y,t)=E(x,y,t)+\frac{\partial E}{\partial x}V_x+\frac{\partial E}{\partial y}+o(\mathrm{d}t^2) \tag{10-20}$$

其中,$o(\mathrm{d}t^2)$ 代表阶数大于 2 的项。

设:

$$E_x=\frac{\partial E}{\partial x},E_y=\frac{\partial E}{\partial y},E_t=\frac{\partial E}{\partial t} \tag{10-21}$$

化简式(10-21),得到空间和时间梯度与速度分量直接的关系:

$$E_xV_x+E_yV_y+E_t=0 \tag{10-22}$$

或

$$\nabla E\cdot\nabla V_n+E_t=0 \tag{10-23}$$

其中,$\nabla E=[E_x,E_y]^T$ 是图像像素点处的梯度,$\nabla E\cdot\nabla V_n$ 是向量的点积,这个方程就是光流约束方程。

实际上,上述光流约束方程产生的是恒值亮度轮廓图像运动的法向分量 $\boldsymbol{V}_{\mathrm{n}}=sn$ 其中 $s$ 和 $n$ 分别是法向运动分量的大小和方向:

$$\begin{cases} s=\dfrac{-E_t}{\|\nabla E\|} \\ n=\dfrac{\nabla E}{\|\nabla E\|} \end{cases} \tag{10-24}$$

显然,由式(10-24)不能唯一确定光流,必须加入其他约束条件来同时求解 $V_x$、$V_y$。例如,使用光流的全局平滑性假设来求解光流的 Hom-Schunck 方法,用一个模型通过最小二乘法来拟合像素点邻域内的光流值约束光流进行局部调整的 Lucas-Kanade 方法,利用二阶导数求光流 Nagel 方法等。光流法的优点是在摄像机相对运动的前提下也能检测出独立的运动目标,但计算方法相当复杂,实时性不高,抗干扰能力较差。

### 10.4.2　帧间差分法运动目标检测实验

1. 实验步骤

以帧间差分法为例，运动目标检测算法的流程大致如下：

(1)如图10-16，图a)、b)选取了一段视屏的第79帧和第80帧的图像，按照帧间差分法的计算式(10-11)和式(10-12)对图像“作差”，如图10-16c)所示。

(2)对图10-16c)进行二值化处理，效果如图10-16d)中所示。

(3)对图10-16d)进行形态学处理，此处用闭运算来填补二值化后图像内部的“空洞”。

(4)对图10-16d)进行连通性分析，找出最大联通区域并圈定。

a)　b)　c)　d)　e)　f)

图10-16　帧间差分法实验结果

2. 帧间差分法 Matlab 程序清单

```
clear
clc
wuc = imread('79.jpg');      % 读取第 79 帧图片
wu = rgb2gray(wuc);
youc = imread('80.jpg');      % 读取第 80 帧图片
you = rgb2gray(youc);
wu = double(wu)/255;
you = double(you)/255;
d(:,:) = abs(you(:,:)-wu(:,:));    % 求差值
bw1 = im2bw(d,0.2);        % 二值化处理
se90 = strel ('line',3,90);
se0 = strel ('line',3,0);       % 对上述图像进行形态学处理
bw = imdilate(bw,[se90,se0]);bw = bwmorph(bw,'close');
bw = bwareaopen(bw,10);
[bwl,ln] = bwlabel(bw,4);     % 寻找最大联通区域
bwl_index =0;
bwl_big =0;
for m =1:ln
    tmp = sum(sum(bwl = =m));
    if(tmp > bwl_big)
        bwl_big = tmp;
        bwl_index = m;
    end
end
obj = (bwl = =bwl_index);    % 取最大联通区域
[c,r] = find(obj = =1);         % 统计位置坐标
xbegin = min(r);
ybegin = min(c);
xlength = max(r)-xbegin;
ylength = max(c)-ybegin;
im1 = wuc;              im2 = youc;
im3 = imadjust(d,[0,0.2],[0,1]);    % 对比度增强后显示(便于看到两幅图像的差值)
im4 = bw1;              im5 = bw;
subplot(231);imshow(im1);title('原图');imwrite(im1,'原图.jpg');
subplot(232);imshow(im2);title('目标');imwrite(im2,'目标.jpg');
subplot(233);imshow(im3);title('图片差');imwrite(im3,'图片差.jpg');
subplot(234);imshow(im4);title('二值化');imwrite(im4,'二值化后.jpg');
```

```
subplot(235);imshow(im5);title('形态学处理');imwrite(im5,'形态学处理.jpg');
subplot(232);                    %圈定目标
hold on
    plot(xbegin + xlength/2,ybegin + ylength/2,'+');
    rectangle('Position',[xbegin,ybegin,xlength,ylength],'EdgeColor','g');
    hold off
```

3. 结果分析(图10-16)

分析实验结果可以发现,帧间差分法的算法复杂度最低,实时性也最高,在静态背景条件下能偶取得不错的检测结果,但检测得到的运动目标区域会产生空洞并且大于实际运动区域。

## 10.5　目标跟踪

运动目标跟踪算法是数字图像处理与机器视觉领域研究的重要课题,其主要目的是通过对图像序列中的目标进行检测、提取、识别和跟踪,计算出运动目标在每一帧图像上的二维坐标位置,将图像序列中连续帧间的同一运动目标关联起来,得到每帧图像中目标的运动参数以及相邻帧图像间运动目标的对应关系。从而获得目标实际的运动方向、位置、速度等信息,简单地说,就是在下一帧图像中找到目标的确切位置和加速度等信息,并反馈给跟踪系统进行跟踪,为目标做进一步的分析与理解提供帮助。随着计算机技术的不断发展,计算能力得到了极大提高,廉价高性能摄像头的广泛应用以及自动视频分析需求的不断增长,基于视觉的目标跟踪算法研究成为计算机视觉中的研究热点。

目标跟踪在民用和军用领域具有极其重要的应用价值。在民用领域,最常见的是对机场、广场、轨道交通、别墅区、政府行政单位、军区、博物馆等各类型场所的治安智能监控。在军用领域,战斗机等飞行器对空中或地面目标进行跟踪和识别,在现代战争中具有重要意义,是实施精准打击的必要手段。目标跟踪技术发展到今天已经取得了极大的进步,但同时由于视频采集过程中容易受到环境的影响,例如光照变化、局部遮挡、目标尺度变化等,使得要检测的目标发生形状上的变化,同样类型的目标物体形状可能会有很大差异,不同类型的目标物体的形状差异可能较小,这也给运动目标检测和识别带来了很大的挑战。

### 10.5.1　常见目标跟踪算法概述

在前一节已经介绍了常见的运动目标识别方法,目标识别是目标跟踪的基础,目前主流的目标跟踪方法,根据对被跟踪目标信息使用情况的不同,可将算法分为:基于对比度分析的目标跟踪、基于匹配的目标跟踪、核方法和基于运动检测的目标跟踪。基于对比度分析的跟踪算法主要利用目标和背景的对比度差异,实现目标的检测和跟踪。基于匹配的跟踪主要通过前后帧之间的特征匹配实现目标的定位。基于运动检测的跟踪主要根据目标运动和背景运动之间的差异实现目标的检测和跟踪。前两类方法都是对单帧图像进行处理,基于匹配的跟踪方法需要在帧与帧之间传递目标信息,对比度跟踪不需要在帧与帧之间传递目标信息。基于运动检测的跟踪需要对多帧图像进行处理,如图10-17所示。

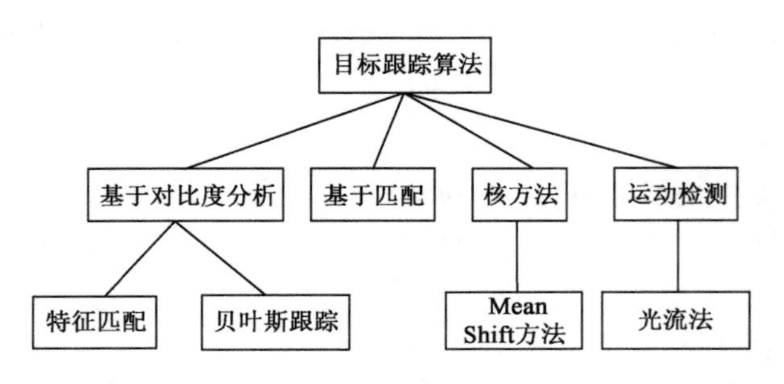


图 10-17 主流目标跟踪算法

1. 基于对比度分析的跟踪方法

对比度跟踪是利用目标与背景之间的对比度来识别和提取目标信号,从而实现自动跟踪目标的一种方法。图像跟踪的对比度跟踪方法中依跟踪参考点的不同可分为:边缘跟踪、形心跟踪、质心跟踪等。边缘跟踪的优点是计算简单、响应快,在某些场合(如要求跟踪目标的左上角或右下角等)有其独到之处。缺点是跟踪点易受干扰,跟踪随机误差大。重心跟踪算法计算简便,精度较高,但容易受到目标的剧烈运动或目标被遮挡的影响。重心的计算不需要清楚的轮廓,在均匀背景下可以对整个跟踪窗口进行计算,不影响测量精度。重心跟踪特别适合背景均匀、对比度小的弱小目标跟踪等一些特殊场合。形心跟踪和重心跟踪方法相近,图像二值化之后,按重心公式计算出的是目标图像的形心。

对比度跟踪方法可以跟踪快速运动的目标,对目标姿势变化的适应性强,但识别目标的能力差,难以跟踪复杂背景中的目标。所以对比度跟踪法基本上只适用于跟踪空中或水面目标。

2. 基于匹配的跟踪算法

图像相关匹配是一种基于最优相关理论的图像处理方法,主要用于目标识别、检测以及跟踪。在相关匹配过程中,存在一个表示目标或待检测物体的模板,通过计算模板与待分析对象的相似程度,从而识别出或检测到相应的目标,进而在跟踪过程中,分析得到当前图像中的具体位置。

(1)特征匹配

特征是目标可区别其他事物的属性,如可区分性、可靠性、独立性和稀疏性。基于匹配的目标跟踪算法需要提取目标的特征,并在每一帧中寻找该特征。寻找的过程就是特征匹配过程。

特征提取是一种变换或者编码,将数据从高维的原始特征空间通过映射变换到低维空间的表示。根据 Marr 的特征分析理论,有 4 种典型的特征计算理论:神经还原论、结构分解理论、特征空间论和特征空间的近似。神经还原论直接源于神经学和解剖学的特征计算理论,它与生物视觉的特征提取过程最接近,其主要技术是 Gabor 滤波器、小波滤波器等。结构分解理论是到目前为止唯一能够为新样本进行增量学习提供原则的计算理论,目前从事该理论研究的有麻省理工学院实验组的视觉机器项目组等。特征空间论主要采用主分量分析(PCA)、独立分量分析(ICA)、稀疏分量分析(SCA)和非负矩阵分解(NMF)等技术抽取目标的子空间特征。特征空间的近似属于非线性方法,适合于解决高维空间上复杂的分类问题,主要采用流形、李代数、微分几何等技术。

目标跟踪中用到的特征主要有几何形状、子空间特征、外形轮廓和特征点等。其中，特征点是匹配算法中常用的特征。特征点的提取算法很多，如 Kanade Lucas Tomasi（KLT）算法、Harris 算法、SIFT 算法以及 SURF 算法等。特征点一般是稀疏的，携带的信息较少，可以通过集成前几帧的信息进行补偿。目标在运动过程中，其特征（如姿态、几何形状、灰度或颜色分布等）也随之变化。目标特征的变化具有随机性，这种随机变化可以采用统计数学的方法来描述。直方图是图像处理中天然的统计量，因此彩色和边缘方向直方图在跟踪算法中被广泛使用。

（2）贝叶斯跟踪

目标的运动往往是随机的，这样的运动过程可以采用随机过程来描述。很多跟踪算法往往建立在随机过程的基础之上，如随机游走过程、马尔科夫过程、自回归（AR）过程等。随机过程的处理在信号分析领域较成熟，其理论和技术（如贝叶斯滤波）可以借鉴到目标跟踪中。贝叶斯滤波中，最有名的是 Kalman 滤波（KF）。KF 可以比较准确地预测平稳运动目标在下一时刻的位置，在弹道目标跟踪中具有非常成功的应用。一般而言，KF 可以用作跟踪方法的框架，用于估计目标的位置，减少特征匹配中的区域搜索范围，提高跟踪算法的运行速度。KF 只能处理线性高斯模型，KF 算法的两种变形 EKF 和 UKF 可以处理非线性高斯模型。两种变形扩展了 KF 的应用范围，但是不能处理非高斯非线性模型，这个时候就需要用粒子滤波（PF）。由于运动变化，目标的形变、非刚体、缩放等问题，定义一个可靠的分布函数是非常困难的，所以在 PF 中存在例子退化问题，于是引进了重采样技术。事实上，贝叶斯框架下视觉跟踪的很多工作都是在 PF 框架下寻找更为有效的采样方法和建议概率分布。这些工作得到了许多不同的算法，如马尔可夫链蒙特卡洛（MCMC）方法、Unscented 粒子滤波器（UPF）、Rao-Blackwellised 粒子滤波器（RBPF）等。

3. *核方法*

核方法的基本思想是对相似度概率密度函数或者后验概率密度函数采用直接的连续估计。这样处理一方面可以简化采样，另一方面可以采用估计的函数梯度有效定位采样粒子。采用连续概率密度函数可以减少高维状态空间引起的计算量问题，还可以保证例子接近分布模式，避免粒子退化问题。核方法一般都采用彩色直方图作为匹配特征。

Mean Shift 是核方法中最有代表性的算法，其含义正如其名，是“偏移均值向量”。直观上看，如果样本点从一个概率密度函数中采样得到，由于非零的概率密度梯度指向概率密度增加最大的方向，从平均上来说，采样区域内的样本点更多的落在沿着概率密度梯度增加的方向。因此，对应的 Mean Shift 向量应该指向概率密度梯度的负方向。

Mean Shift 跟踪算法反复不断地把数据点向 Mean Shift 矢量方向进行移动，最终收敛到某个概率密度函数的极值点。在 Mean Shift 跟踪算法中，相似度函数用于刻画目标模板和候选区域所对应的两个核函数直方图的相似性，采用的是 Bhattacharyya 系数。因此，这种方法将跟踪问题转化为 Mean Shift 模式匹配问题。核函数是 Mean Shift 算法的核心，可以通过尺度空间差的局部最大化来选择核尺度，若采用高斯差分计算尺度空间差，则得到高斯差分 Mean Shift 算法。

Mean Shift 算法假设特征直方图足够确定目标的位置，并且足够稳健，对其他运动不敏感。该方法可以避免目标形状、外观或运动的复杂建模，建立相似度的统计测量和连续优化之间的联系。

#### 4. 基于运动检测的目标跟踪算法

基于运动检测的目标跟踪算法通过检测序列图像中目标和背景的不同运动来发现目标存在的区域,实现跟踪。这类算法不需要帧间的模式匹配,不需要在帧间传递目标的运动参数,只需要突出目标和非目标在时域或者空域的区别即可。这类算法具有检测多个目标的能力,可用于多目标检测和跟踪。这类运动目标检测方法主要有帧间图像差分法、背景估计法、能量积累法、运动场估计法等。

光流算法是基于运动检测目标跟踪的代表性算法。光流的概念是 Gibson 于 1950 年首先提出的。光流是空间运动物体在成像面上的像素运动的瞬时速度,光流矢量是图像平面坐标点上的灰度瞬时变化率。光流的计算利用图像序列中的像素灰度分布的时域变化和相关性来确定各自像素位置的运动,研究图像灰度在时间上的变化与景象中物体结构及其运动的关系。将二维速度场与灰度相联系,引入光流约束方程,得到光流计算的基本算法。光流不仅包含了被观察物体的运动信息,而且携带着有关景物三维结构的丰富信息。基于光流的图像跟踪法主要分为连续光流法和特征光流法,是目标跟踪的主要方法之一。

连续光流法是通过提取运动目标的光流场,在经过一系列光流场区域处理,对相近速度区域进行聚类,较完整的提取运动目标区域。从含运动目标的图像序列中抽取光流场,筛选出光流较大的运动目标区域并计算目标的速度矢量,从而实现运动目标的跟踪。主要包括图像预处理、初始光流场计算、光流场改进计算、光流区域聚类等几个部分。虽然基于光流的方法不需要进行连续图像间特征的匹配,但存在着某些缺点。首先,光流的计算需要微分运算,而图像的微分运算是对噪声敏感的;其次,光流的计算常用松弛迭代算法,算法费时,难以满足实时控制的要求;连续光流法不能跟踪做较大速度运动的目标。

特征光流的方法是通过序列图像的特征匹配计算图像的特征光流,通过光流聚类来实现目标与背景的分离;通过提取光流类的形状信息来进行目标的自动识别;通过目标特征点的匹配来实现目标的跟踪。

特征光流法具有如下优点:跟踪过程进行的是目标特征点的匹配,具有较小的计算量,适用于跟踪快速运动的目标及较大目标;利用特征光流聚类及目标形状信息可实现目标的正确分离与识别,适用于多目标跟踪。主要有四个步骤:特征点检测(对于刚体运动目标一般选取目标的角点)、特征光流估计、光流聚类、目标识别。但由于算法中角点检测和匹配算法对噪声都较为敏感,所以,还是需要对图像做较好的预处理。

### 10.5.2 Mean Shift 目标跟踪算法

在前一节我们已经对目前常见的目标跟踪算法做了大致介绍,本节以 Mean Shift 目标跟踪算法为例,对目标跟踪算法的流程做详细阐述。Mean shift 算法是基于核的目标跟踪,核函数对区间内的数据进行加权处理的方法不但能增强了表达的光滑性,而且对中小规模的数据集有很好的实用性,在生成无偏密度估计时速度很快,概率统计特性也很好。Mean shift 的基本原理如下。

#### 1. Mean Shift 算法基本理论

假设 $d$ 维欧式空间 $R^d$ 中,设有一个点的集合 $S\{x_i\}$,$i=1,2,\cdots,n$ 的 Mean Shift 向量的基

本形式定义为：

$$M_h(x)=\frac{1}{k}\sum_{x_i\in S_k}(x_i-x) \tag{10-25}$$

式中，$k$ 表示 $k$ 个样本点在 $S_h$ 区域之中；$S_h$ 是半径为 $h$ 的高维球区域，且满足以下关系的 $y$ 点的集合：

$$S_h(x)=\{y:(y-x)^T(y-x)\leqslant h^2\} \tag{10-26}$$

可以看出，$M_h(x)$ 指向样本分布最多的区域，即概率密度函数的梯度方向。考虑采样点的贡献程度不一致，Mean Shift 引进核函数和权重系数，其中比较常见的有单位均匀核函数、高斯核函数，其表示如下。

单位均匀核函数：

$$F(x)=\begin{cases}1 & \text{if } \|x\|<1\\ 0 & \text{if } \|x\|\geqslant 1\end{cases} \tag{10-27}$$

单位高斯核函数：

$$N(x)=e^{-\|x\|^2} \tag{10-28}$$

则 Mean Shift 扩展为：

$$M(x)=\frac{\sum_{i=1}^{n}G_H(x_i-x)w(x_i)(x_i-x)}{\sum_{i=1}^{n}G_H(x_i-x)w(x_i)} \tag{10-29}$$

其中，$G_H(x_i-x)=|H|^{-1/2}G(H^{-1/2}(x_i-x))$，$G(x)$ 是单位核函数，$H$ 是正定的对称 $d\times d$ 矩阵，$\omega(x_i)\geqslant 0$ 为权重系数。因而式(10-29)又可改写为：

$$M_h(x)=\frac{\sum_{i=1}^{n}G\left(\frac{x_i-x}{h}\right)w(x_i)(x_i-x)}{\sum_{i=1}^{n}G\left(\frac{x_i-x}{h}\right)w(x_i)} \tag{10-30}$$

可以看到，如果所有采样点 $x_i$ 满足 $\omega(x_i)=1$ 和 $G(x)=\begin{cases}1 & if\|x\|<1,\\ 0 & if\|x\|\geqslant 1,\end{cases}$ 则式(10-30)完全退化为式(10-27)。

2. Mean Shift 算法流程

在对目标进行描述时，设目标的中心位为 $x_o$，可以通过目标的颜色或灰度分布将目标描述为：

$$\hat{q}_n=C\sum_{i=1}^{n}k\left(\left\|\frac{x_i^s-x_0}{h}\right\|^2\right)\delta[b(x_i^s)-u] \tag{10-31}$$

候选的位于 $y$ 的物体可以描述为：

$$\hat{p}_u(y)=C_h\sum_{i=1}^{nh}\left(\left\|\frac{x_i^s-y}{h}\right\|^2\right)\delta[b(x_i^s)-u] \tag{10-32}$$

本质上，目标跟踪可以简化为寻找最优的 $y$，使得 $\hat{q}_n$ 和 $\hat{p}_u(y)$ 最相似。$\hat{q}_n$ 和 $\hat{p}_u(y)$ 的最相

似性用 Bhattacharry 系数 $\hat{\rho}_u(y)$ 来度量，即

$$\rho[p(y),q] \approx \frac{1}{2}\sum_{u=1}^{m}\sqrt{p(y_0)q_u} + \frac{1}{2}\sum_{u=1}^{m}p_u(y)\sqrt{\frac{q_u}{q_u(y_0)}} \tag{10-33}$$

对式(10-33)在 $\hat{\rho}_u(\hat{y}_0)$ 处泰勒展开，并整理可得：

$$\rho[p(y),q] \approx \frac{1}{2}\sum_{u=1}^{m}\sqrt{p(y_0)q_u} + \frac{C_n}{2}\sum_{i=1}^{m}\omega_i k\left(\left\|\frac{y-x_i}{h}\right\|^2\right) \tag{10-34}$$

其中，

$$\omega_i = \sum_{u=1}^{m}\delta[b(x_i)-u]\sqrt{\frac{q_n}{p_u(y_0)}}。 \tag{10-35}$$

为了找到和目标模型最相似的位置，式(10-34)的值应当最小。在迭代过程中，核函数中心从初始位置 $y_0$，不断移到新的位置 $y_1$：

$$y_1 = \frac{\sum_{i=1}^{n} g\left(\left\|\frac{x_i - y_0}{h}\right\|^2\right)\omega(x_i)x_i}{\sum_{i=1}^{n} g\left(\left\|\frac{x_i - y_0}{h}\right\|^2\right)\omega(x_i)} \tag{10-36}$$

### 10.5.3 Mean Shift 目标跟踪算法实验

(1)算法 Matlab 程序清单

```
clear all;
posit='C:\Users\Administrator\Desktop\目标跟踪\ample';% 第一帧用鼠标选择要跟踪的物体
rgb=imread(strcat(posit,'\\','1.jpg'));
figure(1),imshow(rgb);
[temp,rect]=imcrop(rgb);
[a,b,c]=size(temp);
%目标中心坐标
y(1)=a/2;
y(2)=b/2;
m_wei=zeros(a,b);%权值矩阵
h=y(1)^2+y(2)^2 ;%带宽
%计算权值矩阵
for i=1:a
    for j=1:b
        dist=(i-y(1))^2+(j-y(2))^2;
        m_wei(i,j)=1-dist/h; %epanechnikov profile
    end
end
C=1/sum(sum(m_wei));%归一化系数
```

```
% 计算目标权值直方图 qu
% hist1 = C * wei_hist(temp,m_wei,a,b);% target model
hist1 = zeros(1,4096);
for i = 1:a
    for j = 1:b
        % rgb 颜色空间量化为 16 * 16 * 16 bins
        q_r = fix(double(temp(i,j,1))/16);
        q_g = fix(double(temp(i,j,2))/16);
        q_b = fix(double(temp(i,j,3))/16);
        q_temp = q_r * 256 + q_g * 16 + q_b;
        hist1(q_temp +1) = hist1(q_temp +1) + m_wei(i,j);
    end
end
hist1 = hist1 * C;
rect(3) = ceil(rect(3));
rect(4) = ceil(rect(4));
myfile = dir(strcat(posit,'\','*.jpg')) % 读取序列图像
lengthfile = length(myfile);
for l = 1:lengthfile
        Im = imread(strcat(posit,'\','',num2str(l),'.jpg'));
End
      num = 0;
      Y = [2,2];
while((Y(1)^2 + Y(2)^2 >0.5)&num <20)    % % mean shift 迭代
      num = num +1;
      temp1 = imcrop(Im,rect);
      hist2 = zeros(1,4096);% 计算候选区域直方图
      for i = 1:a
        for j = 1:b
        q_r = fix(double(temp1(i,j,1))/16);
        q_g = fix(double(temp1(i,j,2))/16);
        q_b = fix(double(temp1(i,j,3))/16);
        q_temp1(i,j) = q_r * 256 + q_g * 16 + q_b;
        hist2(q_temp1(i,j) +1) = hist2(q_temp1(i,j) +1) +m_wei(i,j);
        end
      end
      hist2 = hist2 * C;
      w = weights(hist1,hist2); % 权值计算
```

```
      sum_w = 0;
      xw = [0,0];
    for i = 1:a;
        for j = 1:b
            bitwei(i,j) = w(uint32(q_temp1(i,j)) + 1);
             sum_w = sum_w + w(uint32(q_temp1(i,j)) + 1);
             xw = xw + w(uint32(q_temp1(i,j)) + 1) * [i-y(1)-0.5,j-y(2)-0.5];
        end
    end
    Y = xw/sum_w
        rect(1) = rect(1) + Y(2);   %中心点位置更新
        rect(2) = rect(2) + Y(1);
end
    v1 = rect(1);
    v2 = rect(2);
    v3 = rect(3);
    v4 = rect(4);
      figure(2)%显示跟踪结果
    clf
    imshow(uint8(Im))
    hold on;
plot([v1,v1 + v3],[v2,v2],[v1,v1],[v2,v2 + v4],[v1,v1 + v3],[v2 + v4,v2 + v4],[v1
 + v3,v1 + v3],[v2,v2 + v4],'LineWidth',1,'Color','g')
end
```

(2)实验结果分析

如图10-18中所示,图10-18a)为视频的第1帧图像,图10-18b)为第1帧圈选定跟踪的目标区域,图10-18c)、10-18d)分别为视频的第60帧和第80帧时的跟踪结果。由分析算法的原理和结果可知,MeanShift目标跟踪算法可以通过圈定目标区域,对初始帧中目标区域的所有像素点计算特征空间中每个特征值的概率,即目标模型的描述。所谓的特征空间,就是将彩色序列图像像素的RGB空间的每个子空间都按直方图的方式分为$k$个空间,区间对应的值称为特征值,所有的这些区间组成了特征空间,共包含了$k^3$个特征值。在以后的每帧中可能存在目标候选区域,对其特征空间的每个特征值的计算称为候选模型的描述。利用相似函数度量初始帧目标模型的相似性,通过求相似函数最大值得到关于目标的MeanShift向量,由MeanShift算法的收敛性,不断迭代计算MeanShift向量。在当前帧中,最终目标会收敛到目标的真实位置,从而达到跟踪的目的。

MeanShift算法可以自行设定要跟踪的目标区域,这是算法的一大优点,但缺乏必要的模板更新,当目标尺度有所变化时,跟踪就可能出现问题,而且目前的MeanShift跟踪算法只能跟踪一个目标,计算量较大。

图 10-18　MeanShift 目标跟踪算法

## 10.6　三维重构

三维重构是指对三维物体建立适合计算机表示和处理的数学模型。通过对图像进行预处理，产生了一幅计算机易于识别和理解的图像，实现图像的三维重构。三维重构算法领域涉及图像处理、计算机图形学、虚拟现实以及模式识别等诸多领域。空间的三维重构问题根据不同的实际情况算法的种类非常多，但核心的思想还是利用三角形来覆盖待重构区域的表面。

三维重构的步骤如下。

(1)图像获取：在进行图像处理之前，先要用摄像机获取三维物体的二维图像。光照条件、相机的几何特性等对后续的图像处理造成很大的影响。

(2)摄像机标定：通过摄像机标定来建立有效的成像模型，求解出摄像机的内外参数，这样就可以结合图像的匹配结果得到空间中的三维点坐标，从而达到三维重建的目的。

(3)特征提取：特征主要包括特征点、特征线和区域。大多数情况下都是以特征点为匹配基元，特征点以何种形式提取与用何种匹配策略紧密联系，因此在进行特征点的提取时需要先确定用哪种匹配方法。

特征点提取算法可以总结为：基于方向导数的方法，基于图像亮度对比关系的方法，基于数学形态学的方法三种。

(4)立体匹配：立体匹配是指根据所提取的特征来建立两幅图像匹配基元对之间的一种

对应关系,也就是将同一物理空间点在两幅不同图像中的成像点一一对应。与普通的图像配准不同,立体像对之间的差异是由摄像时观察点的不同引起的,而不是由其他如景物本身的变化或运动所引起的。在进行匹配时要注意场景中一些因素的干扰,比如光照条件、噪声干扰、景物几何形状畸变、表面物理特性以及摄像机机特性等诸多变化因素。根据匹配基元的不同,立体匹配可分为区域匹配、特征匹配和相位匹配三大类。

①区域匹配

区域匹配算法以基准图的待匹配点为中心创建一个窗口,用邻域像素的灰度值分布来表征该像素,然后在对准图中寻找这么一个像素,以其为中心创建同样的一个窗口,并用其邻域像素的灰度值分布来表征它,两者间的相似性必须满足一定的阈值条件。基于区域的匹配算法的优点是可以得到致密的视差图,缺点是匹配窗口大小难以选择。

②特征匹配

特征匹配算法是为使匹配过程满足一定抗噪能力且减少歧义性问题而提出的。一般地,用于匹配的特征应满足以下特性:唯一性、再现性,具有物理意义。作为匹配基元的特征分为局部特征和全局特征两大类。局部特征包括点、边缘、线段、小面或局部能量。全局特征包括多边形和图像结构等。特征匹配不直接依赖于灰度,具有较强的抗干扰性,而且计算量小,速度较快。特征匹配算法也存在着一些不足:特征在图像中的稀疏性决定特征匹配只能得到稀疏的视差场;特征的提取和定位过程直接影响匹配结果的精确度。

③相位匹配

相位匹配是近二十年才发展起来的一类匹配算法。相位作为匹配基元,本身反映信号的结构信息,对图像的高频噪声有很好的抑制作用,适于并行处理,能获得亚像素级精度的致密视差,但存在相位奇点和相位卷绕的问题,需加入自适应滤波器解决。

(5)三维重构:有了比较精确的匹配结果,我们得到了空间的离散点,点与点之间的情形是未知的,更不能构成平面或曲面,为了使物体真实地显示出来,需要对这些点进行剖分,结合摄像机标定的内外参数,并赋予其深度信息,从而得到场景的三维重构模型。由于三维重构精度受匹配精度,摄像机的内外参数误差等因素的影响,因此首先需要做好前面几个步骤的工作,使得各个环节的精度高,误差小,这样才能设计出一个比较精确的立体视觉系统。

三维实体模型的表示方法主要有体单元法、八叉树、多面体、高度图、样条、多边形、分形几何及小波、Alpha 形体、线框模型、三角形网格和符号表示等。在我们的双目立体视觉重构研究中,三维数据是利用立体视觉匹配获得的离散数据,通常可以用深度图(depth map)来表示,由于存在着遮挡现象,有时采集的数据并未提供景物的全部信息,这种数据的一个明显特征是该数据集可以投影到和深度测量轴垂直的平面区域上,为了与真正的三维数据区分,这种数据称为 2.5D 数据,通常几个 2.5D 数据可以合成一个 3D 数据集。

现有的三维信息获取手段有很多,例如可以利用现成的建模软件,如 3DMax、Maya 等构造三维模型,此类软件由于可以构建人造物体以及添加渲染效果因此被广泛运用于影视作品中。这些软件的操作十分复杂,建模所需要的周期长,需要大量熟练这类软件的操作人员,使得制作成本很高,制作周期很长。使用一些专用仪器设备,例如三维扫描仪或激光测距仪可以获取现实物体的三维模型,并且通过这类设备重构出的物体具有相当高的精度。这类设备使用比较方便,建模时间也比较短,但是,这类设备的研发经费很高,设备昂贵,对于一些无法搬运的物体或者室外较大的物体无法适用。在现实中的众多应用中,对重建结果的精确度并无较高要求。三维重构技术的大多数研究成果仍然处于实验室阶段,而且整体上进展甚微,拓展研究思路是十分有必要的。

现有的双目视觉系统下,已经可以搭建简单的包括立体图对的采集、标定、预处理、立体匹配及视差图的后处理、三维重构及可视化等全部环节在内的机器视觉系统,实现双目立体视觉进行三维重构基本验证,为完成移动机器人的视觉导航任务奠定了基础。

## 10.7 本章小结

本章以图像去雾、图像融合、运动目标识别、目标跟踪为例,介绍了图像处理与机器视觉技术在实际中的具体应用,并简单介绍了三维重构方法。通过本章的学习,可以加深对之前章节知识的认识,对当前比较热门的机器视觉算法的流程有大致的了解。

## 习 题

1. 常见的基于增强的数字图像去雾算法有哪些？与基于物理模型的图像去雾算法在本质上有什么区别？

2. 编写基于直方图均衡化的图像去雾算法的Matlab程序实现,并分析该算法去雾效果的优缺点。

3. 参考基于小波变换的图像融合算法的基本流程,试编写基于DCT变换的图像融合算法的Matlab实现。

4. 编写基于背景减除法的运动目标检测算法的Matlab程序实现。

5. 编写基于帧间差分法的目标跟踪算法的Matlab程序实现。

# 参 考 文 献

[1] 杨帆. 数字图像处理与分析[M]. 2 版. 北京:北京航空航天大学出版社,2010.
[2] Gonzalez R. ,Woods R. 数字图像处理[M]. 3 版. 北京:电子工业出版社,2011.
[3] 周新伦,柳健,刘华志. 数字图像处理[M]. 北京:国防工业出版社,1986.
[4] 张弘. 数字图像处理与分析[M]. 2 版. 北京:机械工业出版社,2013.
[5] 杨枝灵,王开. Visual C + + 数字图像获取、处理及实践应用[M]. 北京:人民邮电出版社,2003.
[6] 刘浩学. 印刷色彩学[M]. 北京:中国轻工业出版社,2008.
[7] 何俊,葛红,王玉峰. 图像分割算法研究综述[J]. 计算机工程与科学,2009,31(12):58-61.
[8] 孙惠杰,邓廷权,李艳超. 改进的分水岭图像分割算法[J]. 哈尔滨工程大学学报(英文版),2014,35(7):857-864.
[9] 龚声蓉,刘纯平,赵勋杰,等. 数字图像处理与分析[M]. 2 版. 北京:清华大学出版社,2014.
[10] E. Reinhard,G. Ward,S. Pattanaik,et al. High Dynamic Range Imaging:Acquisition,Display and Image-based Lighting[M]. 2nd Edition. Morgan Kau_Man,2010.
[11] 容观澳. 计算机图像处理[M]. 北京:清华大学出版社,2000.
[12] 孙即祥. 图像处理[M]. 北京:科学出版社,2004.
[13] 金杨. 数字化印前处理原理与技术[M]. 北京:化学工业出版社,2006.
[14] 陈传波,金先级. 数字图像处理[M]. 北京:机械工业出版社,2004.
[15] 朱秀昌,刘峰,胡栋. 数字图像处理与图像通信[M]. 北京:北京邮电大学出版社,2002.
[16] 何东健,耿楠,张义宽. 数字图像处理[M]. 西安:西安电子科技大学出版社,2003.
[17] 刘榴娣,刘明奇. 实用数字图像处理[M]. 北京:北京理工大学出版社,2005.
[18] 胡学龙,许开宇. 数字图像处理[M]. 北京:电子工业出版社,2006.
[19] 韩九强. 机器视觉技术及应用[M]. 北京:高等教育出版社,2009.
[20] 伯特霍尔德·霍恩. 机器视觉[M]. 北京:中国青年出版社,2014.
[21] 杨杰. 数字图像处理及实现[M]. 北京:电子工业出版社,2009.
[22] R. C. Gonzalez, R. E. Woods. Digital Image Processing [M]. Person Prentice Hall, New Jersey,2008.
[23] 赵春晖,潘泉,梁彦,等. 视频图像运动目标分析[M]. 北京:国防工业出版社. 2011.
[24] T. Bank. Evolutionary Algorithms in Theory and Practice[M]. Oxford University Press, New York,1996.
[25] 孙燮华. 数字图像处理原理与方法[M]. 北京:机械工业出版社,2010.
[26] 章毓晋. 图像工程[M]. 2 版. 北京:清华大学出版社,2013.
[27] 戴维斯. 计算机与机器视觉:理论、算法与实践[M]. 4 版. 北京:机械工业出版社,2013.
[28] 尼克松. 特征提取与图像处理[M]. 北京:电子工业出版社,2010.
[29] 西奥多里蒂斯,等. 模式识别[M]. 4 版. 北京:电子工业出版社,2010.
[30] 蒋先刚. 数字图像模式识别工程项目研究[M]. 成都:西南交通大学出版社,2014.